explosions-
gefährlich

brandfördernd

hochentzündlich

leichtentzündlich

ätzend

reizend

sehr giftig

giftig

mindergiftig

Umweltchemikalien

Vertrieb
VCH Verlagsgesellschaft, Postfach 101161, W-6940 Weinheim (Bundesrepublik Deutschland)
USA und Canada:
VCH Publishers, Suite 909, 220 East 23rd Street, New York NY 10010-4606 (USA)
Großbritannien und Irland:
VCH Publishers (UK) Ltd. 8 Wellington Court, Wellington Street, Cambridge CB1 1HZ (Großbritannien)
Schweiz:
VCH Verlags-AG, Postfach, CH-4020 Basel (Schweiz)

ISBN 3-527-28301-3 (VCH Verlagsgesellschaft Weinheim)

Umwelt-chemikalien

Physikalisch-chemische Daten,
Toxizitäten, Grenz- und Richtwerte,
Umweltverhalten

Zweite Auflage

von
Rainer Koch

unter Mitarbeit von
Burkhard O. Wagner

Dr. Rainer Koch
Bayer AG
WV Umweltschutz
W-5090 Leverkusen, Bayerwerk

Dr. Burkhard O. Wagner
Umweltbundesamt
Bismarckplatz 1
W-1000 Berlin 33

Von Herrn B. Wagner wurden insbesondere die Punkte 1.1., 1.2., 1.6., 2.13., 2.14. und 4. bearbeitet

1. Auflage 1989
2. Auflage 1991

Das vorliegende Werk wurde sorgfältig erarbeitet. Dennoch übernehmen Autoren und Verlag für die Richtigkeit von Angaben, Hinweisen und Ratschlägen sowie für eventuelle Druckfehler keine Haftung.

CIP-Kurztitelaufnahme der Deutschen Bibliothek

Umweltchemikalien : physikalisch-chemische Daten, Toxizitäten, Grenz- und Richtwerte, Umweltverhalten / von Rainer Koch. Unter Mitarb. von Burkhard O. Wagner. –
2. Aufl. – Weinheim ; New York, NY ; Cambridge ; Basel (Schweiz) : VCH, 1991
ISBN 3-527-28301-3
NE: Koch, Rainer; Wagner, Burkhard O.

Lizenzausgabe der VCH Verlagsgesellschaft, D-6940 Weinheim
© Verlag Gesundheit GmbH, Berlin 1991

Alle Rechte, insbesondere die der Übersetzung in andere Sprachen, vorbehalten. Kein Teil dieses Buches darf ohne schriftliche Genehmigung des Verlages in irgendeiner Form – durch Photokopie, Mikroverfilmung oder irgendein anderes Verfahren – reproduziert oder in eine von Maschinen, insbesondere von Datenverarbeitungsmaschinen, verwendbare Sprache übertragen oder übersetzt werden.
Die Wiedergabe von Gebrauchsnamen, Warenbezeichnungen usw. in diesem Buch berechtigt auch ohne besondere Kennzeichnung nicht zu der Annahme, daß solche Namen im Sinne der Warenzeichen- und Markenschutzgesetzgebung als frei zu betrachten wären und daher von jedermann benutzt werden dürfen.
Lichtsatz und Druck: INTERDRUCK Leipzig GmbH

Vorwort

Mit dem Erscheinen des „European Inventory of Existing Commercial Chemical Substances (EINECS)" und den darin aufgeführten 100 185 Alten Stoffen wird deutlich, daß die Kontrolle der chemischen Stoffe eine gemeinsame Aufgabe von Industrie, Wissenschaft und Behörden ist. Nach neuesten Angaben des Verbandes der Chemischen Industrie werden in der Bundesrepublik Deutschland etwa 4600 Stoffe in Mengen größer als 10 t/a und etwa 1080 Stoffe in Mengen größer 1000 t/a produziert.
Grundlegend für jede Kontrolle sind Daten und Informationen, auf die aufbauend Stoffe im Hinblick auf die drei Schutzziele, Schutz am Arbeitsplatz, allgemeiner Gesundheitsschutz und Umweltschutz bewertet werden müssen. Solche Bewertungen sind dann wiederum die Grundlage für Maßnahmen zum Schutz von Mensch und Umwelt.
International hat die Staatengemeinschaft im OECD Chemicals Programme, dem International Programme on Chemical Safety (IPCS) und dem International Register for Potentinelly Toxic Chemicals (IRPTC) eine gute Grundlage, die Arbeit arbeitsteilig und zum gegenseitigen Nutzen im Gesundheits- und Umweltschutz voranzutreiben.
Mit dem Datenspeicher Umweltchemikalien wollen die Autoren der interessierten Öffentlichkeit die Grundlagen in die Hand geben, die für die Gefahrenidentifikation und -bewertung für eine Reihe von wichtigen Industriechemikalien und Pflanzenschutzmitteln bedeutend sind. Die formatisierte Darstellung in einem Datenprofil erleichtert stoffvergleichende Bewertungen und läßt die bestehenden Datenlücken deutlich zutage treten.
Gegenüber dem Gesundheitsschutz hat der Umweltschutz einen erheblichen Nachholbedarf sowohl was die Daten als auch was die Theorien der Bewertung betrifft. Dieses Defizit wird besonders deutlich, wenn von der Ökotoxikologie die Rede ist, also der Wissenschaftslehre, die Wirkungen chemischer Stoffe auf die Vielzahl der Lebewesen und Lebensgemeinschaften untersucht. Daneben hat sich die Beschreibung des „Umweltverhaltens" (Exposition) als ein neues Gebiet der Chemie etabliert.
Für das Schutzziel „Umwelt" ist in den vergangenen 15 Jahren ein Rechtssystem entstanden, das den Eintritt eines chemischen Stoffes aus den drei Lebenszyklusphasen in die Umwelt ohne Lücken erfaßt:

- bei der Herstellung und Weiterverarbeitung
  durch das Bundesimmissionsschutzgesetz und das Wasserhaushaltsgesetz,
- bei der Verwendung
  durch das Pflanzenschutzgesetz und die Novelle 1990 zum Chemikaliengesetz
- bei der Entsorgung
  durch das Abfallgesetz.

Die nächsten 10 Jahre werden im Zeichen der chemischen Stoffe stehen, deren Bewertung die Hauptaufgabe des Gesundheits- und des Umweltschutzes ist.

Daran anschließend wird sich eine Diskussion über das annehmbare Risiko entfalten, die sich dann in Grenzwerten, Geboten, Beschränkungen und Verboten niederschlagen wird.

Die Vielzahl der hier in Rede stehenden chemischen Stoffe und die Breite der für die Bewertung benötigten Daten und Informationen macht eine Arbeitsteilung bei der Erfassung von Literaturdaten und bei der experimentellen Ermittlung der fehlenden Daten notwendig. National sind die chemische Industrie, die Wissenschaft, die Behörden und die Umweltverbände zur Zusammenarbeit aufgerufen.

In der Bundesrepublik Deutschland werden diese Aufgaben insbesondere vom Beratergremium für umweltrelevante Altstoffe bei der Gesellschaft Deutscher Chemiker (BUA) mit bearbeitet.

Zunehmend werden auch auf internationaler Ebene wie der OECD und den EG Aktivitäten zur Lösung der Altstoffproblematik auf der Basis wissenschaftlicher, ökonomischer und umweltpolitischer Kooperation entwickelt.

Die in diesem Werk wiedergegebenen Bewertungen der Daten und Informationen sind die der Autoren. Sie müssen nicht mit denen des Umweltbundesamtes übereinstimmen.

Dr. Burkhard O. Wagner   Dr. Rainer Koch

Inhalt

1.	Allgemeiner Teil	11
1.1.	Einführung	11
1.2.	Erläuterungen zu den Bewertungskriterien	15
1.2.1.	Allgemeine Informationen	15
1.2.2.	Ausgewählte Eigenschaften	16
1.2.3.	Toxizität	17
1.2.4.	Grenz- und Richtwerte	19
1.2.5.	Umweltverhalten	20
1.2.6.	Abfallbeseitigung/schadlose Beseitigung/Entgiftung	24
1.2.7.	Verwendung	27
1.3.	Chemikaliengesetzgebung, Gefahrstoffrecht	28
1.3.1.	Chemikaliengesetz und Gefährlichkeitsmerkmale-Verordnung	28
1.3.2.	Gefahrstoff-Verordnung	30
1.4.	Literatur	30
1.5.	Glossar	32
1.6.	Quellenverzeichnis	39

2.	Spezieller Teil – Stoffdatensammlung	42

Datenprofil 42

Acetonitril [75-05-8] 44
Acrolein [107-02-8] 46
Acrylsäure [79-10-7] 49
Acrylsäureethylester [140-88-5] 51
Acrylsäuremethylester [96-33-3] ... 53
Aldrin [309-00-2] 55
Allylalkohol [107-18-6] 58
Ametryn [834-12-8] 60
Anilin [62-53-3] 62
Arsen [7440-38-2] und -verbindungen 66
   Arsen [7440-38-2] 69
   Arsentrioxid [1327-53-3] 71
   Calciumarsenat [7778-44-1] 73
   Arsin [7784-42-1] 75
Atrazin [1912-24-9] 77
Asbest [1332-21-4] 79

Benzen [71-43-2] 82
Benzoylchlorid [98-88-4] 86
Benzylchlorid [100-44-7] 88
Beryllium [7440-41-7] und -verbindungen 91
   Beryllium [7440-41-7] 91
   Berylliumchlorid [7787-47-5] 93

Blausäure [74-90-8] und Cyanide [57-12-5] 95
   Blausäure [74-90-8] 95
   Natriumcyanid [143-33-9] 97
Blei [7439-92-1] und -verbindungen .. 100
   Blei(II)acetat [301-04-2] 104
   Bleitetraethyl [78-00-2] 106
   Bleitetramethyl [75-74-1] 108

Cadmium [7440-43-9] und -verbindungen 110
   Cadmium [7470-43-9] 110
   Cadmiumoxid [1306-19-0] 115
Captan [133-06-2] 117
Carbaryl [63-25-2] 120
Carbazol [86-74-8] 123
Chloralhydrat [302-17-0] 125
Chloralkylether 127
Chlorbenzen 131
   Chlorbenzen [108-90-7] 132
   Dichlorbenzene [25321-22-6] 134
   Trichlorbenzene [12082-48-1] ... 137
   Tetrachlorbenzene [12408-10-5] .. 139
   Hexachlorbenzen [118-74-1] 142
Chlordibenzofurane und -dioxine ... 146

2,3,7,8-Tetrachlordibenzo-p-dioxin
[1746-01-6] 148
Chlordimeform [6164-98-3] 152
Chlorierte Naphthaline [70776-03-3] . 155
Chlorierte Paraffine [63449-39-8] ... 160
Chlorierte Phenole (Chlorphenole) .. 164
4-Chlorphenol [106-48-9] 164
2,4-Dichlorphenol [120-83-2] 164
2,4,5-Trichlorphenol [95-95-4] 164
2,4,6-Trichlorphenol [88-06-2] 164
2,3,4,6-Tetrachlorphenol [58-90-2] . 164
Pentachlorphenol [87-86-5] 170
p-Chlornitrobenzol [100-00-5] 177
Chloroform [67-66-3] 179
Chloropren [126-99-8] 183
Chrom [7440-47-3] und -verbindungen 185
Natriumdichromat [10588-01-9] .. 186
Chrysen [218-01-9] 189
Cresole [1319-77-3] 191

DDT [50-29-3] 194
Demephion [8065-62-1] 199
1,2-Dibromethan [106-93-4] 201
1,2-Dichlorethan [107-06-2] 203
Dichlorvos [62-73-7] 207
2,4-Dichlorphenoxyessigsäure
[94-75-7] 210
Dimethoat [60-51-5] 213
4,6-Dinitro-o-cresol [534-52-1] 216
Dinitrotuloene [25321-14-6] 219
Dinoseb [88-85-7] 222
1,4-Dioxan [123-91-1] 225

Endosulfan [115-29-7] 228
Epichlorhydrin [106-89-8] 231
Ethylbenzol [100-41-4] 234
Ethylenchlorhydrin [107-07-3] 237
Ethylenoxid [75-21-8] 240

Fenitrothion [122-14-5] 243
Formaldehyd [50-00-0] 246

Haloacetonitrile 249
Chloracetonitril [107-14-2] 249
Dichloracetonitril [3018-12-0] 250
Trichloracetonitril [545-06-2] 252
Bromacetonitril [590-17-0] 253
Dibromacetonitril [3252-43-5] ... 255
Halogenmethane 257
Brommethan [74-83-9] 257
Chlormethan [74-87-3] 257
Dichlormethan [75-09-2] 257

Bromoform [75-25-2] 257
Dichlorbrommethan [75-27-4] ... 257
Dichlordifluormethan [75-71-8] ... 257
Trichlorfluormethan [75-69-4] ... 257
Hexachlorbutadien [87-68-3] 265
Hexachlorcyclohexan 268
Hexachlorethan [67-72-1] 273
Hexachlorophen [70-30-4] 276

Methylparathion [298-00-0] 279
Mevinphos [7786-34-7] 282

Nitrobenzen [98-95-3] 284
Nitrofen [1836-75-5] 288
N-Nitrosamine 291

Parathion [56-38-2] 298
Phenanthren [85-01-8] 301
Phenole 303
Phenol [108-95-2] 304
ortho-Phenylphenol [90-43-7] ... 306
ortho-Phenylphenol-Natrium
[132-27-4] 306
Phthalsäureester 309
Butylbenzylphthalat [85-68-7] 311
Di-(2-ethylhexyl)-phthalat [117-82-7] 314
Polybromierte Biphenyle (PBB) 318
Polychlorierte Biphenyle (PCB)
[1336-36-3] 322
Polycyclische aromatische Kohlenwasserstoffe (PAK) 332
Acetnaphthen [83-32-9] 334
Benz(a)anthracen [56-55-3] 336
Benz(a)pyren [50-32-8] 338
Benzo(b)fluoranthen [205-99-2] ... 342
Benzo(ghi)fluoranthen [203-12-3] .. 343
Benzo(k)fluoranthen [207-08-9] ... 345
Fluoranthen [206-44-0] 347
Indeno(1,2,3-cd)pyren [193-39-5] .. 349
Prometryn [7287-19-6] 351
Pyren [129-00-0] 354
Pyridin [110-86-1] 357

Quecksilber [7439-97-6] und -verbindungen 360
Quecksilber [7439-97-6] 362
Methylquecksilber-Ion [22967-92-6] 366
Methylquecksilberchlorid [115-09-3] 367

Schwefelkohlenstoff [75-15-0] 369
Selen [7782-49-2] 372
Simazin [122-34-9] 376
Styren [100-42-5] 378

Tetrachlorethan [79-34-5] 382
Tetrachlorethylen [127-18-4] 385
Tetrachlormethan [56-23-5] 389
Thiram [137-26-8] 393
Toluen [108-88-3] 396
Toxaphen [8001-35-2] 399

Trichlorethan [71-55-6] 403
Trichlorethylen [79-01-6] 407
Vinylchlorid [75-01-4] 410
Xylene [1330-20-7] 413

3. **Register** (Stoffe nach aufsteigenden CAS-Nummern sortiert) 416

1. Allgemeiner Teil

1.1. Einführung

Der Mensch hat zu allen Zeiten bewußt oder unbewußt, direkt oder indirekt die stoffliche Qualität seiner Umwelt verändert. Bis etwa zur Mitte des 19. Jahrhunderts waren diese Veränderungen räumlich und zeitlich, quantitativ und qualitativ begrenzt und führen kaum zu sichtbaren Destabilisierungen ökologischer Gleichgewichte. Erst mit Beginn der industriellen Revolution und in noch weit größerem Maße mit der wissenschaftlich-technischen Revolution ändert sich die stoffliche Zusammensetzung und Qualität biologischer und nichtbiologischer Strukturen der natürlichen Umwelt infolge anthropogener Aktivitäten in solchem Ausmaße, daß der Mensch als Teil des Natursystems gezwungen ist, dieses durch Maßnahmen der gegenseitigen Adaption in einer Flexibilität und Mobilität zu halten, die seinen Lebensnotwendigkeiten entspricht. Umweltveränderungen nehmen teilweise globalen Charakter an. Neben Faktoren wie der zunehmenden Weltbevölkerung und der fortschreitenden Urbanisierung, verbunden mit einer Reduzierung des effektiv nutzbaren Lebensraumes der Menschen, sind die ständig wachsende Anzahl, die Produktions- und Einsatzmengen sowie Anwendungsbereiche synthetischer chemischer Stoffe und die verstärkte Nutzung aller natürlichen Ressourcen wesentliche Ursachen dieser Entwicklung.

Der Chemical Abstract Service (CAS) der American Chemical Society registrierte 1986 die 7millionste chemische Verbindung. Damit hat sich die Gesamtzahl der in diesem Register erfaßten chemischen Stoffe von 1970 (etwa 2 Mill.) bis 1986 mehr als verdreifacht.

Wenn auch nicht alle diese Chemikalien kommerzielle Bedeutung haben und in solchen Mengen hergestellt und angewendet werden, daß meßbare Verunreinigungen von Umweltstrukturen zu erwarten sind, so erreichen die kommerziell wichtigen Chemikalien doch Größenordnungen von etwa 60 000 bis mehr als 100 000 Einzelstoffe. Unter dem Aspekt der Hauptanwendungsgebiete ergibt sich annähernd folgende Verteilung:

1 500	Wirkstoffe von Pflanzenschutzmitteln
4 000	Wirkstoffe von Pharmaka
2 500	nutritive Lebensmittelzusatzstoffe
3 000	andere Lebensmittelzusatzstoffe (Farben, Aromen, Konservierungsmittel u. a.)
100 000	Industrie- und Haushaltchemikalien u. a.

In siebenjähriger Arbeit hat die EG-Kommission mit den Mitgliedsländern der Gemeinschaft an dem European Inventory of Existing Commercial Chemicals (EINECS) gearbeitet, in dem 100 185 chemische Stoffe verzeichnet sind, die vor dem Stichtag, dem 18. September 1979, auf dem Markt der Europäischen Gemeinschaft waren. Für Deutschland gelten die folgenden Zahlen:

etwa 73 000 Industriechemikalien waren auf dem Markt, davon wurden nach Angaben des Verbandes der Chemischen Industrie im Jahre 1985
etwa 4 600 in Mengen größer 10 t/a und
etwa 1 080 in Mengen größer 1 000 t/a hergestellt.

Schätzungen der jährlichen globalen Produktionsmengen wichtiger Chemikalien und die Steigerungsraten von etwa 7 Mill. Jahrestonnen 1953 auf etwa 300 Mill. Jahrestonnen 1986 verdeutlichen die Probleme. Daß dabei die Produktionsmengen einzelner Stoffe beachtliche Größenordnungen erreichen, zeigt die Tabelle 1. Etwa 90 % der jährlich weltweit produzierten Gesamtmenge an Chemikalien verteilt sich schätzungsweise auf 3 000 Einzelstoffe. Trotz des oftmals spekulativen Charakters dieser Zahlen werden jedoch Trends sichtbar. In diesem Zusammenhang ist zu erwähnen, daß nicht nur die produktions- und anwendungsbedingten Emissionen chemisch definierter Stoffe zu Kontaminatio-

Tabelle 1
Geschätzte jährliche Weltproduktion ausgewählter kommerzieller Chemikalien

Substanz	Weltproduktion (1 000 t)
Acetaldehyd	2 400
Acetylen	1 224
Essigsäureanhydrid	1 750
Acrylsäure	200
Atrazin-Herbizide	90
Schwefelkohlenstoff	616
Chlorparaffine	270
Diethylenglycol	450
Dipropylenglycol	2 100
Ethylacetat	500
Ethylen	37 000
Ethylenchlorid	12 800
Ethylenglycol	3 500
Ethylenoxid	3 900
Fluorkohlenwasserstoffe	750
Formaldehyd	5 650
Blausäure	400
Isopropanol	2 000
Methylalkohol	37 000
Monochlorbenzen	480
n-Paraffine	1 300
Tetrachlorethylen	750
Phthalsäureanhydrid	2 300
Vinylchlorid	7 730
Vinylacetat	1 650
Trichlorethylen	700
Trichlorethan	480
DDT	60

Land	Menge (10^3 t)
Österreich	1 600
Kanada	1 000
Dänemark	60
BRD	2 000
Finnland	90
Frankreich	2 000
Niederlande	240
Norwegen	120
Schweden	520
Großbritannien	3 900
USA	11 000

Tabelle 2
Jährliche Abfallmengen an gefährlichen Stoffen in einigen ausgewählten Industrieländern

nen der Umwelt führen. Als nicht minder bedenklich sind die als flüssige, gasförmige und feste Abprodukte im Produktionsprozeß bzw. bei der Anwendung entstehenden Produkte anzusehen. Die mengenmäßige Bedeutung dieser Stoffgemische ist in den meisten Fällen ebenso unbekannt wie ihre qualitative und quantitative Zusammensetzung (Tab. 2). Die nicht beabsichtigte Bildung von definierten Chemikalien außerhalb der chemischen Industrie kann ebenfalls zu Umweltbelastungen führen. Beispielsweise wird die jährliche globale Emission an Kohlenwasserstoffen durch die Verbrennung fossiler Energieträger und von Treibstoffen (Kraftfahrzeugverkehr) auf etwa 88 Mill. t geschätzt. Davon stammen 25 Mill. t aus der Müllverbrennung, 48 Mill. aus Raffinerien und dem Verkehr und 15 Mill. t aus der Verbrennung fossiler Energieträger. Für Benzen, Toluen und Xylen sowie andere Stoffe ergeben sich daraus etwa jährlich zusätzlich 10 Mill. t zu den produktions- und anwendungsbedingten Emissionen (Korte 1980).
Obwohl mit der Herstellung und Anwendung chemischer Stoffe differenzierte Umwelt- und Gesundheitsrisiken verbunden sein können, ist es nicht gerechtfertigt, Chemie und Umwelt als gegensätzliche Positionen zu charakterisieren. Vielmehr ist hervorzuheben, daß die Chemie im weitesten Sinne die Basis für jeglichen Fortschritt darstellt und die Voraussetzungen schafft für einen optimalen Schutz der menschlichen Umwelt (Lohs 1981).
Wesentliche Ausgangspunkte für Umweltveränderungen sind differenzierte Wechselwirkungsprozesse zwischen Chemikalie und biotischen bzw. abiotischen Strukturen von Hydro-, Pedo- und Atmosphäre. Physikalische, chemische und biologische, oftmals irreversible Veränderungen von Ökosystemen im Sinne der Destabilisierung ökologischer Gleichgewichte sind häufig Ergebnisse dieser Prozesse. In dem Zusammenhang stellt sich die Frage nach den kurz- und langfristigen Konsequenzen anthropogener Aktivitäten für die Umwelt, die natürlichen biogeochemischen Stoffkreisläufe und den Menschen. Die Klärung dieser Frage zählt heute zu den schwierigsten und kompliziertesten Aufgaben im Umwelt- und Gesundheitsschutz. Sie schließt die Frage nach dem für die Bevölkerung und jeden einzelnen akzeptierbaren Risiko ein. Eine maßgebliche Voraussetzung zu ihrer Klärung ist das Erkennen von Ursachen und Zusammenhängen stofflicher Veränderungen der Umwelt und die Beurteilung eines mögli-

chen Risikos auf der Grundlage von Exposition und Toxizität als den maßgeblichen Kriterien für die Bewertung eines Gefährdungspotentials von Chemikalien. Notwendig ist zu erkennen, wann die anthropogen bedingten Veränderungen der stofflichen Qualität und Zusammensetzung der Umwelt die natürlicherweise vorhandenen Schwankungsbreiten so einseitig zu überlagern beginnen, daß erkennbare, im Sinne von Dosis-Wirkungs-Zeit-Beziehungen quantifizierbare Beeinflussungen ökologischer Systeme auftreten.

Trotz einer vorzugsweise auf die Ermittlung experimenteller Daten orientierten Strategie im Umwelt- und Gesundheitsschutz ist festzustellen, daß für die überwiegende Zahl der als umweltrelevant erkannten Verbindungen bzw. Chemikalien nur unzureichende Informationen und Daten vorliegen, um allgemeingültige Zusammenhänge zwischen Stoffexposition und -wirkung im weitesten Sinne zu erkennen und Risiken für Mensch und Umwelt bewerten zu können. Darüber hinaus sind die theoretisch-methodologischen Grundlagen ungenügend entwickelt, um allgemeingültige Gesetzmäßigkeiten aus verfügbaren Daten im Sinne von Ursache-Wirkungs-Beziehungen zwischen den Kategorien Umweltschadstoff-Umwelt-Mensch abzuleiten. Im Hinblick auf die in der Praxis des Umwelt- und Gesundheitsschutzes für eine ständig zunehmende Zahl von Chemikalien stehende Frage der Beurteilung ihres möglichen Einflusses auf Mensch und Umwelt sind gegenwärtig Kenntnisse zu den Stoffeigenschaften, zum Stoffverhalten in der Umwelt und zur Bioaktivität bzw. Toxizität von maßgeblicher Bedeutung. Mit der vorliegenden Zusammenstellung von Daten, Untersuchungsergebnissen und Informationen für eine Auswahl kommerzieller, umweltrelevanter Chemikalien und Elemente werden ausgewählt, für eine erste näherungsweise öko- und humantoxikologische Bewertung notwendige Angaben in Form eines einheitlichen Datenprofils zusammengefaßt. Die Stoffauswahl erfolgt vorzugsweise auf der Grundlage von Mengenparametern wie Produktions- und Anwendungsmengen, den Einsatzbereichen der Stoffe, ihren Nachweishäufigkeiten und Konzentrationen in Umweltmedien sowie Wirkungsparametern, wie dem Verteilungs- und Reaktionsverhalten und der Toxizität. Dabei kann es sich in jedem Fall nur um eine Informationsauswahl ohne Anspruch auf Vollständigkeit handeln.

Die Stoffbewertung erfolgt auf der Basis von 7 Hauptkriterien:

1. Allgemeine Informationen
2. Ausgewählte Eigenschaften
3. Toxizität
4. Grenz- bzw. Richtwerte
5. Abfallbeseitigung/schadlose Beseitigung/Entgiftung
6. Umweltverhalten
7. Verwendung

Da die Datenprofile nicht nur zur öko- und humantoxikologischen Bewertung, sondern auch zur Beantwortung von Detailfragen geeignet sein sollen, wurden zur spezifischen Charakterisierung der Stoffe die Hauptkriterien „Ausgewählte Eigenschaften" und „Toxizität" weiter differenziert. Berücksichtigt sind u. a. solche Daten, die Rückschlüsse auf umweltrelevante Prozesse und Reaktionen bzw. eine differenzierte Beurteilung der Toxizität ermöglichen.

Die Zuordnung organischer bzw. anorganischer Verbindungen zu bestimmten

Stoffgruppen bzw. den entsprechenden Elementen, gestattet eine stoffvergleichende Betrachtung wie bei polychlorierten Biphenylen, Halogenalkylethern, N-Nitrosaminen, Blei und -verbindungen, Arsen und -verbindungen. Soweit eine allgemeine Interpretation von Meßwerten bzw. Daten auf der Grundlage des gegenwärtigen wissenschaftlichen Kenntnisstandes inhaltlich möglich und sinnvoll ist, wird auf die Angabe numerischer Kenngrößen zugunsten einer verbalen Kurzcharakteristik von Stoffeigenschaften und -wirkungen verzichtet. Informationen zur Analytik der Stoffe werden nicht gegeben, da die im Rahmen der Dokumentation möglichen Hinweise zur analytischen Erfassung zwangsläufig unvollständig sein müssen. Die Komplexität und Kompliziertheit der Analyse organischer und anorganischer Umweltchemikalien in ihrer Einheit von Isolierung, Anreicherung, Trennung, Nachweis und Identifizierung erfordert in jedem Fall die Angabe reproduzierbarer und matrixspezifischer Analysenvorschriften oder -verfahren. Aus diesem Grunde muß in bezug auf solcherart Informationen auf Spezialliteratur verwiesen werden.
In Anlehnung an die vom International Register of Potentially Toxic Chemicals (IRPTC) vorgeschlagene Stoffcharakteristik wird das Datenprofil, s. S. 41 als Grundlage für die Darstellung ökochemischer, ökotoxikologischer und humantoxikologischer Daten und Informationen gewählt.

1.2. Erläuterungen zu den Bewertungskriterien
1.2.1. Allgemeine Informationen

Die zuerst wichtigste Frage ist es, die chemische *Identität eines Stoffes* zu erkennen. Dazu gehören der Stoffname, die Summen- und Strukturformel (Punkt 1). Die hier verwendeten *Gebrauchsnamen* (common name) sind jedem Chemiker geläufig und haben sich insbesondere für Pflanzenschutzmittel international durchgesetzt (Punkt 1.1.).
Daneben wird der Stoffname nach den Richtlinien der International Union of Pure and Applied Chemistry (IUPAC) in der Form wiedergegeben, wie sie vom *Chemical Abstract Service* (CAS) der Vereinigten Staaten von Amerika benutzt wird. Diese invertierte Form erlaubt es, daß bei alphabetischer Sortierung Stoffe mit gemeinsamer Stammverbindung zusammgenfaßt werden. Daneben wird für die eindeutige Identifizierung die sog. *CAS-Nummer* wiedergegeben, die sich international durchgesetzt hat (CAS-Nummern-Register). CAS-Nummern werden in Zukunft sicherlich ähnlich gebräuchlich sein wie heute die Postleitzahlen. Angaben zu den Herstellungsverfahren der Stoffe, Informationen zu den Ausgangs- und Zwischenprodukten sowie zu Produktions- und Anwendungsmengen sind für die Beurteilung der Umweltrelevanz eines Stoffes sowie für das Erkennen produktions- und anwendungsbedingter Emissionen auch von Nebenprodukten und Verunreinigungen bedeutsam. Allgemeinen Erfahrungen folgend wird auf der Grundlage der Mengenparameter eine Chemikalie dann als umweltrelevant betrachtet, wenn die globale Produktionsmenge mehr als 1 000 Tonnen pro Jahr beträgt. In diesen Fällen ist mit einer gewissen Wahrscheinlichkeit mit dem überregionalen Vorkommen des Stoffes in Umweltstrukturen zu rechnen.

Aus Informationen zu wesentlichen Verunreinigungen der technischen Produkte können Schlüsse auf mögliche indirekte Umweltkontaminationen gezogen werden, wie die Beispiele der polychlorierten Dibenzofurane, der polychlorierten Dioxine und von Hexachlorbenzen zeigen. Die wenigen diesbezüglichen Angaben weisen auf erhebliche Kenntnislücken bzw. fehlende Informationen seitens der Hersteller hin.

1.2.2. Ausgewählte Eigenschaften

Daten und Informationen zur Charakterisierung *physikalisch-chemischer Eigenschaften* und der *Reaktivität* eines Stoffes werden unter diesem Bewertungskriterium zusammengefaßt. Von besonderer Bedeutung für eine ökochemische und -toxikolgische Bewertung sind Angaben zur Löslichkeit, Flüchtigkeit (Dampfdruck) und den verschiedenen Verteilungskoeffizienten des Stoffes zwischen flüssigen Phasen, flüssigen-gasförmigen sowie flüssigen-festen Phasen. Daraus leiten sich Aussagen zur Stoffmobilität in Hydro-, Pedo- und Atmosphäre sowie zur Verteilungstendenz zwischen den differenzierten biologischen und nichtbiologischen Umweltstrukturen ab. Das ist besonders bedeutsam, da die Stoffe immer über abiotische Strukturen auf Biosysteme wirken.

Die durch das Nernst-Verteilungsgesetz bzw. das Henry-Gesetz bestimmten stoffspezifischen Gleichgewichtskonstanten n-Octanol/Wasser Verteilungskoeffizient und Henry-Koeffizient, ermöglichen beispielsweise annähernde Aussagen zum Verteilungsverhalten eines Stoffes zwischen wäßriger und organischer (biologischer) Phase (Wasser-Biosystem oder organischen Strukturen von Boden/Sediment) bzw. zwischen wäßriger und gasförmiger Phase (Wasser-Atmosphäre). Erfahrungsgemäß sind hohe n-Octanol/Wasser Verteilungskoeffizienten mit einer relativ hohen Bio- und Geoakkumulationstendenz von Stoffen verbunden. Andererseits ist für Stoffe mit einem Henry-Koeffizient von $H > 10^3$ im allgemeinen eine hohe Flüchtigkeit, verbunden mit einer geringen Aufenthaltszeit in Oberflächengewässern bzw. einer hohen Mobilität und Dispersionstendenz in der Atmosphäre zu erwarten. Erwähnenswert ist in diesem Zusammenhang, daß der Henry-Koeffizient in Beziehung steht zur molaren Masse (MW); der Wasserlöslichkeit (S), dem Dampfdruck (p) und der Temperatur des Systems (T in Kelvin) und damit annähernd mittels Gleichung errechnet werden kann.

$$H = \frac{16,04 \cdot 10^3 \, MW \, p}{S \, T} \quad (Pa \, l \, mol^{-1} \, K^{-1})$$

Verteilungskoeffizienten n-Octanol/Wasser, Sorptionskoeffizienten und Biokonzentrationsfaktoren können für Stoffe homologer Reihen sowohl auf der Grundlage physikalisch-chemischer Kenngrößen als auch molekularer Strukturparameter angenähert werden.

Mit dem Begriff *Reaktivität* werden vor allem chemische Eigenschaften wie das Oxidations-, Reduktions- und Hydrolyseverhalten, photolytische Umsetzungen und damit die Transformationstendenz eines Stoffes charakterisiert. Aus diesen Informationen können in Verbindung mit Verteilungsparametern häufig Parallelen gezogen werden zum Verteilungs- und Transformationsverhalten und damit zur Mobilität und Persistenz in biotischen und abiotischen Umweltstrukturen, zu den theoretisch möglichen Abbau- und Metabolisierungsreaktionen, aber auch zu möglichen Stoffwandlungen im Rahmen technologischer Prozesse wie der Wasseraufbereitung, der Abwasserreinigung, der Abproduktverbrennung und der Deponie. Damit geben physikalisch-chemische Kenngrößen und Informationen zur Reaktivität erste, oftmals bereits maßgebliche Hinweise zum Stoffverhalten innerhalb biogeochemischer Stoffkreisläufe. Die Frage des *Abbaus* und der chemischen Umwandlung durch biologische und physikalische Vorgänge in der Umwelt sind für die Umweltbewertung von ausschlaggebender Bedeutung. Die größte Abbau- und Umbauleistung organischer Stoffe wird durch die Mikroorganismen in wäßrigem Milieu oder im Boden geleistet. Kläranlagen nutzen diesen Prozeß aus. Mit den OECD Prüfrichtlinien zu Nr. 301 (OECD 1981) lassen sich folgende Aussagen machen: der Stoff ist leicht abbaubar oder der Stoff ist nicht leicht abbaubar. Die meisten Daten zu diesem Kriterium liegen beim japanischen Ministerium für Internationalen Handel und Industrie (MITI). Für gasförmige und flüchtige Stoffe sind der physikalische Abbau und die Umwandlung von Bedeutung, die in der Troposphäre ablaufen. Durch die UV-Strahlung der Sonne werden in der Atmosphäre freie Hydroxylradikale erzeugt, die oxidativ luftgetragene Stoffe angreifen und sie in einer radikalisch verlaufenden Kettenreaktion umwandeln.

$R-H + \cdot OH \rightarrow \cdot R + H_2O$

Kennt man die Reaktionsgeschwindigkeitskonstante k_{OH} (cm^3 molsec^{-1} s^{-1}), so läßt sich bei Kenntnis der mittleren OH-Radikalkonzentration – sie wird in unseren Breiten mit $5 \cdot 10^5$ Teilchen pro cm^3 angesetzt – die troposphärische Halbwertszeit $t_{1/2}$ nach der Formel

$$t_{1/2} = \frac{\ln 2}{k_{OH} [OH]}$$

berechnen. Diese – ausgedrückt in Tagen – gibt einen Anhaltspunkt für die Lebensdauer luftgetragener Stoffe in der Troposphäre. Bei einer mittleren Windgeschwindigkeit von 4 m/s wird ein Stoff an einem Tage bereits 345 km weit getragen.

1.2.3. Toxizität

Im allgemeinen nehmen die Informationen zur Toxizität in der Datensammlung den breitesten Raum ein. Die toxikologische Bewertung von Chemikalien erfolgt gegenwärtig auf der Grundlage meßbarer, im Sinne biochemischer, physiologischer, morphologischer, genetischer u.a. Wirkungen bekannter biologischer Effekte sowie Kenntnissen zur Karzinogenität, Mutagenität, Teratogenität, Embryo- und Fetotoxizität. Wichtigste Kriterien sind nach wie vor die Ergebnisse (Wirkquantitäten) akuter, subakuter, subchronischer und chronischer Toxizitätstests. Dabei muß akzeptiert werden, daß Angaben zu Wirkquantitäten wie LD 50, LC 50-Werten, dem no effect level aber auch zu genotoxischen Wirkungen aus Tierexperimenten, Untersuchungen an Mikroorganismen (z. B. Kurzzeittest zur Ermittlung der Mutagenität im Ames-Test) oder Zellkulturen höherer Organismen stammen, und damit in jedem Fall nur Modellcharakter haben. Die endgültige Entscheidung, ob beispielsweise ein Stoff karzinogen oder mutagen ist oder ob eine tierexperimentell festgestellte chronisch toxische Wirkung ein Risiko für den Menschen einschließt, kann letztlich nur im Zusammenhang mit der Frage nach der Relevanz der Versuchsergebnisse für den Menschen beantwortet werden. Lediglich in den Fällen, in denen tierexperimentelle Ergebnisse durch Daten aus epidemioloigschen Studien untersetzt werden können, ist eine relativ wahrscheinliche Aussage zu ursächlichen Zusammenhängen zwischen Schadstoffexposition und toxischer Wirkung bzw. spezifischer Erkrankung möglich. Häufig werden allerdings Bewertungen der Karzinogenität und Mutagenität umweltrelevanter Chemikalien auf der Grundlage der Ergebnisse von Experimenten an einer oder zwei Versuchstierarten vorgenommen, ohne qualitative Faktoren, wie Speciesunterschiede, Art und Ort der Krebserkrankung, Applikationsart des Stoffes, Latenzzeit und Gesamtheit der Untersuchungsbedingungen, genügend bei inhaltlichen Interpretationen zu berücksichtigen. Jeder statistisch gesicherte experimentelle Beweis für eine karzinogene, mutagene und teratogene Aktivität einer Chemikalie muß jedoch als ein ernstzunehmender Hinweis auf ein potentielles Gesundheitsrisiko gewertet werden. Liegen gesicherte Untersuchungsergebnisse bei zwei und mehr Versuchstierspecies vor, wie das beispielsweise bei verschiedenen N-Nitrosaminen der Fall ist, und können diese Ergebnisse zuzüglich durch epidemiologische Studien untersetzt werden wie bei Vinylchlorid oder Chlormethylether, so kann mit relativ hoher Wahrscheinlichkeit von einem karzinogenen Risiko für den Menschen bei entsprechenden umweltrelevanten Expositionen ausgegangen werden. Als Besonderheit genotoxischer Wirkungen ist dabei zu berücksichtigen, daß die biologischen Effekte persistieren und häufig mit einer sehr unterschiedlichen zeitlichen Verzögerung auftreten können.

Von besonderer Bedeutung für die Beurteilung des Gefährdungspotentials von Umweltchemikalien sind neben der Quantifizierung der Exposition in Verbindung mit der Umwelt- und Bioverfügbarkeit Kenntnisse zu Applikationsform, Art und Ort der Stoffaufnahme sowie zu toxikokinetischen Parametern wie Resorbierbarkeit, Distribution im Organismus, Biotransformation (Metabolismus) und Ausscheidung. Erfahrungsgemäß werden die Resorptions-, Distributions- und Akkumulationstendenz unter anderem von den lipophilen Eigenschaften des Stoffes sowie molekularen Parametern wie Molvolumen u. a. bestimmt. Als Ausdruck der Lipophilie kommt damit wiederum dem Verteilungskoeffizient n-Octanol/Wasser erhebliche Bedeutung bei einer ersten Beurteilung toxischer Wirkungen zu. Hohe Resorptionsquoten sind beispielsweise zumeist mit einer ausgeprägten Tendenz zur Bioakkumulation verbunden.

Weitere wichtige Indikatoren der Stoffwirkung und eines Gefährdungspotentials sind biochemische Parameter wie enzyminduzierende bzw. inhibierende Wirkungen. Stoffe mit Doppelbindungen im Molekül werden erfahrungsgemäß sehr schnell durch mikrosomale Monooxygenasen zu den entsprechenden Epoxiden umgewandelt. Infolge ihrer Elektrophilie reagieren Epoxide zumeist sehr schnell mit nucleophilen Zentren biologischer Makromoleküle in Zellen wie DNA-, RNA-Molekülen und Proteinen. Da solche Reaktionen zu Veränderungen der Biochemie der Zelle führen, sind damit zytotoxische, allergene, mutagene und/oder karzinogene Wirkungen verbunden.

Aus diesen wenigen Hinweisen ist abzuleiten, daß Informationen zur Toxikokinetik einer Chemikalie in Verbindung mit Angaben zu physikochemischen Kenngrößen und Eigenschaften eine erste Orientierung im Hinblick auf die Toxizität des Stoffes ermöglichen und maßgeblich zur Beurteilung des Gefährdungspotentials beitragen.

Jede inhaltliche Interpretation und Bewertung toxikologischer Daten muß allerdings beachten, daß toxikologische Experimente nahezu immer mit nicht umweltadäquaten Stoffmengen und unter Modellbedingungen durchgeführt werden, die das Biosystem „Mensch" simulieren. Die Biosysteme „Umwelt" sind so vielfältig und komplex, daß sich die internationale, wissenschaftliche Gemeinschaft erst seit wenigen Jahren auf biologische Modelle der Ökotoxikologie geeinigt hat (OECD 1981). Die Bemühungen konzentrierten sich darauf, „Modellorganismen (Arten)" zu finden, die für Labortests geeignet und möglichst für ein Ökosystem repräsentativ sind. Solche Modellorganismen sind derzeit: Bakterien, Algen, Wasserflöhe (Daphnien), Fische, Hafer, Regenwürmer, Bienen und Vögel.

Bei allen toxikologischen und ökotoxikologischen Untersuchungen ist die Differenziertheit, Variabilität und Variationsbreite von Biosystemen zu berücksichtigen. Neben einer oftmals unzureichenden Standardisierung der Experimente liegen in der biologischen Variabilität maßgebliche Ursachen für die teilweise erheblichen Streubreiten der Testergebnisse. Variationsbreiten um Faktoren bis zu 11,3 bei LD 50-Werten sind ein deutlicher Hinweis darauf, daß toxische Wirkquantitäten nicht als biologische Konstanten betrachtet werden dürfen. Dies wiederum muß Anlaß dafür sein, verfügbare differenzierte Toxizitätsdaten kritisch zu prüfen und auf jeden Fall die Gesamtheit der Daten zur Grundlage der Beurteilung des Gefährdungspotentials einer Chemikalie zu machen.

1.2.4. Grenz- bzw. Richtwerte

Die Festlegung von Grenz- bzw. Richtwerten im Sinne der Schadstoffnormierung ist gegenwärtig ein grundlegendes Element zur Minderung von Umwelt- und Gesundheitsrisiken im Zusammenhang mit Chemikalienexpositionen. Grenzwerte werden für Organismen, eine Bevölkerungsgruppe oder eine Sache festgelegt. Sie werden angegeben als zulässige Aufnahme des Stoffes durch die Bevölkerungsgruppe, den Organismus oder die Sache (Horn 1983). Maßgebliche Grundlage der Konzepte der Stoffnormierung ist die Annahme eines *Schwellenwertes* toxischer Wirkungen in Abhängigkeit von der Stoffmenge und Expositionsdauer. Die in differenzierten toxikologischen Experimenten ermittelten Wirkquantitäten, insbesondere die maximal unwirksame Konzentration oder Dosis, sind maßgebliche Kriterien der Normierung. Korrekturen toxischer Wirkquantitäten durch vorwiegend empirisch festgelegte *Sicherheitsfaktoren* berücksichtigen vor allen Dingen die höhere Empfindlichkeit des Menschen im Vergleich zum Versuchstier. Darüber hinaus wird zumeist die Möglichkeit einer lebenslangen, umweltbedingten Schadstoffexposition in Betracht gezogen. Die zumeist aus toxischen Wirkquantitäten abgeleiteten Grenzwerte wie ADI-Werte werden als primäre Grenzwerte bezeichnet. Ihre praktische Anwendung wiederum erfordert die Ableitung sekundärer Grenzwerte im Sinne von Expositionsgrenzwerten mit Bezug auf Umweltmedien. Trinkwassergrenzwerte, MAK-Werte, Abwassereinleitungsgrenzwerte, Qualitätsziele für Gewässer u. a. entsprechen diesen sekundären Grenzwerten. Eine inhaltliche Interpretation der in der Dokumentation angegebenen Grenzwerte muß beachten, daß sich Schwellenwerte für eine Population experimentell nicht bestimmen lassen. Ursache ist die im Normalfall logarithmische Normalverteilung individueller Schwellenwerte innerhalb einer Population. Erfahrungsgemäß tritt ein meßbarer Effekt bei zunehmender Schadstoffexposition bei einem immer größeren Teil der Population auf. Bei abnehmender Schadstoffmenge wird diese Relation jedoch immer unschärfer. Darüber hinaus ist zu beachten, daß die Existenz von Schwellenwerten genotoxischer Wirkungen nicht eindeutig geklärt ist. Die für verschiedene Stoffe angegebenen Grenzwertempfehlungen der U.S. Environmental Protection Agency (EPA) im Zusammenhang mit entsprechenden karzinogenen Risiken bei Häufigkeiten von 1 Erkrankung auf 10^5, 10^6 oder 10^7 Individuen, entsprechend einem Risiko von 10^{-5}, 10^{-6} oder 10^{-7} einer exponierten Population, sind nicht als toxikologische Grenzwerte zu interpretieren. Sie charakterisieren lediglich ein mit entsprechenden Schadstoffexpositionen verbundenes wahrscheinliches Krebsrisiko für die Bevölkerung unter der Annahme einer lebenslangen Stoffaufnahme mit dem Trinkwasser. Häufig werden dabei spezifische Faktoren wie die Biokonzentrationstendenz der Stoffe oder in besonderen Fällen der Fischkonsum als Hauptexpositionsquelle berücksichtigt.

Grenz- und Richtwerte oder Empfehlungen ohne verbindlichen Charakter weisen zumindest auf die öko- und humantoxikologische Bedeutung und das Gefährdungspotential, welches den Stoffen zugeordnet wird, hin. Sie sollten in jedem Fall Anlaß einer kritischen Stoffbeurteilung sein. Abschließend ist zu erwähnen, daß Grenzwerte keine Konstanten im Sinne unveränderlicher Stoffkenngrößen sind, sondern auf der Grundlage des aktuellen Kenntnis- und Entwicklungsstandes in Abständen überarbeitet werden müssen.

1.2.5. Umweltverhalten

Die *Herstellung* und *Verwendung* von Chemikalien erfolgt nahezu immer in offenen Systemen. Damit verbunden sind entsprechende unvermeidbare Chemikalienemissionen in die Umwelt. Nach der Emission tritt zumeist eine irreversible Situation ein und die in den Umweltstrukturen ablaufenden Prozesse entziehen sich fast immer der Einflußnahme durch den Menschen (Schmidt-Bleek et al. 1982). Das Verhalten einer Chemikalie in abiotischen und biotischen Strukturen von Hydro-, Pedo- und Atmosphäre kann vereinfacht durch Transport- und Verteilungsprozesse, verbunden mit Vorgängen der Stoffdispersion oder -konzentrierung, sowie differenzierten Stofftransformationen und -wirkungen im Sinne von physikalisch-chemischen Reaktionen und von Bioaktivität bzw. Toxizität charakterisiert werden. Die Stoffverteilung erfolgt dabei entweder in homogener Phase (Wasser, Luft) oder zwischen flüssiger, fester und gasförmiger Phase im Sinne von Stoffübergängen zwischen Wasser, Boden/Sediment, Atmosphäre und Biosystemen. Die *Dispersionstendenz* eines chemischen Stoffes ist dabei zumeist mit seinem überregionalen bzw. globalen Vorkommen verbunden, während Konzentrierungsprozesse zur Anreicherung in biotischen oder abiotischen Strukturen biogeochemischer Kreisläufe führen (Bio- und Geoakkumulationstendenz). Daraus folgt, daß die Stoffmobilität in der Umwelt in enger Beziehung zur Verteilung steht, wobei entsprechende Verteilungsparameter ihrerseits durch physikalisch-chemische Stoffeigenschaften und molekulare Strukturen bestimmt werden. Erfahrungsgemäß können beispielsweise folgende allgemeine Beziehungen formuliert werden:

— Niedrige Werte der Wasserlöslichkeit korrelieren mit hohen n-Octanol/Wasser-Verteilungskoeffizienten sowie einer relativ hohen Bio- und Geoakkumulationstendenz.
— Hohe Bio- und Geoakkumulationstendenz ist nahezu immer mit geringer oder verminderter Stoffmobilität in Wasser und Atmosphäre verbunden.
— Die Bioverfügbarkeit der an Sedimente sowie suspendierte Festpartikel adsorbierten Stoffe steht im direkten Verhältnis zu ihrer Löslichkeit und ist umgekehrt proportional zum organischen Kohlenstoffgehalt der Feststoffe.
— Eine ausgeprägte Bio- und Geoakkumulationstendenz deutet häufig auf die mögliche Ausbildung remobilisierbarer Stoffdepots in Pedo- und Biosphäre hin.
— Mit zunehmender Lipophilie kommt es oftmals zu einer Verminderung der Reaktivität und damit der Transformationstendenz von Stoffen.
— Maßgebliche Transport- und Verteilungsprinzipien für hydrophile und leicht flüchtige Stoffe sind die Hydro- und Atmosphäre.
— Stoffe mit hohem Dampfdruck sind durch eine relativ hohe Flüchtigkeit aus wäßrigen Systemen sowie eine hohe Mobilität und Dispersionstendenz in der Atmosphäre charakterisiert.

Im Gegensatz zu Verteilungsprozessen sind *Stofftransformationen* im Sinne physikalisch-chemischer und biochemischer Reaktionen immer mit Veränderungen von Strukturen und physikochemischen Stoffeigenschaften verbunden. Im Hinblick auf das Gefährdungspotential können diese Reaktionen giftend oder entgiftend wirken und somit das Umwelt- und Gesundheitsrisiko erhöhen oder vermindern.
Grundsätzlich können Stofftransformationen in biologische und nichtbiologische Prozesse differenziert werden. Biologische Prozesse sind immer an die Anwesenheit und Stoffwechselaktivität von Biosystemen gebunden und können extra- und/oder intrazellulär ablaufen. Trotz der Vielfalt von Reaktionen chemischer Stoffe in biologischen und nichtbiologischen Umweltstrukturen liegen den Stofftransformationen nur wenige Reaktionsmechanismen zugrunde, deren Reaktionstypen auf einige wenige Umsetzungen zurückzuführen sind.
So werden bei biochemischen Reaktionen sogenannte Phase-I- und Phase-II-Reaktionen unterschieden. Bei Phase-I-Reaktionen wird das Stoffmolekül selbst in seiner molekularen Struktur verändert, während bei Phase-II-Reaktionen Wechselwirkungen mit körpereigenen Stoffen stattfinden (Tab. 3), (Pfeiffer und Borchert 1981).
Bei nichtbiologischen Stofftransformationen sind photolytische und nichtphotolytische Reaktionen zu unterscheiden (Korte 1980). Photoisomerisierung, Photodechlorierung, Photooxidation und Photomineralisierung sind den photolytischen Reaktionen zuzuordnen. Hydrolyse und Oxidation/Reduktion gehören zu den nichtphotolytischen Reaktionen.

Tabelle 3
Biologische Phase-I- und Phase-II-Reaktionen (nach Pfeifer und Borchert 1981)

Oxidative-enzymatische Transformation (Phase-I-Reaktion)	
X-Hydroxylierung	Sulfoxidation
C-Hydroxymethylierung	Phosphorthionat-Oxidation
Epoxidation	Oxidative Dechlorierung
O-Dealkylierung	C – C Spaltung
N-Hydroxylierung	C – Dehydrierung
N-Oxid-Bildung	Bildung von Azobenzen
Oxidative Deaminierung	sonstige Oxidatione (Ringöffnung, Aromatisierung)
Oxidation an Heteroatom	

Reduktive enzymatische Transformation (Phase-I-Reaktion)	
Reduktion von Ketogruppen	Reduktion von Azogruppen
Reduktion von Nitrogruppen	Reduktion von N-Oxid-Gruppen
Reduktive Dechlorierung	Epoxid-Reduktion

Hydrolytische enzymatische Transformation (Phase-I-Reaktion)	
Carbonsäure-Hydrolyse	Esterhydrolyse
Amid-Hydrolyse	Phosphathydrolyse
Epoxid-Hydrolyse	Carbamat-Hydrolyse
Hydrolyse von C – N	Glycosid-Hydrolyse

Konjugation primärer Metaboliten (Phase-II-Reaktion)	
Glucuronsäure	Glucuronide
Glutathion	Glutathionate
Zucker	Glycoside
Essigsäure	N-, O-Acetate
Methylgruppe	Ester, Ether, Amine
Schwefelsäure	Sulfate
Phosphorsäure	Phosphate
Aminoessigsäure	Säuren
Peptide, lösliche Proteine	Peptide, Proteinkomplexe

In Abhängigkeit von den jeweils vorliegenden Reaktionsbedingungen und der molekularen Struktur einer Chemikalie haben biologische und nichtbiologische Stoffwandlungen eine unterschiedliche Bedeutung für das Umweltverhalten. So werden photolytische Umsetzungen bevorzugt in der Atmosphäre ablaufen und deshalb für solche Stoffe von Bedeutung sein, die infolge ihrer Flüchtigkeit eine große Dispersionstendenz in der Atmosphäre aufweisen. Neuere Untersuchungen haben allerdings gezeigt, daß auch Stoffe mit relativ niedrigem Dampfdruck durch Sorptionsprozesse an Festpartikel einerseits eine große Dispersionstendenz zeigen und zum anderen durch photolytische Reaktionen in der Atmosphäre vergleichsweise schnell transformiert, teilweise bis zu Kohlendioxid abgebaut werden können. Unter dem Aspekt der Umweltgefährlichkeit besteht der Vorteil photolytischer Reaktionen darin, daß die Stoffwandlung im Gegensatz zu enzymatisch-biochemischen Reaktionen häufig bis zur Bildung von Kohlendioxid und Wasser führt. Andererseits darf nicht übersehen werden, daß infolge der Bildung von Molekülbruchstücken (Radikale) durch energiereiche Strahlung völlig neue Moleküle gebildet werden können. Darüber hinaus darf die Bedeutung photolytischer Reaktionen für den Stoffabbau in oberflächennahen Wasserschichten oder Bodenzonen nicht unterschätzt werden, da sich gerade in diesen Bereichen lipophile, wenig polare Stoffe anreichern können.

Neben biologischen Reaktionen haben nichtphotolytische Reaktionen wie Hydrolyse und Oxidation/Reduktion besondere Bedeutung für die Stoffwandlung in aquatischen Systemen sowie in Böden und Sedimenten.

Die Bewertung von Stofftransformationen in Biosystemen muß beachten, daß biochemisch-enzymatische Umsetzungen zumeist mit der Bildung neuer, vorwiegend polarer, hydrophiler Stoffe oder Konjugate verbunden sind, und nur selten zur Verstoffwechselung unter Bildung von Kohlendioxid und Wasser führen. Die bei diesen Reaktionen verfügbare Energie ist zur An- bzw. Umlagerung funktioneller Gruppen, nicht aber zur Bindungsspaltung ausreichend. Andererseits ist zu bedenken, daß die biologische Aktivität von Böden, Sedimenten und Schlämmen häufig die maßgebliche Grundlage dafür ist, daß Umweltschadstoffe überhaupt transformiert bzw. abgebaut werden.

In unmittelbarer Verbindung mit der Transformationstendenz steht die *Persistenz* eines Stoffes im Sinne seiner physikalisch-chemischen und biologischen Stabilität. Wie allgemeine Erfahrungen zeigen, ist die Persistenz eines Stoffes abhängig von seiner chemischen Struktur, den damit verknüpften physikochemischen Eigenschaften sowie den Eigenschaften des jeweiligen Umweltsystems. Da es ein absolutes Maß für die Persistenz nicht gibt, können Chemikalien immer nur vergleichend betrachtet werden (Korte 1980). Als Grundsatz sollte bei der Stoffbewertung im Hinblick auf die Persistenz gelten, daß die Stabilität von Transformationsprodukten immer Bestandteil der Persistenz des Ausgangsstoffes ist. Erfahrungsgemäß ist eine hohe Stabilität häufig mit einer ausgeprägten Bio- und Geokonzentrationstendenz verbunden. Weiterhin können Strukturmerkmale von Chemikalien oftmals erste orientierende Hinweise zur Persistenz in der Umwelt geben. So sind z. B. im allgemeinen Alkane stabiler als Alkene, aber weniger stabil als Aromaten.

Mit der Zahl der Substituenten am aromatischen Kern, insbesondere bei Protonensubstitution durch Halogene, erhöht sich die Stabilität von Verbindungen (z. B. Hexachlorbenzen und Monochlorbenzen, Decachlorbiphenyl und Monochlorbiphenyl). Demgegenüber verändert sich die Stabilität von Aromaten bei Substitutionen durch Alkylgruppen nicht wesentlich. Andererseits führt die Kohlenstoff-Stickstoff-Substitution jedoch zumeist zu einer erheblichen Stabilitätszunahme des Moleküls, wie die Persistenz des Triazin- und Benzenkerns zeigt.

Die *Stoffmobilität in Böden* ist im Zusammenhang mit der Gefahr von Grundwasserverunreinigungen sowie der Akkumulation in terrestrischen biologischen Ketten ein maßgebliches Kriterium zur Beurteilung des Umweltverhaltens und des Gefährdungspotentials von Chemikalien. Grundwasserkontaminationen sind zumeist nur dann zu erwarten, wenn die physikalisch-chemischen Eigenschaften des Stoffes bzw. seiner Transformationsprodukte und die Bodenverhältnisse ein Vordringen bis zu grundwasserführenden Bodenschichten ermöglichen. Hohe Wasserlöslichkeit, niedriger Dampfdruck, geringe Sorptionstendenz und hohe Persistenz sind stoffliche Eigenschaften, die eine entsprechende Bodenpassage möglich machen bzw. begünstigen. Darüber hinaus muß der Boden in seiner Struktur und Zusammensetzung, dem Wassergehalt, dem Sorptionsvermögen, der biologischen Aktivität und Reaktion so beschaffen sein, daß chemische Stoffe ohne wesentliche Konzentrationsminderung bis zum Grundwasserleiter vordringen können. Zu beachten ist, daß wenig wasserlösliche Stoffe sowohl bei massiven Bodenverunreinigungen als auch bei Anwesenheit von Lösungsvermittlern u.a. sowie genügend langer Latenzzeit bis in grundwasserführende Schichten vordringen können (Gefährdungsmöglichkeit bei der Deponie von Schadstoffen).

Die *Stoffaufnahme durch Pflanzen* ist ein weiteres maßgebliches Gefährdungsmoment in Verbindung mit Bodenverunreinigungen (z.B. auch bei der Nutzung von Abwasserschlämmen und ähnlichem). Der Grad der Aufnahme durch die Pflanze ist u.a. abhängig von der Wasser- und Lipoidlöslichkeit. Für die meisten umweltrelevanten Chemikalien sind keine Daten verfügbar. Hiervon ausgenommen sind Pflanzenschutz- und Schädlingsbekämpfungsmittel sowie die Spurenmetalle Quecksilber, Cadmium, Blei und Selen.

Zur Abschätzung und Bewertung der Umweltgefährlichkeit und daraus resultierender Risiken chemischer Stoffe für Mensch und Umwelt sind Informationen zur relativen Expositionswahrscheinlichkeit im Sinne der Umweltverfügbarkeit erforderlich. Eine Grundlage zur Ermittlung dieser Informationen sind die Untersuchungsergebnisse von Monitoring-Analysen. Für eine annähernde Voraussage der relativen Expositionswahrscheinlichkeit ist jedoch die Kenntnis der Stoffverteilungsmuster, d.h. ihre Kompartimentalisierungstendenz zunächst ausreichend. Nach einem von Klöpffer et al. (1990) entwickelten Modell können, ausgehend von der Kenntnis des Molekulargewichtes, der Wasserlöslichkeit, dem Dampfdruck und der Adsorptionskonstante die Verteilungsmuster zwischen Hydro-, Pedo- und Atmosphäre näherungsweise bestimmt werden. Daraus ergeben sich sowohl Hinweise darauf, welches Umweltkompartiment bei Stoffemissionen am meisten gefährdet ist, als auch darauf, über welches Kompartiment vorzugsweise die Exposition des Menschen mit einer gewissen Wahrscheinlichkeit erfolgt.

1.2.6. Abfallbeseitigung/schadlose Beseitigung/Entgiftung

Die Begriffe Abfallbeseitigung, Entgiftung und schadlose Beseitigung gelten sowohl für Rückstände chemischer Stoffe in Form reiner oder technischer Produkte als auch für Abfallprodukte aller Aggregatzustände in Form von Stoffgemischen wie Lösungen, Schlämmen, Feststoffen, Gasen u.a. Ziel entsprechender Maßnahmen ist der Schutz von Mensch und Umwelt. Dabei ist der Begriff „Entgiftung" durch das Ziel sowie die Bedingungen und Umstände charakterisiert, die zur Minderung oder Beseitigung der Schädlichkeit eines chemischen Stoffes führen. Der Begriff ist nicht absolut (Martinetz 1980). Bei allen physikalischen, chemischen und biologischen Prozessen der Stoffentgiftung oder -beseitigung

entstehen nur in Ausnahmefällen die Idealprodukte Kohlendioxid und Wasser. Vielmehr führen die meisten dieser Prozesse zur Bildung neuer Stoffe, mit neuen Eigenschaften, die ihrerseits wiederum zu Umweltbelastungen führen können. Dabei sind die entstehenden Stoffe oftmals nicht bekannt bzw. es können lediglich auf der Grundlage der Eigenschaften der Ausgangsstoffe entsprechende Vermutungen angestellt werden (z. B. Abfallverbrennung PCB-haltiger Rückstände, Pflanzenschutzmittel, Kunststoffe u. a.).
Grundsätzlich sind bei jeder Entgiftung bzw. Unschädlichmachung von Chemikalien chemische Grundkenntnisse erforderlich. Darüber hinaus ist auch bei Chemikalienabfällen, -rückständen und -abprodukten soweit wie möglich eine geordnete Lagerung notwendig, um Kontakte von miteinander reagierenden Stoffen und damit unkontrollierbare Reaktionen zu vermeiden (Tab. 4).

Tabelle 4
Übersicht zu heftig miteinander reagierenden Chemikalien (Martinetz 1980)

Grundstoff	Kontakt zu vermeiden mit
Acetylen	Halogene, Kupfer, Silber, Quecksilber
Alkalimetalle, Aluminium- und Magnesiumpulver	Wasser, Halogene, Tetrachlormethan und andere chlorierte Lösungsmittel, Kohlendioxid, Blausäure
Ammoniak	Quecksilber, Halogene, Calciumhypochlorit, Fluorwasserstoffsäure
Ammoniumnitrat	Metallpulver, Säuren, Chlorate, Nitrite, Schwefel, brennbare Lösungsmittel, feinverteilte brennbare Feststoffe
Anilin	Salpetersäure, Wasserstoffperoxid
Blausäure	Salpetersäure, Alkalimetalle
Braunstein	Wasserstoffperoxid
Brennbare Lösungsmittel	Ammoniumnitrat, Chromsäure, Halogene, Natriumperoxid, Salpetersäure, Wasserstoffperoxid
Brom	vergleiche bei Chlor
Chlor	Metallpulver, Wasserstoff, Ammoniak, Acetylen, Butadien, Methan, Propan, Buten, Terpentin, Benzen
Chlorate	Metallpulver, Ammoniumsalze, Säuren, Schwefel, Zucker
Chlordioxid	Ammoniak, Schwefelwasserstoff, Methan, Phosphin
Chlorite	Anorganische und organische Säuren, Zucker, Feststoffe
Chromsäure	Essigsäure, Naphthalin, Campher, Glycerin, Terpentin, Alkohole, brennbare Lösungsmittel
Cumolhydroperoxid	Anorganische und organische Säuren
Cyanide	Anorganische und organische Säuren
Eisessig	Chromsäure, Perchlorsäure, Salpetersäure, Peroxide, Kaliumpermanganat
Epichlorhydrin	Säuren und Alkalien
Fluor	jeden Kontakt mit anderen Stoffen ausschließen bzw. vermeiden

Grundstoff	Kontakt zu vermeiden mit
Fluorwasserstoffsäure	Ammoniak
Hydrazin	alle Oxidationsmittel
Iod	Ammoniak, Wasserstoff, Acetylen
Kaliumperchlorat	Schwefelsäure
Kaliumpermanganat	Schwefelsäure, Ethylenglycol, Benzaldehyd, Glycerin
Kaliumsulfid	vergleiche Suflide
Kohlenwasserstoffe	Halogene, Chromsäure, Natriumperoxid
Natriumperoxid	Ethylacetat, Ethylalkohol, Ethylenglycol, Eisessig, Glycerin
Oxalsäure	Quecksilber, Silber
Perchlorsäure	Bismut- und -legierungen, Essigsäureanhydrid, Alkohole, Papier, Holz, Zucker
Sauerstoff	alle organischen brennbaren Materialien
Schwefelkohlenstoff	Natriumperoxid
Schwefelsäure	Kaliumchlorat und -perchlorat, Kaliumpermanganat
Schwefelwasserstoff	rauchende Salpetersäure, oxidierende Gase
Silber	Ammoniumverbindungen, Acetylen, Oxalsäure, Weinsäure
Sulfide	Säuren
Tetrachlorethylen	Alkalimetalle, Kalium- und Natriumhydroxid (fest)
Trichlorethylen	Alkalimetalle, Ätznatron, Ätzkali, Säuren
Wasserstoffperoxid	Aktivkohle, Alkali, Braunstein, feinverteilte Edelmetalle, Fluor-, Eisen- und Kupfersalze, Kaliumiodid, Schwefelkohlenstoff und Schwefelwasserstoff

Im Zusammenhang mit der Frage der Abfallbeseitigung und Entgiftung sollte grundsätzlich die Möglichkeit einer Stoffrückführung bzw. -rückgewinnung im Sinne der Wiederaufbereitung oder eines Recyclings sowie die Trennung von Stoffgemischen mittels differenzierter Verfahren geprüft werden. Ergeben sich keine dementsprechenden Möglichkeiten, ist auf der Grundlage und unter Beachtung gesetzlicher Regelungen bzw. von Verordnungen und Empfehlungen über Maßnahmen einer thermischen oder chemischen Stoffbehandlung, die Anwendung physikalisch-chemischer Prozesse oder einer geeigneten Form der Ablagerung auf geordneten oder Schadstoffdeponien zu entscheiden. Gegenwärtig ist davon auszugehen, daß 70—80 % der industriellen, gewerblichen und landwirtschaftlichen Abfälle sowie der gesamte Kommunalmüll auf oberirdischen Deponiestandorten abgelagert werden. Trotz aller Sicherheitsmaßnahmen ist davon auszugehen, daß Schadstoffdeponien im Sinne von Schadstoffdepots Langzeitschadstellen in Ökosystemen darstellen.

Die im Rahmen der Datensammlung angegebenen Hinweise haben zumeist nur informativen Charakter und sollen Orientierung im Hinblick auf anstehende Fragen der Beseitigung von Abfällen und Rückständen von Chemikalien geben. In Tabelle 5 sind einige Angaben zu chemischen Umsetzungen im Rahmen der Chemikalienentgiftung dargestellt und entsprechende Reagenzien angegeben.

Tabelle 5
Beispiele für die Beseitigung von Chemikalien

Substanz	Art der Beseitigung
Aldehyde	Aufnehmen in geeigneten Lösungsmitteln und in einer Sonderabfallverbrennungsanlage beseitigen.
Aliphatische Amine	siehe Aldehyde
Aromatische Amine	siehe Aldehyde Kleine Mengen können mit Kieselgur aufgenommen und in Plastiksäcken abgefüllt zur Verbrennung gegeben werden.
Carbonsäurechloride	Unter Rühren vorsichtig in Natronlauge eintropfen und neutralisieren. Bis zur Trockne einengen und in Plastikbehältern abgefüllt deponierbar.
Dimethylsulfat	Umsetzen mit verdünnten Alkalien und nach erfolgter Neutralisation können kleine Mengen dem Abwasser beigemischt werden.
Mercaptane	Mercaptane werden mit Natriumhypochlorit oxidiert. Das Reaktionsprodukt kann bei kleinen Mengen dem Abwasser zugeführt werden.
Organische Halogenverbindungen	Die Stoffe werden in einem organischen Lösungsmittel gelöst und einer Sonderabfallverbrennungsanlage zugeführt. Verschüttete Mengen können mit einem Gemisch aus Sand und Soda aufgenommen werden.
Organische Phosphate	Kochen in alkalischem Milieu (ca. 30 min); neutralisieren und eindampfen. Rückstände verbrennen oder einer Sonderabfalldeponie zuführen.
Peroxide, Persäuren	Reduktion in saurer Lösung und bei kleinen Mengen dem Abwasser zuführen.
Cyanide	Oxidation mit Natriumhypochlorit (pro Mol Cyanid etwa 2.5 Mol Hypochlorit). Der Überschuß an Hypochlorit wird mit Natriumthiosulfat beseitigt.

1.2.7. Verwendung

Die stichpunktartig angegebenen Verwendungszwecke bzw. Einsatzbereiche der jeweiligen Stoffe haben lediglich orientierenden Charakter und erheben keinesfalls Anspruch auf Vollständigkeit. Abgeleitet werden können jedoch erste Hinweise auf mögliche Emissionsquellen in Industrie, Landwirtschaft und/oder kommunalem Bereich.

1.3. Chemikaliengesetzgebung, Gefahrstoffrecht

Gesetze und Verordnungen, die den Schutz von Mensch und Umwelt vor giftigen und/oder gefährlichen Stoffen zum Gegenstand haben, sind recht vielfältig. Sie haben sich in den 60er und 70er Jahren nach den Schutzzielen des allgemeinen Gesundheitsschutzes und des Arbeitsschutzes entwickelt und regeln bestimmte Verwendungen von Arzneimitteln, Pflanzenschutzmitteln, Sprengstoffen, Futtermitteln, Arbeitsstoffen u. a.
Anfang der 80er Jahre schloß das Chemikaliengesetz die Gesetzeslücke, die das Inverkehrbringen von chemischen Stoffen, sog. Industriechemikalien, gelassen hatte. Beide Gesetze schließen gleichermaßen die Schutzziele Umwelt und Gesundheit des Menschen ein. In Deutschland faßt man heute alle die Rechtsvorschriften im Gefahrstoffrecht zusammen, die chemische Stoffe als solche, in Zubereitungen oder Erzeugnissen regeln.

1.3.1. Chemikaliengesetz und Gefährlichkeitsmerkmale-Verordnung

Das Gesetz zum Schutz vor gefährlichen Stoffen vom 28. September 1980 (Chemikaliengesetz, ChemG, BGBl. I S. 1718) ist zum Kern dieses neuen Gefahrstoffrechts geworden. Es umfaßt die drei Schutzziele gleichgewichtig: den Schutz des Menschen am Arbeitsplatz, den allgemeinen Gesundheitsschutz und den Umweltschutz.
Der § 3 dieses Gesetzes definiert den zentralen Begriff des ChemG „gefährlich" mit 15 Eigenschaftswörtern:

sehr giftig	leichtentzündlich
giftig	entzündlich
mindergiftig	krebserzeugend (kanzerogen)
ätzend	fruchtschädigend (teratogen)
reizend	erbgutschädigend (mutagen)
explosionsgefährlich	chronisch schädigend
brandfördernd	umweltgefährlich
hochentzündlich	

Die internationale wissenschaftliche Gemeinschaft hat in den Jahren 1978–81 im Rahmen der OECD sog. Prüfrichtlinien erarbeitet, mit denen chemische Stoffe experimentell untersucht werden können, um ihnen eine der o.g. Eigenschaften zuordnen zu können (OECD 1981). Diese Prüfrichtlinien wurden 1984 von der Kommission der Europäischen Gemeinschaft in einer Richtlinie übernommen (EG 1984). Wichtig ist auch der Umkehrschluß: Stoffe, die nach den Ergebnissen dieser Untersuchungen keiner dieser Eigenschaften zugeordnet werden können, sind nach der Legaldefinition des Gesetzes nicht gefährlich.
Die Gefährlichkeitsmerkmale-Verordnung vom 18. Dezember 1981 (BGBl. I S. 1487) gibt für alle diese Eigenschaften eine Definition. So wird das Gefährlichkeitsmerkmal „umweltgefährlich" wie folgt definiert:

„Das Gefährlichkeitsmerkmal umweltgefährlich ist gegeben, wenn Stoffe oder Zubereitungen selbst, deren Verunreinigungen oder ihre Zersetzungsprodukte

- infolge der in den Verkehr gebrachten *Menge*,
- der *Verwendung*,
- der geringen *Abbaubarkeit*,
- der *Akkumulationsfähigkeit* oder
- der *Mobilität*

in der Umwelt auftreten, insbesondere sich *anreichern* können *und* aufgrund der Prüfergebnisse oder anderer wissenschaftlicher Erkenntnisse schädliche Wirkungen auf

- den *Menschen* oder
- auf *Tiere*,
- *Pflanzen*,
- *Mikroorganismen*,
- die natürliche Beschaffenheit von *Wasser, Boden* oder *Luft* und auf die Beziehungen unter ihnen sowie
- auf den *Naturhaushalt*

haben können, die *erhebliche Gefahren* oder *erhebliche Nachteile* für die *Allgemeinheit* herbeiführen."

Diese Definition ist so komplex, daß sie auf den ersten Blick wenig praktikabel erscheint. Es lassen sich aber aus ihr drei Elemente ablesen, die das Gefährlichkeitsmerkmal „umweltgefährlich" konstatieren (Rudolph und Boje 1986, Umweltbundesamt 1985, 1986):

1. der Stoff muß geeignet sein, in der Umwelt präsent zu sein (Exposition),
2. der Stoff muß geeignet sein, Umweltobjekte (Lebewesen, den Naturhaushalt, das Klima) zu schädigen (Toxizität, Wirkungen) und
3. beides, Exposition und Wirkungen müssen erheblich sein.

Bevor sich in der Wissenschaft und der Gesetzgebung eine praktikablere Definition des Begriffes „umweltgefährlich" herausgebildet hat, ist es wichtig, die Datenelemente zusammenzutragen und zu bewerten, die im Umfeld dieses Merkmales angesiedelt sind. Dies ist in dem vorliegenden Datenspeicher weitgehend geschehen.

1.3.2. Gefahrstoff-Verordnung

Der Gesundheitsschutz kann auf eine längere wissenschaftliche Tradition zurückblicken als der Umweltschutz. So sind im Gesundheitsschutz Definitionen für die Giftigkeit von chemischen Stoffen angenommen worden, die im Umweltschutz noch fehlen und die zur *Einstufung* und *Kennzeichnung* führen (§ 13 ChemG). Die Einstufung bedeutet die Zuordnung eines der im vorhergehenden Unterkapitel aufgeführten Eigenschaftswörter zu einem Stoff je nach dem Ergebnis einer experimentellen Untersuchung. Damit diese Einstufung jedermann schnell ersichtlich ist, wird für bestimmte Einstufungen ein Gefahrensymbol gegeben. Die derzeit innerhalb der Europäischen Gemeinschaft verwendeten *Gefahrensymbole* sind im Vorsatz dargestellt.
Nach dem ChemG ist es die Pflicht jedes Herstellers oder Einführers, die Einstufung und Kennzeichnung der von ihm in den Verkehr gebrachten Stoffe selbst vorzunehmen. Für bislang etwa 1 200 Stoffe hat dies bereits der Verordnungsgeber in der Gefahrstoffverordnung vom 26. August 1986 im Anhang VI festgelegt (BGBl. I S. 1470 und Anhänge). Diese Verordnung ist somit zum Nachschlagewerk für gefährliche Stoffe und Zubereitungen geworden (siehe Datenprofil Punkt 1.6). Diese Liste soll fortgeschrieben werden und in Zukunft auch Umweltmerkmale enthalten. Weiterhin übernimmt die Gefahrstoff-Verordnung die MAK-Werte (Maximale Arbeitsplatz-Konzentrationen), die von der Senatskommission der Deutschen Forschungsgemeinschaft zur Prüfung gesundheitsschädlicher Arbeitsstoffe jährlich neu herausgegeben werden (siehe Datenprofil Punkt 4., DFG 1986).

1.4. Literatur

Anordnung über die Inkraftsetzung der Liste der Schadstoffe. 12. Dezember 1977, GBl. I, Nr. 3, 1978
Chemikaliengesetz. Grundzüge der Bewertung. Hrsg. Umweltbundesamt, Berlin 1986, Reihe Text 26/86
Chemikaliengesetz. Prüfung und Bewertung der Umweltgefährlichkeit von Stoffen. Hrsg. Umweltbundesamt, Berlin 1984
Das Chemikaliengesetz. Gesundheitsschutz-Arbeitsschutz-Umweltschutz. Reihe Bürger-Service. Hrsg. Bundesministerium für Jugend, Familie und Gesundheit, Bonn 1983
1. DB zur 5. DVO zum Landeskulturgesetz. Reinhaltung der Luft – Begrenzung, Überwachung und Kontrolle der Immissionen –, 12. 2. 1987, GBl. I, Nr. 7, S. 56, 1987
2. DB zur 6. DVO zum Landeskulturgesetz. – Schadlose Beseitigung toxischer Abprodukte und anderer Schadstoffe, 21. April 1977 GBl. I, Nr. 39, S. 465
EG Richtlinie **84/449/EWG**. Methoden zur Bestimmung der physikalischen, chemischen toxikologischen und ökotoxikologischen Eigenschaften gemäß der EG-Richtlinie 79/831/EWG, ABl. Nr. L 251 vom 19. 09. 1984, S. 1
Gesetz über den Verkehr mit Giften, – Giftgesetz –, 7. April 1977 GBl. I, Nr. 10, S. 103
1. DVO zum Giftgesetz, 31. Mai 1977, GBl. I, Nr. 21
2. DVO zum Giftgesetz, 31. Mai 1977, GBl. I, Nr. 21.
3. DVO zum Giftgesetz, 31. Mai 1977, GBl. I, Nr. 21
4. DVO zum Giftgesetz,

Horn, K. W.: Kommunalhygiene. 3. überarb. Auflage. Volk u. Ges., Berlin 1981
Korte, F. (Hrsg.): Ökologische Chemie. Grundlagen und Konzepte für die ökologische Beurteilung von Chemikalien. Thieme, Stuttgart–New York, 2. neubearbeitete Auflage, 1987
Klöpffer, W., et al.: Bewertung von organisch-chemischen Stoffen und Produkten in bezug auf ihr Umweltverhalten – chemische, biologische und wirtschaftliche Aspekte. Teil 2. Forschungsbericht 101 04 009/03, Umweltbundesamt, Berlin 1979
Lohs, K.: Chemie und Umwelt, Chemie **21** (1981): 161–165
Martinetz, D.: Immobilisation, Entgiftung und Zerstörung von Chemikalien. VEB Deutscher Verlag f. Grundstoffindustrie, Leipzig 1980
OECD Guidelines for Testing Chemicals. OECD, Paris 1981
Pfeiffer, S., und Borchert, H. H.: Pharmakokinetik und Biotransformation. Eine Einführung. Volk u. Ges., Berlin 1981
Principles of Ecotoxicology. SCOPE 12. Hrsg. G. C. Butler. John Wiley & Sons, Chichester 1978
Rehbinder, E., Kayser D., und Klein, H. A.: Chemikaliengesetz. C. F. Müller Verlag, Heidelberg 1985
Rudolph, P., und Boje, R.: Ökotoxikologie. Grundlagen für die ökotoxikologische Bewertung von Umweltchemikalien nach dem Chemikaliengesetz. ecomed Verlag, Landsberg/Lech 1986
Schmidt-Bleek, F., et al.: Present Status of Hazard Assessment of Chemicals in the Environment. Lecture presented at the Work-shop: Chemicals in the Environment. Symposium Proceedings. Christiansen, K., et al. (Hrsg.), Lyngby-Copenhagen 1982
Storm, P.-Chr.: Umweltrecht. Wichtige Gesetze und Verordnungen zum Schutz der Umwelt. 2. Auflage. Dt. Taschenbuch Verlag, München 1981
Wassergesetz, 2. Juli 1982 GBl. I, Nr. 26, S. 467
1. DVO zum Wassergesetz, 2. Juli 1982 GBl. I, Nr. 26, S. 477
TGL 32 610: Maximal zulässige Konzentrationen gesundheitsgefährdender Stoffe in der Luft am Arbeitsplatz. Grenzwerte, Wirkqualitäten.
Uppenbrink, M., Broecker, B., und Schottelius, D.: Chemikaliengesetz. Kommentar und Vorschriftensammlung zum gesamten Chemikalienrecht, Loseblattausgabe. W. Kohlhammer, Stuttgart

1.5. Glossar

§ 2 AbfG

§ 2 Absatz 2 Abfallgesetz besagt: „An die Entsorgung von Abfällen aus gewerblichen oder sonstigen wirtschaftlichen Unternehmen oder öffentlichen Einrichtungen, die nach Art, Beschaffenheit oder Menge in besonderem Maße gesundheits-, luft- oder wassergefährdend, explosibel oder brennbar sind, sind nach Maßgabe des Gesetzes zusätzliche Anforderungen zu stellen." Man spricht von Sonderabfällen. Die Abfallbestimmungsverordnung vom 28. 5. 1977 legt diese Sonderabfälle fest.

Akute Toxizität

Die akute Toxizität charakterisiert die Giftigkeit eines chemischen Stoffes nach einmaliger Applikation. Sie ist kein absolutes Maß für die Toxizität. Numerische Kenngrößen sind LD 50- und LC 50-Werte, welche im Tierexperiment bei differenzierter Applikationsform ermittelt werden. Der Beobachtungszeitraum nach erfolgter Stoffapplikation beträgt zwischen 24 Stunden und 4 Wochen. LC 50-Werte werden im allgemeinen bei 4stündiger inhalativer Stoffexposition bestimmt.

Abfälle, toxische und gefährliche

Toxische und gefährliche Abfälle sind Substanzen, Produkte oder Unterprodukte, die aus industriellen, kommerziellen, handwerklichen, landwirtschaftlichen oder wissenschaftlichen Tätigkeiten stammen und deren Ableitung oder Ablagerung wegen toxischer oder gefährlicher Eigenschaften, ihrer Persistenz oder Konzentration ein unmittelbares oder langfristiges Risiko für den Menschen und seine Umwelt darstellen.

ADI-Wert

Der ADI-Wert (vergleiche Abkürzungsverzeichnis) charakterisiert die tägliche Höchstdosis eines Pflanzenschutz- und Schädlingsbekämpfungsmittels in Milligramm pro Kilogramm Körpergewicht (mg/kg/d), die auch bei lebenslanger Aufnahme auf der Grundlage des gegenwärtigen Wissensstandes mit hoher Wahrscheinlichkeit ohne Einfluß auf den menschlichen Organismus bleibt.

Antagonistische Wirkung

Die toxische Wirkung von zwei oder mehreren Stoffen wird als antagonistisch bezeichnet, wenn sie geringer ist als die Summe der Einzelwirkungen.

Biologische Wirkung

Die biologische Wirkung charakterisiert die Summe aller durch die definierte Menge eines chemischen Stoffes induzierten Veränderungen des Ausgangszustandes eines Biosystems. Sie ist die Resultante aus dem Zusammenwirken der Komponenten Stoff, Dosis und Biosystem unter spezifischen Milieubedingungen.

Biokonzentrationsfaktor

Der Biokonzentrationsfaktor eines chemischen Stoffes ist eine von der jeweiligen biologischen Spezies abhängige Größe. Er entspricht dem Quotienten aus den Stoffkonzentrationen im Biosystem und der dieses umgebenden Umwelt im Gleichgewichtszustand der Stoffverteilung.

Bioverfügbarkeit

Die Bioverfügbarkeit charakterisiert die in einem Biosystem tatsächlich verfügbare und biologisch wirksame Stoffmenge.

Chronische Toxizität

Die chronische Toxizität charakterisiert die Giftigkeit eines chemischen Stoffes bei wiederholter Verabreichung in differenzierten Formen über einen längern Zeitraum (mindestens ½ Jahr, vorwiegend 2 Jahre). Als numerische Kenngröße der chronischen Toxizität werden häufig die nicht wirksame Dosis bzw. Konzentration (no effect level) oder die niedrigste wirksame Dosis bzw. Konzentration ermittelt.

Chemische Karzinogene

Chemische Karzinogene sind Stoffe, die auf biochemische Regulationsmechanismen so einwirken, daß unmittelbar oder mittelbar Normalzellen in maligne Zellen umgewandelt werden bzw. bereits vorhandene (ruhende) Krebszellen stimuliert werden und eine Geschwulst entsteht.

Dosis

Die Dosis charakterisiert den tatsächlichen, vom Biosystem aufgenommenen, wirksamen Stoffanteil.

Exposition

Der Begriff Exposition beschreibt die Tatsache, daß eine Bevölkerung, ein Organismus oder eine Sache gegenüber speziellen physikalischen bzw. chemischen potentiellen Schadfaktoren (Noxen) ausgesetzt sind. Die Exposition ist eine Funktion von Stoffmenge und Expositionsdauer.

Fischtoxizität

Die Fischtoxizität charakterisiert die akut toxische Wirkung chemischer Stoffe auf verschiedene Fischspezies bei Expositionszeiten von 24, 48 oder 96 Stunden. Da Fische häufig gegenüber Chemikalien besonders empfindlich reagieren, ermöglichen Angaben zur Fischtoxizität Rückschlüsse auf die Gefährlichkeit eines Stoffes für Biosysteme. In der Ökotoxikologie verwendet man die Kenngrößen LC 50 (letale concentration, bei der 50% der Versuchstiere sterben) und EC 50 (effect concentration), sowie die NOEC-Werte (no effect concentration).

Gesundheitsschädigung

Eine Wirkung wird dann als gesundheitsschädigend betrachtet, wenn Funktionen oder/und Strukturen des Organismus sich zeitweilig oder andauernd in einem Maße verändern, welche die physiologische Variationsbreite überschreiten.

Giftigkeit

Der Begriff Giftigkeit charakterisiert die Fähigkeit eines chemischen Stoffes, Schädigungen von Biosystemen zu verursachen.

Geruchsschwellenwert/Geschmacksschwellenwert

Der Geruchsschwellenwert bezeichnet die kleinste Stoffmenge in Luft oder Wasser, die von den meisten Menschen noch wahrgenommen werden kann. Der Geschmacksschwellenwert charakterisiert die vergleichbare geschmacklich in Wasser noch nachweisbare bzw. wahrnehmbare Stoffmenge. Aufgrund differenzierter Einflüsse sowie Schwankungen in der subjektiven Empfindlichkeit sind diese Schwellenwerte nicht exakt definiert. Als unmittelbar erfaßbares Warnsignal sind sie jedoch ein wichtiger Hinweis auf mögliche Gesundheitsgefährdungen durch Chemikalien.

Gefährlichkeit

Die Gefährlichkeit eines chemischen Stoffes charakterisiert sein Potential, biologische Systeme zu schädigen.

Gefährlichkeitsmerkmal

Der Gesetzgeber hat im Chemikaliengesetz die Merkmale (Eigenschaften) festgeschrieben und in der Gefährlichkeitsmerkmale-Verordnung definiert, die einen Stoff im Sinne des Gesetzes zu einem gefährlichen Stoff machen. Das Gefährlichkeitsmerkmal bezeichnet die stoffimmanente Eigenschaft, die durch eine entsprechende Untersuchung festgestellt werden kann.

Gefährdungspotential

Das Gefährdungspotential von Chemikalien für Mensch und Umwelt ist im wesentlichen eine Funktion der Stofftoxizität und Exposition. Es wird durch eine Reihe von Stoff- und Systemeigenschaften bestimmt. Von maßgeblicher Bedeutung sind Mengen- und Wirkparameter der Stoffe.

Grenzwert

Ein Grenzwert charakterisiert die zulässige Belastung des Organismus gegenüber einem Stoff oder die zulässige Aufnahme des Stoffes durch den Organismus, eine Bevölkerungsgruppe oder eine Sache.

Grenzwert, primär

Primäre Grenzwerte charakterisieren zulässige Belastungen durch physikalische, chemische oder biologische Noxen, die in einem Umweltbereich wie Wasser, Luft oder/und Boden oder in Produkten wie Lebensmitteln, vorkommen.

Grenzwert, sekundär

Sekundäre Grenzwerte charakterisieren zulässige Emissionen, die von einer Verunreinigungsquelle oder einem Gegenstand ausgehen.

Grenzwert, technisch

Technische Grenzwerte charakterisieren zulässige Emissionen auf der Grundlage des wissenschaftlich-technisch realisierbaren Wirkungsgrades technologischer Prozesse.

Grenzwerte für Emissionsnormen

Nach EG-Richtlinie 76/464/EWG werden Grenzwerte für Emissionen (Ableitungen) von Schadstoffen aus Industriebetrieben wie folgt definiert:
Die als Konzentrationen ausgedrückten Grenzwerte der Emissionsnormen werden für bestimmte Industriebranchen festgelegt. Auf keinen Fall dürfen die als Höchstkonzentration ausgedrückten Grenzwerte über den Werten liegen, die sich aus der Division der abgeleiteten Gewichtsmenge durch den Wasserbedarf der charakteristischen Betriebseinheit ergeben.
Da Schadstoffkonzentrationen in Abflüssen von der Wassermenge abhängen, werden zur Kontrolle repräsentative 24 h-Proben entnommen und die verbrauchte Wassermenge des Gesamtabflusses gemessen.
Die Grenzwerte werden auch als Fracht in Menge abgeleiteter Schadstoffe pro produzierte Tonne Produkt (oder pro eingesetzter Menge Stoff) pro Zeiteinheit angegeben.

Karzinogenität, karzinogene Wirkung

Die Karzinogenität bzw. karzinogene Wirkung eines chemischen Stoffes ist gleichbedeutend mit seiner krebserregenden bzw. -auslösenden Wirkung. Der Begriff „Krebs" ist dabei eine Sammelbezeichnung für bösartige (maligne) Geschwülste (Tumoren). Von den malignen Tumoren sind die benignen Tumoren (gutartige Geschwülste) zu unterscheiden.

MAK-Wert

Der MAK-Wert (Maximale Arbeitsplatz-Konzentration) ist die höchstzulässige Konzentration eines Arbeitsstoffes als Gas, Dampf oder Schwebstoff in der Luft am Arbeitsplatz, die nach dem gegenwärtigen Stand der Kenntnis auch bei wiederholter und langfristiger, in der Regel täglich 8stündiger Exposition, jedoch bei Einhaltung einer durchschnittlichen Wochenarbeitszeit von 40 Stunden (in Vierschichtbetrieben 42 Stunden je Woche im Durchschnitt von vier aufeinanderfolgenden Wochen) im allgemeinen die Gesundheit der Beschäftigten nicht beeinträchtigt und diese nicht unangemessen belästigt. In der Regel wird der MAK-Wert als Durchschnittswert über Zeiträume bis zu einem Arbeitstag oder einer Arbeitsschicht integriert. Bei der Aufstellung von MAK-Werten sind in erster Linie die Wirkungscharakteristika der Stoffe berücksichtigt, daneben aber auch – soweit möglich – praktische Gegebenheiten der Arbeitsprozesse bzw. der durch diese bestimmten Expositionsmuster. Maßgebend sind dabei wissenschaftlich fundierte Kriterien des Gesundheitsschutzes, nicht die technischen und wirtschaftlichen Möglichkeiten der Realisation in der Praxis (Definition der DFG-Senatskommission).

MIK$_K$-Werte

MIK$_K$-Werte begrenzen Schadstoffkonzentrationen für den Einwirkungszeitraum von 30 Minuten (Kurzzeitwert). Bei Einhaltung der MIK$_K$-Werte werden akute Reaktionen des menschlichen Organismus gegenüber Luftverunreinigungen weitestgehend verhindert.

MIK$_D$-Werte

MIK$_D$-Werte begrenzen Schadstoffkonzentrationen bei dauernder Einwirkung (Dauerwert). Bei Einhaltung der MIK$_D$-Werte werden chronische Reaktionen des menschlichen Organismus gegenüber Luftverunreinigungen weitestgehend verhindert.

Mutagenität/mutagene Wirkung

Die Mutagenität charakterisiert die Wirkung eines chemischen Stoffes auf Körper- und Keimzellen, die mit Veränderungen des genetischen Materials der Zellen verbunden sind.

Ökotoxikologie, ökotoxikologisch

Die Ökotoxikologie untersucht die Wirkung von Stoffen auf Ökosysteme. Da Ökosysteme wegen ihrer großen Komplexität für experimentelle Untersuchungen nur schwer zugänglich sind, werden heutzutage in der ökotoxikologischen Forschung Modellorganismen (Arten) benutzt, die für Ökosysteme repräsentativ sind und sich für Labortests eignen. Das sind derzeit Bakterien, Algen, Wasserflöhe (Daphnien), Fische, höhere Pflanzen (z. B. Hafer), Regenwürmer, Springschwänze (Colembolen), Bienen, Vögel.

Ökologische Chemie, ökochemisch

Die ökologische Chemie untersucht das Verteilungs- und Transformationsverhalten chemischer Stoffe natürlichen oder/und anthropogenen Ursprungs in biologischen und nichtbiologischen Umweltstrukturen unter Beachtung möglicher Rückwirkungen auf die stoffliche Zusammensetzung und Qualität der Umwelt.

Qualitätsziele für Gewässer

Nach EG-Richtlinie 76/464/EWG werden Qualitätsnormen für Gewässer in ng/l nach Ableitung von Schadstoffen aus Industriebetrieben wie folgt definiert: Qualitätsziele sind Konzentrationen, die sich auf das arithmetische Mittel der während eines Jahres erzielten Ergebnisse beziehen. Die Proben müssen in hinreichender Nähe der Ableitungsstellen entnommen werden, damit sie für die Qualität der Gewässer in dem durch die Ableitung betroffenen Gebiet repräsentativ sind. Die Probenahmehäufigkeit muß genügend hoch sein, um etwaige Veränderungen der Gewässer aufzeigen zu können, insbesondere unter Berücksichtigung der natürlichen Veränderung des Wasserhaushaltes.

Subchronische Toxizität

Die subchronische Toxizität charakterisiert die Giftigkeit eines chemischen Stoffes bei wiederholter Applikation über einen Zeitraum von mindestens 28 Tagen, jedoch weniger als 90 Tagen.

Sorptionskoeffizient

Der Sorptionskoeffizient eines chemischen Stoffes entspricht dem Quotienten aus den Stoffkonzentrationen in anorganischen und organischen Strukturen von Böden und Sediment und der diese umgebenden wäßrigen Phase im Gleichgewichtszustand der Stoffverteilung. Bei einer Vielzahl nicht ionisierter chemischer Verbindungen mit stark hydrophobem Charakter ist der Sorptionskoeffizient abhängig vom organischen Kohlenstoffgehalt des Bodens bzw. Sediment.

Synergistische Wirkung

Die toxische Wirkung von zwei oder mehr chemischen Stoffen wird als synergistisch bezeichnet, wenn die Gesamtwirkung größer als die Summe der Einzelwirkungen ist und damit eine Wirkungsverstärkung zu verzeichnen ist.

TA Luft

Emissionsbegrenzungen nach der Technischen Anleitung (TA Luft) sind die im Genehmigungsbescheid festzulegenden
a) zulässigen Massenkonzentrationen (mg/m^3) von Luftverunreinigungen im Abgas mit der Maßgabe, daß
  aa) sämtliche Tagesmittelwerte die festgelegten Massenkonzentrationen
  ab) 97 % aller Halbstundenmittelwerte sechs Fünftel der festgelegten Massenkonzentrationen
  ac) sämtliche Halbstundenmittelwerte das Zweifache der festgelegten Massenkonzentrationen
  nicht überschreiten,
b) zulässigen Massenverhältnisse (Emissionsfaktoren)
  (kg Emission pro produzierte Tonne)
c) zulässigen Massenströme (kg/h).

Toxische Grenzkonzentration/Toxische Schwellenkonzentration

Die toxische Grenz- bzw. Schwellenkonzentration eines chemischen Stoffes entspricht der Stoffmenge, bei deren Überschreitung im toxikologischen Test mit dem verfügbaren Untersuchungsinstrumentarium erste Anzeichen einer toxischen Wirkung feststellbar sind (NOEC – no effect concentration).

Teratogenität/teratogene Wirkung

Die Teratogenität eines chemischen Stoffes charakterisiert seine Wirkung auf die körperliche und psychische Entwicklung des heranwachsenden Embryos und die damit verbundenen funktionellen und strukturellen Schädigungen.

Umweltchemikalie/Umweltschadstoff

Umweltchemikalien bzw. Umweltschadstoffe sind chemische Stoffe, die durch anthropogene Aktivitäten in die Umwelt eingebracht werden und in solchen Mengen oder Konzentrationen auftreten können, die geeignet sind, Lebewesen, ökologische Systeme und insbesondere den Menschen zu gefährden und zu schädigen. Hierzu gehören chemische Elemente und Verbindungen organischer und anorganischer Natur, synthetischen oder natürlichen Ursprungs. Das menschliche Zutun kann mittelbar oder unmittelbar erfolgen, es kann beabsichtigt oder unbeabsichtigt sein. Umweltchemikalien wirken immer über nicht biologische Strukturen von Hydro-, Pedo- und Atmosphäre. (Materialien zum Umweltprogramm der Bundesregierung, Bundesministerium des Innern 1971, Seite 73.)

Umweltgefährlichkeit/umweltgefährliche Stoffe

Nach der Gefährlichkeitsmerkmale-Verordnung ist das Merkmal „umweltgefährlich" gegeben, wenn Stoffe selbst, deren Verunreinigungen oder Zersetzungsprodukte infolge der in den Verkehr gebrachten Menge, der Verwendung, der geringen Abbaubarkeit, der Akkumulationsfähigkeit oder Mobilität in der Umwelt auftreten, insbesondere sich anreichern können und aufgrund der Prüfnachweise oder anderer wissenschaftlicher Erkenntnisse schädliche Wirkungen auf den Menschen oder auf Tiere, Pflanzen, Mikroorganismen, die natürliche Beschaffenheit von Wasser, Boden oder Luft und auf die Beziehungen unter ihnen sowie auf den Naturhaushalt haben können, die erhebliche Gefahren oder erhebliche Nachteile für die Allgemeinheit herbeiführen. Die Umweltgefährlichkeit wird von einer Vielzahl von Eigenschaften des Stoffes und des Umweltsystems bestimmt. Von diesen Eigenschaften kann keine allein die Umweltgefährlichkeit ausmachen, sondern nur das Zusammenwirken mehrerer Eigenschaften.

Verteilungskoeffizient

Auf der Grundlage des thermodynamisch begründeten Nernstschen Verteilungsgesetzes ist der Verteilungskoeffizient eines chemischen Stoffes eine strukturchemisch bestimmte, systemabhängige, stoffspezifische Gleichgewichtskonstante der Stoffverteilung zwischen zwei nicht mischbaren Phasen.

Verteilungskoeffizient n-Octanol/Wasser

Der n-Octanol/Wasser-Verteilungskoeffizient entspricht der Gleichgewichtskonstanten der Stoffverteilung im System n-Octanol/Wasser. Erfahrungsgemäß entsprechen die physikalisch-chemischen Eigenschaften von n-Octanol in etwa denen biologischer Membranen. Demzufolge wird dieser Verteilungskoeffizient als ein Ausdruck für die Lipophilie eines chemischen Stoffes gewertet und gestattet Rückschlüsse auf das Verteilungsverhalten chemischer Stoffe in Biosystemen.

Anmerkung
Die Definition der Begriffe „Grenzwert", „primärer Grenzwert", „sekundärer Grenzwert" und „technischer Grenzwert" ist entnommen aus: Horn, K.: Kommunalhygiene. 3., überarbeitete Auflage. Volk und Ges., Berlin 1980

1.6. Quellenverzeichnis

Die in dem Datenspeicher angegebenen Daten, Untersuchungsergebnisse und Informationen zu den jeweiligen Stoffen sind vorwiegend Monographien, anderen Datensammlungen, Instituts-, Firmen- und Forschungsberichten entnommen. Jedes Datenprofil schließt eine Auswahl maßgeblicher, spezifischer Literatur zum jeweiligen Stoff ein, sofern eine verallgemeinerungsfähige, inhaltliche Interpretation der Ergebnisse möglich war. Im wesentlichen sind die Daten und Informationen zu den Stoffeigenschaften und zu differenzierten toxischen Wirkungen den nachfolgenden Quellen entnommen.

Althaus, H., und Jung, K.-D.: Wirkungskonzentrationen (gesundheits-) schädigender bzw. toxischer Stoffe in Wasser für niedere Wasserorganismen sowie kalt- und warmblütige Wirbeltiere einschließlich des Menschen bei oraler Aufnahme des Wassers oder Kontakt mit Wasser. Literatur- und Datendokumentation. Ministerium für Ernährung, Landwirtschaft und Forsten d. Landes NW, 1973
Augustin, H., et al.: Mikrobizide Wirkstoffe als belastende Stoffe im Wasser. Vorstudie d. Fachausschusses FA III/6 der FG Wasserchemie in der Gesellschaft Dtsch. Chemiker, Bochum 1981
Christensen, H.E., et al. (Hrsg.): The Toxic Substances List. 1974 Edition. U.S. Department of Health, Education and Welfare, Public Health Service, NIOSH, Rockville 1974
Deutsche Forschungsgemeinschaft, Schadstoffe im Wasser. Band 8, Phenole. Harald Boldt Verlag, Bopard 1982
Deutsche Forschungsgemeinschaft, Senatskommission zur Prüfung gesundheitsschädlicher Arbeitsstoffe. Maximale Arbeitsplatz-Konzentration (MAK-Werte 1986). VCH Verlagsgesellschaft, Weinheim 1986
Eaton, J.G., et al. (Hrsg.): Aquatic Toxicology. Proceedings of the Third Annual Symposium on Aquatic Toxicology. American Society for Testing and Materials, Philadelphia 1980
Frank, R.: Zusammenstellung einer Liste von k_{OH}-Reaktionsgeschwindigkeitskonstanten aus Originalveröffentlichungen für einzelne Chemikalien und Bewertung des Verhaltens dieser Stoffe in der Troposphäre. Batelle Institut Frankfurt. Bericht im Auftrag des Umweltbundesamtes Berlin, Juni 1986
Gefahrstoffverordnung vom 26.08.1986 und Anhänge, BG Bl. I S. 1470

Heinisch, E.: Dokumentation über Agrochemikalien (uveröffentlicht). Institut f. Geographie u. Geoökologie, AdW DDR

Hutzinger, O. (Hrsg.): The Handbook of Environmental Chemistry. Volume 1–3, Part A–C. Springer, Berlin–Heidelberg–New York 1980–1984

IRPTC, Instruction for the Selection and Presentation of Data for the International Register of Potentially Toxic Chemicals with Sixty Illustrative Chemical Data Profiles. United Nations Environment Programme, Geneva 1979

IRPTC Legal File 1983, Part I und II. International Register of Potentially Toxic Chemicals, Geneva 1984

IRPTC Bulletin, Vol. 1–6, 1977–1984, International Register of Potentially Toxic Chemicals, Geneva

Ludwig, R., und Lohs, Kh.: Akute Vergiftungen. 4., ergänzte Auflage. Fischer, Jena 1974

Merkblätter für den Umgang mit gefährlichen Stoffen. WTZ Arbeitsschutz, Arbeitshygiene und Toxikologie in der chemischen Industrie, Halle

Ministry of International Trade and Industry (MITI 1986) Tokyo Japan. The list of the existing chemical substances tested on biodegradability by microorganisms or bioaccumulation in fish body by Chemicals Inspection and Testing Institute Japan. Stand Januar 1987

Sittig, M.: Priority Toxic Pollutants. Noyes Data Corporation, Park Ridge, N. J. 1980

Sittig, M.: Pesticide Manufacturing and Toxic Materials Control Encyclopedia. Noyes Data Corporation, Park Ridge, N. J. 1980

Third Annual Report on Carcinogenesis. Summary. September 1983, U.S. Department of Health and Human Services, National Toxicology Programme 1983

Toxikologie, Therapie Pflanzenschutz- und Schädlingsbekämpfungsmittel. Mittel zur Steuerung biologischer Prozesse. 2. Auflage, Hrsg. VEB Agrochemie Piesteritz

Umweltbundesamt, DABAWAS, Datenbank für wassergefährdende Stoffe. Umweltbundesamt, Berlin 1979

Umweltbundesamt, Handbuch gefährlicher Stoffe in Sonderabfällen. Materialien 5, 1978, Erich Schmidt Verlag, Berlin 1978

U.S. Environmental Protection Agency, Water Quality Criteria. Ecological Research Series. EPA R-3-73-003, March 1973, Environmental Protection Agency, Washington 1973

Wasserschadstoffkatalog Teil I und II. Institut für Wasserwirtschaft, Berlin 1975

WHO/FAO, Data Sheets on Pesticides. World Health Organization, Geneva April 1979

WHO, Gidelines for Drinking Water Quality. Volume I. Recommendations. Unveröffentlichter Abschlußbericht. World Health Organization, Geneva 1984

Zoeteman, B. C. J., et al.: Threshold Odour Concentrations in Water of Chemical Substances. R. I. D. Mededeling 74, 3

Zoeteman, B. C. J.: Sensory Assessment of Water Quality. Pergamon Series on Environmental Science. Volume 2, 1980. Pergamon Press Oxford–New York–Toronto–Sydney–Paris–Frankfurt 1980

Rechtsvorschriften
zitiert in Pkt. 1.6.
Gefahrstoff-Verordnung vom 26. 08. 1986 mit Anlagen vom 05. 09. 1986, BGBl. I S. 1470
Pflanzenschutzmittel-Anwendungsverordnung vom 19. 12. 1980, BGBl. I S. 2335
zitiert in Pkt. 4.
Trinkwasserverordnung vom 23. 05. 1986, BGBl. I S. 760
Technische Anleitung Luft (TA Luft) vom 27. 02. 1986, GMBl. vom 28. 02. 1986 S. 93
Verordnung zur Bestimmung von Abfällen nach § 2 Abs. 2 des Abfallgesetzes vom 24. 05. 1977 (Abfallbestimmungs-Verordnung) BGBl. I S. 773
EG-Richtlinie vom 23. 03. 1982 betreffend Grenzwerte und Qualitätsziele für Quecksilberableitungen aus dem Industriezweig Alkalichloridelektrolyse (82/176/EWG), ABl. Nr. L 81 vom 27. 03. 1982 S. 49
EG-Richtlinie vom 08. 03. 1984 betreffend Grenzwerte und Qualitätsziele für Quecksilber-

ableitungen mit Ausnahme des Industriezweiges Alkalichloridelektrolyse (84/156/EWG), ABl. Nr. L 74 vom 17. 03 1984 S. 49
EG-Richtlinie vom 26. 09. 1983 betreffend Grenzwerte und Qualitätsziele für Cadmiumableitungen (83/514/EWG), ABl. Nr. L 291 vom 24. 10. 1983 S. 1
EG-Richtlinie vom 09. 10. 1984 betreffend Grenzwerte und Qualitätsziele für Ableitungen von Hexachlorcyclohexan (84/491/EWG), ABl. Nr. L 274 vom 17. 10. 1984 S. 11
EG-Richtlinie vom 12. 06. 1986 betreffend Grenzwerte und Qualitätsziele für die Ableitung bestimmter gefährlicher Stoffe im Sinne der Liste I im Anhang der Richtlinie 76/464/EWG (86/280/EWG), ABl. Nr. L 181 vom 04. 07.1986 S. 16
Verordnung zur Emissionsbegrenzung von leichtflüchtigen Halogenkohlenwasserstoffen vom 21. 04. 1986 (2. Blm SchV) BGBl. I S. 571

2. Spezieller Teil – Stoffdatensammlung

Datenprofil

1. **Allgemeine Informationen**

   1.1. Common name [CAS-Nummer]
   1.2. Systematischer Name
   1.3. Summen- und Strukturformel
   1.4. Synonyma oder Handelsbezeichnungen
   1.5. Stoffklasse
   1.6. Einstufung nach Gefahrstoff-Verordnung, Angaben der Pflanzenschutz-Anwendungs-Verordnung (D)

2. **Ausgewählte Eigenschaften**

   2.1. Molare Masse/Atomgewicht
   2.2. Aggregatzustand/Farbe/Geruch/Geschmack
   2.3. Siedepunkt
   2.4. Schmelzpunkt
   2.5. Dampfdruck
   2.6. Dichte
   2.7. Löslichkeit in Wasser und organischen Lösungsmitteln
   2.8. Reaktivität (physikalisch-chemisches Verhalten)
   2.9. n-Octanol/Wasser Verteilungskoeffizient (lg P)
   2.10. Henry-Koeffizient (H)
   2.11. Sorptionskoeffizient (lg SC)
   2.12. Biokonzentrationsfaktor (lg BCF)
   2.13. Biologische Abbaubarkeit
   2.14. Photochemisch induzierte Abbaubarkeit

3. **Toxizität**

   3.1. Exposition
   3.2. Akute/subchronische Toxizität
   3.3. Chronische/subchronische Toxizität
   3.4. Genotoxische Wirkungen (Karzinogenität/Mutagenität/Teratogenität)
   3.5. Fischtoxizität
   3.6. Biologische Wirkung (Resorptions/Metabolismus/Exkretion/Wirkungsmechanismen)
   3.7. Bioakkumulationstendenz

4. Grenz- und Richtwerte

4.1. Arbeitsschutz
4.2. Gesundheitsschutz
4.3. Umweltschutz

5. Umweltverhalten

6. Abfallbeseitigung/schadlose Beseitigung/Entgiftung

7. Verwendung

Acetonitril [75-05-8]

1. **Allgemeine Informationen**
   1.1. Acetonitril [75-05-8]
   1.2. Acetonitril
   1.3. C_2H_3N $CH_3-C\equiv N$
   1.4. Cyanomethan, Ethannitril, Ethylnitril, Essigsäurenitril
   1.5. Nitril
   1.6. giftig, leichtentzündlich

2. **Ausgewählte Eigenschaften**
   2.1. 41,05
   2.2. farblose, klare Flüssigkeit
   2.3. 81,6 °C
   2.4. −44,9 °C
   2.5. 100 mm Hg bei 27 °C (Dampfdichte: 1,42)/$1,3 \cdot 10^4$ Pa
   2.6. 0,786 8 g/cm³
   2.7. Wasser: >100 mg ml^{-1} bei 22,5 °C
        DMSO: >100 mg ml^{-1} bei 22,5 °C
        Ethanol: >100 mg ml^{-1} bei 22,5 °C
        Ether: sehr gut löslich
        Aceton: >100 mg ml^{-1} bei 22,5 °C
        Sehr gut löslich in Methanol, Methylacetat, Ethylacetat und Chloroform.
   2.8. Acetonitril reagiert heftig mit Schwefelsäure, Oleum, Perchloraten und Chlorsulfonsäure. In wäßriger Lösung erfolgt hydrolytische Zersetzung. Unter Normalbedingungen ist die Verbindung stabil. Acetonitril ist brennbar (Flammpunkt: 5 °C). Beim Verdampfen aus Wasser bildet sich ein Azeotrop mit 84 % Acetonitril.
   2.9. lg P   = 1,8
   2.10. H   = $1,02 \cdot 10^6$
   2.11. lg SC = 1,06
   2.12. lg BCF = 0,86
   2.13. leicht biologisch abbaubar
   2.14. $k_{OH} = 2,2 \cdot 10^{-14}$ cm³ s^{-1}; $t_{1/2}$ = 730 d

3. **Toxizität**
   3.1. keine Informationen verfügbar
   3.2.

oral	ensch	TDL 0	570 mg/kg (ZNS)
oral	Ratte	LD 50	3 800 mg/kg
ihl	Ratte	LCL 0	8 000 ppm/4 h
ipr	Ratte	LD 50	850 mg/kg
scu	Ratte	LD 50	5 000 mg/kg
ivn	Ratte	LD 50	1 680 mg/kg
ipr	Maus	LD 50	175 mg/kg
scu	Maus	LDL 0	700 mg/kg

	ihl	Hund	LCL0	16 000 ppm/4 h
	ihl	Kaninchen	LCL0	4 000 ppm/4 h
	skn	Kaninchen	LD 50	1 250 mg/kg
	scu	Kaninchen	LCL0	130 mg/kg

3.3. keine Informationen

3.4. Zur Karzinogenität und Mutagenität liegen keine Informationen vor. Im Invivo-Experiment mit syrischen Goldhamstern wirken 1 800 und 3 800 ppm Acetonitril bei inhalativer Aufnahme über 60 Minuten ebenso teratogen wie 100–400 mg/kg bei oraler bzw. ip Applikation.

3.5. Die akute Toxizität für Fische (ohne Speziesangabe) wird mit einem Bereich zwischen 1 000–1 850 mg l^{-1} angegeben.

3.6. Infolge der guten Lipoidlöslichkeit erfolgt eine relativ schnelle Resorption über Respirations- und Digestionstrakt sowie über die Haut. Toxische Wirkungen entweder über Blausäureabspaltung oder Schädigung des Zentralnervensystems durch das Nitril. Im allgemeinen sind aliphatische Nitrile toxischer als aromatische Nitrile.

3.7. Eine Bioakkumulation von Acetonitril ist nicht zu erwarten (geringe Persistenz).

4. Grenz- und Richtwerte

4.1. MAK-Wert: 70 mg/m³ (USA)
70 mg/m³, 40 ml/m³ (40 ppm) (D)

4.2. keine Angaben

4.3. keine Angaben

5. Umweltverhalten

Der hohe Dampfdruck bedingt eine große Flüchtigkeit und Dispersionstendenz von Acetonitril in der Atmosphäre und damit verbunden eine geringe Aufenthaltswahrscheinlichkeit in Wasser und Böden. In Umweltstrukturen ist mit einer schnellen Stofftransformation (Hydrolyse, Photolyse) und einer geringen Persistenz zu rechnen. Bei der hydrolytischen Zersetzung ist die Bildung von Cyaniden zu beachten.

6. Abfallbeseitigung/schadlose Beseitigung/Entgiftung

Acetonitrilhaltige Rückstände bzw. Abprodukte werden in einer Sonderabfallverbrennungsanlage beseitigt. Deponie ist auszuschließen.

7. Verwendung

Acetonitril wird als Extraktionsmittel für Fettsäuren, Petroleum-Kohlenwasserstoffe und als Ausgangsprodukt organischer Synthesen verwendet.

Literatur

Radian Hazardous Materials Laboratory. Acetonitril. Handling Procedure. Radian Corporation, Houston, Texas

Wilhite, C. C.: Developmental Toxicology of Acetonitrile in the Syrian Golden Hamster. Teratology 27 (1983): 313–325

Acrolein [107-02-8]

Trotz einer geschätzten jährlichen Weltproduktion von etwa 60 000 Tonnen sind produktions- und anwendungsbedingte Umweltverunreinigungen größeren Ausmaßes mit Acrolein kaum zu erwarten, da die Verbindung hauptsächlich in Form von Copolymeren zur Anwendung kommt. Bei der Verwendung von Acrolein als aquatisches Herbizid sind allerdings Oberflächenwasserkontaminationen nicht auszuschließen. Darüber hinaus ist die Bildung der Verbindung bei der Chlorung von Trink- und Abwässern nachgewiesen. Weitere Emissionsquellen sind Verbrennungsprozesse fossiler Energieträger.

1. **Allgemeine Informationen**
1.1. Acrolein [107-02-8]
1.2. Propen-2-al
1.3. C_3H_4O $CH_2{=}CH{-}CHO$
1.4. Acrylaldehyd, Acrolein
1.5. Aldehyde
1.6. giftig, leichtentzündlich

2. **Ausgewählte Eigenschaften**
2.1. 56,07
2.2. farblose bis gelbliche Flüssigkeit mit stechendem Geruch
2.3. 52,5–53,5 °C
2.4. −86,9 °C
2.5. 300 mbar bei 20 °C/$3,0 \cdot 10^4$ Pa
2.6. 0,841 g/cm³
2.7. Wasser: 20 Gewichtsprozent bei 20 °C
    gut löslich in Alkoholen und Ethern
2.8. Acrolein neigt zur Polymerisation und zur Peroxidbildung. Bei Kontakt mit Alkalien, Aminen, Peroxiden und starken Mineralsäuren erfolgt zumeist heftige Reaktion. Ursache der relativ hohen Reaktivität der Verbindung ist die unmittelbare Nachbarschaft von Carbonylgruppe und Kohlenstoff-Kohlenstoff-Doppelbindung. Bevorzugte Reaktionen sind Additionen an der Doppelbindung. Mit zunehmendem pH-Wert des Mediums erhöht sich die Reaktivität von Acrolein. Eine Stabilisierung erfolgt durch Zusatz von 0,1 % Hydrochinon.
2.9. lg P = 2,6
2.10. H   = $3,6 \cdot 10^4$
2.11. lg SC = 2,3
2.12. lg BCF = 2,54
2.13. keine Angaben
2.14. $k_{OH} = 1,9 \cdot 10^{-11}$ cm³ s⁻¹; $t_{1/2} = 0,8$ d

3. **Toxizität**
3.1. Zu umweltbedingten Expositionen sind keine Angaben verfügbar.

3.2.	oral	Ratte	LD 50	46 mg/kg
	oral	Kaninchen	LD 50	7 mg/kg
	ihl	Ratte	LCL 0	8 ppm über 4 h
	ihl	Maus	LCL 0	24 mg/m^3 über 6 h
	scu	Ratte	LD 50	50 mg/kg
	scu	Maus	LD 50	50 mg/kg
3.3.	ihl	Mensch	LCL 0	153 ppm über 10 Monate

3.4. Im mikrobiologischen Test wirkt Acrolein mutagen. Teratogene und karzinogene Wirkungen konnten nicht nachgewiesen werden.

3.5. LD 50 Elritze 11–41 µg l^{-1}
Die letale Dosis wird für Fische (ohne Speziesangabe) mit etwa 3 mg l^{-1} angegeben. Bei 50 µg l^{-1} werden bereits erste Anzeichen einer Intoxikation beobachtet.

3.6. Bei chronischen Acrolein-Expositionen sind bei Säugern Veränderungen des Immunstatus festgestellt.
Bei oraler Applikation ist die Resorption ausreichend, um Nierenschäden zu verursachen. Bei inhalativer Aufnahme treten hypnotische Wirkungen, verbunden mit Störungen des ZNS, auf. Der Metabolismus erfolgt vorzugsweise über enzymatische Oxidation mit nachfolgender Exkretion über Niere und Lunge.

3.7. Bei Fischen wurden Biokonzentrationsfaktoren bis zu 350 ermitteln. Eine Bioakkumulation ist jedoch nicht zu erwarten.

4. Grenz- und Richtwerte

4.1. MAK-Wert: 0,1 ppm, 0,25 mg/m^3 (D)
4.2. Trinkwasser: 6,5 µg/l (USA)
Geruchsschwellenwert: 0,2–0,4 ppm
4.3. TA Luft: 20 mg/m^3 bei einem Massenstrom von 0,1 kg/h oder mehr

5. Umweltverhalten

Acrolein besitzt eine hohe Toxizität für aquatische Organismen. 1,5 bis 7,5 mg l^{-1} wurden als Toxizitätsbereich für Wasserpflanzen ermittelt. Die toxischen Grenzkonzentrationen betragen für:
Pseudomonas 0,2 mg l^{-1}
Daphnia 16–33 mg l^{-1}
Für Kaltblüter wird die akute Toxizität mit einem Bereich von 0,05 bis 5,0 mg l^{-1} angegeben.
In den Umweltkompartimenten wird das Verhalten von Acrolein durch seine hohe Reaktivität charakterisiert, wobei in aquatischen Systemen die pH-Wert-Abhängigkeit der Reaktionsfähigkeit zu beachten ist.
Grundwasserkontaminationen sind bei massiven Bodenverunreinigungen durch Acrolein infolge seiner relativ guten Wasserlöslichkeit nicht auszuschließen.
In der Atmosphäre ist die Verbindung durch eine große Mobilität (Flüchtigkeit) und Reaktivität (photolyseinduzierte Reaktionen der Carbonylgruppe und Doppelbindung) charakterisiert.

Gesamteinschätzung: wenig persistent, relativ große Reaktivität, Wasserlöslichkeit und Flüchtigkeit verbunden mit einer guten Dispersionstendenz in Umweltkompartimenten, relativ schneller physikalisch-chemischer Abbau.

6. Abfallbeseitigung/schadlose Beseitigung/Entgiftung

Acrolein kann mittels Kaliumhydroxid zu nicht toxischen Polymeren umgesetzt werden. Bei der Vernichtung in speziellen Verbrennungsanlagen ist dem Verbrennungsprozeß eine Nachverbrennung nachzuschalten. Kleinere Mengen Acrolein können bei Havarien mit saugfähigem Material aufgenommen und in geschlossenen Behältern auf einer Sonderdeponie abgelagert werden.

7. Verwendung

Zwischenprodukt in der chemischen Industrie, Polyurethan-Zwischenprodukt, Herbizid, Lederindustrie. Als Copolymeres findet es Verwendung in der Textil- und Papierindustrie sowie in der Photographie.

Literatur

UNEP/IRPTC Scientific Reviews of Soviet Literature on Toxicity and Hazards of Chemicals. Acrolein. No. 50, 1984, Moskau 1984

Acrylsäure [79-10-7]

Als Ausgangsprodukt zur Herstellung von Acrylaten zählt Acrylsäure zu den kommerziell wichtigen Chemikalien. Die Produktionsmengen in den USA, Japan und Europa werden 1976 auf etwa 340 000 t geschätzt.

1. Allgemeine Informationen

1.1. Acrylsäure [79-10-7]
1.2. 2-Propensäure
1.3. $C_3H_4O_2$

$$CH_2=CH-C\overset{O}{\underset{OH}{\diagup}}$$

1.4. Propensäure
1.5. ungesättigte aliphatische Säure
1.6. ätzend

2. Ausgewählte Eigenschaften

2.1. 72,065
2.2. farblose Flüssigkeit mit stechendem, essigsäureartigem Geruch
2.3. 97,1 °C
2.4. −129 °C
2.5. 4 mbar bei 20 °C/400 Pa
2.6. 0,870 3 g/cm³ bei 0 °C
2.7. Wasser: unbegrenzt löslich
gut löslich in Alkoholen und Ethern
2.8. Acrylsäure polymerisiert bei Kontakt mit tertiären Aminen, Peroxiden und unter Hitzeeinwirkung. Die Polymerisationen können mit großer Heftigkeit (explosionsartig) verlaufen. An der Luft bildet Acrylsäure explosible Gemische, ist brennbar (Flammpunkt: 47 °C) und wirkt ätzend. Stahl, Nickel und Kupfer werden korrodiert. Infolge der Doppelbindung in β-Stellung zur Carbonylgruppe ist die Verbindung sehr reaktiv.
2.9. keine Angaben
2.10. keine Angaben
2.11. keine Angaben
2.12. keine Angaben
2.13. leicht biologisch abbaubar
2.14. keine Angaben

3. Toxizität

3.1. Zu umweltbedingten Expositionen sind keine Angaben verfügbar.
3.2.

oral	Ratte	LD 50	340 mg/kg
scu	Kaninchen	LD 50	280 mg/kg
ihl	Ratte	LCL 0	6 000 ppm über 5 h
oral	Ratte	LD 50	0,43–2,59 ml/kg

3.3. Im subchronischen Test mit Ratten wurden bei 0,083 g/kg/d über 3 Monate keine histopathologischen Veränderungen festgestellt. Erste Anzeichen signifikanter Veränderungen klinisch-chemischer Parameter verbunden mit Körpergewichts-Reduzierungen und erhöhter Proteinkonzentration im Urin wurden bei 0,25 g/kg/d über 3 Monate beobachtet.
3.4. Störungen des reproduktiven Systems konnten im subchronischen Test mit Ratten nicht festgestellt werden. Zur karzinogenen und mutagenen Wirkung sind keine Informationen verfügbar.
3.5. keine Informationen
3.6. Bei inhalativer und oraler Aufnahme erfolgt schnelle Resorption und Distribution im Organismus. Die Verbindung wird schnell metabolisiert und u. a. als CO_2 eliminiert (etwa 60 % der aufgenommenen Dosis in 1 h).
3.7. Eine Bioakkumulation von Acrylsäure ist nicht zu erwarten.

4. Grenz- und Richtwerte

4.1. keine Angaben
4.2. keine Angaben
4.3. TA Luft: 20 mg/m^3 bei einem Massenstrom von 0,1 kg/h oder mehr

5. Umweltverhalten

Bei Kontaminationen aquatischer Systeme ist die Toxizität von Acrylsäure gegenüber Wassermikroorganismen zu beachten. Für Bakterien, Algen und Crustaceen wurden u. a. folgende Grenzkonzentrationen ermittelt:

Pseudomonas:	41 mg l^{-1}	Daphnia:	LC 0	175 mg l^{-1}
Scenedesmus:	18 mg l^{-1}		LC 50	270 mg l^{-1}
Microcystis:	0,15 mg l^{-1}		LC 100	390 mg l^{-1}

Infolge der chemischen Struktur (Carboxylgruppe/Doppelbindung in β-Stellung) ist Acrylsäure in Umweltkompartimenten als reaktiv und wenig persistent einzuschätzen. Aufgrund der unbegrenzten Mischbarkeit mit Wasser ist einerseits keine Bio- und Geoakkumulation zu erwarten. Andererseits besteht die Gefahr von Grundwasserkontaminationen bei massiven Verunreinigungen von Böden.

6. Abfallbeseitigung/schadlose Beseitigung/Entgiftung

Acrylsäure bzw. acrylsäurehaltige Abprodukte sind nicht deponierbar. Die Beseitigung von Rückständen erfolgt vorzugsweise durch Polymerisation mit nachfolgender Ablagerung der Polymerisate auf Sonderdeponien. Die Verbrennung in Sonderabfallverbrennungsanlagen ist möglich.

7. Verwendung

Herstellung von Polyacrylaten.

Literatur

DePass, L. R., et al.: Subchronic and reproductive toxicology studies on acrylic acid in the drinking water of the rat. Drug Chem. Toxicol., 6 (1983): 1–20
Kutzman, R. S., et al.: Toxicol. Environm. Hlth. 10 (1982): 969–979

Acrylsäureethylester [140-88-5]

1. **Allgemeine Informationen**
1.1. 2-Propensäure, Ethylester [140-88-5]
1.2. Acrylsäureethylester
1.3. $C_5H_8O_2$

$$CH_2{=}CH-C\overset{\displaystyle{\nearrow}O}{\underset{\displaystyle{\searrow}O-CH_2-CH_3}{}}$$

1.4. Ethylacrylat, Propensäureethylester
1.5. Ester
 leichtentzündlich, reizend

2. **Ausgewählte Eigenschaften**
2.1. 100,119
2.2. farblose Flüssigkeit mit stechendem Geruch
2.3. 98,5 °C
2.4. unter −75 °C
2.5. 39 mbar bei 20 °C/3,9 · 10^3 Pa
2.6. 0,924 g/cm^3 bei 18 °C
2.7. Wasser: Zu 1,5 Gewichtsprozent löslich
2.8. Acrylsäureethylester ist eine leicht entzündbare Flüssigkeit und bildet mit Luft explosible Gemische. Beim Erwärmen tritt plötzliche Polymerisation ein, ebenso bei Kontakt mit Peroxiden, Stahl und Persulfaten.
2.9. keine Angaben
2.10. keine Angaben
2.11. keine Angaben
2.12. keine Angaben
2.13. biologisch leicht abbaubar
2.14. keine Angaben

3. **Toxizität**
3.1. Zu umweltrelevlanten Expositionen sind keine Informationen verfügbar.
3.2.
oral	Ratte	LD 50	800 mg/kg
oral	Kaninchen	LDL 0	420 mg/kg
ihl	Ratte	LCL 0	2 000 ppm über 4 h
ihl	Kaninchen	LCL 0	1 204 ppm über 4 h

3.3. keine Informationen verfügbar
3.4. keine Informationen verfügbar
3.5. Keine Toxizitätsdaten verfügbar. Hinweise auf Schädigungen von Kiemen und Augen bei chronischen Expositionen.
3.6. Acrylsäureethylester wirkt haut- und schleimhautreizend. Akute und chronische Vergiftungen führen zu Leber- und Nierenschädigungen.
3.7. keine Informationen verfügbar

4. Grenz- und Richtwerte

4.1. MAK-Wert: 5 ml/m³ (ppm); 20 mg/m³; Gefahr der Sensibilisierung (BRD)
4.2. keine Angaben
4.3. TA Luft: 20 mg/m³ bei einem Massenstrom von 0,1 kg/h oder mehr

5. Umweltverhalten

Bedingt durch die reaktive Doppelbindung im Molekül ist nur eine geringfügige Persistenz von Acrylsäureethylester in Umweltkompartimenten zu erwarten. Im Vergleich zu Acrylsäuremethylester ist mit einer erhöhten Lipophilie und einer damit verbundenen besseren Resorption in Biosystemen zu rechnen.

6. Abfallbeseitigung/schadlose Beseitigung/Entgiftung

vergleiche Acrylsäuremethylester

7. Verwendung

Herstellung von Polymeren

Acrylsäuremethylester [96-33-3]

1. **Allgemeine Informationen**
1.1. Acrylsäuremethylester [96-33-3]
1.2. 2-Propensäure, Methylester
1.3. $C_4H_6O_2$

$$CH_2=CH-C\underset{O-CH_3}{\overset{O}{\diagup}}$$

1.4. Methylacrylat, Propensäuremethylester
1.5. Ester
1.6. leichtentzündlich, reizend

2. **Ausgewählte Eigenschaften**
2.1. 86,2
2.2. farblose Flüssigkeit mit scharfem, stechendem Geruch
2.3. 80 °C
2.4. unter −75 °C
2.5. 93 mbar bei 20 °C/9,3 · 10^3 Pa
2.6. keine Angabe
2.7. Wasser: zu 5,2 Gewichtsprozent löslich
2.8. Acrylsäuremethylester polymerisiert beim Erhitzen. Die Dämpfe sind leicht entzündbar und bilden mit Luft explosible Gemische.
2.9. keine Angaben
2.10. keine Angaben
2.11. keine Angaben
2.12. keine Angaben
2.13. biologisch leicht abbaubar
2.14. $k_{OH} = 7,8 \cdot 10^{-12}$ cm^3 s^{-1}; $t_{1/2}$ = 2 d

3. **Toxizität**
3.1. Zu umweltrelevanten Expositionen sind keine Informationen verfügbar.
3.2. oral   Ratte   LD 50   300 mg/kg
    oral   Kaninchen   LDL 0   280 mg/kg
    ihl   Ratte   LCL 0   1 000 ppm über 4 h
3.3. keine Angaben
3.4. keine Angaben
3.5. Die toxische Grenzkonzentration für Fische ohne Speziesangabe wird mit 7–8 mg l^{-1} angegeben.
3.6. Acrylsäuremethylester wirkt stark haut- und schleimhautreizend. Bei akuten und chronischen Intoxikationen sind Leber- und Nierenschädigungen nachgewiesen.
3.7. keine Angaben

4. Grenz- bzw. Richtwerte

4.1. MAK-Wert: 5 ml/m³ (ppm); 18 mg/m³; Gefahr der Sensibilisierung (D)
4.2. keine Angaben
4.3. TA Luft: 20 mg/m³ bei einem Massenstrom von 0,1 kg/h oder mehr

5. Umweltverhalten

Die relativ hohe Flüchtigkeit und Reaktivität bestimmen das Umweltverhalten des Stoffes. In aquatischen Systemen ist die Toxizität gegenüber Wasserorganismen zu beachten, welche in folgenden toxischen Grenzkonzentrationen zum Ausdruck kommt:
Microcystis: 1,3 mg l^{-1}
Scenedesmus: 7,0 mg l^{-1}
Pseudomonas: 46,0 mg l^{-1}
Infolge der Reaktivität ist nur eine geringe Persistenz in der Umwelt zu erwarten. Die mit der Veresterung der Carboxylgruppe verbundene Erhöhung der Lipophilie im Vergleich zu Acrylsäure läßt eine bessere Resorption und höhere Biokonzentrationstendenz erwarten.
Insgesamt ist jedoch infolge der reaktiven Doppelbindung im Molekül ein relativ schneller physikalisch-chemischer und biologischer Abbau zu erwarten.

6. Abfallbeseitigung/schadlose Beseitigung/Entgiftung

Die Beseitigung von Acrylsäuremethylester bzw. von entsprechenden Abprodukten erfolgt durch Polymerisation mit anschließender Ablagerung des Polymerisats auf Sonderdeponie. Eine Verbrennung in Sonderabfallanlagen ist möglich.

7. Verwendung

Herstellung von Polymeren

Aldrin [309-00-2]

Die Herstellung von Aldrin erfolgt durch Umsetzung von Cyclopentadien mit Acetylen und nachfolgender Reaktion des gebildeten Dicycloheptadiens mit Hexachlorcyclopentadien. Diese Dien-Synthese ist die Grundlage für die Herstellung weiterer Cyclodien-Insektizide. Technisches Aldrin enthält u. a. 3,5 % andere polychlorierte Hexahydrodimethanonaphthaline, 0,5 % Chlordan, 0,2 % Hexachlorcyclopentadien, 0,6 % Hexachlorbutadien, 0,5 % Octachlorcyclopenten, 0,1 % Hexachlorethan, 0,1 % Bicycloheptadien, 0,3 % Toluen.

1. Allgemeine Informationen

1.1. Aldrin [309-00-2]
1.2. 1,4:5,8-Dimethanonaphthalin, 1,2,3,4,10,10-Hexachlor-1,4,4a,5,8,8a-hexahydro-
1.3. $C_{12}H_8Cl_6$

1.4. Hexachlorohexahydro-endo-exo-dimethano-naphthalen, HHDN
1.5. Dien
1.6. giftig. Die Verwendung als Pflanzenschutzmittel ist in Deutschland verboten.

2. Ausgewählte Eigenschaften

2.1. 364,9
2.2. Reinsubstanz: weißer, kristalliner, geruchloser Feststoff
Technisches Produkt: dunkelbrauner Feststoff
2.3. 132–150 °C bei 1 mm Hg
2.4. 104–104,5 °C, technisches Aldrin: 49–60 °C
2.5. $2,31 \cdot 10^{-5}$ mm Hg bei 20 °C/$3,06 \cdot 10^{-3}$ Pa
2.6. keine Informationen
2.7. Wasser: 27 µg l^{-1}
Sehr gut löslich in den meisten organischen Lösungsmitteln wie Aceton, Benzen und Xylen.
2.8. Aldrin ist temperaturstabil und reagiert nicht mit anorganischen und organischen Basen und schwachen Säuren. Im Gegenwart von Oxidationsmitteln erfolgt oxidative Epoxidierung unter Bildung von Dieldrin. Der nicht chlorierte Phenylring reagiert bevorzugt mit Oxidationsmitteln. Bei UV-Bestrahlung erfolgt sowohl photolytische Zersetzung als auch die Photoisomerisierung des Wirkstoffes.
2.9. lg P = 5,8
2.10. H = $2,26 \cdot 10^2$
2.11. lg SC = 4,1

2.12. lg BCF = 4,25
2.13. biologisch nicht leicht abbaubar
2.14. keine Angaben

3. **Toxizität**
3.1. Zu umweltrelevanten Expositionen sind keine Informationen verfügbar.
3.2.
oral	Ratte	LD 50	39 mg/kg
oral	Maus	LD 50	44 mg/kg
oral	Hamster	LD 50	100 mg/kg
oral	Katze	LD 50	10 mg/kg
oral	Mensch	TDL 0	14 mg/kg

Die niedrigste letale Dosis bei der Vergiftung eines Kindes betrug 1,25 mg/kg KM.
3.3. Bei chronischen Expositionen wirkt Aldrin vorzugsweise auf das ZNS.
3.4. Die Ergebnisse bisheriger tierexperimenteller Untersuchungen zur Karzinogenität sind widersprüchlich. Eine eindeutige Bewertung des karzinogenen Risikos ist gegenwärtig nicht möglich. Bei der Applikation hoher Dosen sind in menschlichen Lymphocyten-Zellen Chromosomen-Abberationen festgestellt. Die vermutete mutagene Wirkung der Kombination Aldrin/Dieldrin wird im Ames-Test nicht bestätigt. Zu beachten ist, daß bei metabolischer Dehalogenierung von Dieldrin ein mutagen aktiver Metabolit entsteht. 50 mg/kg am 7., 8. und 9. Tag der Trächtigkeit appliziert wirken bei Hamstern teratogen. Bei Ratten wirken 25 mg/kg am 9. Tag der Trächtigkeit verabreicht ebenfalls teratogen.
3.5. Als toxische Grenzkonzentrationen wurden u. a. ermittelt:
Colisa fasciatus: 4,9–16,1 µg l^{-1}
Notopterus notopterus: 0,12–0,45 µg l^{-1}
3.6. Aldrin wird im Organismus schnell resorbiert und bei Warmblütern innerhalb von 12–24 Stunden zu Dieldrin transformiert. Dieldrin ist durch eine hohe Persistenz und geringe Exkretionsraten charakterisiert. Als Metabolite wurden weiterhin nachgewiesen:
12-Hydroxy-Dieldrin, Aldrin-dicarbonsäure, Pentachlorketon.
Schädigungen des ZNS gehören zu den maßgeblichen toxischen Effekten bei Aldrin-Expositionen.
3.7. In Fischen wurden Biokonzentrationsfaktoren zwischen 3 140 und 10 800 ermittelt. Eine Bewertung der Bioakkumulationstendenz muß die schnelle Transformation in Dieldrin berücksichtigen (lg BCF$_{Dieldrin}$ = 3,6–3,8).

4. **Grenz- und Richtwerte**
4.1. MAK-Wert: 0,01 mg/m^3 (SU)
0,25 mg/m^3 Gefahr der Hautresorption (D)
4.2. ADI-Wert: 0,1 µg/kg/d
Trinkwasser: 0,03 µg/l (WHO)
0,1 µg/l als Einzelstoff
0,5 µg/l als Summe Pflanzenschutzmittel (D)
4.3. TA Luft: 5 mg/m^3 bei einem Massenstrom von 25 g/h oder mehr
Abfallbehandlung nach § 2 Abfallgesetz: Abfallschlüssel 53104

5. Umweltverhalten

Aldrin ist für Fische und andere Wasserorganismen hoch toxisch. In Oberflächenwässern werden bei Konzentrationen von 1 ppm Verminderungen des Phytoplanktongehaltes um bis zu 85 % in 4 Stunden beobachtet. Das Algenwachstum wird bereits bei Konzentrationen zwischen 0,01 bis 0,1 ppm Aldrin beeinflußt. Die oxidative Umwandlung u. a. durch Bodenmikroorganismen und Pflanzen ist mit einer Verstärkung der Toxizität verbunden. Das gebildete Dieldrin ist stabiler und durch eine erhöhte Biokonzentrations- und -akkumulationstendenz charakterisiert. In Böden mit durchschnittlichem Humusgehalt ist Aldrin persistenter als Malathion, Parathion und Methyl-Parathion (etwa 94%iger Abbau in 180 d). Demgegenüber vermindert sich die applizierte Aldrinmenge in Sandböden erst im Verlauf von 14 Jahren auf etwa 40 %. Die Abbaugeschwindigkeit in Böden ist stark temperaturabhängig. Angriffspunkt für oxidative Transformationen ist die chlorfreie Doppelbindung im Molekül. Unter Einwirkung von UV-Licht erfolgt Photoisomerisation und Photolyse. In Süßwasserseen wurden bis zu 1,0 µg l^{-1} und in oberflächennahen Wasserschichten der Ozeane bis zu 30 ng l^{-1} Aldrin nachgewiesen. Im Hinblick auf Schadwirkungen beim Aldrineinsatz ist die große Wirkungsbreite gegenüber Insektenpopulationen zu beachten (stark bienentoxisch).

6. Abfallbeseitigung/schadlose Beseitigung/Entgiftung

Die Beseitigung von Aldrinrückständen oder -abfällen bzw. nicht mehr verwertbarer Wirkstoffformulierungen kann durch eine geeignete Form der Ablagerung auf Sonderdeponien erfolgen. Zur Aufbereitung kontaminierter Trinkwässer ist die Aktivkohle-Behandlung geeignet (Eliminierungsgrad im Mittel zwischen 93—98 %).

7. Verwendung

Insektizid

Literatur

Toxicology Data Sheets on Chemicals. Data Sheet Series No. 5, 1981. Aldrin. Industrial Toxicology Centre Lucknow, India
Kenaga, E. E.: Environm. Sci. Technol. 14 (5) (1980): 553—556

Allylalkohol [107-18-6]

1. Allgemeine Informationen

1.1. Allylalkohol [107-18-6]
1.2. 2-Propen-1-ol
1.3. C_3H_6OH

$CH_2=CH-CH_2OH$

1.4. Vinylcarbinol, Acrylalkohol, Propenol
1.5. Alkohol
1.6. leichtentzündlich, giftig

2. Ausgewählte Eigenschaften

2.1. 58,2
2.2. Farblose Flüssigkeit mit scharfem, senfartigem Geruch
2.3. 96,6 °C
2.4. −129,0 °C
2.5. 24 mbar bei 20 °C/2,4 · 10^3 Pa
2.6. 0,85 g/cm³
2.7. Wasser: vollständig mischbar
   gut löslich in Alkoholen und Ethern
2.8. Allylalkohol ist leicht brennbar (Flammpunkt: 21 °C) und bildet mit Luft explosible Gemische. Infolge der hohen Flüchtigkeit verdampft die Verbindung sehr schnell aus wäßrigen Lösungen.
2.9. keine Angaben
2.10. $H = 7,6 \cdot 10^2$
2.11. keine Angaben
2.12. keine Angaben
2.13. biologisch leicht abbaubar
2.14. keine Angaben

3. Toxizität

3.1. Zu umweltrelevanten Expositionen sind keine Informationen verfügbar.
3.2.
oral	Ratte	LD 50	64–105 mg/kg
oral	Maus	LD 50	96 mg/kg
oral	Kaninchen	LD 50	71 mg/kg
ihl	Ratte	LC 50	165 ppm über 24 h

3.3. Bei wiederholter Aufnahme von 4–12 mg/kg konnten bei Ratten keine toxischen Effekte festgestellt werden.
3.4. keine Informationen verfügbar
3.5. Die akute Toxizität wird für Fische (ohne Speziesangabe) mit etwa 10 mg l⁻¹ angegeben.
3.6. Die Resorption erfolgt über den Magen-Darm-Trakt, den Respirationstrakt sowie die intakte Haut. Über die Haut können letale Dosen resorbiert werden. Allylalkohol wirkt schleimhautreizend. Irritative Wirkungen am Auge

werden bereits bei Dosen von kleiner 0,8 ppm beobachtet. Schleimhautreizungen treten bei 6 ppm auf. Im Ergebnis akuter und chronischer Intoxikationen kommt es zu Leber- und Nierenfunktionsstörungen.

3.7. keine Biokonzentration zu erwarten

4. Grenz- und Richtwerte

4.1. MAK-Wert: $2 ml/m^3$ (ppm); $5 mg/m^3$
Gefahr der Hautresorption (D)
4.2. keine Angaben
4.3. keine Angaben

5. Umweltverhalten

Allylalkohol wirkt in aquatischen Systemen stark toxisch auf Zoo- und Phytoplankton. Eine Bio- und Geoakkumulation ist infolge der guten Wasserlöslichkeit nicht zu erwarten. Die hohe Flüchtigkeit ist mit einem schnellen Übergang aus der wäßrigen Phase in die Atmosphäre und nachfolgender Dispersion verbunden. Bei massiven Bodenverunreinigungen sind Grundwasserkontaminationen nicht auszuschließen, obwohl der Übergang Pedosphäre—Atmosphäre bevorzugt ist.

6. Abfallbeseitigung/schadlose Beseitigung/Entgiftung

Allylalkohol ist nicht deponierbar. Die Beseitigung sollte in entsprechenden Abfallverbrennungsanlagen vorgenommen werden. Sorptionsmittel für Allylalkohol sind Kieselgur, Erde, Sand und gemahlener Kalkstein. Bei Wasserverunreinigungen ist eine Eliminierung der Verbindung mittels Aktivkohlebehandlung oder/und Aluminium- bzw. Eisensalzflockung und nachfolgender Filtration möglich.

7. Verwendung

Herstellung von Arzneimitteln, synthetischen Schmierölen und Verwendung als Lösungsmittel.

Ametryn [834-12-8]

Die Herstellung von Ametryn erfolgt durch Umsetzung von Atrazin mit Methylmercaptan (Natriumsalz) in Gegenwart von Natriumhydroxid oder durch Reaktion von Atrazin mit Dimethylsulfat unter Substitution des Chloratoms durch eine Methylthiogruppe.

1. **Allgemeine Informationen**

1.1. Ametryn [834-12-8]
1.2. 1,3,5-Triazin-2,4-diamin, N-Ethyl-N'-(1-methylethyl)-6-(methylthio)-
1.3. $C_9H_{17}N_5S$

$$C_2H_5-HN-\underset{N}{\overset{N}{\bigcirc}}-NH-CH-(CH_3)_2$$
(mit S-CH$_3$ Substituent)

1.4. Ametryn
1.5. Triazine
1.6. mindergiftig

2. **Ausgewählte Eigenschaften**

2.1. 227,3
2.2. weißer, kristalliner Feststoff
2.3. keine Angabe
2.4. 84–86 °C
2.5. $1,9 \cdot 10^{-7}$ Torr bei 10 °C / $2,66 \cdot 10^{-5}$ Pa
 $8,4 \cdot 10^{-7}$ Torr bei 20 °C / $1,12 \cdot 10^{-4}$ Pa
 $3,3 \cdot 10^{-6}$ Torr bei 30 °C / $4,40 \cdot 10^{-4}$ Pa
 $3,9 \cdot 10^{-5}$ Torr bei 50 °C / $5,19 \cdot 10^{-3}$ Pa
2.6. keine Angaben
2.7. Wasser: 185 ppm bei 20 °C
 In organischen Lösungsmitteln gut löslich.
2.8. Unter Normalbedingungen ist die Substanz stabil. In stark saurem oder alkalischem Milieu erfolgt Hydrolyse unter Bildung des inaktiven 2-Hydroxy-Derivates. Ametryn ist nicht photolysestabil.
2.9. lg P = 2,9 (errechnet)
2.10. H = $7,52 \cdot 10^{-4}$
2.11. lg SC = 2,6 (errechnet); 2,57 bzw. 2,3 (experimentell)
2.12. lg BCF = 2,45 (errechnet)
2.13. keine Angaben
2.14. keine Angaben

3. **Toxizität**

3.1. keine Angaben
3.2. oral   Ratte   LD 50   1 150 mg/kg

oral	Ratte	LD 50	1 405 mg/kg
oral	Maus	LD 50	950 mg/kg
dermal	Kaninchen	LD 50	8 160 mg/kg

3.3. Im 90 d Test sind bei Ratten geringfügige histologische Veränderungen der Leber festgestellt.

3.4. Die Verbindung ist im Tierexperiment nicht mutagen und teratogen. Zur Karzinogenität sind keine Informationen verfügbar.

3.5. LC 50 Forelle   8,8 ppm über 96 h
LC 50 Goldfisch   14,0 ppm über 96 h
LC 50 Bluegill   4,1 ppm über 96 h

3.6. keine Angaben

3.7. Aufgrund des Biokonzentrationsfaktors von lg BCF = 2,3 ist eine geringfügige Biokonzentration zu erwarten.

4. Grenz- und Richtwerte

4.1. keine Angaben

4.2. Trinkwassergrenzwert: 0,1 µg/l als Einzelstoff
                                        0,5 µg/l als Summe der Pflanzenschutzmittel

4.3. keine Angaben

5. Umweltverhalten

Der geringe Dampfdruck verbunden mit einer verminderten Flüchtigkeit und die relativ geringe Wasserlöslichkeit verbunden mit einer mittleren Bio- und Geoakkumulationstendenz, bestimmen das Verhalten von Ametryn in Hydro-, Pedo- und Atmosphäre. Bodensorptionskoeffizienten zwischen 200–380 charakterisieren die Geoakkumulation sowie die verminderte Mobilität in Hydro- und Pedosphäre. Die geringe Flüchtigkeit deutet auf eine verminderte Verteilungstendenz zwischen Hydrosphäre und Atmosphäre hin. In aquatischen Systemen ist lediglich unter relativ extremen pH-Bedingungen eine hydrolytische Zersetzung unter Bildung von 2-Hydroxyametryn zu erwarten. In der Atmosphäre erfolgt Photolyse. Über die Photolyseprodukte liegen keine Informationen vor. Die physikalisch-chemischen Eigenschaften lassen eine mittlere Persistenz in der Umwelt erwarten.

6. Abfallbeseitigung/schadlose Beseitigung/Entgiftung

Rückstände oder wirkstoffhaltige Abprodukte können auf Schadstoffdeponien abgelagert werden.

7. Verwendung

Herbizid

Anilin [62-53-3]

Die Herstellung von Anilin erfolgt vorzugsweise durch katalytische Hydrierung von Nitrobenzen. Die jährliche Weltproduktion wird mit etwa 1 300 000 bis 1 500 000 t angegeben. Sowohl in der anilinherstellenden als auch -verarbeitenden Industrie ist insbesondere mit Abwasserkontaminationen zu rechnen.

1. **Allgemeine Informationen**
1.1. Anilin [62-53-3]
1.2. Benzolamin
1.3. C_6H_7N

1.4. Phenylamin, Anilinöl
1.5. aromatische Amine
1.6. giftig

2. **Ausgewählte Eigenschaften**
2.1. 93,61
2.2. ölige, farblose (frisch destilliert) bis braune Flüssigkeit mit charakteristischem Geruch
2.3. 184,4 °C
2.4. −6,2 °C
2.5. 0,35 mbar bei 20 °C/35 Pa
2.6. 1,02 g/cm³ bei 20 °C
2.7. Wasser: 34 g l^{-1} bei 25 °C, 64 g l^{-1} bei 90 °C
in den meisten organischen Lösungsmitteln löslich
2.8. Anilin ist eine schwache Base und bildet mit starken Mineralsäuren Salze. Mit Alkali- und Erdalkalimetallen erfolgt eine Reaktion unter Bildung entsprechender Metallanilide (Wasserstoffentwicklung). Kupfer- und Kupferverbindungen werden korrodiert. Anilin ist brennbar.
Flammpunkt: 76 °C.
2.9. lg P = 1,3
2.10. H = 5,24
2.11. lg SC = 1,9
2.12. lg BCF = 1,88
2.13. leicht biologisch abbaubar
2.14. $k_{OH} = 1,2 \cdot 10^{-10}$ cm³ s⁻¹; $t_{1/2} = 0,13$ d

3. **Toxizität**
3.1. Zu umweltrelevanten Expositionen sind keine Informationen verfügbar.
3.2. oral   Ratte   LD 50   440 mg/kg

ihl	Ratte	LCL0	250 ppm über 4 h
skn	Kaninchen	LD 50	820 mg/kg
oral	Mensch	LD	4–25 ml

3.3. Chronische Expositionen können zu Schädigungen des Nervensystems, zu Methämoglobinämie sowie hämolytischen Veränderungen führen.

3.4. Im Ames-Test ist Anilin nicht mutagen. Bei Mäusen ist keine karzinogene Wirkung festgestellt. Vergleichbare Experimente an Ratten zeigten keine signifikanten Ergebnisse. Epidemiologische Studien lassen keinen eindeutigen Zusammenhang zwischen Krebshäufigkeit und Anilinexposition erkennen.

3.5. Die akute Toxizität für Fische wird mit einem Bereich von 100–1000 mg l^{-1} angegeben. Besonders empfindlich reagieren Forellen.

Regenbogenforelle:	LC 50 (0,5 d)	46 mg l^{-1}
	LC 50 (2 d)	28 mg l^{-1}
	LC 50 (7 d)	8,2 mg l^{-1}
Salmonella gardneri:	LC 50	43 mg l^{-1}
Pseudomonas reticulata:	LC 50	100 mg l^{-1}

3.6. Anilin ist ein starkes Blut- und Nervengift. Aufnahmewege sind der Respirations- und Digestionstrakt sowie die Hautresorption. Im Warmblüterorganismus erfolgt eine oxidative Transformation zu Arylhydroxylamin (indirekter Methämoglobinbildner). Weiterhin erfolgt die Metabolisierung über Aminophenol bzw. entsprechende Konjugate; in Fischen unter Bildung von Ammoniak. Bei akuten Intoxikationen kommt es zu graublauen Verfärbungen der Haut (Cyanose) mit ausgesprochen euphorischen Zuständen.
Leber- und Nierenschädigungen sind nachgewiesen.

3.7. Anilin kann durch eine mittlere Biokonzentrationstendenz charakterisiert werden. Eine Bioakkumulation ist nicht nachgewiesen.

4. Grenz- und Richtwerte

4.1.	MAK-Wert:	5 ppm (USA)
		2 ml/m³ (ppm); 8 mg/m³ (D);
		III B (begründeter Verdacht auf krebserzeugendes Potential (BRD)
4.2.	Trinkwasser:	0,1 mg/l
	Geruchsschwellenwert:	0,5 ppm
4.3.	TA Luft:	20 mg/m³ bei einem Massenstrom von 0,1 kg/h oder mehr

5. Umweltverhalten

In aquatischen Systemen ist die Toxizität von Anilin gegenüber Wasserorganismen zu beachten. Toxische Grenzkonzentrationen wurden für Algen mit etwa 10 mg l^{-1} und für Daphnia mit 0,1 mg l^{-1} ermittelt. Die LC 50 beträgt für Mollusken 800 mg l^{-1} und für Amphibien etwa 440 mg l^{-1}. 0,1 mg l^{-1} sind für Bakterien noch nicht toxisch. Anilin wird von einigen Bodenorganismen als Kohlenstoffquelle genutzt. Die unter Laborbedingungen gemessenen Umsatzraten von 2 µmol $h^{-1} mg^{-1}$ Trockenmasse werden unter natürlichen Bedingungen nicht erreicht. Als Transformationsprodukte wurden unter anderem nachgewiesen:

4-Chlorphenylhydroxylamin 4-Chlornitrosobenzen
4,4-Dichlorazobenzen 4-Chloracetanilid
4,4'-Dichlorazoxybenzen 4-Chlornitrobenzen
1,3-Bis-(4-chlorphenyl)-triazol

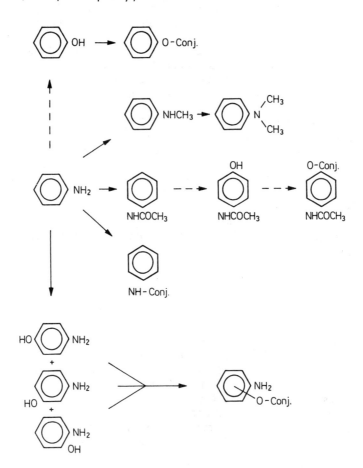

Abb. 1 Umweltrelevante Transformationsprozesse von Anilin

Abbildung 1 zeigt einige umweltrelevante Anilinreaktionen. Neben Kontaminationen von Trinkwässern und industriellen Abwässern wird über Anilinkonzentrationen in Oberflächenwässern bis zu 9,7 µg l^{-1} berichtet. Gesamteinschätzung: Relativ geringe Persistenz in der Umwelt, guter mikrobiologischer Abbau, geringe Flüchtigkeit verbunden mit guter Wasserlöslichkeit bedingen eine geringe Dispersionstendenz zwischen Hydro- und Atmosphäre, aber eine relativ gute Mobilität in aquatischen Systemen.

Auf der Grundlage physikalisch-chemischer Eigenschaften ist bei Anilineinträgen in die Umwelt mit folgender annähernden Kompartimentalisierung zu rechnen:

Hydrosphäre: etwa 82%
Pedosphäre: etwa 14%
Atmosphäre: etwa 3%

6. Abfallbeseitigung/schadlose Beseitigung/Entgiftung

Nach Adaption von Mikroorganismen können stark verdünnte Anilinlösungen in biologische Kläranlagen eingeleitet werden. Größere Anilinmengen bzw. anilinhaltige Abprodukte werden in Sonderabfallverbrennungsanlagen vernichtet (Rauchgaswäsche erforderlich). Jede Form der Deponie sollte infolge der Wasserlöslichkeit der Verbindung ausgeschlossen werden, da Grundwasserkontaminationen nicht mit Sicherheit auszuschließen sind.

7. Verwendung

Ausgangsstoff für die Synthese von Farbstoffen (Anilinfarben), Pharmazeutika, Isocyanatkunststoffen, Kautschukchemikalien, Photochemikalien und u. a. Cyclohexylamin.

Literatur

Sloof, W., et al.: Comparison of the susceptibility of 22 freshwater species to 15 chemical compounds. I. (sub)acute toxicity tests. Aquatic Toxicol., 4 (1984): 113—128

UNEP/IRPTC Scientific Reviews of Soviet Literature on Toxicity and Hazards of Chemicals. Aniline. No. 53, Moskau 1984

Arsen [7440-38-2] und -verbindungen

Natürlicherweise kommt Arsen insbesondere in Form der Oxide und Sulfide in den Oxidationsstufen 3+ und 5+ vor. Die sich von der dreiwertigen bzw. fünfwertigen Form ableitenden Arsenit- bzw. Arsenationen entsprechen den in biologischen Strukturen am häufigsten nachweisbaren Bindungsformen des Arsens. In der Oxidationsstufe 3− liegt das Arsen im hoch toxischen Arsenwasserstoff (Arsin) vor. Aus der strukturchemischen Ähnlichkeit zwischen Arsenat- und Phosphation resultiert der antagonistische Effekt dieser Ionen.
Die Weltproduktion an Arsen und -verbindungen wird jährlich auf etwa 60000 t geschätzt. Der Arsengehalt der Erdkruste wird durchschnittlich mit etwa 1,5 bis 2,0 mg/kg angegeben. In weitestgehend als anthropogen unbelastet anzusehenden Umweltstrukturen wurden nachfolgende durchschnittliche Arsengehalte analysiert:

Sedimentgestein	0,1−188 mg/kg
Braunkohle	bis zu 1500 mg/kg
Boden	0,2−40 mg/kg
Sedimente (Oberflächenwässer)	bis zu 10 mg/kg
Atmosphäre	1,0−10 ng/m^3
Flußwässer	3,0−10 µg l^{-1}
Seen	1,0−8 µg l^{-1}
Seen (SU)	$1,77 \cdot 10^{-8} - 1,4 \cdot 10^{-5}$ Gew.-%
Regenwasser (SU)	bis zu $6,4 \cdot 10^{-8}$ Gew.-%

Neben dem Eintrag von Arsen in die Atmosphäre sind arsenhaltige Abwässer der herstellenden und verarbeitenden Industrie eine wesentliche Kontamina-

Tabelle 6
Auf der Grundlage von Löslichkeitsprodukten berechnete Arsen-Ionen-Konzentrationen verschiedener Arsenate in Wasser (Lemo et al. 1983)

Arsenat	K_s^1	AsO_4^{3+} (µg l^{-1})	Gesamt gelöstes As (mg l^{-1}) (pH 7,5)
$AlAsO_4$	$1,6 \cdot 10^{-16}$	0,003	$2,6 \cdot 10^3$
$Ba_3(AsO_4)_2$	$7,7 \cdot 10^{-51}$	30	$1,3 \cdot 10^{-6}$
$Ca_3(AsO_4)_2$	$6,8 \cdot 10^{-19}$	$29 \cdot 10^3$	$7,5 \cdot 10^3$
$Cd_3(AsO_4)_2$	$2,2 \cdot 10^{-33}$	0,40	$7,5 \cdot 10^3$
$Co_3(AsO_4)_2$	$7,6 \cdot 10^{-29}$	0,50	$7,5 \cdot 10^3$
$Cu_3(AsO_4)_2$	$7,6 \cdot 10^{-36}$	2,0	760
$FeAsO_4$	$5,7 \cdot 10^{-21}$	0,003	0,20
$Mg_3(AsO_4)_2$	$2,1 \cdot 10^{-20}$	$10 \cdot 10^3$	$7,5 \cdot 10^3$
$Mn_3(AsO_4)_2$	$1,9 \cdot 10^{-29}$	19	$7,5 \cdot 10^3$
$Pb_3(AsO_4)_2$	$4,1 \cdot 10^{-36}$	1,0	$7,5 \cdot 10^3$
$Zn_3(AsO_4)_2$	$4,0 \cdot 10^{-28}$	20,0	$7,5 \cdot 10^3$

[1] K_s Löslichkeitsprodukt

tionsquelle für Umweltstrukturen. Der durchschnittliche Gehalt industrieller Abwässer an Arsen wird auf etwa 6 mg l^{-1} geschätzt. Demgegenüber können Abwässer der Lederindustrie bis zu 3000 mg l^{-1}, metallurgische Betriebe bis zu 400 mg l^{-1} und von Stickstoffdünger herstellenden Betrieben 0,1–0,8 mg l^{-1} enthalten.
In wäßriger Lösung kommt Arsen vorzugsweise in Form der Arsenite oder Arsenate vor. Tabelle 6 gibt in diesem Zusammenhang eine Übersicht zu den in Abhängigkeit von den Löslichkeitsprodukten verschiedener Verbindungen zu erwartenden Arsenkonzentrationen im Wasser. In biologischen Strukturen werden Arsenite und Arsenate relativ schnell in organische Arsenverbindungen (z. B. Methyl- und Dimethylarsensäure) transformiert.
Anorganische Arsenverbindungen sind im allgemeinen toxischer als organische Arsenverbindungen. Arsenite werden in Biosystemen schneller resorbiert als Arsenate und damit auch besser in Organstrukturen dispergiert. Der mittlere Arsengehalt des menschlichen Organismus beträgt weniger als 0,1 g/Person, wobei mit einem täglichen mittleren Arsenaustausch von etwa 0,5 mg (etwa 0,3 mg über Nahrungsmittel und 0,2 mg über Trinkwasser) gerechnet wird. Für Organstrukturen des menschlichen Organismus werden u. a. folgende durchschnittliche Arsengehalte angegeben:

Gehirn	<4 mg	Haut	<1,2 mg
Schilddrüse	<3,1 mg	Lunge	<0,09 mg
Muskulatur	<3,0 mg	Knochen	<0,01 mg
Herz	<2,6 mg	Leber	<0,1 mg
Uterus	<2,6 mg	Blase	<1,4 mg
Magen	<2,1 mg	Niere	0,03 mg
Duodenum	<1,7 mg		

In Biosystemen erfolgt die Bindung von Arsen vorzugsweise an Sulfhydrylgruppen von Enzymen verbunden mit einer Minderung von Enzymaktivitäten. Durch oxidierende Enzyme werden Arsenitionen in Arsenationen transformiert, die ihrerseits zur Beeinflussung von Enzymaktivitäten führen (z. B. α-Glycerinphosphat-Dehydrogenase, DNA-Polymerase, Cytochromoxidase, verschiedene alkalische Phosphatasen). Für Arsen wird eine durchschnittliche biologische Halbwertszeit von etwa 60 d angegeben. Ursache hierfür ist u. a. die Arsenakkumulation in Erythrozyten. Diese bei Ratten und Kaninchen ermittelte Halbwertszeit wird u. a. beim Menschen durch ein relativ schnelles Ausscheiden von Arsen unterschritten. Bei Exposition gegenüber ^{74}As-Arsenat wurden beispielsweise 66 % des Arsens mit einer Halbwertszeit von 2,1 d, 30 % in 9 d und etwa 4 % in 38 d ausgeschieden.
In vivo ist die Methylierung anorganischer Arsenverbindungen im Menschen nachgewiesen, wobei der Grad der Methylierung in Abhängigkeit von der Dosis bis 80 % des aufgenommenen Arsens beträgt. Mit abnehmender Dosis erhöht sich wahrscheinlich der Methylierungsgrad. Für dimethylarsenige Säure sowie für anorganische Arsenverbindungen ist eine Plazentapassage nachgewiesen.
Unter dem Aspekt der Spätschadenswirkungen wird Arsen (insbesondere Arsenate) als karzinogen suspekt bzw. als kokarzinogen eingestuft. Im Tierexperiment sind bei Ratten embryotoxische Effekte nachgewiesen. Im Zusammenhang mit der karzinogenen Wirkung ist zu erwähnen, daß in allen Tierexperimenten

mit Ratten keine Karzinogenität der verschiedenen Arsenverbindungen nachweisbar ist.
Die durchschnittliche tägliche Arsenexposition des Menschen (berufliche Expositionen ausgenommen) wird auf etwa 0,01–0,02 mg/d (USA) bzw. 0,1 mg/d (England) geschätzt. Die Aufnahme über die Atemluft wird dabei mit etwa 0,05 µg/d angegeben. Infolge der großen Variationsbreite der Konzentrationen sind vergleichbare Schätzungen zur Exposition über Trinkwasser nicht möglich.
Die Verteilung von Arsen in Umweltstrukturen erfolgt vorzugsweise in aquatischen Systemen und im Boden. Im Wasser überwiegt unter oxidativen Bedingungen das Vorkommen der Arsenate (Oxidationsstufe 5+), während beispielsweise in den Sediment-Wasser-Grenzschichten unter reduzierenden Bedingungen vorzugsweise Arsenit gebildet wird. Vergleichbare Verhältnisse sind in reduzierenden bzw. oxidierenden Böden anzutreffen. Arsenate werden sowohl in Sedimenten als auch Böden relativ schnell an Eisen- und Aluminiumhydroxide adsorbiert. Damit verbunden ist einerseits eine Verminderung der Perkolationsfähigkeit und -geschwindigkeit von Arsenationen, zum anderen resultiert eine geringere Verfügbarkeit für Biosysteme (z. B. für Pflanzen). Tabelle 7 zeigt beispielhaft Verteilungskoeffizienten für Wasser und Sedimente. In der wäßrigen Phase bildet Arsen darüber hinaus mit Calcium-, Schwefel-, Barium-, Aluminium- und Eisenverbindungen unlösliche Niederschläge verbunden mit einer Arseneliminierung aus Wasser.
Das Umweltverhalten von Arsenverbindungen wird vor allen Dingen durch die in Boden, aquatischen Systemen (mikrobiologisch aktiven Zonen von Sedimen-

Tabelle 7
Verteilungskoeffizienten von Arsen zwischen Wasser und Sediment bei unterschiedlichen Gehalten an gelöstem Sauerstoff (20 °C)
(Lemo et al. 1983)

DO^1 (mgl^{-1})	Sediment As ($\mu g/g$)	Wasser As (mgl^{-1})	Verteilungskoeffizient ($\cdot 10^3$)
9.1	360	0,48	1,3
	53	0,55	1,0
	25	0,38	1,5
4.1	360	0,65	1,8
	53	0,92	2,4
	25	0,06	1,7
2.1	360	0,16	0,44
	53	0,1	2,0
	25	0,015	0,6
0.9	360	0,06	0,17
	53	0,14	2,7
	25	0,025	1,0
0.0	360	3,42	3,6
	53	0,19	3,8
	25	0,17	6,8

[1]DO gelöster Sauerstoff

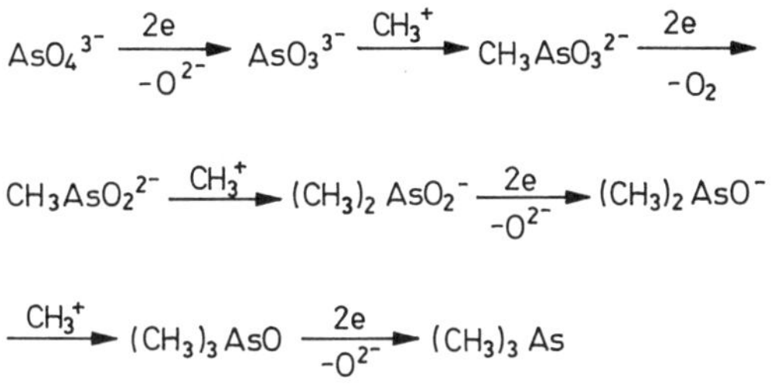

$$AsO_4^{3-} \xrightarrow[-O^{2-}]{2e} AsO_3^{3-} \xrightarrow{CH_3^+} CH_3AsO_3^{2-} \xrightarrow[-O_2]{2e}$$

$$CH_3AsO_2^{2-} \xrightarrow{CH_3^+} (CH_3)_2 AsO_2^- \xrightarrow[-O^{2-}]{2e} (CH_3)_2 AsO^-$$

$$\xrightarrow{CH_3^+} (CH_3)_3 AsO \xrightarrow[-O^{2-}]{2e} (CH_3)_3 As$$

Abb. 2 Möglicher Methylierungsmechanismus von Arsenaten

ten), Mikroorganismen, Pflanzen und Tieren verlaufenden Oxidations-Reduktionsreaktionen sowie Methylierungsprozesse geprägt. Biomethylierungen und Bioreduktionen sind die häufigsten Reaktionen. Oxidationsreaktionen und Dimethylierungen sind bislang lediglich vereinzelt unter dem Einfluß von Bakterienkulturen festgestellt. Biomethylierungen führen zur Bildung verschiedener, physikalisch-chemisch und biologisch relativ stabiler Methylarsenverbindungen (Abb. 2). Infolge der Flüchtigkeit dieser Verbindungen sind Kontaminationen der Atmosphäre nicht auszuschließen. Marine Mikroorganismen transformieren Arsen unter anderem in komplexe Arsenverbindungen wie Arsenbetain, Arsencholin oder Arsenphospholipide. In Sedimenten fixiertes Arsen verliert nicht vollständig seine Bioverfügbarkeit. Aquatische Organismen sind befähigt an Sediment bzw. suspendierte Feststoffe sorbiertes Arsen zu resorbieren und zu absorbieren. In Braunalgen werden relativ hohe Biokonzentrationsfaktoren zwischen 200 und 6 000, im Mittel bis zu 2 500 festgestellt.

Literatur

United Nations Environment Programme, IRPTC, Scientific Reviews of Soviet Union Literature on Toxicity and Hazards of Chemicals. Arsenic. No. 20, Moskau 1982
Lemo, N. V., Faust, S. D., Belton, R., and Tucker, R.: Assessment of the chemical and biological significance of arsenical compounds in a heavily contaminated waltershed. Part I. The fate and specification of arsenical compounds in aquatic environments. – A literature review –. J. Environm. Science Health, A 18 (3) (1983): 335–387
Luten, J. B., et al.: Occurence of Arsenic in Plaice, Nature of Organo-Arsenic Compound Present and its Excretion by Man. Environm. Hlth. Perspect., 45 (1982) 165–170
Umwelt- und Gesundheitskriterien für Arsen. Hrsg. Umweltbundesamt Berichte 4/83. Erich Schmidt Verlag, Berlin 1983
Wather, M.: Metabolism of inorganic arsenic in relation to chemical form and animal species. Department of Toxicology and Environmental Hygiene, Karolinska Institute, Stockholm 1983

Arsen [7440-38-2]

Arsen kommt in verschiedenen allotrophen Modifikationen vor. Das metallische Arsen (α-Form) ist im Vergleich zu den amorphen Formen (β-, γ-, δ-Form) die stabilste Form. Je nach Reinheitsgrad enthält metallisches Arsen 2% oder etwa 5% Arsentrioxid.

1. Allgemeine Informationen

1.1. Arsen [7440-38-2]
1.2. Arsen
1.3. As
1.4. keine Angaben
1.5. Element der 5. Hauptgruppe
1.6. giftig
Die Verwendung von Arsenverbindungen als Pflanzenschutzmittel ist in Deutschland verboten.

2. Ausgewählte Eigenschaften

2.1. Atomgewicht: 74,91
2.2. metallisch glänzende Kristalle (Arsendampf ist farblos)
2.3. keine Angaben
2.4. Sublimiert im Bereich von 615–633 °C ohne zu schmelzen. Bei 36 atm liegt der Schmelzpunkt bei 817 °C.
Bei Temperaturen >800 °C Zersetzung zu As_4-Molekülen, 800–1700 °C Bildung von As_4- und As_2-Molekülen, >1700 °C Bildung von As.
2.5. keine Angaben
2.6. 5,727 g/cm³ bei 20 °C; gelbes Arsen – 1,97 g/cm³; β-Form – 4,73 g/cm³; γ-Form – 4,97 g/cm³.
2.7. Wasser: unlöslich
2.8. Mit Chlor reagiert Arsen unter Bildung von Arsentrichlorid. Unter Einwirkung von konzentrierter Salpetersäure erfolgt Oxidation zu Arsensäure, verdünnte Salpetersäure oxidiert Arsen ebenso wie Schwefelsäure oder kochende Alkalien zu arseniger Säure.
2.9. entfällt
2.10. entfällt
2.11. entfällt
2.12. entfällt
2.13. entfällt
2.14. entfällt

3. Toxizität

3.1. entfällt
3.2. oral   Ratte   LD 50   25 mg/kg
3.3. keine Angaben
3.4. keine Angaben
3.5. keine Angaben
3.6. Reines Arsen wird als ungiftig bezeichnet.
Zu beachten sind allerdings die Verunreinigungen mit Arsentrioxid.
3.7. entfällt

4. Grenz- und Richtwerte

4.1. keine Angaben

4.2. Trinkwasser: 0,04 mg/l als As (D)
4.3. TA Luft: 1 mg/m³ als As bei einem Massenstrom von 5 g/h und mehr
Abfallbehandlung nach
§ 2 Abs. 2 Abfallgesetz: arsenhaltiger Ofenausbruch aus metallurgischen Prozessen Abfallschlüssel 31108

5. Umweltverhalten

entfällt

6. Abfallbeseitigung/schadlose Beseitigung/Entgiftung

Metallisches Arsen ist in jedem Fall einer Wiederaufarbeitung zuzuführen.

7. Verwendung

Herstellung von Arsenverbindungen, Zusatz für Korrosionsschutzmittel, Legierung (z. B. Kupferlegierungen), Bestandteil von Katalysatoren (insbesondere Erdölaufbereitung).

Arsentrioxid [1327-53-3]

Arsentrioxid gehört zu den wichtigsten Arsenverbindungen.

1. Allgemeine Informationen

1.1. Arsentrioxid [1327-53-3]
1.2. Arsen-(III)-oxid
1.3. As_2O_3
1.4. Arsenik, Arsenglas, Weißglas
1.5. Metalloxid
1.6. giftig, krebserzeugend

2. Ausgewählte Eigenschaften

2.1. 197,84
2.2. weißes Pulver oder glasartig durchscheinende mikrokristalline Masse
2.3. 457 °C
2.4. 313 °C, Sublimation ab etwa 193 °C
2.5. Sättigungskonzentration in Luft 0,6 µg/m³
2.6. 3,86 g/cm³
2.7. Wasser: 18 g l⁻¹ bei 20 °C; 115 g l⁻¹ bei 100 °C
2.8. Als Anhydrid der arsenigen Säure reagiert Arsentrioxid mit Alkalien unter Bildung von Arseniten. Arsenige Säure hat einen pKa-Wert von 9,23 und bildet bei pH 0,9 Arsenylionen (AsO⁺), bei pH >9,2 Arsenitionen (AsO₂⁻). Im pH-Bereich von 0,9–9,2 ist $HAsO_2$ die bevorzugte Form. Arsenige Säure ist ein relativ starkes Oxidationsmittel.
2.9. entfällt
2.10. entfällt

2.11. entfällt
2.12. entfällt
2.13. entfällt
2.14. entfällt

3. **Toxizität**
3.1. vergleiche unter Arsen und -verbindungen
3.2.
oral	Ratte	LD 50	4,5 mg/kg
oral	Maus	LD 50	43,0 mg/kg
oral	Kaninchen	LDL 0	4,0 mg/kg
oral	Mensch	LDL 0	1,0 mg/kg

3.3. vergleiche unter Arsen und -verbindungen
3.4. Arsentrioxid ist bei inhalativer Exposition als karzinogen suspekt einzustufen. Bei dermaler Applikation liegen keine signifikanten Untersuchungsergebnisse vor.
3.5. Die akute Toxizität wird für Fische (ohne Speziesangabe) mit einem Bereich von 10–100 mg l^{-1} angegeben. LC 50 (7 d) Goldfisch: 32 mg l^{-1}
3.6. Gute Resorption über den Magen-Darm-Trakt, teilweise auch über die intakte Haut.
Nach vorübergehender Speicherung in Knochen, Haut und parenchymatösen Organen Ausscheidung über Niere und Faeces sowie Transformation zu Methylarsenverbindungen. Biologische Halbwertszeit unter 60 d.
Toxische Effekte: vergleiche unter Arsen und -verbindungen.
3.7. geringfügige Biokonzentration nachweisbar

4. **Grenz- und Richtwerte**
4.1. MAK-Wert: III A1 krebserzeugend (D)
4.2. Trinkwasser: 0,04 mg/l als As (D)
4.3. TA Luft: 1 mg/m³ bei einem Massenstrom von 5 g/h oder mehr
mittlere zulässige
Konzentration in Luft
(kommunaler Bereich): 0,001 mg/m³

5. **Umweltverhalten**

Arsentrioxid ist stark toxisch für Wasserorganismen (Löslichkeit: 18 g l^{-1}). Für niedere Organismen wird der Bereich akut toxischer Wirkungen mit 2–4 mg l^{-1} angegeben.
Bei 25 °C resultiert eine Sättigungskonzentration von Arsentrioxid in der Luft von 0,6 µg/m³.
Sorptions- und Transformationsverhalten: vgl. Arsen und -verbindungen.

6. **Abfallbeseitigung/schadlose Beseitigung/Entgiftung**

Überführung in schwerlösliche Arsenverbindungen (Erdalkali- und Metallarsenite bzw. -arsenate, Sulfide), Oxidation zu Arsenat und Umsetzung mit

Eisen-(III)-verbindungen zu ablagerungsfähigen Produkten (z. B. Skorodite). Extraktion aus stark salzsaurer Lösung mit Chloroform, Tetrachlormethan, Benzol, Toluol u. a. Lösungsmitteln. Anzustreben ist in jedem Fall eine Wiedernutzbarmachung von Rückständen.

7. **Verwendung**

    Herstellung von Calcium- und Bleiarsenat (Schädlingsbekämpfung). Ausgangsstoff für Mineralfarben (Pariser Grün, Schweinfurter Grün u. a.). Verwendung in der Glasindustrie als Läuterungsmittel.

Calciumarsenat [7778-44-1]

1. **Allgemeine Informationen**

1.1. Calciumarsenat [7778-44-1]
1.2. Arsensäure, Calciumsalz (2:3)
1.3. $Ca_3(AsO_4)_2$
1.4. arsensaures Calcium
1.5. Arsenat
1.6. giftig, krebserzeugend

2. **Ausgewählte Eigenschaften**

2.1. 398,03
2.2. weißer, pulverförmiger Feststoff
2.3. keine Angaben
2.4. 1 455 °C
2.5. keine Angaben
2.6. 3,62 g/cm^3
2.7. Wasser: 140 mg l^{-1} bei 20 °C
2.8. In wäßriger Lösung Hydrolyse; unter reduzierenden Bedingungen Transformation zu Arsenit bzw. Biomethylierung zu Methyl- bzw. Dimethylarsenat.
2.9. entfällt
2.10. entfällt
2.11. vergleiche Tabelle 7
2.12. entfällt
2.13. entfällt
2.14. entfällt

3. **Toxizität**

3.1. vergleiche unter Arsen und -verbindungen
3.2. oral   Ratte   LD 50   20 mg/kg
     Die mittlere letale Dosis wird für Warmblüter mit 20–100 mg/kg, für den Menschen mit 5–50 mg/kg angegeben.
3.3. Bei chronischen Intoxikationen kommt es vorzugsweise zur Reaktion mit SH-Gruppen von Enzymen mit Veränderungen der Enzymaktivität und

Hemmung verschiedener Stoffwechselprozesse (Inhibierung oxidativer Prozesse verbunden mit einer Reduzierung des Säureabbaus im Organismus; Anreicherung verschiedener Säuren wie Milchsäure u. a.). Störungen des Phosphormetabolismus, degenerative Gewebeveränderungen sowie hämolytische Effekte sind nachgewiesen.
3.4. Arsenate werden generell als karzinogen suspekt bzw. als kokanzerogen wirksam betrachtet. Embryotoxische Effekte sind bei Ratten nachgewiesen.
3.5. vergleiche unter Arsen und -verbindungen
3.6. vergleiche unter Arsen und -verbindungen
3.7. Akkumulation in Erythrozyten

4. Grenz- und Richtwerte

4.1. MAK-Wert: III A1 krebserzeugend (BRD)
0,3 mg/m^3 (SU)
4.2. Trinkwasser: 0,04 mg/l als As (D)
ohne Einfluß auf die organoleptischen Eigenschaften des Trinkwassers 100 mg/l
4.3. TA Luft: 1 mg/m^3 bei einem Massenstrom von 5 g/h und mehr
Abwassereinleitung: 0,1 mg/l (SU)
maximal zulässige Konzentration in Böden: 12–15 mg/kg (SU)
maximal zulässige Konzentration für Fischgewässer: 0,01 mg l^{-1} (SU)

5. Umweltverhalten

Calciumarsenat ist im neutralen Bereich schwer wasserlöslich. Im sauren Milieu nimmt die Löslichkeit jedoch schnell zu. Bei unsachgemäßer Lagerung kann sich neutrales Claciumarsenat unter dem Einfluß von Luftfeuchtigkeit und Kohlendioxid zu löslichen Arsenverbindungen umsetzen (z. B. sekundäres Calciumarsenat, Löslichkeit um das 25fache erhöht). Insbesondere bei entsprechenden Ablagerungen von Calciumarsenat sind damit Grundwasserkontaminationen nicht auszuschließen. Sorptions- und Transformationsverhalten: vergleiche unter Arsen und -verbindungen.

6. Abfallbeseitigung/schadlose Beseitigung/Entgiftung

Calciumsalze des Arsens können in stark saurem Milieu mit Eisen-(III)-salzen gefällt werden. Die sich bildenden Eisen-Arsenoxid-hydrate ($FeAsO_4 \cdot 2H_2O$) (Skorodite), sind ablagerungsfähig. Im allgemeinen ist eine Rückführung nicht mehr verwendbarer Arsenverbindungen zum Hersteller vorzusehen.

7. Verwendung

keine Angaben

Arsin [7784-42-1]

1. Allgemeine Informationen

1.1. Arsin [7784-42-1]
1.2. Arsin
1.3. AsH$_3$
1.4. Arsenwasserstoff
1.5. Metallhydrid
1.6. giftig

2. Ausgewählte Eigenschaften

2.1. 77,9
2.2. farbloses, unangenehm nach Knoblauch riechendes Gas
2.3. −55 °C
2.4. −114 °C
2.5. 14,2 mbar bei 21 °C
2.6. keine Angaben
2.7. Wasser: 20 cm^3 lösen sich in 100 ml Wasser bei 20 °C
2.8. Arsenwasserstoff ist schwerer als Luft. Beim Entspannen des Gases bilden sich sehr schnell große Mengen kalten Nebels und ein explosibles Gemisch mit Luft. Bei der Lagerung ist Wärmeeinwirkung zu vermeiden, Zündquellen sind unbedingt fernzuhalten und ein Kontakt mit anderen Gasen ist zu vermeiden. Die Verbindung ist ein starkes Reduktionsmittel.
2.9. entfällt
2.10. entfällt
2.11. entfällt
2.12. entfällt
2.13. keine Angaben
2.14. keine Angaben

3. Toxizität

3.1. keine Angaben
3.2. ihl   Mensch   TCL0   0,5 ppm
     ihl   Mensch   LD   50 mg/m^3 bei 30 min
     5000 mg/m^3 wirken beim Menschen sofort letal, 20 mg/m^3 werden 30 min toleriert und 750 mg/m^3 führen nach 30 min zum Tode. Todesursachen bei akuten Intoxikationen sind u. a. akute Leberinsuffizienz, Herz-Kreislaufinsuffizienz. Einige Stunden nach inhalativer Aufnahme akut toxischer Dosen kommt es zu Hämoglobinurie, Oligourie, Urämie und anämischen Zuständen.
3.3. Bei chronischen Intoxikationen sind u. a. Abnahmen des Methämoglobingehaltes um bis zu 57 %, Erhöhung der Leukozytenzahl, Lebervergrößerungen (3–4 cm) und Abnahmen des Bluthämoglobingehaltes um 40–42 % festgestellt.
3.4. keine Informationen
3.5. 1,1–1,3 mg l^{-1} können bei Fischen letal wirken.

3.6. Arsenwasserstoff wirkt auf das Zentralnervensystem schädigend (Nervengift). Darüber hinaus sind Schädigungen der Lunge, der Leber, Niere und Schleimhäute festgestellt. Die Verbindung wird durch die Erythrozytenmembran resorbiert, führt zu Blutbildveränderungen, zur Katalasehemmung und zur Denaturierung von Eiweißen.

3.7. In Fischen wurde eine Anreicherung in Gewebe festgestellt.

4. Grenz- und Richtwerte

4.1. MAK-Wert: 0,05 ml/m^3 (ppm); 0,2 mg/m^3 (D)
4.2. keine Angaben
4.3. TA Luft: 1 mg/m^3 bei einem Massenstrom von 10 g/h oder mehr

5. Umweltverhalten

keine Angaben

6. Abfallbeseitigung/Entgiftung/schadlose Beseitigung

keine Angaben

7. Verwendung

Arsenwasserstoff wird als Reduktionsmittel und vor allem in der Halbleiterindustrie als Dotiergas verwendet.

Literatur

ARSINE (Arsenic Hydride) Poisoning in the Workplace. NIOSH Current Intelligence Bulletin 32, August 1979
NIOSH, Cincinnati, 1979

Atrazin [1912-24-9]

Die Herstellung von Atrazin erfolgt durch Umsetzung von Cyanursäurechlorid mit Ethylamin und Isopropylamin. Die Reaktion erfolgt sukzessive in Tetrachlormethan.

1. Allgemeine Informationen

1.1. Atrazin [1912-24-9]
1.2. 1,3,5-Triazin-2,4-diamin, 6-Chlor-N-ethyl-N'-(1-methylethyl)-
1.3. $C_8H_{14}N_5Cl$
1.4.

$$C_2H_5-NH-\underset{N}{\underset{\|}{C}}\overset{Cl}{\underset{N}{\|}}\overset{N}{\underset{}{C}}-NH-CH\overset{CH_3}{\underset{CH_3}{}}$$

1.5. Triazine
1.6. keine Angaben

2. Ausgewählte Eigenschaften

2.1. 215,7
2.2. weißes, kristallines Pulver
2.3. keine Angaben
2.4. 173–177 °C
2.5. $3 \cdot 10^{-7}$ Torr bei 20 °C
2.6. keine Angaben
2.7. Wasser: 33 ppm bei 27 °C
n-Pentan: 360 ppm
Ethylether: 12 000 ppm
Methanol: 18 000 ppm
Chloroform: 52 000 ppm
2.8. Unter Normalbedingungen und in trockenem Zustand ist die Substanz stabil. In wäßriger Lösung erfolgt pH-abhängig Hydrolyse unter Substitution des Chloratoms und Bildung des inaktiven Hydroxyatrazins. Die Substanz ist nicht korrosiv.
2.9. lg P = 3,1
2.10. H = $3,2 \cdot 10^{-3}$
2.11. lg SC = 2,9 (berechnet)
2.12. lg BCF = 3,4 (berechnet)
2.13. biologisch nicht leicht abbaubar
2.14. keine Angaben

3. Toxizität

3.1. keine Angaben
3.2. oral Ratte LD 50 3 080 mg/kg
oral Maus LD 50 1 750 mg/kg

	oral	Kaninchen	LD 50	750 mg/kg
	dermal	Kaninchen	LD 50	7 500 mg/kg

3.3. Bei 4monatiger inhalativer Exposition tolerieren Ratten Dosen bis zu 18 mg/m^3/d ohne sichtbare Anzeichen einer Intoxikation. Im 2-Jahre-Test mit Ratten und Hunden wurde ein no effect level von 100 ppm bzw. 150 ppm ermittelt.

3.4. Tierexperimentell ist keine mutagene und teratogene Wirkung festgestellt. 100 ppm führen bei Ratten zu Schädigungen des reproduktiven Systems. Zur Karzinogenität sind keine Angaben verfügbar.

3.5. Schwellenwerte toxischer Wirkungen:
  Barsch: 60 mg/l
  Plötze: 50 mg/l
  Guppy: 35 mg/l
  Forelle: LC 50 4,5 ppm über 96 h
  Goldfisch: LC 50 60 ppm über 96 h

3.6. keine Angaben

3.7. In aquatischen Organismen ist eine Bioakkumulation festgestellt.

4. Grenz- und Richtwerte

4.1. keine Angaben

4.2. Trinkwassergrenzwert: 0,1 µg/l als Einzelstoff
  0,5 µg/l als Summe der Pflanzenschutzmittel

4.3. keine Angaben

5. Umweltverhalten

Atrazin ist unter Umweltbedingungen durch eine relativ große Persistenz charakterisiert. Die Hydrolysehalbwertszeit ist pH-abhängig und beträgt etwa 80 d bei pH 3 (20 °C) und etwa 10 000 d bei pH 7–9 (20 °C). Bei pH 11 werden 50 % Wirkstoff in 90 d hydrolysiert.

Generell ist das Triazingrundmolekül durch eine relativ große Stabilität gegenüber physikalischen und chemischen Transformationen charakterisiert, was auch auf die Reaktionsfähigkeit unter Umweltbedingungen zutrifft.

Die geringe Wasserlöslichkeit und der niedrige Dampfdruck, verbunden mit geringer Flüchtigkeit, deuten auf eine verminderte Mobilität in und zwischen Hydro-, Pedo- und Atmosphäre hin. Sorptionskoeffizient und Biokonzentrationsfaktor lassen eine mittlere Bio- und Geoakkumulationstendenz erwarten. Stabilität und Wasserlöslichkeit schließen bei Bodenkontaminationen Bodenmigrationen und Grundwasserverunreinigungen nicht aus.

6. Abfallbeseitigung/schadlose Beseitigung/Entgiftung

Rückstände oder wirkstoffhaltige Abprodukte können auf Schadstoffdeponien abgelagert werden.

7. Verwendung

Herbizid

Asbest [1332-21-4]

Der Begriff „Asbest" umfaßt eine Vielzahl faserförmiger Silikate, die aus Silicium, Sauerstoff, Wasserstoff und Metallkationen, wie Natrium, Magnesium, Calcium, Eisen u. a., zusammengesetzt sind. In Abhängigkeit von der Zusammensetzung unterscheidet man 2 Hauptformen des Asbest:
- Serpentin (Chrysotil)
- Amphibol

1. **Allgemeine Informationen**
1.1. Asbest [1332-21-4]
1.2. Asbest
1.3. Die Zusammensetzung der Asbestfasern ist variabel:
 - Chrysotil $Mg_3Si_2O_5(OH)_4$
 - Amphibol $(Mg, Fe)_7Si_8O_{22}(OH)_2$
 $Na_2(Mg, Fe)Si_8O_{22}(OH)_2$
 $Ca_2Mg_5Si_8O_{22}(OH_2$
1.4. keine Angaben
1.5. Silikat
1.6. krebserzeugend (als Feinstaub)

2. **Ausgewählte Eigenschaften**
2.1. vergleiche unter 1.3.
2.2. faserartiger Feststoff
2.3. keine Angaben
2.4. Zersetzung ab etwa 1000 °C
2.5. keine Angaben
2.6. Chrysotil 2,55 g/cm³; Amphibol 3,37–3,45 g/cm³
2.7. Für verschiedene Chrysotile wurden Löslichkeitsprodukte für Wasser zwischen $1,0 \cdot 10^{-11}$ und $3,0 \cdot 10^{-12}$ ermittelt.
2.8. Asbestfasern zeichnen sich insbesondere durch eine hohe Schmelztemperatur aus. Die Zersetzung beginnt erst im Bereich um etwa 1000 °C. Dabei nimmt mit zunehmendem Magnesiumanteil die Schmelz- und Zersetzungstemperatur und die Dehydroxylierungstemperatur zu. Die meisten Asbestfasern haben eine negative Oberflächenladung. Demgegenüber hat Chrysotil in Wasser eine positive Oberflächenladung und adsorbiert verschiedene chemische Stoffe. Durch die polare Oberfläche besteht eine besonders hohe Affinität zu NH_3- und H_2O-Molekülen. Chrysotil zersetzt sich in einer Stunde mit 1 N Salzsäure bei 95 °C und mit Kaliumhydroxid bei 200 °C vollständig. Demgegenüber ist Amphibol stabil. Kommerzieller Asbest enthält bis zu 36,97 ± 0,47 µg/kg Benzo(a)pyren.
2.9. entfällt
2.10. entfällt
2.11. entfällt
2.12. entfällt

2.13. entfällt
2.14. entfällt

3. Toxizität

3.1. Die durchschnittliche Asbestexposition der Bevölkerung wird auf 0,05 bis 0,1 µg/d über Luft und 0,02 µg l^{-1}/d über Trinkwasser geschätzt. Beruflich bedingte Expositionen sind dabei nicht berücksichtigt.
3.2. keine Angaben
3.3. Die Asbestose als Erkrankung bei Asbestexpositionen nimmt einen chronischen Verlauf. Die Symptomkomplexe sind nicht spezifisch definiert. Bei Expositionen gegenüber Asbestzement sind immuntoxische Effekte nachgewiesen.
3.4. Alle Formen des Asbests sind im Tierexperiment karzinogen. Eine Reihe epidemiologischer Studien weisen auf Zusammenhänge zwischen Asbestexposition und der Häufigkeit des Auftretens von Lungen-, Magen- und anderen Organkrebsen hin. Die Latenzzeit wird auf etwa 15–30 Jahre geschätzt. Eine potenzierende karzinogene Wirkung ist bei kombinierter Applikation von Asbest und Benzo(a)pyren festgestellt.
3.5. keine Angaben
3.6. vergleiche unter 3.3.
3.7. keine Angaben

4. Grenz- und Richtwerte

4.1. MAK-Wert: III A1 krebserzeugend (BRD)
4.2. Unter Berücksichtigung eines Krebsrisikos empfiehlt die U.S. EPA folgende Trinkwassergrenzwerte:

Krebsrisiko	Grenzwert (Fasern/l)
10^{-5}	300 000
10^{-6}	30 000
10^{-7}	3 000

4.3. TA Luft: 0,1 mg/m³ bei einem Massenstrom von 0,5 g/h und mehr

5. Umweltverhalten

Asbest wird unter Normalbedingungen in der Umwelt in seinen physikalisch-chemischen Eigenschaften nicht verändert. Hauptsächlichste Expositionsquelle ist die Luft. Im Bereich asbestproduzierender und -verarbeitender Betriebe wurden beispielsweise folgende Asbestgehalte in der Luft bestimmt:
In einer Entfernung von
0,3 km   0,4–6,8 mg/m³
0,5 km   1,0–5,0 mg/m³
1,0 km   0,6–5,7 mg/m³

1,5–2,0 km   0,7–2,7 mg/m³
3,0 km   0,5–2,6 mg/m³.

Der Eintrag von Asbest in Oberflächenwässer erfolgt vorzugsweise über Abwässer der herstellenden und verarbeitenden Industrie. Natürliche Erosion asbesthaltiger Minerale und der atmosphärische Eintrag sind weitere Emissionsquellen für Oberflächenwässer. $30 \cdot 10^6$ bis $600 \cdot 10^6$ Fasern l^{-1} sind Konzentrationen, die in Oberflächenwässern analysiert sind. Hauptsächlichste Emissionsquelle für Asbest in Trinkwässern sind Asbestzementrohrleitungen. In kanadischen Trinkwässern sind Asbestkonzentrationen von $0{,}1253 \cdot 10^6$ Fasern l^{-1} festgestellt. Verfahren der Trinkwasseraufbereitung wie Flockung und Filtration haben einen Eliminierungswirkungsgrad von mehr als 90%.

Eine Quantifizierung des mit Asbestexpositionen verbundenen gesundheitlichen Risikos für die Bevölkerung ist gegenwärtig nicht möglich. Auf der Grundlage bisheriger Ergebnisse wird das Risiko von Trinkwasserexpositionen jedoch als im Vergleich zu Expositionen über die Luft (insbesondere beruflich bedingte Expositionen) als relativ klein eingeschätzt.

6. Abfallbeseitigung/schadlose Beseitigung/Entgiftung

Asbestrückstände sollten mit Wasser befeuchtet in Container oder feste Plastiksäcke abgefüllt und nach Evakuierung der Behältnisse auf geeigneten Deponien abgelagert werden.

7. Verwendung

Asbest wird hauptsächlich verwendet zur Herstellung von Asbestzement, Asbestgummi, Asbestkunststoffen, Asbestbitumen und als Material zur Thermoisolierung.

Literatur

Asbest-Ersatzstoffkatalog (Erhebung über im Handel verfügbare Substitute für Asbest und asbesthaltige Produkte) 10 Bände. Hrsg. Umweltbundesamt Texte 23/85, Berlin 1985
Levin, R. L. (Hrsg.): Asbestos: An Information Ressource. Department of Health Education and Welfare, DHEW Publication Number (NIH) 79-1681, May 1978, Stanford Research Institute International, Menlo Park CA
Tarter, M. E.: Data Analysis of Drinking Water Asbestos Fiber Size. EPA Report, EPA-600/1-79-020,U.S. EPA, Cincinnati 1979
Toft, P., et al.: Asbestos in Drinking Water, CRC Critical Reviews in Environmental Control, Vol. 14 (2) (1984): 151–197
UNEP, IRPTC, Scientific Review of Soviet Literature on Toxicity and Hazards of Chemicals. Asbestos. No. 2, Moskau 1982
Umweltbelastung durch Asbest und andere faserige Feinstäube. Bericht 80/7. Hrsg. Umweltbundesamt, Berlin 1980

Benzen [71-43-2]

Benzen ist der Grundkörper einer Vielzahl aromatischer Verbindungen. Die Gewinnung erfolgt entweder durch die Aufarbeitung der bei der Erdölraffination anfallenden Kohlenwasserstoffgemische oder nach der Reppe-Synthese aus Acetylen. In geringem Umfang wird Benzen durch Destillation von Steinkohlenteer gewonnen. Die jährliche globale Produktionsmenge wird auf etwa 15 Mill. t geschätzt. Die jährliche Produktionsmenge in den USA beträgt etwa 6,5 Mill. t. Die Anwendungsbreite ist eine maßgebliche Ursache für Benzenkontaminationen der Umwelt. Darüber hinaus ist zu beachten, daß durch Verbrennungsprozesse fossiler Energieträger jährlich weltweit etwa 400 000 t Benzen in die Atmosphäre emittiert werden und daß Treibstoffe jeglicher Art ebenfalls Benzen enthalten (die geschätzte globale Treibstoffmenge enthält etwa 25–30 Mill. t Benzen). Die in den USA produzierten 6,5 Mill. t Benzen werden verwendet zur Herstellung von:

Ethylbenzen 3 200 000 t
Cumol 1 200 000 t
Cyclohexan 1 000 000 t
Nitrobenzen 330 000 t
Alkylbenzene 330 000 t
Chlorbenzene 150 000 t
Maleinsäureanhydrit 120 000 t

und zu 50 000 t als Lösungsmittel. Global werden jährlich produktions- und anwendungsbedingt etwa 100 000–200 000 t Benzen emittiert.

1. Allgemeine Informationen

1.1. Benzen [71-43-2]
1.2. Benzen
1.3. C_6H_6

1.4. Benzen
1.5. aromatische Kohlenwasserstoffe
1.6. krebserzeugend

2. Ausgewählte Eigenschaften

2.1. 78,06
2.2. farblose, stark lichtbrechende Flüssigkeit mit charakteristischem Geruch.
2.3. 80,1 °C
2.4. 5,5 °C (Kristallbenzen)
2.5. 76 mm Hg bei 20 °C; 100 mm Hg bei 26 °C; $1,0 \cdot 10^4$ Pa 20 °C
2.6. 0,87 g/cm^3 (Dampfdichte: 2,77)
2.7. Wasser: 1 780 mg l^{-1} bei 20 °C
Sehr gut löslich in den üblichen organischen Lösungsmitteln wie Aceton, Tetrachlormethan, Chloroform, Schwefelkohlenstoff, Alkoholen.

2.8. Benzen brennt mit stark rußender Flamme. Gummi und Kautschuk werden gelöst. Beim Fließen von Benzen kommt es zu elektrostatischen Aufladungen; Entzündungsgefahr bei Entladung. Benzen enthält geringe Mengen Thiophen.
Typische Benzenreaktionen sind:
Chlorierung, Nitrierung, Sulfonierung, Oxidation
2.9. $\lg P = 1,8$
2.10. $H = 2,4 \cdot 10^5$
2.11. $\lg SC = 1,80$
2.12. $\lg BCF = 1,73$
2.13. leicht biologisch abbaubar
2.14. $k_{OH} = 1 \cdot 10^{-12} \, cm^3 \, s^{-1}$; $t_{1/2} = 16 \, d$

3. Toxizität

3.1. Für die Bevölkerung der USA werden als jährliche mittlere Benzenexpositionen angegeben:
Luft: 110 000 000 Personen   0,3–3,2 µg/m³
         48 000 000 Personen   3,2–12,8 µg/m³
            200 000 Personen   12,8–32 µg/m³
             80 000 Personen   32 µg/m³
Wasser: 0,2–200 µg l^{-1}/d
Allgemein wird folgende durchschnittliche Exposition angenommen:
Luft: 50 µg/m³
Trinkwasser: 0,1–10 µg l^{-1}
Nahrungsmittel: bis zu 250 µg/kg
Die tägliche Gesamtexposition wird auf etwa 1 mg/d und Person geschätzt.

3.2. ihl   Mensch   LD   7 500 ppm in 30 min
     oral   Ratte   LD 50   3 400 mg/kg
     ihl   Mensch   TCL 0   210 ppm
Die akute Toxizität für Kaltblüter liegt im Bereich von 5–50 mg l^{-1}.

3.3. Schädigungen des blutbildenden Systems, speziell des Knochenmarks und des Kapillarsystems, Degenerationserscheinungen der Leber, Niere, Milz sowie Störungen des reproduktiven Systems sind Folgen chronischer Intoxikationen. Bei Ratten wurde über 4 Monate ein no effect level von 30 ppm, bei der Maus über 10 Wochen von 10 ppm ermittelt.

3.4. Toxikologische Experimente und epidemiologische Studien weisen auf Zusammenhänge zwischen Benzenexposition und dem Auftreten von Leukämie hin. Mutagene Wirkung ist in verschiedenen Kurzzeittests nachgewiesen, ausgenommen bei Bakterien. In vitro sind in menschlichen Lymphozyten, in vivo bei Mäusen Chromosomenaberrationen nachgewiesen. Bei inhalativer Exposition sind teratogene Effekte bei Mäusen, bei Dosen von mehr als 50 ppm fetotoxische Wirkungen festgestellt.

3.5. Forelle   LD   10–20 mg l^{-1}
     Elritze   LD   8–9 mg l^{-1}
     Seebarsch   LD   11–12 mg l^{-1}
Bei Fischen werden nach Benzenexpositionen Geschmacksbeeinträchtigungen festgestellt.

3.6. Bei inhalativer Aufnahme wird Benzen schnell resorbiert. Geringe Mengen werden abgeatmet. Der Metabolismus erfolgt in der Leber unter Bildung von Phenol und -konjugaten mit anschließender Exkretion über den Urin (in etwa 24 h). Die metabolische Bildung von Hydrochinon und Catechol ist ebenfalls festgestellt. Physiologisch wirkt Benzen als ein starkes Gift, wobei das Gefährdungsrisiko chronischer Intoxikationen höher ist als das akuter Intoxikationen. Kurzzeitige Einwirkung von 4000 ppm führen nur zur Narkose. Infolge der guten Lipoidlöslichkeit kommt es zur Passage der Blut-Hirn-Schranke und zur Benzenkonzentrierung im Gehirn. Bei Hautresorptionen kommt es zu Löseerscheinungen der natürlichen Fettschicht und zu Reizerscheinungen.
3.7. Biokonzentration in Körpergeweben ist festgestellt.

4. Grenz- und Richtwerte

4.1. MAK-Wert: III A1 krebserzeugend (D)
4.2. Trinkwasser: 0,5 mg/l (SU)
10 µg/l (WHO)

Von einem möglichen Krebsrisiko bei Benzenexposition ausgehend, werden von der U.S. EPA folgende Grenzwerte vorgeschlagen:

Krebsrisiko	Grenzwert (µg/l)
10^{-5}	15
10^{-6}	1,5
10^{-7}	0,15

Geruchsschwellenwert:		2,5–5,0 ppm
4.3. TA Luft:		5 mg/m³ bei einem Massenstrom von 25 g/h und mehr
Abfallbeseitigung nach § 2 Abs. 2 Abfallgesetz:		Abfallschlüssel 55 306
Abwassereinleitung:		1 mg/l

5. Umweltverhalten

Infolge seiner Toxizität sowie der Wasser- und Lipoidlöslichkeit gehört Benzen zu den wassergefährdenden Stoffen. Wasserpflanzen werden bereits bei Konzentrationen von 10 mg l^{-1} geschädigt. Für Wasserorganismen wurden u. a. folgende toxische Grenzkonzentrationen bzw. LC 50-Werte ermittelt:

Pseudomonas:		92 mg l^{-1}
Scenedesmus:		1 400 mg l^{-1}
Daphnia:	LC 0	490 mg l^{-1}
	LC 50	1 130 mg l^{-1}
Mollusken:	LC 50	230 mg l^{-1}
Amphibien:	LC 50	190–370 mg l^{-1}

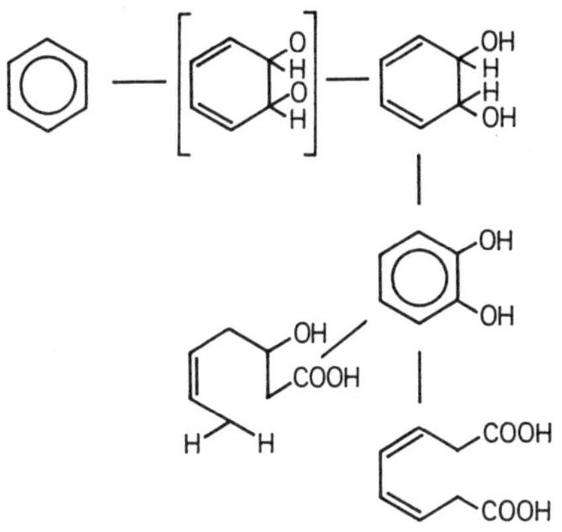

Abb. 3 Oxidativer mikrobiologischer Abbau von Benzen

Der hohe Dampfdruck ist neben der Wasserlöslichkeit eine maßgebliche Ursache für die Mobilität und Dispersionstendenz von Benzen in Hydro- und Atmosphäre. Die Verbindung ist oxidativ mikrobiologisch schnell metabolisierbar (Abb. 3). Die Halbwertszeit in der Atmosphäre von weniger als 1 d bis zu 2 d (50%ige Mineralisierung) weist auf eine geringe Persistenz hin. Die Sorptionstendenz in Böden wird maßgeblich bestimmt vom Gehalt an organischem Kohlenstoff. Bei massiven Bodenverunreinigungen sind Grundwasserkontaminationen nicht auszuschließen (Wasserlöslichkeit). Aufgrund der physikalisch-chemischen Eigenschaften ergibt sich bei Benzenemissionen folgende relative Kompartimentalisierung:

Luft: 99 %
Wasser: 0,6 %
Boden/Sediment: 0,1 %

6. Abfallbeseitigung/schadlose Beseitigung/Entgiftung

Kleinere Mengen Benzen können destillativ aufgearbeitet werden. Größere Mengen nicht aufbereitbarer benzenhaltiger Abprodukte werden in Flüssigkeitsverbrennungsanlagen beseitigt. Eine Deponie ist auszuschließen. Bei Havarien sind Restmengen mit saugfähigem Material aufzunehmen und zu verbrennen. Sehr stark verdünnte wäßrige Benzenlösungen (<1,0 mg/l) können in Kläranlagen eingeleitet werden.

7. Verwendung

Benzen wird als Extraktions-, Lösungs- und Reinigungsmittel verwendet. Hauptverwendungszweck ist die organische Synthese von Anilinfarbstoffen, Alkylbenzenen, Nitrobenzenen, Chlorbenzenen, Styren, Phenol, Insektiziden, Nylon und anderen Kunststoffen.

Literatur

Luftqualitätskriterien für Benzol. Hrsg. Umweltbundesamt. Berichte 6/82. Erich Schmidt Verlag, Berlin 1982

Benzoylchlorid [98-88-4]

Die Herstellung von Benzoylchlorid erfolgt entweder durch Chlorierung von Benzaldehyd oder durch Umsetzung von Benzoesäure mit Phosphorpentachlorid, Thionylchlorid bzw. durch partielle Hydrolyse von Benzotrichlorid. Die globale jährliche Produktion wird auf etwa 30 000–35 000 t geschätzt.

1. **Allgemeine Informationen**
1.1. Benzoylchlorid [98-88-4]
1.2. Benzoylchlorid
1.3. C_7H_5ClO

1.4. Benzencarbonylchlorid, Benzoesäurechlorid
1.5. Säurechlorid
1.6. ätzend

2. **Ausgewählte Eigenschaften**
2.1. 140,6
2.2. farblose, stechend riechende, an der Luft rauchende und zu Tränen reizende Flüssigkeit
2.3. 197,2 °C
2.4. 0 °C
2.5. 1 mbar bei 32 °C/100 Pa
2.6. 1,212 g/cm³ bei 20 °C
2.7. Bei Kontakt mit Wasser zersetzt sich die Verbindung; löslich in Diethylether, Benzen, Schwefelkohlenstoff und Ölen.
2.8. Benzoylchlorid hydrolysiert in Wasser unter Bildung von Chlorwasserstoff. Beim Erhitzen erfolgt Zersetzung unter Phosgenbildung. Die Verbindung ist reaktiv bei Kontakt mit Oxidationsmitteln, Wasserdampf und Alkalien.
2.9. keine Angaben
2.10. keine Angaben
2.11. keine Angaben
2.12. keine Angaben
2.13. keine Angaben
2.14. keine Angaben

3. **Toxizität**
3.1. keine Angaben
3.2. oral   Ratte   LD 50   1 900 mg/kg

	ihl	Ratte	LC 50	1 850 mg/m³ über 2 h

3.3. keine Angaben
3.4. Im mikrobiologischen Kurzzeittest (Ames-Test) ist die Verbindung nicht mutagen. Bei dermaler Applikation sind bei Mäusen Hautkarzinome festgestellt. Die verfügbaren Untersuchungsergebnisse zur genotoxischen Wirkung sind nicht signifikant. Zur Teratogenität liegen keine Angaben vor.
3.5. Die toxische Wirkung von Benzoylchlorid auf Fische und andere Wasserorganismen beruht auf der hydrolytischen Bildung von Chlorwasserstoff mit einer akuten Toxizität von etwa 25 mg l^{-1} (ohne Speziesangabe).
3.6. Benzoylchlorid wirkt stark ätzend bei Haut- und Schleimhautkontakt (Hydrolyse).
3.7. keine Biokonzentration (Hydrolyse)

4. Grenz- bzw. Richtwerte

keine Angaben

5. Umweltverhalten

Benzoylchloridemissionen in aquatischen Systemen führen zur hydrolytischen Bildung von Chlorwasserstoff. Damit verbunden ist ein hohes Gefährdungspotential für aquatische Organismen. Infolge eines relativ hohen Dampfdruckes ist die Verbindung durch hohe Flüchtigkeit und Mobilität zwischen den Kompartimenten Boden und Atmosphäre charakterisiert. Persistenz ist nicht zu erwarten.

6. Abfallbeseitigung/schadlose Beseitigung/Entgiftung

Kleine Mengen Benzoylchlorid können mit Wasser hydrolysiert werden. Die Lösung wird nachfolgend durch Zugabe von Alkalien neutralisiert, eingedampft und der Rückstand in einer Sonderabfallverbrennungsanlage vernichtet.
Verschüttetes Benzoylchlorid kann mit inerten Materialien aufgenommen und wie angegeben beseitigt werden.

7. Verwendung

Benzoylchlorid wird u. a. zur Herstellung von Benzoylperoxid, Herbiziden, Farbstoffen und Plasten verwendet.

Benzylchlorid [100-44-7]

Die Herstellung von Benzylchlorid erfolgt durch Seitenkettenchlorierung von Toluen. Die Reaktionsbedingungen werden so gewählt, daß eine Kernchlorierung ausgeschlossen ist. Die jährliche Produktion an Benzylchlorid wird in den USA und Westeuropa auf etwa 40 000 t, in Japan auf etwa 7 200 t geschätzt. Die Verbindung ist mit Benzalchlorid, Chlortoluen und Toluen verunreinigt.

1. Allgemeine Informationen

1.1. Benzylchlorid [100-44-7]
1.2. Benzen, (Chlormethyl)-
1.3. C_7H_7Cl

1.4. α-Chlortoluol, Chlormethylbenzol, Chlorphenylmethan, Tolylchlorid
1.5. chlorierte Aromaten
1.6. reizend

2. Ausgewählte Eigenschaften

2.1. 126,5
2.2. farblose bis leicht gelb gefärbte Flüssigkeit
2.3. 179,3 °C
2.4. −39 °C
2.5. 1 mm Hg bei 20 °C; 60 mm Hg bei 100,5 °C/133,3 Pa bei 20 °C
2.6. 1,1002 g/cm³
2.7. Wasser: 493 mg l⁻¹
gut mischbar mit Chloroform, Diethylether und Ethanol
2.8. Benzylchlorid hydrolysiert in heißem Wasser unter Bildung von Benzylalkohol. Chemische Reaktionen erfolgen in Abhängigkeit von den Reaktionsbedingungen an der Chlormethylseitenkette oder am Benzolkern. Benzylchlorid wirkt alkylierend.
2.9. lg P   = 2,3
2.10. H   = $1,9 \cdot 10^2$
2.11. lg SC = 2,1
2.12. lg BCF = 1,95
2.13. biologisch leicht abbaubar
2.14. $k_{OH} = 3 \cdot 10^{-12}$ cm³ s⁻¹; $t_{1/2} = 5$ d

3. Toxizität

3.1. keine Informationen verfügbar
3.2. 250 mg/kg wirken bei der Ratte letal, ebenso 4 · 25 mg/kg. Männliche Ratten tolerieren demgegenüber 5 · 250 mg/kg oder 6 · 9 · 125 mg/kg im akuten Versuch.

oral	Ratte	LD 50	1 230 mg/kg
oral	Ratte	LD 50	625 mg/kg
scu	Ratte	LD 50	1 000 mg/kg
oral	Maus	LD 50	1 620 mg/kg

3.3. Über 6 Monate appliziert wurde die maximal unwirksame Konzentration für Ratten mit 0,06 mg/d ermittelt. Bei Applikation von 0,6 mg/d werden Veränderungen von Enzymaktivitäten (alkalische Phosphatase, Cholinesterase und Succinatdehydrogenase) festgestellt.

3.4. In mikrobiologischen Kurzzeittests wirkt Benzylchlorid mutagen. Bei Hamsterembryonen sind Schädigungen von Körperzellen festgestellt. Subkutane Injektion von Benzylchlorid führt bei Ratten zur Tumorbildung. Die Ergebnisse sind jedoch ebenso wie Untersuchungsergebnisse zur Teratogenität im Vergleich zu untersuchten Kontrolltieren nicht eindeutig signifikant. Epidemiologische Studien bei beruflicher Exposition sind für eindeutige Aussagen zum Krebsrisiko nicht ausreichend. Benzylchlorid wird als mutagen suspekt eingestuft.

3.5. keine Angaben

3.6. Benzylchlorid wird bei inhalativer, dermaler und oraler Aufnahme gut resorbiert. Haut- und Schleimhautirritationen treten bei akuten Intoxikationen auf. Die toxische Wirkung manifestiert sich u. a. in Schädigungen des ZNS, des Respirationstraktes, des Herzens (Myokardnekrosen), akuter Gastritis. Die Exkretion über Faeces beträgt in 24 h etwa 15 %.

3.7. keine Angaben

4. Grenz- und Richtwerte

4.1. MAK-Wert: 1 ml/m^3 (ppm); 5 mg/m^3 (D)
III B (begründeter Verdacht auf krebserzeugendes Potential) (BRD)

4.2. keine Angaben

4.3. TA Luft: 20 mg/m^3 bei einem Massenstrom von 0,1 kg/h und mehr

5. Umweltverhalten

Zum Umweltverhalten von Benzylchlorid liegen keine Informationen vor. Infolge des relativ hohen Dampfdruckes ist eine gute Mobilität in der Atmosphäre zu erwarten. Aufgrund der Reaktivität der Chlormethylseitenkette ist in Hydro- und Pedosphäre nicht mit einer merklichen Persistenz der Verbindung zu rechnen. Photolytische Transformationen des Benzylchloridmoleküls in der Atmosphäre sind denkbar. Im Vergleich zu anderen chlororganischen Verbindungen ist die Wasserlöslichkeit relativ hoch, so daß bei massiven Bodenverunreinigungen Grundwasserkontaminationen nicht auszuschließen sind.

6. Abfallbeseitigung/schadlose Beseitigung/Entgiftung

Jede Form der Deponie sollte ausgeschlossen werden.

7. Verwendung

Benzylchlorid wird u.a. zur Herstellung von Butylbenzylphthalat, Benzylalkohol, quaternären Benzylammoniumsalzen sowie in der pharmazeutischen Industrie und der Farbherstellung verwendet.

Literatur

Bunner, B. L., and Creasia, D. A.: Toxicity, Tissue Distribution, and Excretion of Benzyl Chloride in the Rat. J. Toxicol. Environm. Hith. **10** (1982): 837–846

Beryllium [7440-41-7] und -verbindungen

Als erstes Element der 2. Hauptgruppe des Periodensystems der Elemente hat Beryllium den kleinsten Atomradius. Die daraus resultierende hohe Bindungsenergie zwischen Valenzelektronen und Atomkern ist maßgebliche Ursache für die Stabilität der Kristallgitter in Berylliumverbindungen und die hohe Elektronegativität. In seinen Eigenschaften ist Beryllium dem Aluminium vergleichbar. Es nimmt eine typische Zwischenstellung zwischen Kationen und kovalente Komplexe bildenden Elementen ein. Die jährliche globale Produktion an Beryllium und -verbindungen wird mit etwa 3000–4000 t angegeben. Bei Verbrennungsprozessen werden jährlich etwa 8000 t Beryllium weltweit emittiert. Die in den letzten 50 Jahren anthropogen genutzte Berylliummenge wird auf etwa 10000 t geschätzt. Etwa 5000 t des Spurenelementes zirkulieren schätzungsweise in biologischen Kreisläufen.

Beryllium [7440-41-7]

Die jährliche Weltproduktion an Beryllium beträgt etwa 1000 t. In der Umwelt nachgewiesene Kontaminationen können natürlichen Ursprungs (Gesteinsverwitterung, vulkanische Aktivitäten u. a.) oder anthropogen bedingt sein. Die Erdkruste enthält durchschnittlich 3 ppm (bis zu 300 ppm) Beryllium.

1. Allgemeine Informationen

1.1. Beryllium [7440-41-7]
1.2. Beryllium
1.3. Be
1.4. entfällt
1.5. Element der 2. Hauptgruppe des Periodensystems der Elemente
1.6. krebserzeugend (in atembarer Form)

2. Ausgewählte Eigenschaften

2.1. 9,013
2.2. silberweißes, glänzendes, hartes Metall
2.3. 2472 °C
2.4. 1284 °C
2.5. $1,3 \cdot 10^{-4}$ mbar bei 30 °C
2.6. 1,85 g/cm^3
2.7. Wasser: praktisch unlöslich; in verdünnten Mineralsäuren unter Salzbildung und Wasserstoffentwicklung löslich
2.8. Beryllium zeichnet sich durch geringe Dichte bei relativ hoher Festigkeit, relativ hohem Schmelzpunkt, spezifischer Wärme und Wärmeleitfähigkeit, Oxydationsbeständigkeit und guter Durchlässigkeit für Röntgenstrahlen aus. In saurer Lösung bildet es Kationen der Oxydationsstufe 2+, bei pH >8 können Anionen in Form komplexer Verbindungen gebildet werden.

2.9. entfällt
2.10. entfällt
2.11. entfällt
2.12. lg BCF = 2,8–3,0 (aquatische Organismen)
2.13. entfällt
2.14. entfällt

3. **Toxizität**

3.1. keine Informationen verfügbar
3.2. Die Aufnahme von 0,025 mg Beryllium/m^3 über 30 min hat beim Menschen keine toxische Wirkung.

oral	Ratte	LD 50	9,7 mg/kg
iv	Ratte	LD 50	0,44 mg/kg
ihl	Ratte	LD 50	0,19 mg/m^3
ihl	Mensch	LDL 0	0,1 mg/m^3

3.3. Langzeitexpositionen sind mit der Anreicherung von Beryllium in den Knochen und der Leber verbunden. In der Leber gespeichertes Beryllium wird relativ schnell remobilisiert und ebenfalls in den Knochen abgelagert. Bei inhalativer Aufnahme erfolgt nur eine sehr langsame Ausscheidung über die Lunge. Im allgemeinen Exkretion über die Niere. Chronische Intoxikationen manifestieren sich in Enzymaktivitätsveränderungen (z. B. alkalische Phosphatasen, ATPase, DNA-Polymerase). Die Latenzzeit kann bei chronischer Aufnahme mehr als 5 Jahre betragen.
3.4. Sowohl bei inhalativer als auch direkter Aufnahme durch Injektion können Lungentumore und Knochenkrebs auftreten. Demgegenüber ist bei oraler Applikation keine karzinogene Wirkung festgestellt. Ergebnisse epidemiologischer Studien liegen nicht vor. Beryllium gilt als potentiell mutagen und teratogen.
3.5. Die Fischtoxizität ist abhängig von der Wasserhärte. In weichem Wasser ist Beryllium etwa 100mal toxischer als in hartem Wasser. Die akute Toxizität liegt im Bereich von 80–90 µg l^{-1} (ohne Speziesangabe).
3.6. Differenzierte Organschädigungen (Herz, Niere, Leber, Lunge), Aktivitätsveränderungen von Leberenzymen, Ablagerung in Knochengewebe verbunden mit hohen Speicherungsraten und geringer Mobilität, Anreicherung in Lungengewebe, DNA-Schädigungen sind wesentliche toxische Wirkungen bei Berylliumexpositionen. Die Exkretion erfolgt vorzugsweise über die Niere.
3.7. Biokonzentration in Knochen- und Lungengewebe.

4. **Grenz- und Richtwerte**

4.1. MAK-Wert: III A2 krebserzeugend (D)
2 µg/m^3 (USA)
4.2. Trinkwasser: 0,1 µg/l (D)
Auf der Grundlage eines möglichen karzinogenen Risikos bei Berylliumexpositionen werden von der U.S. EPA unter Berücksichtigung eines täglichen Fischkonsums von durchschnittlich 18,7 g/Person (Biokonzentration) folgende Trinkwassergrenzwerte vorgeschlagen:

Krebsrisiko	Grenzwert ($\mu g\, l^{-1}$)
10^{-7}	0,00087
10^{-6}	0,0087
10^{-5}	0,087

4.3. TA Luft: 0,1 mg/m³ bei einem Massenstrom von 0,5 g/h und mehr

Bewässerungswasser: 1 mg/l

5. Umweltverhalten

In aquatischen Systemen ist die hohe Toxizität von Beryllium gegenüber Fischen und Mikroorganismen zu beachten. Die chronisch toxische Wirkung bei Daphnia liegt bei weniger als $3\,\mu g\, l^{-1}$. Weiter wird Beryllium in aquatischen Organismen gespeichert (Biokonzentrationsfaktoren bis zu 1000). Folgende durchschnittliche Berylliumkonzentrationen werden angegeben:

Oberflächenwässer: bis zu $1{,}22\,\mu g\, l^{-1}$
Mittel $0{,}2\,\mu g\, l^{-1}$
Seewasser: Mittel $0{,}0004\,\mu g\, l^{-1}$
Atmosphäre: 0,5–0,8 ng/m³
Zigarettenrauch: 0,47–0,74 µg/Zigarette
Lungengewebe
(beruflich Exponierter): 1,98 µg/g

6. Abfallbeseitigung/schadlose Beseitigung/Entgiftung

Aufgrund des hohen Preises ist in jedem Fall eine Rückgewinnung von Beryllium anzustreben.

7. Verwendung

Beryllium findet Verwendung in der Kerntechnik, dem Flugzeug- und Raketenbau, der Röntgentechnik und der Metallurgie.

Literatur

Merian, E.: Toxicol. Environm. Chemistry **8** (1984): 9–38

Berylliumchlorid [7787-47-5]

1. Allgemeine Informationen

1.1. Berylliumchlorid [7787-47-5]
1.2. Berylliumchlorid
1.3. $BeCl_2$
1.4. keine Angaben
1.5. Chlorid
1.6. krebserzeugend

2. Ausgewählte Eigenschaften

2.1. 79,91
2.2. weiße, asbestartige, verfilzte und leicht zerfließliche Kristalle von süßlichem Geschmack
2.3. 520 °C
2.4. 416 °C
2.5. keine Angaben
2.6. 1,9 g/cm³ bei 22 °C
2.7. Wasser: 422 g l^{-1} bei 22 °C; löslich in Ethanol, Diethylether und Benzen
2.8. Berylliumchlorid zersetzt sich in wäßriger Lösung unter Bildung von Chlorwasserstoff (exotherme Reaktion).
2.9. entfällt
2.10. entfällt
2.11. entfällt
2.12. vergleiche unter Beryllium
2.13. keine Angaben
2.14. keine Angaben

3. Toxizität

3.1. keine Informationen verfügbar
3.2. oral   Ratte   LD 50   86 mg/kg
     oral   Maus   LD 50   92 mg/kg
     ipr   Maus   LD 50   12 mg/kg
3.3. Bei Säugern können bereits bei chronischer Aufnahme von 0,1 µg/kg toxische Wirkungen auftreten.
3.4. In Tierexperimenten mit Ratten, Kaninchen und Affen sind verschiedentlich karzinogene Wirkungen festgestellt. Ergebnisse epidemiologischer Studien liegen nicht vor.
3.5. Die maximal unwirksame Konzentration wird für Fische mit 28 mg l^{-1} (ohne Speziesangabe) angegeben.
3.6. vergleiche unter Beryllium
3.7. Relativ hohe Biokonzentrationstendenz bei geringer Exkretionsrate (23 Jahre nach der letzten Exposition kann Beryllium im Lungengewebe noch nachgewiesen werden).

4. Grenz- und Richtwerte

vergleiche unter Beryllium

5. Umweltverhalten

vergleiche unter Beryllium

6. Abfallbeseitigung/schadlose Beseitigung/Entgiftung

Ist eine Rückgewinnung infolge zu niedriger Konzentrationen nicht möglich, so wird Berylliumchlorid in das entsprechende Oxid umgesetzt, welches in geeigneter Weise auf einer Sonderdeponie abgelagert werden kann.

7. Verwendung

Zusatz für Raketentreibstoffe und zur Herstellung von Metallegierungen.

Blausäure [74-90-8] und Cyanide [57-12-5]

Blausäure [74-90-8]

Großtechnisch kann Blausäure durch verschiedene Verfahren hergestellt werden. Neben der katalytischen Umsetzung von Ammoniak und Methan bei 1000–1400 °C ist die katalytische Reaktion von Kohlenmonoxid und Ammoniak bei 700 °C oder die Umsetzung von Kohlepulver mit Ammoniak möglich. Die Pyrolyse von Zuckerrübenmelasse dient ebenfalls der Blausäuregewinnung. Emissionen erfolgen über die Abwässer oder Abgase der Herstellerbetriebe sowie der weiterverarbeitenden Betriebe. Als weitere Emittenten sind Kokereien, Gaswerke, Mineralölraffinerien und cyanidverarbeitende Betriebe wie Härtereien und galvanotechnische Betriebe zu beachten.
Alkalicyanide werden vorzugsweise durch Neutralisation von Blausäure mittels Natron- oder Kalilauge hergestellt. Calciumcyanid [592-01-8] entsteht als Zwischenprodukt bei der Herstellung von Kalkstickstoff durch Azotierung von Calciumcarbid. Cyanidhaltige Abwässer und Schlämme entstehen vor allen Dingen bei der Elektroplattierung (Verkupfern, Verzinken, Vernickeln). Infolge der Löslichkeit der Cyanide befindet sich der Cyanidgehalt von Galvanikschlämmen insbesondere im Schlammwasser. Feste Cyanidabfälle entstehen in Härtereien. Zu unterscheiden sind:

- Kohlungsbadabfälle (3–40 % Alkalicyanide und 2–45 % Alkalicyanat)
- Nitrierbadabfälle (3–30 % Cyanide)
- Warmbadabfälle (aus Anlaßsalzbädern)
- Ölbadabfälle.

1. Allgemeine Informationen

1.1. Blausäure [74-90-8]
1.2. Cyanwasserstoffsäure
1.3. HCN
1.4. Cyanwasserstoff, Formonitril, Ameisensäurenitril
1.5. Säure
1.6. sehr giftig, leichtentzündlich
Die Verwendung von Blausäure als Pflanzenschutzmittel ist in der Bundesrepublik Deutschland nur für bestimmte Anwendungen zugelassen.

2. Ausgewählte Eigenschaften

2.1. 27,02
2.2. farblose Flüssigkeit mit bittermandelartigem Geruch
2.3. 24,6 °C
2.4. −14,7 °C
2.5. 0,8 bar bei 20 °C
2.6. 0,699 g/cm³ bei 20 °C
2.7. Wasser: unbegrenzt löslich
2.8. In wäßriger Lösung wirkt Blausäure schwach sauer. Beim Erwärmen neigt die Verbindung zur spontanen Polymerisation und wird deshalb mit Oxal-

säure oder Schwefeldioxid stabilisiert. Infolge des relativ hohen Dampfdruckes ist reine Blausäure stark flüchtig. Im Brandfalle ist die Bildung von Stickoxiden zu beachten.

2.9. entfällt
2.10. keine Angaben
2.11. keine Angaben
2.12. keine Angaben
2.13. keine Angaben
2.14. keine Angaben

3. Toxizität

3.1. entällt
oral   Mensch   LD   1–2 mg/kg
oral   Warmblüter LD   4 mg/kg
100–150 ppm inhalativ wirken beim Menschen innerhalb von 30–60 min tödlich; 200–500 ppm innerhalb weniger Minuten.
3.3. keine Angaben
3.4. keine Angaben
3.5. Die akute Toxizität für Fische (ohne Speziesangabe) liegt im Bereich von 0,03–3,0 mg l^{-1}.
3.6. Blausäure wird sehr schnell über den Respirations- und Digestionstrakt sowie die Haut resorbiert. Blockade intrazellulärer Atmungsenzyme (Cytochromoxidase), histoxische Anoxie, Schädigungen des ZNS (Atemzentrum) sind Folgen von Blausäurevergiftungen. Akute Intoxikationen: apoplektiformer Verlauf.
3.7. keine Biokonzentration

4. Grenz- und Richtwerte

4.1. MAK-Wert: 10 ml/m³ (ppm); 11 mg/m³ (D)
                     Gefahr der Hautresorption
4.2. Trinkwasser: 0,05 mg/l als Cyanidion (D)
4.3. TA Luft: 5 mg/m³ bei einem Massenstrom von
                     50 g/h oder mehr

Abfallbehandlung
nach
§ 2 Abfallgesetz: cyanidhaltige Konzentrate, Bäder
                     Abfallschlüssel 52 713
                     cyanidhaltige Halbkonzentrate
                     Abfallschlüssel 52 718
                     cyanidhaltige Härtesalze
                     Abfallschlüssel 51 533
                     cyanidhaltige Schlämme aus der Kohleveredlung
                     und Erdölverarbeitung
                     Abfallschlüssel 54 923
                     cyanidhaltiger Ofenausbruch aus

metallurgischen Prozessen
Abfallschlüssel 31 108

5. **Umweltverhalten**

Die Wasserlöslichkeit und Flüchtigkeit charakterisieren die Mobilität von Blausäure in Umweltstrukturen.
Hohe Toxizität gegenüber Biosystemen.

6. **Abfallbeseitigung/schadlose Beseitigung/Entgiftung**

Die Entgiftung wäßriger Blausäurelösungen richtet sich nach der jeweiligen Cyanidkonzentration. Abwässer mit geringen Cyanidgehalten können oxidativ mittels Wasserstoffperoxid oder Ozon entgiftet werden. Konzentrierte Cyanidlösungen werden mit Chlor oder Natriumhypochlorit behandelt. Die Entgiftung erfolgt über die Bildung von Chlorcyan und Cyanat zu den möglichen Endprodukten Ammoniak und Hydrogencarbonat oder Kohlendioxid und Stickstoff. Zu beachten ist, daß die benötigten Salzmengen zu einer erheblichen Aufsalzung der Abwässer führen können.

7. **Verwendung**

Blausäure wird u. a. zur Schädlingsbekämpfung in geschlossenen Räumen verwendet. Sie ist Zwischenprodukt bei der Herstellung von Monomeren wie Acrylnitril, Methylmethacrylat, Adipinsäurenitril, Cyanurchlorid sowie zur Synthese von Cyaniden, Farbstoffen und verschiedenen Chelatbildnern.

Natriumcyanid [143-33-9]

1. **Allgemeine Informationen**

1.1. Natriumcyanid [143-33-9]
1.2. Natriumcyanid
1.3. NaCN
1.4. Blausaures Natrium
1.5. Alkalicyanid
1.6. sehr giftig

2. **Ausgewählte Eigenschaften**

2.1. 49,01
2.2. weiße Kristalle in Pulver-, Schuppen-, Gries- oder Eiform von schwach bittermandelartigem Geruch
2.3. 1 496 °C
2.4. 563 °C
2.5. 1,33 mbar bei 817 °C
2.6. 1,86 g/cm^3
2.7. Wasser: 583 g l^{-1} bei 20 °C

2.8. An der Luft zersetzt sich Natriumcyanid unter Bildung von Cyanat und Blausäure. Bei der Einwirkung von Säuren kommt es sofort zur Blausäurebildung. Wäßrige Natriumcyanidlösungen reagieren infolge Hydrolyse stark alkalisch.
2.9. entfällt
2.10. entfällt
2.11. entfällt
2.12. entfällt
2.13. entfällt
2.14. entfällt

3. Toxizität

3.1. entfällt
3.2. oral   Ratte   LD 50   6,4 mg/kg
     oral   Mensch   LDL0   5,0 mg/kg
3.3. keine Angaben
3.4. keine Angaben
3.5. Natriumcyanid ist für Fische hoch toxisch.
     LD   Forelle   etwa 50 µg l^{-1}
3.6. Cyanide gleichen in ihrer biologischen Wirkung und Toxizität Blausäure.
3.7. keine Biokonzentration

4. Grenz- und Richtwerte

4.1. MAK-Wert: 5 mg/m^3 (D)
4.2. Trinkwasser: siehe Blausäure, Cyanidion
4.3. siehe Blausäure

5. Umweltverhalten

Natriumcyanid wirkt in kleinsten Konzentrationen schädigend auf Biozönosen von Gewässern. Fische zeigen eine besonders hohe Empfindlichkeit.
Als toxische Grenzkonzentrationen wurden für Wassermikroorganismen u. a. ermittelt:
Daphnia   3,4 mg l^{-1}
Algen   40,0 mg l^{-1}
Für Kaltblüter wirken bereits 10 µg l^{-1} toxisch. Bei Bodenverunreinigungen besteht die Gefahr des Einwaschens in grundwasserführende Bodenschichten.

6. Abfallbeseitigung/schadlose Beseitigung/Entgiftung

Natriumcyanidrückstände können oxidativ entgiftet werden. Als Oxidationsmittel eignen sich Chlorgas, Hypochlorite, Ozon und Wasserstoffperoxid. Weiterhin ist die Entgiftung von Natriumcyanid durch Komplexbildung mit Eisen-(II)-sulfat [Bildung von Hexacyanoferrat-(II)-und (III)] möglich. Aus stark verdünnten wäßrigen Lösungen ist eine Adsorption an Aktivkohle möglich. Härteresalze sind in den Herstellungsprozeß zurück-

zuführen. Eine Alternative ist die Umsetzung des Cyanid/Cyanatanteils mit dem Nitrit-/Nitratanteil und der Rückgewinnung des Bariumanteils. Cyanide werden dabei in Carbonate umgewandelt, Nitrat/Nitrit werden zu Stickstoff bzw. Stickoxiden umgesetzt.
Kleinere Mengen Natriumcyanid (Laborbedarf) können auf Sonderdeponie in geeigneter Weise abgelagert werden.

7. **Verwendung**

Cyanide werden insbesondere bei der elektrochemischen Oberflächenbehandlung von Metallen (Galvanotechnik) und in Härtereien eingesetzt. Ein weiteres Einsatzgebiet ist die Erzaufbereitung durch die sogenannte „Cyanidlaugerei". Cyanide sind Zwischenprodukte bei der Synthese von Kunststoffen, Pharmazeutika, Farbstoffen und Schädlingsbekämpfungsmitteln.

Blei [7439-92-1] und -verbindungen

Als Element der IV. Hauptgruppe des Periodensystems liegt Blei in seinen chemischen Verbindungen in den Oxidationsstufen 2+ und 4+ vor. Insbesondere in der anorganischen Chemie des Elementes überwiegt die Oxidationsstufe 2+. Ebenso wie die Elemente Silicium, Germanium und Zinn ist Blei nicht in der Lage, sigma-pi-Doppelbindungen auszubilden, weshalb die Zahl organischer Bleiverbindungen stark begrenzt ist. Im allgemeinen sind tetravalente Bleiverbindungen stabiler als divalente Verbindungen, da die Pb—C-Bindungsenergie etwa 130 kcal mol^{-1} und damit etwa das Doppelte der C—H-Bindungsenergie beträgt. Die wichtigsten kommerziellen organischen Bleiverbindungen sind Blei-Tetraethyl und -Tetramethyl. Während Blei und Kohlenstoff in diesen Verbindungen kovalent gebunden sind, besteht in den Bleisalzen organischer Säuren zwischen Säureanion und Bleikation eine Ionenbindung. Aus diesen Bindungsunterschieden erklären sich qualitative Unterschiede in den Stoffeigenschaften wie beispielsweise der Wasserlöslichkeit. Blei gehört zu den Spurenmetallen, deren natürlicherweise vorhandener „background level" durch anthropogene Aktivitäten stark beeinflußt wird. So betragen die durchschnittlichen Bleigehalte von Sedimentgestein 7 bis 20 mg/kg, Tiefseesedimente 9–80 mg/kg, der Erdkruste etwa 12 mg/kg und Böden 2–200 mg/kg. Industrie, kommunaler Sektor und Landwirtschaft sind die maßgeblichen Emissionsquellen. So ist der Bleigehalt von Kohle und Erdöl mit 0,3–25 ppm relativ hoch und führt bei der Verbrennung zur Belastung der Atmosphäre. Angenommen wird, daß etwa 80% des in der Atmosphäre nachweisbaren Bleis allerdings von den bei der Kraftstoffverbrennung frei werdenden Bleiaerosolen repräsentiert wird (Blei-Tetraethyl). Bereits 1968 wurde die so emittierte Bleimenge auf mehr als 140000 t geschätzt. Infolge meteorologischer Prozesse werden jährlich etwa zwischen 21000 und 110000 t Blei mobilisiert.

1980 werden die jährlichen Bleiemissionen in die Atmosphäre und Hydrosphäre mengenmäßig wie folgt differenziert:

Atmosphäre:	Kohleverbrennung	3 000 t/a
	Ölverbrennung	80 t/a
	Treibstoffverbrennung	333 000 t/a
	Zementproduktion	150–3 000 t/a
	Metallurgische Industrie	3 080 t/a (USA)
Wasser:	Meteorologische Prozesse	bis 180 000 t/a
	Anthropogen total	670 000 t/a
	gelöst	220 000 t/a
	sorbiert	450 000 t/a

Von allen anorganischen Bleiverbindungen besitzen Blei-(II)-sulfid und Blei-(II)-oxid die geringste Wasserlöslichkeit. Blei-(II)-salze haben im allgemeinen einen relativ hohen Schmelzpunkt verbunden mit einem niedrigen Dampfdruck unter Normalbedingungen. Tabelle 8 gibt einen Überblick zur Wasserlöslichkeit einiger kommerzieller Bleiverbindungen. Die Resorption anorganischer Bleiverbindungen erfolgt vorzugsweise über den Gastrointestinaltrakt. Demgegenüber werden Alkylbleiverbindungen schnell über die intakte Haut resorbiert.

Tabelle 8
Wasserlöslichkeiten ausgewählter Bleiverbindungen

Verbindung	Molekulargewicht	Löslichkeit g/100 ml	
		kaltes Wasser	heißes Wasser
Acetat	325,28	44,3	221
Azid	291,28	0,023	0,09
Bromat	481,02	1,38	–
Bromid	367,01	0,844	4,71
Carbonat	267,20	0,0001	–
Chlorid	278,10	0,99	3,34
Chlorbromid	322,56	–	–
Chromat	323,18	$6 \cdot 10^{-6}$	–
Fluorid	245,19	0,064	–
Hydrid	241,20	0,0155	–
Iodat	557,00	0,0012	0,003
Iodid	461,00	0,063	0,41
Nitrat	331,20	37,65	127
Oxalat	295,21	0,00016	–
Oxid	223,19	0,0017	–
Phosphat	811,51	$1,4 \cdot 10^{-5}$	–
Sulfat	303,25	0,00425	0,0056
Sulfid	239,25	$8,6 \cdot 10^{-5}$	–
Thiocyanat	323,35	0,05	0,2

Bei Bleiintoxikationen stehen die jeweiligen Symptome nahezu immer in direkter Beziehung zum Blut- und Gewebebleigehalt. Die Fähigkeit des Organismus, Blei in nicht mobiler Form in den Knochen zu speichern, ist eine maßgebliche Ursache dafür, daß Schwellenwerte für Intoxikationen nur schwer ermittelt werden können. Bei Bleiintoxikationen werden eine Reihe von Körperfunktionen beeinflußt, deren wesentlichste jedoch die Wirkung auf das Häm-System darstellt. Bereits der erste Schritt der Häm-Synthese, die Reaktion von Glycin und Succinylcoenzym A unter katalytischer Wirkung von Delta-Aminolävulinsäure-Synthetase wird durch die Inhibierung der Synthetase gestört. Zink als essentieller Bestandteil des Enzyms kann im Überschuß die Bleiwirkung vermindern. Die Bleibindung erfolgt an Membranproteine z. B. der Leber und an die Histonfraktion sowie andere basische bzw. schwach saure Fraktionen des Zellkerns. In vitro ist die Bindung von Blei an DNA festgestellt. Durch Stimulierung der RNA- und Proteinsynthese induziert Blei- die DNA-Replikation. Ein maßgebliches Gesundheitsrisiko resultiert bei chronischen Bleiexpositionen aus der Anreicherung des Spurenmetalles in den Knochen. Die Speicherungsrate wird maßgeblich beeinflußt durch den Calcium-, Phosphor- und Vitamin-D-Gehalt der Nahrung.

Erfahrungsgemäß gilt, daß
- ein hoher Calciumgehalt verbunden mit niedrigem Phosphoranteil eine schnelle Remobilisierung aus dem Knochengewebe verknüpft mit hohen Blutbleiwerten bedingt,
- bei niedrigem Gehalt der Nahrung an Calcium und hohem Phosphoranteil die Remobilisierungsrate vermindert wird,
- hohe Gehalte der Nahrung an Vitamin D die Bleispeicherkapazität erhöhen und die Remobilisierung vermindern.

Bleiintoxikationen können sich in folgenden Effekten manifestieren:
- Veränderungen der Membranpermeabilität verbunden mit einer Verminderung des aktiven Kalium- und Natriumtransportes,
- Schädigungen des ZNS,
- Plazentapassage und Belastung des Föten bzw. Embryo,
- Störungen der Häm-Synthese,
- Störungen des Immunsystems.

Die Exkretion von Blei erfolgt über die Niere (Urin) und Faeces. Geringe Bleimengen können über die Milch ausgeschieden werden.
In den USA wird folgende durchschnittliche tägl. Bleiexposition angenommen:

	Aufgenommenes Pb (μg/d)	Absorbiertes Pb (μg/d)
Nahrung	330	17
Wasser	10	1
Luft	1	0,4
Tabakrauch (30 Zig.)	24	9,6

Der Transport und die Verteilung von Bleiverbindungen in der Atmosphäre werden maßgeblich bestimmt von der Partikelgröße der Substanz, ihrer chemischen und physikalischen Stabilität, der emittierten Stoffmenge und den vorliegenden Reaktionsbedingungen. Eine direkte Korrelation besteht erfahrungsgemäß zwischen der Verkehrsdichte und der Bleibelastung der Luft in der Nähe von Autostraßen. Sedimentationsprozesse sowie Niederschläge führen zu Bleiablagerungen auf Böden und in Gewässern.

In aquatischen Systemen wird das Verhalten von Bleiverbindungen vor allen Dingen durch die Wasserlöslichkeit bestimmt. Die Menge des gelösten Bleis ist abhängig vom pH- und Eh-Wert sowie dem Salzgehalt eines Wassers. Unter anaeroben Bedingungen überwiegt die Bildung unlöslichen Bleisulfids, während unter aeroben Bedingungen die oxidative Bildung von Bleisulfat den Gehalt der wäßrigen Phase an Blei bestimmt. Durch Sorptionsvorgänge an Eisenhydroxide erfolgt eine Bleiablagerung in Gewässersediment. In Böden wird der Bleitransport durch die Sorptionskapazität der Bodenbestandteile bestimmt. Dabei ist die Bildung stabiler Komplexe mit organischen Bodenbestandteilen u.a. Ursache für eine Minderung der Bleimobilität.

Ähnlich wie Quecksilber oder chlororganische Insektizide kann Blei in aquatischen und terrestrischen biologischen Ketten angereichert werden. Besonders Wassermikroorganismen sind durch ein hohes Bleispeicherungsvermögen ausgezeichnet. Der Bleigehalt von Trinkwässern wird maßgeblich bestimmt durch den pH-Wert und die Wasserhärte. Hohe Bleikonzentrationen werden vorwiegend in Wässern mit geringer Härte und niedrigem pH-Wert gefunden. In harten Wässern wird das Bleilösevermögen durch die Ausbildung von Schutzschichten auf dem Rohrmaterial vermindert. Ursache von Bleikontaminationen in Trinkwässern sind häufig Löseprozesse in Bleirohrleitungen. Blei wird von den Pflanzen aufgenommen. Die Resorptionsraten sind jedoch geringer als die von Cadmium. Bei stark belasteten Böden (z. B. auch durch Ausbringen stark kontaminierter Abwasserschlämme oder Sedimente) können in Pflanzen Konzentrationen bis zu 10 mg/kg Trockenmasse analysiert werden.

Tabelle 9 gibt eine Übersicht über durchschnittliche Bleikontaminationen von Umweltstrukturen.

Bei der Beseitigung nicht mehr verwertbarer Bleiverbindungen ist zu beachten, daß die empfohlene Überführung löslicher in unlösliche Verbindungen und de-

Tabelle 9
Durchschnittliche Bleibelastung von Hydro-, Pedo- und Atmosphäre sowie Biosystemen

Vorkommen	Konzentration (ppm)
Regenwasser	6,2 bis mehr als 300
Schnee/Eis	bis 1 090
Oberflächenwasser	0,06–120
Atmosphäre (partikulär)	
(Stadtgebiete)	0,1–5,0 ng/m^3
(Landgebiete)	0,01–1,4 ng/m^3
Böden	2–300
Plankton (Trockenmasse)	4 000–8 000
Braunalgen (Trockenmasse)	2,0–38
Crustaceae (Trockenmasse)	0,001–15
Zooplankton (Trockenmasse)	2,0–130
Menschliche Gewebe (Trockenmasse)	
Knochen	3,6–30
Herz	0,2
Gehirn	0,24
Niere	1,2–6,8
Leber	3,0–12,0
Lunge	2,3
Muskeln	0,2–3,3
Haut	0,78
Haare	3,0–70
Nägel	14,0–160
Gesamtblut	0,21
Serum	0,16–0,31
Erythrozyten	0,46
Plasma	0,13

ren Ablagerung auf ausgewiesenen Sonderdeponien einerseits nur für kleine Stoffmengen gelten kann. Andererseits besitzen die im üblichen Sprachgebrauch als unlöslich bezeichneten Bleiverbindungen eine Wasserlöslichkeit von 0,1 mg l^{-1} (Bleicarbonat), 1,0 mg l^{-1} (Bleioxid), 17 mg l^{-1} (Bleiphosphat) und 45 mg l^{-1} (Bleisulfat), die ein Einwaschen in grundwasserführende Bodenschichten nicht ausschließt. In jedem Fall ist eine Rückgewinnung von Blei anzustreben.

Die Verwendung von Bleiverbindungen als Pflanzenschutzmittel ist in der Bundesrepublik Deutschland verboten.

Literatur

Hutzinger, O. (Hrsg.): Handbook of Environmental Chemistry. Volume 3, Part B, Springer, Berlin – Heidelberg – New York 1982
IPCS International Programme on Chemical Safety, Environmental Health Criteria 3, Lead. World Health Organization, Geneva 1979
Luftqualitätskriterien für Blei. Berichte 76/3. Hrsg. Umweltbundesamt, Berlin 1976
UNEP/IRPTC Scientific Review of Soviet Literature on Toxicity and Hazards of Chemicals. Lead. No. 42, 1983, Moskau 1983

Blei-(II)-acetat [301-04-2]

1. Allgemeine Informationen

1.1. Bleiacetat [301-04-2]
1.2. Essigsäure, Blei(2+)Salz
1.3. Pb(CH$_3$COO)$_2$

$$Pb^{2+} \left[CH_3-C\!\!\begin{array}{c}\nearrow O \\ \searrow O^-\end{array} \right]_2^-$$

1.4. Blei-(II)-acetat, Bleizucker, essigsaures Blei
1.5. Blei-(II)-salz
1.6. mindergiftig

2. Ausgewählte Eigenschaften

2.1. 325,29
2.2. weißes, kristallines Pulver
2.3. keine Angaben
2.4. 280 °C
2.5. keine Angaben
2.6. 3,25 g/cm^3
2.7. Wasser: 443 g l^{-1}
gut löslich in Glycerin und Ethylalkohol
2.8. keine Angaben
2.9. entfällt
2.10. entfällt
2.11. entfällt
2.12. entfällt
2.13. entfällt
2.14. entfällt

3. Toxizität
3.1. keine Angaben verfügbar
3.2. oral Ratte LDL 0 1 100 mg/kg
ipr Ratte LD 50 150 mg/kg
3.3. Charakteristische Symptome chronischer Intoxikationen durch Bleisalze sind Magen- und Darmkoliken, Nierenschädigungen, Kreislaufstörungen, Anämie, Verfärbung der Haut (Bleikolorit) und Schädigungen des ZNS.
3.4. Bei Ratten konnte karzinogene Wirkung nachgewiesen werden. Morphologische Veränderungen von Zellen deuten auf eine mögliche mutagene Aktivität hin. Bei verschiedenen Tierspezies wirkt Bleiacetat teratogen und nach erfolgter Plazentapassage feto- bzw. embryotoxisch.
3.5. Die akute Toxizität für Fische wird mit 0,6–1,0 mg l^{-1} angegeben.
3.6. Bleiacetat-Intoxikationen manifestieren sich in Schädigungen des blutbildenden Systems, des ZNS (Blut-Hirn-Passage), in Hemmungen der Zellatmung (Enzymgift) und in Schädigungen fetaler bzw. embryonaler Organismen infolge der Plazentapassage.
Vergleiche weiter unter Blei und -verbindungen.
3.7. keine Angaben

4. Grenz- und Richtwerte
4.1. MAK-Wert: 0,1 mg/m³ als Pb berechnet (D)
4.2. Trinkwasser: 0,04 mg/l als Pb berechnet (D)
0,05 mg/l als Pb berechnet (WHO 1983)
4.3. TA Luft: 5 mg/m³ bei einem Massenstrom von 25 g/h und mehr

Abfallbehandlung nach
§ 2 Abs. 2 Abfallgesetz: bleihaltiger Ofenausbruch aus metallurgischen Prozessen
Abfallschlüssel 31 108

5. Umweltverhalten

Infolge der Sorptionstendenz von Blei erfolgt eine Akkumulation in Böden und Sedimenten (Geoakkumulation). Der Sorptionsgrad ist u. a. beeinflußt von der Korngröße des Sorbens (bevorzugte Sorption bei Partikelgrößen kleiner 0,5 µm). In aquatischen Systemen wirken Bleikonzentrationen von 400–450 µg l^{-1} bereits akut toxisch auf Invertebraten.
Chronische Schädigungen treten bereits bei Konzentrationen von etwa 100 µg l^{-1} auf. Die toxische Wirkung von Bleisalzen wird u. a. maßgeblich von der Wasserhärte beeinflußt. Erfahrungsgemäß vermindert sich die Toxizität mit zunehmender Wasserhärte.
Vergleiche weiter unter Blei und -verbindungen.

6. Abfallbeseitigung/schadlose Beseitigung/Entgiftung

Vergleiche unter Blei und -verbindungen.

7. Verwendung

Bleiacetat wird zur Bleibeschichtung von Metallen, in der Baumwollfärberei, der Druckerei und zur Herstellung von Firnis verwendet.

Bleitetraethyl [78-00-2]

1. Allgemeine Informationen

1.1. Bleitetraethyl [78-00-2]
1.2. Plumban, Tetraethyl
1.3. $C_8H_{20}Pb$

$$\begin{array}{c} CH_3-CH_2 \diagdown \quad \diagup CH_2-CH_3 \\ Pb \\ CH_3-CH_2 \diagup \quad \diagdown CH_2-CH_3 \end{array}$$

1.4. Tetraethyl-Blei, Äthylfluid, Äthylplumban, Tetraethylplumban
1.5. Bleiverbindung
1.6. sehr giftig

2. Ausgewählte Eigenschaften

2.1. 323,5
2.2. Farblose, ölartige, schwere Flüssigkeit mit angenehm süßlichem Geruch. Im Handel meist unter Beimischung von Farbstoffen.
2.3. Zersetzung ab etwa 110 °C; vollständige Zersetzung bei 180 °C
2.4. −130,3 °C
2.5. 0,34 mbar bei 20 °C
2.6. 1,65 g/cm³
2.7. Wasser: 130 µg l⁻¹
gut löslich in Ether und Benzin
2.8. Bei normalen Temperaturen ist die Verbindung an der Luft beständig. Bei Temperaturen über 100 °C Zersetzung unter Bildung von Bleioxid.
2.9. entfällt
2.10. entfällt
2.11. entfällt
2.12. entfällt
2.13. entfällt
2.14. entfällt

3. Toxizität

3.1. keine Informationen verfügbar
3.2. oral   Ratte   LD 50   17 mg/kg
      ihl   Ratte   LC 50   6 ppm
      ihl   Maus   LC 50   5 100 mg/m³ bei 10minütiger Exposition
3.3. vergleiche Blei und -verbindungen
3.4. Chromosomenaberrationen bei Leukozyten nachgewiesen.

3.5. Die akut toxische Wirkung wird für Fische mit 0,2–3,1 mg l^{-1} angegeben.
3.6. Bleialkylverbindungen werden schnell in Körperflüssigkeiten resorbiert. Die Akkumulation in Leber und Niere sowie die große Affinität zum Knochengewebe bedingen eine nur langsame Exkretion mit dem Urin. Bleialkylintoxikation verlaufen nicht chronisch, sondern in Form einer akuten toxischen Psychose, die zum Tode führt. Die Passage der Blut-Hirn-Schranke verursacht rasche Schädigungen der Hirnfunktionen. Die Plazentapassage von Bleialkylverbindungen ist verbunden mit Schädigungen des fetalen bzw. embryonalen Organismus. Ein maßgebliches toxisches Prinzip der Verbindungen ist u. a. die Blockierung der Zellatmung durch Hemmung von Enzymwirkungen.
vergleiche weiter unter Blei und -verbindungen
3.7. keine Informationen verfügbar.

4. Grenz- und Richtwerte

4.1. MAK-Wert: 0,01 ml/m³ (ppm); 0,075 mg/m³ (D)
Gefahr der Hautresorption
4.2. keine Angaben
4.3. Benzinbleigesetz: 150 mg/l berechnet als Pb (sog. verbleites Benzin)
13 mg/l berechnet als Pb (sog. bleifreies Benzin)
Bleiverbindung im Ottokraftstoff
TA Luft: 5 mg/m³ bei einem Massenstrom von 25 g/h oder mehr

5. Umweltverhalten

vergleiche Blei und -verbindungen

6. Abfallbeseitigung/schadlose Beseitigung/Entgiftung

In Lagertanks von verbleiten Benzinen abgesetzte Schlämme können in einem Spezialofen verbrannt und die Rückstände im Verhältnis 1:1 gemischt mit Sand oder Erde deponiert werden. Zur Ablagerung sind grundsätzlich nur Sonderdeponien geeignet. Alternativ können die Schlämme mit Beton gemischt (1:4) deponiert werden. Jede Einleitung in Wässer oder wasserführende Bodenschichten ist unbedingt zu vermeiden.

7. Verwendung

Antiklopfmittel für Treibstoffe

Literatur
WHO, EURO Report and Studies, No. 61, 1982, Copenhagen, Micropollutants in river sediments
WHO, Environmental Health Criteria, Lead. WHO, Geneva 1980

Bleitetramethyl [75-74-1]

1. Allgemeine Informationen

1.1. Bleitetramethyl [75-74-1]
1.2. Plumban, Tetramethyl-
1.3. $C_4H_{12}Pb$

$$CH_3\diagdown\diagup CH_3$$
$$Pb$$
$$CH_3\diagup\diagdown CH_3$$

1.4. TML, Tetramethylplumban, Tetramethyl-Blei
1.5. Bleialkylverbindung
1.6. giftig

2. Ausgewählte Eigenschaften

2.1. 267,33
2.2. ölartige, schwere Flüssigkeit mit obstartigem Geruch
2.3. Zersetzung bei etwa 110 °C
2.4. −27,5 °C
2.5. 31,5 mbar bei 20 °C
2.6. 1,995 g/cm^3
2.7. Wasser: praktisch unlöslich
2.8. Unter Normalbedingungen ist die Verbindung an Luft beständig; ab etwa 100 °C beginnt Zersetzung unter Bildung von Bleioxid.
2.9. entfällt
2.10. entfällt
2.11. entfällt
2.12. entfällt
2.13. keine Angaben
2.14. keine Angaben

3. Toxizität

3.1. keine Informationen verfügbar
3.2. oral   Ratte   LD 50 109 mg/kg
3.3. vergleiche unter Blei und -verbindungen
3.4. keine Angaben
3.5. keine Angaben
3.6. vergleiche Blei und -verbindungen
3.7. keine Angaben

4. Grenz- und Richtwerte

4.1. MAK-Wert: 0,01 ml/m^3 (ppm); 0,075 mg/m^3 (D)
             Gefahr der Hautresorption
             0,075 mg/m^3 (USA)
4.2. keine Angaben
4.3. vergleiche Bleitetraethyl

5. **Umweltverhalten**

Neben direkten Kontaminationen ist die Bildung von Bleialkylverbindungen insbesondere in der Hydrosphäre durch Mikroorganismen bestätigt.

6. **Abfallbeseitigung/schadlose Beseitigung/Entgiftung**

vergleiche Bleitetraethyl

7. **Verwendung**

Antiklopfmittel in Treibstoffen

Literatur

WHO, EURO Report and Studies, No. 61, 1982, Copenhagen, Micropollutants in river sediments

WHO, Environmental Health Criteria, Lead. WHO, Geneva 1980

Cadmium [7470-43-9] und -verbindungen

Cadmium [7470-43-9]

Mit der Atomzahl 48 gehört Cadmium zu den Elementen der 2. Nebengruppe des Periodensystems der Elemente und ist in seinen Eigenschaften dem Zink vergleichbar. In seinen Verbindungen hat es die Wertigkeit 2+. Im Vergleich zum Zink besitzt Cadmium eine erhöhte Tendenz zur Bildung kovalenter Bindungen, wie beispielsweise mit Schwefel. Seine Koordinationszahl beträgt im allgemeinen 4 oder 6; kann in verschiedenen Verbindungen jedoch 5, 7, 8, 9 und 12 sein. Von Cadmium sind 8 stabile Isotope bekannt.

Die globale Cadmiumproduktion wird 1977 auf etwa 20 000 t/a geschätzt. 1980 werden in Westeuropa etwa 4 000 t, in Japan 2 500 t und in den USA 1 900 t Cadmium produziert. In den Ländern der Europäischen Gemeinschaft werden die durchschnittlichen jährlichen Cadmiumemissionen, einschließlich der aus Kohle- und Erdölverbrennung sowie der Eisen- und Stahlindustrie resultierenden Emissionen auf 6 500 t geschätzt. Emissionen einzelner Industriezweige siehe Tabelle 10.

Cadmium wird als eines der toxischsten Metalle betrachtet. Akute und chronische Intoxikationen bei beruflichen Expositionen sind bekannt. Cadmium gehört zu den Spurenelementen, für die Intoxikationen bei Bevölkerungsgruppen infolge chronischer, umweltrelevanter Expositionen nachgewiesen werden konnten. Eine entsprechende Cadmiumintoxikation wurde erstmals 1947 in Japan beobachtet und ist unter dem Namen „itai-itai-Krankheit" in der Literatur beschrieben. Bis 1965 wurden insgesamt 100 Todesopfer bekannt, deren Todesursache im Zusammenhang mit der chronischen Cadmiumintoxikation steht.

1. Allgemeine Informationen

1.1. Cadmium [7470-43-9]
1.2. Cadmium
1.3. Cd
1.4. keine Angaben

Tabelle 10
Cadmium-Emissionen einzelner Industriezweige

Industriezwiege	Wasser	Boden	Luft
Kohle- und Ölverbrennung			120 t/a
Zementproduktion			40 t/a
Batterieherstellung			40 t/a
Galvanikbetriebe			500 t/a
Farbstoff- und Plastherstellung	300 t/a		90 t/a
Cadmiumproduktion	240 t/a		955 t/a
Bergbau	3 000 t/a		
Düngemittel		140 t/a	

1.5. Element 2. Nebengruppe
1.6. giftig; Cadmiumchlorid: krebserzeugend (in atembarer Form)
Die Verwendung von Cadmiumverbindungen als Pflanzenschutzmittel ist in der Bundesrepublik Deutschland verboten.

2. **Ausgewählte Eigenschaften**
2.1. Atomgewicht: 112,40
2.2. weiches, leicht bearbeitbares, weiß-bläuliches Metall
2.3. 767 °C
2.4. 320,9 °C
2.5. 8,65 g/cm^3
2.6. Löslich in schwachen Säuren. Die wichtigsten löslichen Cadmiumsalze sind: Fluorid, Chlorid, Bromid, Iodid, Nitrat, Sulfat und Komplexverbindungen mit Cyaniden.
2.8. Im Gegensatz zu Quecksilber, welches aufgrund seiner Elektronenkonfiguration eine relativ stabile kovalente Bindung mit Kohlenstoffatomen bildet, sind die entsprechenden Cadmiumalkylverbindungen instabil und reagieren schnell unter Zersetzung mit Wasser oder an feuchter Luft unter Normalbedingungen. Cadmiumdampf wird schnell zu Cadmiumoxid oxidiert. Die leichte Löslichkeit des Elementes in schwachen Säuren ist u. a. eine maßgebliche Voraussetzung für seine Absorption im Organismus.
2.9. entfällt
2.10. entfällt
2.11. entfällt
2.12. entfällt
2.13. entfällt
2.14. entfällt

3. **Toxizität**
3.1. In westeuropäischen Ländern wird 1980 folgender Cadmiumintake geschätzt (µg/Person/d):

	Nahrungsmittel	Wasser	Gesamt
Minimum	4	–	4
Mittel	27	1	28
Maximum	59	2	61

Die Exposition über die Luft wird durchschnittlich mit 3 µg/Person/d angegeben.
3.2. ims   Ratte   LDL 015 mg/kg
ims   Ratte   TDL 070 mg/kg
3.3. Neben dem Gastrointestinaltrakt und der Lunge ist die Niere das anfälligste Organ bei chronischen Cadmiumexpositionen. Epidemiologische Studien in Japan haben bereits bei einer kontinuierlichen täglichen Aufnahme von etwa 200 µg Cadmium auf signifikante Nierenfunktionsstörungen hingewiesen. Chronische Expositionen führen zu

Cadmiumakkumulationen in Leber und Niere. Damit verbundene Veränderungen des Zink-Cadmium-Verhältnisses in der Niere können Störungen des kardiovaskulären Systems (z. B. Bluthochdruck) verursachen.
3.4. Cadmium wird als karzinogen suspekt betrachtet. Bisherige Ergebnisse zur genotoxischen Wirkung sind nicht eindeutig. Bei kombinierter Einwirkung von Blei und Cadmium werden Chromosomenaberrationen beobachtet. Cadmiumchlorid intraperitoneal appliziert wirkt bei Ratten teratogen.
3.5. Die akute Fischtoxizität wird für Cadmium verschiedentlich mit $1\,\mu g\,l^{-1}$ angegeben.

$LC\,50_{minimal}$ 23 ppm über 264 h (ohne Speziesangabe)
$LC\,50_{mittel}$ 140 ppm über 24 h (ohne Speziesangabe)
49 ppm über 96 h (ohne Speziesangabe)

Die Fischtoxizität ist u. a. abhängig vom Calciumgehalt des Wassers. Allgemein gilt:
Höhere Calciumgehalte des Wassers vermindern die toxische Wirkung von Cadmium auf Fische.
3.6. Die Cadmiumabsorption erfolgt inhalativ über die Lunge oder oral über den Verdauungstrakt. Gesamtkörperbelastungen wurden gemessen bei Rauchern: 32 mg/kg KG; Nichtrauchern 19 mg/kg KG; im Mittel: 15 mg/kg KG. Die normale Cadmiumkonzentration im Blut liegt im Bereich $0,06-15,9\,\mu g/100\,ml$. Mit zunehmendem Alter akkumuliert der Organismus Cadmium. 50 % des akkumulierten Elementes werden in Leber und Niere gefunden. Die Cadmiumexkretion erfolgt vorzugsweise über den Urin. Im Mittel $2\,\mu g/d$ ($0,2-3,1\,\mu g\,l^{-1}$). Niere, Leber, Knochenmark und Herz-Kreislauf-System sind Erfolgsorgane akuter und chronischer Cadmiumintoxikationen.
Die biologische Halbwertszeit des Elementes wird mit 13–47 Jahren angegeben.
3.7. In aquatischen Organismen werden Konzentrierungsfaktoren bis zu 2 000 festgestellt.

4. Grenz- und Richtwerte

4.1. MAK-Wert: III B begründeter Verdacht auf krebserzeugendes Potential (D)
$0,05\,mg/m^3$ (USA)
$0,1\,mg/m^3$ (SU)
4.2. Trinkwasser: $0,005\,mg/l$ (D)
$0,005\,mg/l$ (WHO 1983)
4.3. TA Luft: $0,2\,mg/m^3$ bei einem Massenstrom von 1 g/h und mehr

Abfallbehandlung nach cadmiumhaltiger Ofenausbruch aus
§ 2 Abs. 2 Abfallgesetz: metallurgischen Prozessen
Abfallschlüssel 31 108
cadmiumhaltige Galvanikschlämme
Abfallschlüssel 51 106

Nach EG-Richtlinie 83/514/EWG bestehen Grenzwerte für Emissionsnormen für die Ableitung von Cadmium aus Industriebetrieben und Qualitätsziele für Gewässer.

Grenzwerte für Emissionsnormen im abgeleiteten Abwasser (Monatsmittelwerte)

Industriezweig	ab 1. 1. 1986	ab 1. 1. 1989	Maßeinheit
Zinkbergbau Blei- und Zinkraffination NE-Metallindustrie Industrie für metallisches Cadmium	0,3	0,2	mg/l
Herstellung von Cadmiumverbindungen Pigmentherstellung Herstellung von Stabilisatoren Herstellung von Primär- und Sekundärbatterien Galvanotechnik	0,5	0,2	mg/l

Qualitätsziele für Gewässer, die von den Abwässern betroffen werden:
- oberirdische Binnengewässer 5 µg/l
- Mündungsgewässer 5 µg/l
- Küstenmeere 2,5 µg/l

(arithmetisches Mittel der Ergebnisse eines Jahres)
Die Cadmiumkonzentration in Sediment und/oder Mollusken und Schalentieren, soweit möglich der Art Mytilus edulis, darf mit der Zeit nicht wesentlich ansteigen.

5. **Umweltverhalten**

Cadmium unterliegt als Spurenelement einem ständigen Kreislauf in biologischen und nicht biologischen Strukturen der Umwelt. Der natürlicherweise erfolgende Cadmiumeintrag in die Umwelt mit etwa 40 t/a global, ist im Vergleich zu den geschätzten anthropogen bedingten Emissionen gering. Eine Vielzahl von Emissionsquellen sind Ursache für die nachfolgend dargestellte Zunahme der Cadmiumkonzentration in der Umwelt:

Jahr	1750	1930	1970	2100
Luft (ng/m^3)	0	2,4	5,7	8,7
Boden (ppb)	100	160	320	750
Flußsedimente (ppb)	150	900	3 900	15 000
Flußwasser (ppb)	0,03	0,18	0,78	3,0

Der Cadmiumgehalt der Atmosphäre wird im Mittel mit 0,046 µg/m^3 (0,001–0,2 µg/m^3) angegeben. In Stadtgebieten Japans, der USA und der

BRD werden 0,002 µg/m³, 0,037 µg/m³ und 0,006 9 µg/m³ gemessen, während in stark industrialisierten Gebieten wesentlich höhere Konzentrationen erreicht werden (Belgien: 0,01–0,2 µg/m³; Japan: 0,055–0,166 µg/m³; USA: 0,12 µg/m³; Canada: 0,007–0,023 µg/m³; BRD: 0,06 µg/m³; England: 0,2 µg/m³). Als wenig bis schwach belastet bezeichnete Oberflächenwässer der UdSSR (Sibirien), der USA und Italiens enthalten 0,001–0,207 µg l^{-1}; 0,000 7–0,007 µg l^{-1}; 0,00013 µg l^{-1} Cadmium, während stark belastete Wässer Konzentrationen bis zu 0,4 µg l^{-1} und darüber aufweisen. Die Analyse des Trinkwassers von 7 westeuropäischen Städten ergab Cadmiumgehalte zwischen 0,2–4,0 µg l^{-1} (Mittel: 1,1 µg l^{-1}). Böden in Industriegebieten enthalten bis zu 135 ppm, normale Böden 0,7 ppm (Kanada) und 1,0 ppm (Belgien) Cadmium. Global schätzt man die Cadmiumgehalte von Böden auf 0,06–1,0 ppm. Die nachgewiesene Akkumulation des Elementes in differenzierten Sedimenten, die damit verbundene Möglichkeit der Remobilisierung und die Bioakkumulationstendenz sind als besonders zu beachtende umweltrelevante Gefährdungsmomente zu nennen. Die mittlere Verweildauer und Konzentration von Cadmium charakterisieren u. a. sein Verhalten in verschiedenen Umweltstrukturen:

Verweildauer	Konzentration	Umweltstruktur
20–30 d	0,1–500 ng/m³	Atmosphäre
bis 2 a	0,01–42 000 µg l^{-1}	Oberflächenwasser
20–30 a		Mensch
bis 280 a	0,1–500 ppm	Boden
	0,001–1 120 mg/kg	Wasserorganismen

Cadmiumkontaminationen von Böden (z. B. landwirtschaftliche Nutzung von Abwasserschlämmen) führen zu erhöhten Gehalten in den jeweils bodenständigen Pflanzen, wobei die Aufnahme sowohl über die Wurzeln als auch die Blätter erfolgen kann.

6. **Abfallbeseitigung/schadlose Beseitigung/Entgiftung**

Cadmiumhaltige Abprodukte sind nach Möglichkeit einer Wiederaufbereitung zuzuführen.

7. **Verwendung**

Cadmium wird vorzugsweise in der Galvanikindustrie, bei der Herstellung von Nickel-Cadmium-Batterien, als Stabilisator in der PVC-Produktion sowie zur Herstellung von Farbpigmenten verwendet. Etwa 4 % des gesamten Cadmiumaufkommens wird zur Herstellung von Legierungen eingesetzt (1979 etwa 350 t global).

Literatur

Barr, M.: Teratology **7** (1973): 237–242
Bothen, M., und Fallenius, U. B.: Cadmium: Occurence, Uses, Stipulation. National Swedish Environm. Protect. Board, Report snv pm 1615, December 1982
Enk, R. H. van: The Pathway of Cadmium in the European Cimmunity. Commis. Europ. Communities, Joint Research Centre, Ispra-Italy 1979

Enk, R.H. van: Trends of Environmental Cadmium Concentrations in the European Community. Commis. Europ. Communities, Joint Research Centre, Ispra-Italy 1982
Hiscock, S.A.: Ecotoxicol. Environm. Safety **7** (1983): 25–32
Hutton, M.: Ecotox. Environm. Safety **7** (1983): 9–24
Luftqualitätskriterien für Cadmium. Berichte 77/4. Hrsg. Umweltbundesamt, Berlin 1977
Hutzinger, O. (Ed.): The Handbook of Environmental Chemistry. Volume 3, Part A, Anthropogenic Compounds. S. 59–101, 1980, Springer, Berlin–Heidelberg–New York 1980
Vahter, M.: Assessment of Human Exposure so Lead and Cadmium Through Biological Monitoring. National Swedish Institute of Environmental Medicine, Stockholm 1982

Cadmiumoxid [1306-19-0]

1. Allgemeine Informationen

1.1. Cadmiumoxid [1306-19-0]
1.2. Cadmiumoxid
1.3. CdO
1.4. Cadmiumrauch
1.5. Oxid
1.6. giftig

2. Ausgewählte Eigenschaften

2.1. 128,40
2.2. gelbrotes bis braunschwarzes amorphes Pulver oder schwarzglänzende Kristalle
2.3. sublimiert bei etwa 700 °C
2.4. keine Angaben
2.5. keine Angaben
2.6. 6,92 g/cm^3
2.7. in Wasser praktisch unlöslich, leicht löslich in Säuren, Ammoniumsalz- und Alkalicyanidlösungen
2.8. keine Angaben
2.9. entfällt
2.10. entfällt
2.11. entfällt
2.12. entfällt
2.13. biologisch nicht leicht abbaubar
2.14. entfällt

3. Toxizität

3.1. keine spezifischen Angaben verfügbar
3.2. oral   Ratte   LD 50   72 mg/kg
    ihl   Mensch LCL 0   9 mg/m^3 über 5 h
    ihl   Ratte   LC 50   500 mg/m^3
3.3. Chronische Intoxikationen manifestieren sich in Nieren- und Lungenschädigungen sowie Knochenmarksveränderungen (vergleiche unter Cadmium).

3.4. vergleiche unter Cadmium
3.5. vergleiche unter Cadmium
3.6. vergleiche unter Cadmium
3.7. vergleiche unter Cadmium

4. **Grenz- und Richtwerte**

   vergleiche unter Cadmium

5. **Umweltverhalten**

   Die in neutralem Milieu schwerlöslichen Cadmiumverbindungen lösen sich merklich in schwach saurem pH-Bereich; z. B. bereits unter der Einwirkung von Feuchtigkeit, Kohlendioxid oder Schwefeldioxid. Entsprechende Stofftransformationen verbunden mit nachfolgenden Transport- und Verteilungsprozessen sind damit auch für schwerlösliche Verbindungen von Bedeutung. Die freie Verwitterung von Cadmiumsulfid-Abraumhalden führt zur Freisetzung von Cadmium mit nachfolgender Verteilung über Boden, Wasser und Atmosphäre. Auch wenig lösliche Cadmiumverbindungen können durch Pflanzenwurzeln aus dem Boden aufgenommen und transloziert werden. Die Akkumulation erfolgt jedoch vorwiegend in den Pflanzenwurzeln.

6. **Abfallbeseitigung/schadlose Beseitigung/Entgiftung**

   Rückstände werden nach Möglichkeit in den Produktionsprozeß zurückgeführt. Abprodukte mit geringem Gehalt an Cadmiumoxid können auf Sonderdeponien in geeigneter Form abgelagert werden. Eine Verbrennung cadmiumhaltiger Rückstände ist infolge der Sublimierbarkeit des Metalls auszuschließen.

7. **Verwendung**

   vergleiche unter Cadmium

Captan [133-06-2]

Die Herstellung von Captan erfolgt durch Umsetzung von Perchlormethylmercaptan mit Tetrahydrophthalimid in Gegenwart von Natriumhydroxid. Die Produktionsmengen US-amerikanischer Firmen werden 1978 mit etwa 6 000 t angegeben. Produktionszahlen anderer Länder liegen nicht vor. Captan kommt natürlicherweise nicht vor.

1. Allgemeine Informationen

1.1. Captan [133-06-2]
1.2. 1H-Isoindol-1,3(2H)-dion, 3a,4,7,7a-Tetrahydro-2-[(trichlormethyl)thio]-
1.3. $C_9H_8Cl_3NO_2S$

1.4. 1,2,3,6-Tetrahydro-N-(trichlormethylthio-phthalimid), ENT 26538, N-Trichlormethylmercapto-4-cyclohexyl-1,2-dicarboximid
1.5. Sulfenimid
1.6. nicht als gefährlich eingestuft

2. Ausgewählte Eigenschaften

2.1. 300,6
2.2. reiner Wirkstoff: farblose Kristalle
technisches Produkt: schwach gelbliche Kristalle oder amorphes Pulver
2.3. keine Angaben
2.4. reiner Wirkstoff: 178 °C (unter Zersetzung)
technisches Produkt: 160–170 °C
2.5. $1 \cdot 10^{-5}$ mm Hg bei 25 °C/$1,33 \cdot 10^{-3}$ Pa
2.6. 1,74 g/cm^3
2.7. Wasser: 3,3 mg l^{-1} bei 25 °C
Aceton: 21 g l^{-1} bei 25 °C
Chloroform: 70 g l^{-1}
Cyclohexanon: 23 g/kg
Xylen: 20 g/kg
2.8. In wäßriger Lösung wird Captan relativ schnell unter Bildung von Chlorwasserstoffsäure, Kohlendioxid, Schwefel, 4-Cyclohexan-1,2-dicarboximid u. a. Verbindungen hydrolysiert.
2.9. lg P = 4,2 (berechnet)
2.10. H = $6,6 \cdot 10^{-1}$
2.11. lg SC = 3,4 (berechnet)
2.12. lg BCF = 3,15 (berechnet)
2.13. keine Angaben
2.14. entfällt

3. **Toxizität**
3.1. keine Informationen verfügbar
3.2.
oral	Maus	LD 50	9 000—12 500 mg/kg
ip	Maus	LD 50	500 mg/kg
ihl	Maus	LC 50	300 mg/m^3/2 h
oral	Ratte	LD 50	8 400—15 000 mg/kg
ip	Ratte	LD 50	25—100 mg/kg

3.3. Im 2-Jahre-Test an Ratten wurden bei Dosen von 50 und 250 mg/kg/d lediglich Gewichtsveränderungen der Versuchstiere festgestellt. Im Fütterungsversuch an Hunden konnten bei 300 mg/kg/d über 60 Wochen keine histologischen, biochemischen und hämatologischen Veränderungen festgestellt werden.
3.4. Bei Ratten wirkt Captan nicht karzinogen, demgegenüber wurde bei Mäusen eine erhöhte Zahl von Tumoren des Duodenums festgestellt. Im mikrobiologischen Kurzzeittest ist Captan mutagen, induziert Chromosomen-Aberrationen in Säugerzellen und ist positiv mutagen im SCE-Test. Bei tierexperimentellen Untersuchungen an Ratten und Mäusen ist bei Captanapplikation eine geringe teratogene und embryotoxische Aktivität festgestellt.
3.5. Harlequin Fisch: LC 50 0,3 mg l^{-1} nach 4 Tagen
LC 50 0,2 mg l^{-1} nach 3 Monaten
3.6. Nach erfolgter Resorption wird Captan schnell über den Urin ausgeschieden (90 % nach 24 h und nahezu 100 % nach 3 d). Bei Konzentrationen von 100 µg ml^{-1} Captan im menschlichen Blut beträgt die Hydrolyse-Halbwertszeit etwa 0,9 min. In Gegenwart zellulärer Thiolverbindungen kann Thiophosgen als toxischer Metabolit gebildet werden. Das im Molekül enthaltene Chlor wird vermutlich als Chloridion abgespalten.
3.7. Keine Biokonzentration aufgrund der schnellen hydrolytischen Zersetzung.

4. **Grenz- und Richtwerte**
4.1. MAK-Wert: 5 mg/m^3 (USA)
4.2. Trinkwasser: 0,1 µg/l als Einzelstoff (D)
0,5 µg/l als Summe Pflanzenschutzmittel (D)
ADI-Wert: 0,1 mg/kg/d (WHO)
4.3. keine Angaben

5. **Umweltverhalten**

Das Umweltverhalten von Captan wird durch seine Hydrolyseempfindlichkeit geprägt.
In Pedo- und Hydrosphäre ist keine Persistenz des Wirkstoffes zu erwarten.
Captan ist für Wasserorganismen relativ toxisch. Über den mikrobiologischen Abbau liegen keine Untersuchungen vor. Der geringe Dampfdruck läßt auf eine relativ geringe Flüchtigkeit und Mobilität in der Atmosphäre schließen.

6. Abfallbeseitigung/schadlose Beseitigung/Entgiftung

Die Beseitigung von Abfällen und Rückständen sollte auf geordneten Deponien erfolgen. Ein Eindringen in Gewässer ist infolge der Fischtoxizität zu vermeiden.

7. Verwendung

Captan wird als fungizid wirksames Mittel verwendet.

Literatur

IARC Monographs on the Evaluation of the Carcinogenic Risk of Chemicals to Humans, Vol. 30, 1983, Miscellaneous Pesticides. IARC, Lyon 1983
UNEP/IRPTC Scientific Reviews of Soviet Literature on Toxicity and Hazards of Chemicals. Captan, No. 6, Moskau 1982

Carbaryl [63-25-2]

Die Herstellung von Carbaryl erfolgt analog zu anderen Carbamatinsektiziden durch Umsetzung von 1-Naphthol mit Phosgen und nachfolgender Reaktion des gebildeten Chlorformiats mit Methylisocyanat. Gegenwärtig werden die jährlichen Produktionsmengen global mit etwa 1000–1500 t angegeben. Maßgebliche Ursache für Kontaminationen von Umweltmedien ist der Einsatz des Stoffes als Kontaktinsektizid.

1. Allgemeine Informationen

1.1. Carbaryl [63-25-2]
1.2. 1-Naphthalinol, Methylcarbamat
1.3. $C_{12}H_{11}NO_2$

O—CO—NH—CH$_3$

1.4. Sevin, Dicarbam, Mervin, Carbamat, Denapon, Sevinox
1.5. Carbamate
1.6. mindergiftig. Die Verwendung von Carbaryl als Pflanzenschutzmittel ist in der Bundesrepublik Deutschland nur für bestimmte Anwendungen zugelassen.

2. Ausgewählte Eigenschaften

2.1. 201,2
2.2. farbloser, kristalliner Feststoff
2.3. keine Angabe
2.4. 142 °C
2.5. 0,6 Pa bei 25 °C; $5 \cdot 10^{-3}$ mm Hg bei 26 °C
2.6. 1,232 g/cm^3 bei 20 °C
2.7. Wasser: 50 mg l^{-1} bei 20 °C; 40 mg l^{-1} bei 30 °C
     i-Propanol: 10 %   Methylisobutylketon: 20 %
     Xylen: 10 %   Petrolether: 20 %
     Aceton: 20–30 %   Cyclohexanon: 20–30 %
2.8. Bis zu Temperaturen von 70 °C und unter UV-Lichteinwirkung ist die Verbindung stabil. Bei höheren Temperaturen erfolgt Zersetzung unter Bildung von 1-Naphthol und Phosgen. In neutralem und saurem wäßrigem Milieu hydrolysiert Carbaryl nicht. In alkalischem Milieu kommt es demgegenüber unter Bildung von 1-Naphthol, Kohlendioxid und Methylamin zur hydrolytischen Zersetzung.
2.9. lg P   = 2,36
2.10. H   = 13,2
2.11. lg SC = 2,1
2.12. lg BCF = 1,86
2.13. keine Angaben
2.14. keine Angaben

3. Toxizität
3.1. keine Angaben
3.2.
oral	Ratte	LD 50	540 mg/kg
oral	Ratte	LD 50	500–850 mg/kg
oral	Meerschwein	LD 50	280 mg/kg
oral	Kaninchen	LD 50	710 mg/kg

Bei akuten Intoxikationen tritt der Tod der Versuchstiere nach 7–14 Tagen ein.
Bei einmaliger Applikation von $\frac{1}{10}$ oder $\frac{1}{20}$ der LD 50 von Versuchstieren kommt es beim Menschen zu Funktionsstörungen des endokrinen Systems, insbesondere der Schilddrüse.

3.3. Bei täglicher Verfütterung von 50, 100 oder 200 ppm Carbaryl an Ratten über 2 Jahre waren keine Intoxikationssymptome feststellbar. Bei 400 ppm wurden Leberschädigungen nachgewiesen. Demgegenüber werden im chronischen Experiment mit Dosen von 4 mg/kg Minderungen der Cholinesteraseaktivität, ein erhöhter Globulinspiegel und eine Reduzierung des Hippursäuregehaltes festgestellt.
Mäuse tolerieren im chronischen Test eine Gesamtdosis bis zu 21 600 mg/kg.

3.4. 6,35 mg/kg/d an Hunde und 300 mg/kg/10 d an Meerschweine verfüttert, verursachten teratogene Effekte. Bei Ratten, Affen und Kaninchen konnten diese Ergebnisse nicht bestätigt werden. Wiederholte Applikation von 60 mg/kg bei Mäusen führte nicht zur Ausbildung von Tumoren. Mutagene Wirkungen sind nicht festgestellt.

3.5. Die akut toxische Wirkung für Fische wird ohne Speziesdifferenzierung mit einem Bereich zwischen 0,1–13 mg l^{-1} angegeben.

3.6. Carbaryl wird im Organismus schnell resorbiert und verteilt. Es zeigt ein temperaturabhängiges Wirkungsspektrum, insbesondere als Cholinesterasehemmer. Bei Warmblütern manifestieren sich akute und chronische Intoxikationen vorzugsweise in Hemmung der Erythrozyten- und Hirn-Cholinesterase sowie von Peroxidasen. Die Hemmwirkung ist im Vergleich zu phosphororganischen Insektiziden zeitlich verzögert. Eine 50%ige Cholinesterasehemmung wurde beispielsweise bei folgenden Carbarylkonzentrationen festgestellt:

Fliegenköpfe	$5{,}45 \cdot 10^{-8}$ mol l^{-1}
Pferdeplasma	$2{,}18 \cdot 10^{-6}$ mol l^{-1}
Ochsen-Erythrozyten	$5 \cdot 10^{-6}$ mol l^{-1}
menschliches Plasma	$6{,}70 \cdot 10^{-6}$ mol l^{-1}

Die Hemmwirkung ist häufig reversibel mit einer mittleren Halbwertszeit von 30 min. Der Carbarylmetabolismus erfolgt unter Bildung von 1-Naphthol, welches in Form von Konjugaten über Urin und Faeces ausgeschieden wird. Neben nicht metabolisiertem Wirkstoff wurde in Rattenfaeces Bis-Naphthylcarbamat nachgewiesen.

3.7. In Wasserorganismen ist keine Bioakkumulation nachweisbar. Ausgehend vom n-Octanol/Wasser-Verteilungskoeffizienten ist generell nur eine geringfügige Bioakkumulationstendenz zu erwarten.

4. Grenz- und Richtwerte

4.1.	MAK-Wert:	5 mg/m³ (D)
		Gefahr der Hautresorption
4.2.	Trinkwasser:	0,1 µg/l als Einzelstoff (D)
		0,5 µg/l als Summe Pflanzenschutzmittel (D)
		100 µg/l (SU)
	ADI-Wert:	0,01 mg/kg/d (WHO)
4.3.	TA Luft:	5 mg/m³ bei einem Massenstrom von 25 g/h und mehr

5. Umweltverhalten

Infolge der relativ guten Wasserlöslichkeit ist in Hydro- und Pedosphäre eine hohe Mobilität von Carbaryl zu erwarten. Die Bio- und Geoakkumulationstendenz ist vergleichsweise gering. In aquatischen Systemen erfolgt bei $pH > 7$ die hydrolytische Spaltung unter Bildung von 1-Naphthol und Methylamin. Demgegenüber ist die Verbindung weitestgehend photolysestabil. Trotz des in Hydro- und Pedosphäre zu erwartenden relativ schnellen Stoffabbaus sind Migrationen in tiefere grundwasserführende Bodenschichten nicht auszuschließen. Die Stabilität in Böden wird generell auf 1–2 Jahre geschätzt.

6. Abfallbeseitigung/schadlose Beseitigung/Entgiftung

Kleinere Mengen von Carbarylrückständen oder Abprodukten können auf Sonderdeponien abgelagert werden. Beim Versprühen von Wirkstoffrückständen auf landwirtschaftlich nicht genutzten Flächen ist die Bienentoxizität zu beachten.

7. Verwendung

Carbaryl findet als insektizider Wirkstoff Verwendung.

Literatur

Korte, F.: Ökologische Chemie. Thieme, Stuttgart–New York 1980
IRPTC Scientific Reviews of Soviet Literature on Toxicity and Hazards of Chemicals. No. 7, Carbaryl, UNEP 1982
WHO, FAO, Data Sheets on Pesticides. No. 3, Rev. 1, Carbaryl 1978
UNEP/IRPTC, Scientific Reviews of Soviet Literature on Toxicity and Hazards of Chemicals. No. 7, Carbaryl, Moskau 1982

Carbazol [86-74-8]

1. Allgemeine Informationen
1.1. Carbazol [86-74-8]
1.2. 9H-Carbazol
1.3. $C_{12}H_9N$

1.4. 9-Azafluorene, Dibenzopyrole, Diphenylenimine
1.5. polycyclische aromatische Kohlenwasserstoffe
1.6. keine Angaben

2. Ausgewählte Eigenschaften
2.1. 167,2
2.2. weiße Kristalle oder Plättchen
2.3. 355 °C
2.4. 247–248 °C
2.5. 400 mm Hg bei 323 °C/5,33 · 10^4 Pa
2.6. keine Angaben
2.7. Wasser: praktisch unlöslich
Aceton: 1 g/9 ml
Benzen: 1 g/120 ml
Diethylether: 1 g/35 ml
Pyridin: 1 g/6 ml
Ethylalkohol absolut: 1 g/135 ml
2.8. Carbazol ist eine sehr schwache Base und reagiert mit Natriumhydroxid unter Salzbildung. In Gegenwart von Stickoxiden erfolgt Nitrierung.
2.9. keine Angaben
2.10. keine Angaben
2.11. keine Angaben
2.12. keine Angaben
2.13. biologisch nicht leicht abbaubar
2.14. keine Angaben

3. Toxizität
3.1. keine Angaben
3.2. oral Ratte LD 50 >500 mg/kg (bestimmt mit 2 Versuchstieren)
3.3. keine Angaben
3.4. Carbazol ist im Ames-Test nicht mutagen. Zur Teratogenität sind keine Ergebnisse verfügbar. Bei Mäusen wird nach oraler Applikation (Fütterungsversuch) eine Erhöhung der Leberkarzinominzidenz festgestellt. Untersuchungen bei Hautapplikationen und subkutaner Injektion führen zu

keinen aussagefähigen Ergebnissen. Eine eindeutige Aussage zur Karzinogenität ist nicht möglich.

3.5. keine Angaben

3.6. Bei Ratten und Kaninchen ist 3-Hydroxycarbazol als Metabolit festgestellt. Die Exkretion erfolgt mit dem Urin.

3.7. keine Angaben

4. **Grenz- und Richtwerte**

4.1. keine Angaben

4.2. keine Angaben

4.3. keine Angaben

5. **Umweltverhalten**

Über das Umweltverhalten von Carbazol ist wenig bekannt. Neben den auch für andere polycyclische Aromaten diskutierten Emissionsquellen (z. B. Verbrennungsprozesse organischen Materials) entsteht Carbazol als Zwischenprodukt bei der Farbenherstellung und kann bei entsprechenden Prozessen emittiert werden. In Gegenwart von Stickoxiden (Atmosphäre) reagiert die Verbindung unter Bildung der entsprechenden Nitroderivate und als schwache Base unter Salzbildung. Bei Ausgangskonzentrationen in natürlichen Böden von 500 bzw. 5 $\mu g\, g^{-1}$ wurde für Carbazol eine Halbwertszeit von 105 bzw. 3 Monaten ermittelt. Über Belastungen von Umweltstrukturen liegen keine Angaben vor.

6. **Abfallbeseitigung/schadlose Beseitigung/Entgiftung**

keine Angaben

7. **Verwendung**

keine Angaben

Literatur

Sims, R. C., und Overcash, M. R.: Fate of Polynuclear Aromatic Compounds in Soil-Plant Systems. Res. Rev. **88** (1983): 1–68
WHO, IARC Monographs on the Evaluation of the Carcinogenic Risk of Chemicals to Humans, Vol. 32, 1983. Polynuclear Aromatic Compounds. Part 1, Chemical, Environmental and Experimental Data. IARC, Lyon 1983

Chloralhydrat [302-17-0]

1. Allgemeine Informationen
1.1. Chloralhydrat [302-17-0]
1.2. 1,1-Ethandiol, 2,2,2-Trichlor-
1.3. $C_2H_3Cl_3O_2$

$$Cl-\underset{\underset{Cl}{|}}{\overset{\overset{Cl}{|}}{C}}-CH(OH)_2$$

1.4. Trichloracetaldehyd-hydrat
1.5. Aldehyde
1.6. giftig

2. Ausgewählte Eigenschaften
2.1. 165,4
2.2. farbloser, kristalliner Feststoff
2.3. 96–97 °C (unter teilweiser Zersetzung und Bildung von Chloral und Wasser)
2.4. 51,4 °C
2.5. 6,12 Torr bei 15,7 °C/8,16 · 10^2 Pa
2.6. 1,908 g/cm³ bei 20 °C
2.7. Wasser: 474 g in 100 ml bei 17 °C
400 g in 100 ml bei 11 °C
Ethanol: 250 g in 100 ml bei 14 °C
2.8. Reines Chloralhydrat zersetzt sich in Gegenwart von Alkalien unter Bildung von Chloroform, Ameisensäure und Carbonaten. Unter Einwirkung von UV-Licht erfolgt Polymerisation. Technische Produkte enthalten als Verunreinigungen chlorierte Acetaldehyde und Chloressigsäuren. Daraus resultiert u. a. das korrosive Verhalten der Substanz.
2.9. keine Angaben
2.10. $H = 1,5 \cdot 10^{-1}$
2.11. keine Angaben
2.12. keine Angaben
2.13. keine Angaben
2.14. entfällt

3. Toxizität
3.1. Keine Angaben
3.2.
oral	Ratte	LD 50	1 080 mg/kg
oral	Maus	LD 50	640 mg/kg
ipr	Ratte	LD 50	1 050 mg/kg
dermal	Ratte	LD 50	3 030 mg/kg

3.3. Im 100-Tage-Test bei Ratten wurde ein no effect level von 80,5 mg/kg/d ermittelt. Im 6monatigen Test beträgt der no effect level 200 ppm.

3.4. Im Tierexperiment bei Mäusen wirkt Chloralhydrat karzinogen. Im Kurzzeittest wirken 1000 ppm mutagen.
3.5. Als toxische Schwellenwerte für Fische wurden ermittelt:
Barsch 200 mg l^{-1}
Plötze 700 mg l^{-1}
Karpfen 1200 mg l^{-1}
3.6. Nach oraler oder inhalativer Aufnahme erfolgt schnelle Resorption im Organismus. Die Substanz wird reduktiv unter Bildung von Trichlorethanol und nachfolgender Konjugation mit Glucuronsäure metabolisiert. Die entstehende Urochloralsäure wird renal ausgeschieden.
3.7. keine Angaben

4. Grenz- und Richtwerte

4.1. MAK-Wert: 1 mg/m³
4.2. Trinkwasser: (als Trichloressigsäure) 10 µg l^{-1}
4.3. keine Angaben

5. Umweltverhalten

Die hohe Wasserlöslichkeit und Flüchtigkeit bestimmen die Mobilität der Substanz in Hydro-, Pedo- und Atmosphäre. In Böden und Sedimenten erfolgt nur eine geringe Stoffsorption, welche völlig reversibel ist. Migration in tiefere, grundwasserführende Bodenschichten ist bei Bodenverunreinigungen zu erwarten. In Hydro- und Pedosphäre wird der überwiegende Teil des Chloralhydrats zu Trichloressigsäure oxidativ abgebaut. In Abhängigkeit vom Humusgehalt ist in Böden die Oxidation nach 3–7 Tagen vollständig. Die oxidative Stofftransformation steht im unmittelbaren Zusammenhang mit der herbiziden Wirkung. Die UV-Empfindlichkeit läßt in der Atmosphäre einen schnellen Stoffabbau erwarten. Die leichte Oxidierbarkeit führt bei oxidativen Verfahren der Trinkwasseraufbereitung mit hoher Wahrscheinlichkeit ebenfalls zur Stoffwandlung unter Bildung von Chloressigsäuren.

6. Abfallbeseitigung/schadlose Beseitigung/Entgiftung

Bei der Ablagerung von Chloralhydrat ist die hohe Wasserlöslichkeit sowie die im alkalischen Milieu erfolgende Stoffumwandlung unter Bildung von Chloroform und Ameisensäure zu beachten.

7. Verwendung

Chloralhydrat findet vorzugsweise als herbizider Wirkstoff im Pflanzenschutz oder als Schlafmittel und Sedativum in der Humanmedizin Verwendung.

Chloralkylether

Aus der Stoffgruppe der Chloralkylether sind folgende Verbindungen von öko- und humantoxikologischer Relevanz:
Chlormethyl-methylether (CMME) [107-30-2]
Bis-(Chlormethyl)-ether (BCME) [542-88-1]
Bis-(2-Chlorethyl)-ether (BCEE) [111-44-4]
Bis-(2-Chlor-iso-propyl)-ether (BCIE) [39638-32-9]
Bis-(2-Chlorethoxy)-methan (BCEXM) [111-91-1]
Bis-(1,2-(2-Chlorethoxy)-ethan (BXEXE) [112-26-5]

Bis-(Chlormethyl)-ether und Bis-(2-Chlor-iso-propyl)-ether wurden unter anderem in US-amerikanischen Trinkwässern, insbesondere aber in Abwässern der Gummiindustrie und der Insektizidherstellung nachgewiesen.

1. **Allgemeine Informationen**
1.1. Chloralkylether
1.2. CMME: Methan, Chlormethoxy-
     BCME: Methan, Oxy-bis-[chlor-
     BCEE: Ethan, 1,1'-Oxy-bis-[2-chlor-
     BCIE: Propan, 2,2'-Oxy-bis-[2-chlor-
     BCEXM: Ethan, 1,1'-[Methylen-bis-(oxy)]-bis-[2-chlor-
     BCEXE: Ethan, 1,2-Bis-(2-chlorethoxy)-
1.3. CMME C_2H_5ClO $CH_2Cl-O-CH_3$
     BCME $C_2H_4Cl_2O$ $CH_2Cl-O-CH_2Cl$
     BCEE $C_4H_8Cl_2O$ $CH_2Cl-CH_2-O-CH_2-CH_2Cl$
     BCIE $C_6H_{12}Cl_2O$

$$Cl-\underset{\underset{CH_3}{|}}{\overset{\overset{CH_3}{|}}{C}}-O-\underset{\underset{CH_3}{|}}{\overset{\overset{CH_3}{|}}{C}}-Cl$$

   BCEXM $C_5H_{10}Cl_2O_2$ $CH_2Cl-CH_2-O-CH_2-O-CH_2-CH_2Cl$
   BCEXE $C_6H_{12}Cl_2O_2$ $CH_2Cl-CH_2-O-CH_2-CH_2-O-CH_2-CH_2Cl$
1.4. keine Angaben
1.5. Halogenalkylether
1.6. CMME krebserzeugend
     BCME krebserzeugend

2. **Ausgewählte Eigenschaften**
2.1. CMME   80,5   BCIE   171,07
     BCME   115,0   BCEXM   172,969
     BCEE   143,01   BCEXE   186,98
2.2. CMME   farblose Flüssigkeit (bei Raumtemperatur)
     BCME   farblose Flüssigkeit
     BCEE   farblose Flüssigkeit
     BCIE   farblose Flüssigkeit

2.3. CMME 59 °C   BCEE 176 °C
      BCME 104 °C   BCIE 187 °C
2.4. BCME −24,5 °C
2.5. keine Angaben
2.6. CMME 1,060 g/cm³ bei 20 °C
      BCME 1,328 g/cm³ bei 15 °C
      BCEE 1,213 g/cm³ bei 20 °C
2.7. Wasser: keine Angaben
      Chloralkylether sind in den meisten organischen Lösungsmitteln gut löslich. Bevorzugt sind Ethanol, Ether, Benzen und Chloroform.
2.8. Die Reaktivität von Chloralkylethern wird u. a. maßgeblich bestimmt durch Anzahl und Position der Chloratome sowie die Art der Alkylgruppen. In wäßriger Lösung erfolgt schnelle Hydrolyse. Die Halbwertszeit wird mit etwa 14 s angegeben. Die Hydrolyse erfolgt unter Bildung von Methanol, Formaldehyd und Chlorwasserstoff.
2.9. keine Angaben
2.10. keine Angaben
2.11. keine Angaben
2.12. keine Angaben
      CMME   biologisch leicht abbaubar
      BCME   keine Angaben
      BCEE   biologisch nicht leicht abbaubar
      BCIE   keine Angaben
      BCEXM keine Angaben
      BCEXE keine Angaben
2.14. CMME $k_{OH} = 3 \cdot 10^{-12}$ cm³ s⁻¹; $t_{1/2} = 5$ d
      BCME $k_{OH} = 4 \cdot 10^{-12}$ cm³ s⁻¹; $t_{1/2} = 4$ d
      sonst keine Angaben

3.   **Toxizität**
3.1. Auf der Grundlage der in US-amerikanischen Trinkwässern analysierten Konzentrationen an BCEE (0,5 µg l⁻¹), BCIE (1,58 µg l⁻¹) und BCEXE (0,03 µg l⁻¹) als Jahresmittelwerte, errechnet sich ein möglicher daily intake für Trinkwasser von:
      BCEE = 14,7 ng/kg
      BCIE = 45,1 ng/kg
      BCEXE = 0,8 ng/kg
3.2. CMME   oral   Ratte   LD 50   817 mg/kg
      BCEE   oral   Ratte   LD 50   75 mg/kg
      BCME   oral   Ratte   LD 50   210 mg/kg
             ihl   Maus   LC 50   25 mg/m³ über 6 h
      BCIE   oral   Ratte   LD 50   240 mg/kg
             ihl   Ratte   LCL 0   500 ppm
3.3. Bei inhalativer Exposition über 45 Monate wurde die niedrigste letale Konzentration bei Ratten mit 1 000 ppm BCEE ermittelt.
3.4. Epidemiologische Studien bei beruflich exponierten Personen weisen auf einen Zusammenhang zwischen BCME- und BCEE-Exposition und Krebshäufigkeit hin.

BCME	scu	Ratte	TDL0	315 mg/kg über 245 d karzinogen
CMME	scu	Maus	TDL0	312 mg/kg über 26 w karzinogen
CMME	ihl	Maus	TCL0	6 mg/kg über 101 d neoplastisch
BCME	skn	Maus	TDL0	11 g/kg über 47 w neoplastisch
	ihl	Ratte	TCL0	100 ppm über 1 a neoplastisch

3.5. keine Angaben

3.6. keine Angaben

3.7. Für BCME wurde ein durchschnittlicher Biokonzentrationsfaktor von 31 ermittelt. Geringe Bioakkumulationstendenz.

4. Grenz- und Richtwerte

4.1. MAK-Werte:
CMME   III A1 krebserzeugend (D)
BCME   III A1 krebserzeugend (D)

4.2. Grenzwerte für Bis-(chlormethyl)-ether und Chlormethyl-methylether für Trinkwasser sind infolge der außerordentlich geringen Stabilität der Stoffe in Wasser nicht festgelegt.
Ausgehend von einem möglichen Krebsrisiko für den Menschen werden von der U.S. EPA folgende Grenzwertempfehlungen für Trinkwasser gegeben:

Krebsrisiko		Grenzwert (μg:l)
BCIE	10^{-5}	11,5
	10^{-6}	1,15
	10^{-7}	0,115
BCEE	10^{-5}	0,42
	10^{-6}	0,04
	10^{-7}	0,004

4.3. keine Angaben

5. Umweltverhalten

keine Angaben

6. Abfallbeseitigung/schadlose Beseitigung/Entgiftung

keine Angaben

7. Verwendung

Chloralkylether werden in der chemischen Industrie als Lösungsmittel für Fette, Wachse und Öle (insbesondere Bis-(2-Chlorethyl)-ether), zur organischen Synthese sowie zur Herstellung von Ionenaustauschern und hochmolekularen Harzen verwendet.

Literatur

Bis-(2-chlorethyl)ether, BUA-Stoffbericht Nr. 21. Hrsg. Beratergremium für umweltrelevante Altstoffe (BUA), VCH-Verlagsgesellschaft, Weinheim 1987

Carcinogenesis Bioassay of Bis-(2-Chloro-1-methylethyl)-ether Containing 2-Chloro-1-methylethyl-(2-chlorpropyl)-ether in B6C3F Mice (Gavage Study). National Toxicology Program, Technical Report Series No. 239, 1982, National Toxicology Program, Bethesda 1982

Chlorbenzene

Chlorbenzene haben sowohl als Zwischenprodukte in der chemischen Industrie, speziell bei der Farbstoffsynthese und in der pharmazeutischen Industrie, als auch als Lösungsmittel, biocid wirksame Stoffe und Additive eine Vielzahl von Einsatzbereichen. Die jährliche Weltproduktion wird auf etwa 900 000 t geschätzt. Produktions- und anwendungsbedingte Emissionen erreichen jährlich Größenordnungen von mehr als 400 000 t. Die physikalisch-chemischen Eigenschaften werden maßgeblich vom Grad der Chlorierung der Benzenkerns bestimmt. Mit zunehmender Protonensubstitution durch Chloratome erhöhen sich Schmelz- und Siedepunkt, während Wasserlöslichkeit und Dampfdruck vom Monochlorbenzen zum Hexachlorbenzen abnehmen. Demgegenüber erhöht sich jedoch die Lipophilie. Infolge der Bindungsstärke der kovalenten Chlor-Kohlenstoff-Bindung zeigen Chlorbenzene keine Ionisierungstendenz. Die Reaktivität und damit die physikalisch-chemische und biologische Transformationstendenz sind mit zunehmendem Chlorierungsgrad vermindert. Diese Zusammenhänge, verbunden mit einer zunehmenden Lipophilie, bedingen eine verstärkte Bio- und Geoakkumulationstendenz höher chlorierter Benzene. Die akute Toxizität ist generell gering und nimmt vom Mono- zum Trichlorbenzen zu; vermindert sich jedoch wieder vom Tetra-, Penta- zum Hexachlorbenzen. Chronische Chlorbenzen-Intoxikationen manifestieren sich u. a. in Leber- und Nierenschädigungen (histologische Veränderungen und Verminderungen der Organgewichte), Veränderungen der Zellmembranpermeabilität, hämatologischen Veränderungen und Schädigungen des ZNS. Direkt verbunden mit der abnehmenden Reaktivität höher chlorierter Benzene ist die verminderte Metabolisierungstendenz. Während Mono-, Di- und Trichlorbenzen im Säugerorganismus unter Bildung von Epoxiden als reaktiven, instabilen Zwischenprodukten zu Mono- und Dichlorphenol transformiert und als Konjugate über den Urin ausgeschieden werden, kann Hexachlorbenzen nur über den Zwischenschritt einer enzymatischen Dechlorierung nachfolgend hydroxyliert und in ausscheidungsfähige Metabolite umgewandelt werden.
Hexachlorbenzen ausgenommen, ist über das Vorkommen sowie das Transport-, Verteilungs- und Transformationsverhalten in Hydro-, Pedo-, Atmosphäre und Biosphäre wenig bekannt. Der Nachweis von Mono-, Di- und Trichlorbenzen in Trinkwässern wird vorwiegend auf ihre Bildung bei der Trinkwasserchlorung zurückgeführt. Dichlorbenzen ist in Oberflächenwässern verschiedentlich bis zu Konzentrationen von 3 µg l^{-1} festgestellt. 15–100 µg/m^3 p-Dichlorbenzen sind in der Atmosphäre in Japan nachgewiesen. Hexachlorbenzen ist in der Umwelt ubiquitär (siehe unter Hexachlorbenzen). Das Umweltverhalten wird maßgeblich durch die mit dem Chlorierungsgrad verbundene Abstufung der physikalisch-chemischen Eigenschaften bestimmt. Während Monochlorbenzen infolge der relativ hohen Wasserlöslichkeit und Flüchtigkeit in und zwischen den Umweltsystemen eine hohe Mobilität zeigt und nur eine geringe Akkumulationstendenz aufweist, sind Tetra-, Penta- und insbesondere Hexachlorbenzen durch eine ausgeprägte Bio- und Geoakkumulationstendenz charakterisiert. In Abhängigkeit von den physikalisch-chemischen Eigenschaften sind die Mobilität und Reaktivität (Akkumulations- und Transformationstendenz) von Chlorbenzen-

isomeren generell zwischen den beiden Extremen Mono- und Hexachlorbenzen einzuordnen.

Chlorbenzen [108-90-7]

Die jährlichen Produktionsmengen an Chlorbenzen werden in den USA mit etwa 140 000 t angegeben. Weltweit schätzt man die produktions- und anwendungsbedingten Emissionen auf etwa 300 000 t, wobei der überwiegende Teil des Chlorbenzens über Abwasser und Abluft in die Umwelt eingetragen wird.

1. Allgemeine Informationen

1.1. Chlorbenzol [108-90-7]
1.2. Benzol, Chlor-
1.3. C_6H_5Cl

1.4. Benzolchlorid, Phenylchlorid, Benzol chloratum
1.5. chlorierte Aromaten
1.6. mindergiftig

2. Ausgewählte Eigenschaften

2.1. 112,6
2.2. farblose Flüssigkeit mit charakteristischem Geruch
2.3. 132 °C
2.4. −45 °C
2.5. 12 mbar bei 20 °C/$1,2 \cdot 10^3$ Pa
2.6. 1,1 g/cm³
2.7. Wasser: 488 mg l^{-1} bei 20 °C
gut löslich in Diethylether, Ethanol und Benzen
2.8. Chlorbenzen verbrennt unter Bildung von Chlorwasserstoff. Mit oxidierenden Stoffen erfolgt sehr heftige Umsetzung.
2.9. lg P = 2,8
2.10. H = $2,1 \cdot 10^3$
2.11. lg SC = 2,13
2.12. lg BCF = 2,25
2.13. biologisch nicht leicht abbaubar
2.14. $k_{OH} = 8 \cdot 10^{-13}$ cm³ s^{-1}; $t_{1/2}$ = 20 d

3. Toxizität

3.1. keine Informationen verfügbar
3.2. oral   Ratte   LD 50   2 910 mg/kg
ihl   Maus   LC 100   15 000 mg/m³
3.3. Chronische Intoxikationen manifestieren sich insbesondere in Leberschädigungen.

3.4. Genotoxische Wirkungen konnten nicht festgestellt werden.
3.5. Die letale Dosis für Fische liegt im Bereich zwischen 100–600 mg l^{-1}.
3.6. Chlorbenzen-Intoxikationen manifestieren sich insbesondere in Leber-, Nieren- und Lungenschädigungen. Bei dermaler Applikation werden Hautirritationen festgestellt.
3.7. geringe Bioakkumulationstendenz

4. Grenz- und Richtwerte

4.1.	MAK-Wert:	50 ml/m³ (ppm), 230 mg/m³ (BRD)
4.2.	Trinkwasser:	20 µg/l
	ADI-Wert (Wasser):	0,15 µg/kg/d
	Geruchsschwellenwert:	0,2 ppm
4.3.	TA Luft:	0,1 g/m³ bei einem Massenstrom von 2 kg/h und mehr
	Abwasserreinigungsanlagen:	1,0 mg/l
	Abfallbeseitigung nach § 2 Abs. 2 Abfallgesetz:	Lösemittel Abfallschlüssel 55 202

5. Umweltverhalten

Infolge der guten Wasserlöslichkeit und Flüchtigkeit besitzt Chlorbenzen in Hydro-, Pedo- und Atmosphäre eine hohe Mobilität. Wenig ausgeprägt sind demgegenüber die Bio- und Geoakkumulationstendenz. Die Verbindung ist vorzugsweise in Wässern nachgewiesen. Grundwässer enthalten bis zu 1,0 µg l^{-1}, Oberflächenwässer bis zu 6 µg l^{-1}, Abwässer bis zu 17 µg l^{-1} und Trinkwässer bis zu 27 µg l^{-1} Chlorbenzen. Möglicherweise wird Chlorbenzen bei der Trinkwasserchlorung gebildet. Infolge der geringen Sorptionstendenz ist ein Eindringen von Chlorbenzen in tiefere Bodenschichten, verbunden mit möglichen Grundwasserkontaminationen, nicht auszuschließen.
Neben Wasser ist die Luft als Transport- und Verteilungsprinzip für den Stoff zu beachten.
Für Wasserorganismen wurden u. a. folgende toxische Grenzkonzentrationen ermittelt:

Scenedesmus		390 mg l^{-1}
Pseudomonas		17 mg l^{-1}
Microcystis		110 mg l^{-1}
Daphnia magna	LC 0	110 mg l^{-1}
	LC 50	310 mg l^{-1}
	LC 100	390 mg l^{-1}

Auf Grund der chemischen Struktur ist in Hydro- und Pedosphäre mit einem relativ schnellen Chlorbenzenabbau zu rechnen, so daß die Verbindung nur durch eine geringfügige Persistenz charakterisiert ist.

6. **Abfallbeseitigung/schadlose Beseitigung/Entgiftung**

Chlorbenzenhaltige Abprodukte oder Rückstände sollten in einer Sonderabfallverbrennungsanlage beseitigt werden. Jede Form der Deponie oder Einleitung in Abwässer sollte bei größeren Mengen ausgeschlossen werden.

7. **Verwendung**

Verwendung als Zwischenprodukt bei der Herstellung pharmazeutischer Produkte und Kosmetika, als Lösungsmittel und zur Synthese von Phenol, Anilin und DDT.

Dichlorbenzene [25321-22-6]

Dichlorbenzen kommt in drei isomeren Formen als 1,2-, 1,3- und 1,4-Dichlorbenzen vor. Kommerzielle Bedeutung haben vorzugsweise die 1,2- und 1,4-Isomere. Die jährliche Produktionsmenge wird in den USA auf etwa 50 000 t geschätzt. Produktions- und anwendungsbedingte Emissionen in Hydro- und Atmosphäre erreichen global Größenordnungen von etwa 40 000 t 1,2-Dichlorbenzen und 80 000 t 1,4-Dichlorbenzen.

1. **Allgemeine Informationen**
1.1. Dichlorbenzen [25321-22-6]
1.2. Benzen, 1,2-Dichlor- [95-50-1]
     Benzen, 1,3-Dichlor- [541-73-1]
     Benzen, 1,4-Dichlor- [106-46-7]
1.3. $C_6H_4Cl_2$

1.4. o-Dichlorbenzen (o-DCB), m-Dichlorbenzen (m-DCB), p-Dichlorbenzen (p-DCB)
1.5. chlorierte Aromaten
1.6. 1,2-DCB: mindergiftig
     1,3-DCB: keine Angaben
     1,4-DCB: mindergiftig

2. **Ausgewählte Eigenschaften**
2.1. 147,01
2.2. 1,2-DCB und 1,3-DCB sind flüssig, 1,4-DCB ist ein kristalliner Feststoff
2.3. 1,2-DCB   179 °C
     1,3-DCB   172 °C
     1,4-DCB   174 °C
2.4. 1,2-DCB   −17,6 °C

	1,3-DCB	$-24{,}2\,°C$
	1,4-DCB	$53\,°C$
2.5.	1,2-DCB	1 mm bei $20\,°C/133{,}3$ Pa
	1,3-DCB	5 mm bei $39\,°C/6{,}66 \cdot 10^2$ Pa
	1,4-DCB	0,4 mm bei $25\,°C/53{,}3$ Pa
2.6.	1,2-DCB	$1{,}30\,g/cm^3$
	1,3-DCB	$1{,}29\,g/cm^3$
	1,4-DCB	$1{,}25\,g/cm^3$
2.7.	Wasser:	
	1,2-DCB	$145\,mg\,l^{-1}$
	1,3-DCB	$132\,mg\,l^{-1}$
	1,4-DCB	$40\,mg\,l^{-1}$

Dichlorbenzenisomere sind in allen aromatischen und halogenierten Kohlenwasserstoffen gut löslich.

2.8. vergleiche unter Chlorbenzene
2.9. lg P   1,3-DCB = 3,44
     lg P   1,4-DCB = 3,37
2.10. $H = 7{,}0 \cdot 10^2$
2.11. lg SC   1,2-DCB = 2,5; 1,3-DCB = 2,45
2.12. lg BCF   1,2-DCB = 3,55; 1,3-DCB = 3,6; 1,4-DCB = 3,6
2.13. 1,2-DCB: biologisch nicht leicht abbaubar
      1,3-DCB: biologisch nicht leicht abbaubar
      1,4-DCB: biologisch leicht abbaubar
2.14. 1,2-DCB: $k_{OH} = 4 \cdot 10^{-13}\,cm^3\,s^{-1}$; $t_{1/2} = 40\,d$
      1,3-DCB: $k_{OH} = 7 \cdot 10^{-13}\,cm^3\,s^{-1}$; $t_{1/2} = 23\,d$
      1,4-DCB: $k_{OH} = 4 \cdot 10^{-13}\,cm^3\,s^{-1}$; $t_{1/2} = 40\,d$

3. Toxizität

3.1. Geschätzte Dichlorbenzenexposition über Trinkwasser und Luft:

	Trinkwasser	
	Tägliche Aufnahme/Person	Jährliche Aufnahme
Minimal	$6 \cdot 10^{-6}$ mg	$2{,}2 \cdot 10^{-3}$ mg
Maximal	$6 \cdot 10^{-5}$ mg	$2{,}2 \cdot 10^{-2}$ mg
	Luft	
Minimal	0,0173 mg	0,63 mg
Maximal	19,55 mg	7 136 mg

3.2.	1,2-DCB	oral	Ratte	LD 50	500 mg/kg
	1,4-DCB	oral	Ratte	LD 50	500 mg/kg
		oral	Mensch	TDL 0	300 mg/kg

3.3. Chronische Intoxikationen manifestieren sich vorzugsweise in Leber-, Nieren- und ZNS-Schädigungen sowie hämolytischen Veränderungen.

3.4. Dichlorbenzen-Isomere sind im Ames-Test nicht mutagen. Zur karzinogenen Wirkung liegen keine eindeutig signifikanten Ergebnisse aus Tierexperimenten vor.

3.5. LC 50 (48–96 h) 0,1 mg^{-1} (ohne Speziesdifferenzierung)
3.6. In Organismen erfolgt eine relativ schnelle Absorption mit nachfolgender Distribution und Bindung an Leberproteine. Intoxikationen manifestieren sich u. a. in Leberschädigungen und hämolytischer Anämie. Die Leber ist metabolisierendes Organ und transformiert die Stoffe unter Bildung von Dichlorphenolen. Die Ausscheidung erfolgt in Form von Konjugaten über den Urin.
3.7. Eine ausgeprägte Bioakkumulationstendenz ist bei Fischen festgestellt.

4. Grenz- und Richtwerte

4.1. MAK-Wert:
- 1,2-DCB: 50 ml/m^3 (ppm), 300 mg/m^3 (D)
- 1,4-DCB: 75 ml/m^3 (ppm), 450 mg/m^3 (D)
- 1,2-DCB: 50 ppm (USA)
- 1,4-DCB: 75 ppm (USA)

4.2. Trinkwasser:
- 1,2-DCB: 4,4 mg/l (USA)
- 1,4-DCB: 6,2 mg/l (USA)
- 1,2-DCB: 2,0 µg/l (SU)
- 1,4-DCB: 2,0 µg/l (SU)

4.3. TA Luft:
- 1,2-DCB: 20 mg/m^3 bei einem Massenstrom von 0,1 kg/h und mehr
- 1,4-DCB: 0,1 g/m^3 bei einem Massenstrom von 2 kg/h und mehr

5. Umweltverhalten

Infolge der relativ guten Wasserlöslichkeit ist eine hohe Mobilität verbunden mit einer weniger gut ausgeprägten Geoakkumulationstendenz für Dichlorbenzenisomere zu erwarten. Ein n-Octanol/Wasser-Verteilungskoeffizient von lgP > 3 deutet jedoch bereits auf eine im Vergleich zum Chlorbenzen verstärkte Akkumulationstendenz in Biosystemen hin. Insbesondere in aquatischen Systemen ist Dichlorbenzen häufig nachweisbar. Die in Trinkwässern, Oberflächenwässern und Abwässern analysierten Konzentrationen betragen teilweise mehr als 3 µg l^{-1}. Die Bildung von Dichlorbenzen bei der Trinkwasserchlorung wird angenommen. In Japan wurden in der Atmosphäre bis zu 15 µg/m^3 1,4-DCB und in der Raumluft bis zu 100 µg/m^3 gemessen. Auf Grund der Molekülstruktur ist ähnlich wie bei Chlorbenzen nur mit einer geringen Persistenz in Umweltmedien zu rechnen. Die Stofftransformation erfolgt vorzugsweise über einen mikrobiell bedingten Metabolismus zu Chlorphenolen. Obwohl im Säugerorganismus eine enzymatisch bedingte Metabolisierung zu Chlorphenolen mit nachfolgender Ausscheidung in Form von Konjugaten bewiesen ist, wurden in menschlichen Blut- und Fettgewebsproben in Japan 1,4-DCB-Konzentrationen von mehr als 10 mg/kg festgestellt. Sowohl in der Hydrosphäre als auch Atmosphäre ist ein chemischer Abbau unter Bildung von Chlorphenolen nachgewiesen. Infolge der wenig ausgeprägten Sorptionstendenz an Sedimente und Böden sind Grundwasserkontaminationen bei massiven Immissionen nicht auszuschließen. In Grundwässern wurden teilweise bis zu 3 µg l^{-1} 1,4-DCB analysiert.

6. **Abfallbeseitigung/schadlose Beseitigung/Entgiftung**

   Dichlorbenzenhaltige Abprodukte oder Rückstände sollten in einer Sonderabfallverbrennungsanlage beseitigt werden. Ablagerung kleinerer Mengen nur auf Sonderdeponien.

7. **Verwendung**

   Dichlorbenzen wird vorwiegend als Zwischenprodukt bei der Farbstoff- und Herbizidsynthese sowie als Lösungsmittel verwendet.

Trichlorbenzene [12082-48-1]

Von den drei Trichlorbenzen-Isomeren hat lediglich das 1,2,4-Trichlorbenzen größere kommerzielle Bedeutung. Bei der Nutzung nachfolgender Daten ist allerdings zu beachten, daß sich eine Reihe von Ergebnissen auf Untersuchungen bzw. Tests mit den Isomerengemischen gründen.

1. **Allgemeine Informationen**

1.1. 1,2,4-Trichlorbenzen [120-82-1]
1.2. Benzen, 1,2,4-Trichlor-
1.3. C$_6$H$_3$Cl$_3$

1.4. keine Angaben
1.5. chlorierte aromatische Kohlenwasserstoffe (Chlorbenzene)
1.6. keine Angaben

2. **Ausgewählte Eigenschaften**

2.1. 181,45
2.2. farbloser, kristalliner Feststoff
2.3. 213 °C (218 °C, 1,2,3-Trichlorbenzol; 208 °C 1,3,5-Trichlorbenzol)
2.4. 17 °C (63 °C, 1,3,5-Trichlorbenzol)
2.5. kleiner 133,3 Pa bei 20 °C
2.6. 1,446 g/cm^3 bei 26 °C
2.7. Wasser: etwa 30 mg l^{-1} bei 20 °C
2.8. In wäßrig-acetonischer Lösung oder methanolischer Lösung erfolgt photolytische Isomerisierung, reduktive Dechlorierung oder/und Bildung chlorierter Biphenyle. Als Transformationsprodukte sind u. a. Dichlorbenzen, Hexa- und Pentachlorbiphenyl-Isomere nachgewiesen.

2.9. lg P = 4,11 (1,2,3-Trichlorbenzen) [87-61-6]
lg P = 3,9 (1,2,4-Trichlorbenzen) [120-82-1]
lg P = 4,2 (1,3,5-Trichlorbenzen) [108-70-3]
2.10. H = $4,4 \cdot 10^3$
2.11. lg SC = 2,9/3,1 (1,2,4-Trichlorbenzen)
2.12. lg BCF = 3,1/3,4 (1,2,3-Trichlorbenzen)
lg BCF = 3,1/3,5 (1,2,4-Trichlorbenzen)
lg BCF = 3,3/3,6 (1,3,5-Trichlorbenzen)
2.13. biologisch nicht leicht abbaubar
2.14. $k_{OH} = 5 \cdot 10^{-13}\,cm^3\,s^{-1}$; $t_{1/2} = 32\,d$

3. Toxizität

3.1. keine Angaben
3.2. oral Ratte LD 50 750 mg/kg
oral Maus LD 50 750 mg/kg
ihl Ratte LC 50 $4,1\,mg\,l^{-1}$ über 4 h
Im subkutanen Experiment verursachen 150–220 mg/m³ bei Säugern Leberschädigungen.
3.3. keine Angaben
3.4. keine Angaben
3.5. ip Regenbogenforelle LD 50 $8,9\,mg\,l^{-1}$ (1,2,3-TCB)
$9,7\,mg\,l^{-1}$ (1,2,4-TCB)
$30,1\,mg\,l^{-1}$ (1,3,5-TCB)
Bluegill $LC\,50_{24\,h}$ $34\,mg\,l^{-1}$ (1,2,3-TCB)
Guppi $LC\,50_{14\,d}$ $77\,mg\,l^{-1}$ (1,2,3-TCB)
$75\,mg\,l^{-1}$ (1,2,4-TCB)
$55\,mg\,l^{-1}$ (1,3,5-TCB)
3.6. Die Resorption und Distribution von Trichlorbenzen erfolgt auf Grund der Verteilungskoeffizienten relativ schnell. Die Akkumulation in lipoidreichen Organstrukturen und Geweben erreicht Werte zwischen 1 200 ± 250 und 4 100 ± 690. Den Mono- und Dichlorbenzen-Isomeren vergleichbar wird Trichlorbenzen über intermediäre Epoxidbildung zu phenolischen Körpern metabolisiert und nach Konjugatbildung ausgeschieden. Schädigungen des ZNS weisen auf die Passage der Blut-Hirn-Schranke hin. Akute und chronische Intoxikationen manifestieren sich darüber hinaus in Leber- und Nierenschädigungen.
3.7. Trichlorbenzen-Isomere sind durch eine mittlere Biokonzentrationstendenz charakterisiert.

4. Grenz- und Richtwerte

4.1. MAK-Wert: 5 ml/m³ (ppm), 40 mg/m³ (D)
36 mg/m³ (USA)
10 mg/m³ (SU)
4.2. Trinkwasser: 0,02 mg/l (SU)
Geruchsschwellenwert: 5 µg/l
4.3. keine Angaben

5. Umweltverhalten

Das Verhalten von Trichlorbenzen-Isomeren in biotischen und abiotischen Umweltstrukturen ist durch die im Vergleich zu Dichlorbenzen weiter verminderte Wasserlöslichkeit und Flüchtigkeit und erhöhte Bio- und Geoakkumulationstendenz und Toxizität, insbesondere gegenüber aquatischen Organismen geprägt. Die damit verbundene Verminderung der Stoffmobilität zwischen Hydro- und Atmosphäre sowie Pedo- und Atmosphäre ist Ursache für den bevorzugten Stoffnachweis in Wasser, Boden und Sediment bzw. Biosystemen. Bei massiven Verunreinigungen können Bodenmigrationen nicht ausgeschlossen werden. Trichlorbenzen gehört zu den bei der Trinkwasserchlorung gebildeten aromatischen Chlorverbindungen. Die photolytische Isomerisierung und die Bildung chlorierter Biphenyl-Isomere müssen als umweltrelevante Reaktionen betrachtet werden.

6. Abfallbeseitigung/schadlose Beseitigung/Entgiftung

Die Ablagerung von Rückständen oder Abprodukten sollte auf einer Schadstoffdeponie in geeigneter Form erfolgen. Bei der Verbrennung von Rückständen muß die Möglichkeit der Bildung anderer chlorierter aromatischer Verbindungen in Betracht gezogen werden.

7. Verwendung

1,2,4-Trichlorbenzen wird u. a. als Lösungsmittel, Dielektrikum und als Zwischenprodukt in der chemischen Industrie verwendet.

Literatur

1,2,4-Trichlorbenzol, BUA-Stoffbericht Nr. 16. 1,3,5-Trichlorbenzol, BUA-Stoffbericht Nr. 17. Hrsg. Beratergremium für umweltrelevante Altstoffe (BUA). VCH Verlagsgesellschaft, Weinheim 1988 und 1987
WHO, Report on a WHO Working Group, Toxicological Appraisal of Halogenated Aromatic Compounds Following Groundwater Pollution. WHO, Copenhagen 1980

Tetrachlorbenzene [12408-10-5]

Von den drei Tetrachlorbenzen-Isomeren hat lediglich das 1,2,4,5-Tetrachlorbenzen als Zwischenprodukt der 2,4,5-Trichlorphenol-Synthese Bedeutung.

1. Allgemeine Informationen

1.1. 1,2,4,5-Tetrachlorbenzen [95-94-3]
1.2. Benzen, 1,2,4,5-Tetrachlor-
1.3. $C_6H_2Cl_4$

1.4. keine Angaben
1.5. chlorierte aromatische Kohlenwasserstoffe (Chlorbenzene)
1.6. keine Angaben

2. **Ausgewählte Eigenschaften**
2.1. 215,895
2.2. kristalliner Feststoff
2.3. 254 °C (1,2,3,4-TCB); 246 °C (1,2,3,5-TCB); 243–246 °C (1,2,4,5-TCB)
2.4. 47,5 °C (1,2,3,4-TCB); 51 °C (1,2,3,5-TCB); 139 °C (1,2,4,5-TCB)
2.5. <1 mm Hg bei 20 °C/<133,3 Pa
2.6. 1,734 g/cm^3 bei 10 °C
2.7. Wasser: keine Angaben
löslich in Ethanol und Benzen
2.8. In einem Gemisch aus Acetonitril und Wasser erfolgt hydrolytische Zersetzung, reduktive Dechlorierung unter Bildung von 1,2,4-Trichlorbenzen, 1,3-Dichlorbenzen, 1,4-Dichlorbenzen, 2,4,5-Trichloracetophenon und 2,4,5-Trichlorphenylacetonitril. In Gegenwart von Chloratomen kommt es zur Bildung von Pentachlorbenzen. Ebenso wie die reduktive Dechlorierung erfolgt die Bildung von chlorierten Biphenyl-Isomeren wie Hepta-, Hexa- und Pentachlorbiphenyl über radikalische intermediäre Zwischenprodukte wie Polychlorphenylradikale.
2.9. lg P = 4,46   (1,2,3,4-Tetrachlorbenzen) [634-66-2]
lg P = 4,5   (1,2,3,5-Tetrachlorbenzen) [634-90-2]
lg P = 4,5   (1,2,4,5-Tetrachlorbenzen) [95-94-3]
2.10. H keine Angaben
2.11. lg SC = 3,4/3,6   (1,2,4,5-Tetrachlorbenzen)
2.12. lg BCF = 3,7/4,1   (1,2,4,5-Tetrachlorbenzen)
lg BCF = 3,7/4,1   (1,2,3,4-Tetrachlorbenzen)
2.13. biologisch nicht leicht abbaubar
2.14. keine Angaben

3. **Toxizität**
3.1. keine Angaben
3.2. oral   Ratte ♂ LD 50   1 186–1 819 mg/kg (1,2,3,4-TCB)
                       LD 50   2 498–3 915 mg/kg (1,2,4,5-TCB)
                       LD 50   1 854–2 828 mg/kg (1,2,3,5-TCB)
       oral   Ratte ♀ LD 50   934–1 448 mg/kg (1,2,3,4-TCB)
                       LD 50   1 396–2 143 mg/kg (1,2,3,5-TCB)
                       LD 50   größer 2 700 mg/kg (1,2,4,5-TCB)
Im subakuten Experiment mit Ratten werden bei 500 ppm Aktivitätsveränderungen verschiedener Leberenzyme (Anilinhydroxylase, Aminopyrin, Demethylase) festgestellt. Unabhängig von der Position der Chloratome in den Isomeren sind histologische Veränderungen der Leber, Schilddrüse, Niere und Lunge nachgewiesen.
3.3. Im subchronischen Experiment werden die dem subakuten Experiment vergleichbaren Wirkungen festgestellt. 1,2,4,5-Tetrachlorbenzen akkumuliert dosisabhängig in der Leber und im Fettgewebe. Im chronischen Ex-

periment bei kontinuierlicher Verfütterung von 0,005 mg/kg/d sind hämatologische Abnormalitäten sowie Leber- und ZNS-Schädigungen nachweisbar. Tetrachlorbenzen-Isomere induzieren mikrosomale Leberenzyme, insbesondere Cytochrom P-450.

3.4. keine Angaben

3.5. Regenbogenforelle LD 50   4,9 mg l^{-1} (1,2,3,4-TCB)
  7,8 mg l^{-1} (1,2,3,5-TCB)
  23,4 mg l^{-1} (1,2,4,5-TCB)
  Bluegill   LC $50_{24\,h}$ 33 mg l^{-1} (1,2,3,5-TCB)
  134 mg l^{-1} (1,2,4,5-TCB)
  Guppi   LC $50_{14\,d}$ 269 mg l^{-1} (1,2,3,4-TCB)
  269 mg l^{-1} (1,2,3,5-TCB)
  707 mg l^{-1} (1,2,4,5-TCB)

3.6. 1,2,4,5-Tetrachlorbenzen wird im Vergleich zu den anderen Isomeren schneller resorbiert und im Organismus verteilt. Bei Applikation von 10 mg/kg an Ratten finden sich nach 7 d im Fettgewebe 411 ppm, in der Leber etwa 20 ppm, im Hautgewebe bis zu 40 ppm, in der Niere 20 ppm und im Gehirn etwa 10 ppm. Demgegenüber werden 1,2,3,4-TCB und 1,2,3,5-TCB wesentlich schneller vom Organismus ausgeschieden (etwa 46–50 % der verabreichten Menge innerhalb von 48 h). Bei 1,2,4,5-TCB erreicht die Ausscheidungsrate nur 21 %. Die Exkretion verschiedener Metaboliten erfolgt über den Urin. Die metabolische Transformation unter Bildung von 2,3,4,5- und 2,3,4,6-Tetrachlorphenol, 2,3,4-Trichlorphenol und Tetrachlorthiophenol ist für 1,2,3,4-TCB nachgewiesen. 1,2,4,5-TCB wird unter Bildung von 2,3,5,6-Tetrachlorphenol, Tetrachlorchinol und Trichlorphenol metabolisiert. Als metabolische intermediäre Zwischenstufe wird mit großer Wahrscheinlichkeit das jeweilige Epoxid gebildet.

3.7. In Fischen sind Biokonzentrationsfaktoren bis zu $1,2 \cdot 10^4$ festgestellt.

4. Grenz- und Richtwerte

keine Angaben

5. Umweltverhalten

Das Verhalten von Tetrachlorbenzen-Isomeren in biotischen und abiotischen Strukturen der Umwelt wird durch die im Vergleich zu Trichlorbenzen-Isomeren weiter verminderte Wasserlöslichkeit und Flüchtigkeit, die erhöhte Bio- und Geoakkumulationstendenz und die insbesondere gegenüber aquatischen Organismen ausgeprägte Toxizität bestimmt. Böden und Sedimente können infolge der hohen Sorptionstendenz entsprechende Stoffdepots ausbilden. Insbesondere die hohen Akkumulationsraten in aquatischen Organismen stellen ein permanentes Gefährdungsmoment dar. Die Stoffmobilität ist im Vergleich zu Trichlorbenzen-Isomeren weiter vermindert. Ebenso wie für Trichlorbenzene ist ein photolytischer Stoffabbau unter Bildung verschieden chlorierter Biphenyl-Isomere oder reduktiver Dechlorierung zu erwarten. Ein mikrobiologisch-enzymatischer Stoffabbau unter Bildung entsprechender Chlorphenolkörper erscheint möglich. In Hydro- und Pedosphäre ist eine mittlere Persistenz zu erwarten.

6. Abfallbeseitigung/schadlose Beseitigung/Entgiftung

Die Ablagerung von Rückständen oder Abprodukten sollte auf einer Schadstoffdeponie in geeigneter Weise erfolgen. Bei der Verbrennung von Rückständen muß die Möglichkeit der Bildung von Chlorbiphenyl-Isomeren erwogen werden.

7. Verwendung

Zwischenprodukt bei der Herstellung von 2,4,5-Trichlorphenol.

Literatur

WHO, Report on a WHO Working Group, Toxicological Appraisal of Halogenated Aromatic Compounds Following Groundwater Pollution. WHO, Copenhagen 1980
Chu, I., et al.: Comparative Toxicity and Metabolism of Tetrachlorobenzene Isomeres. In: L. L. E. Kaiser (Ed.): QSAR in Environmental Toxicology, D. Reidel Publ. Comp., 1984, pp. 17–37
Chu, I., et al.: Metabolism of 1,2,3,4-, 1,2,3,5-, and 1,2,4,5-Tetrachlorobenzene in the Rat. J. Toxicol. Environm. Hlth. **13** (1984): 777–786
Kaiser, K. L. E., et al.: QSAR Studies on Chlorophenols, Chlorobenzens and para-substituted Phenols. In: K. L. E. Kaiser (Ed.): QSAR in Environmental Toxicology. D. Reidel Publ. Comp., 1984, pp. 189–206

Hexachlorbenzen [118-74-1]

Die Herstellung von Hexachlorbenzen erfolgt entweder durch Chlorierung von Benzen (Chlorüberschuß) in Anwesenheit von Eisen-(II)-chlorid bei 150–200 °C oder durch Dehydrierung von Hexachlorcyclohexan. Darüber hinaus wird die Verbindung als Nebenprodukt bzw. Verunreinigung bei einer Reihe organischer Synthesen, insbesondere bei der Herstellung von Tetrachlormethan, Tetrachlorethen, Trichlorethen, Dichlorethen sowie von Simazin, Atrazin, Propazin, Mirex und Pentachlornitrobenzol gebildet (vergleiche Produktionsmengen dieser Stoffe). Das Herbizid Dacthal (Dimethyltetrachlorterephthalat) enthält beispielsweise zwischen 10 % und 14 % und PCNB (Pentachlornitrobenzen) zwischen 1 % und 6 % Hexachlorbenzen. Bezogen auf die 1972 produzierten Stoffmengen wurden folgende Mengenanteile Hexachlorbenzen als Nebenprodukt bzw. Verunreinigung gebildet:

Produktion von	Hexachlorbenzen in t
Tetrachlorethen	800–1 600
Trichlorethen	104–203
Tetrachlormethan	90–181
Chlor	90–176
Dacthal	36–45
Vinylchlorid	12
Atrazin, Propazin, Simazin	2–4
PCNB	1–3
Mirex	0,5–0,9

Technisches Hexachlorbenzen enthält u. a. folgende öko- und humantoxikologisch relevante Verunreinigungen:
Hepta- und Octachlordibenzofuran
Octachlordibenzo-p-dioxin
Octa-, Nona- und Decachlorbiphenyl
Hexachlorcyclopentadien
Pentachlorjodbenzen

1. **Allgemeine Informationen**
1.1. Hexachlorbenzen [118-74-1]
1.2. Benzen, Hexachlor-
1.3. C_6Cl_6

1.4. HCB, Perchlorbenzen
1.5. chlorierte aromatische Kohlenwasserstoffe (Chlorbenzole)
1.6. keine Angaben
Die Verwendung von Hexachlorbenzen als Pflanzenschutzmittel ist in der Bundesrepublik Deutschland verboten.

2. **Ausgewählte Eigenschaften**
2.1. 284,8
2.2. weiße, nadelförmige Kristalle
2.3. Sublimation bei 322 °C
2.4. 230 °C
2.5. $1,089 \cdot 10^{-5}$ mm bei 20 °C/$1,45 \cdot 10^{-3}$ Pa
2.6. keine Angaben
2.7. Wasser: etwa 5 µg l^{-1} (vergleichbar der Löslichkeit von p,p'-DDT). Begrenzt löslich in kaltem Ethylalkohol, gut löslich in Benzen, Chloroform, Diethylether und siedendem Ethylalkohol.
2.8. Hexachlorbenzen ist gegenüber physikalisch-chemischen und biochemischen Reaktionen stabil. In Hexan erfolgt schnelle Photolyse unter Bildung von Penta- und Tetrachlorbenzen.
2.9. lg P   = 6,44
2.10. H   = $4,5 \cdot 10^2$
2.11. lg SC = 5,1
2.12. lg BCF = 5,5–6,1
2.13. biologisch nicht leicht abbaubar
2.14. keine Angaben

3. **Toxizität**
3.1. Trotz des ubiquitären Vorkommens von Hexachlorbenzen sind keine Informationen zu umweltrelevanten Expositionen verfügbar.

3.2. oral   Ratte   LD 50   3 500 mg/kg
     oral   Katze   LD 50   1 700 mg/kg
     oral   Kaninchen   LD 50   2 600 mg/kg
3.3. Technisches Hexachlorbenzen: Ratte LD 50 500 mg/kg über 4 Monate Fütterungsversuche über 90 d an Schweinen mit 0,05–50 mg/kg/d führten bei Dosen von 50 mg/kg/d zum Tod der Versuchstiere. Bei 5 mg/kg/d wurden Veränderungen der Aktivität von Leberenzymen festgestellt.
3.4. Hexachlorbenzen ist im Tierexperiment karzinogen (Maus und Hamster), teratogen und wirkt fetotoxisch. Eine mutagene Wirkung konnte bislang mittels verschiedener Testsysteme nicht nachgewiesen werden. Eine Verstärkung der karzinogenen Wirkung polychlorierter Terphenyle durch HCB wurde beobachtet. Ergebnisse epidemiologischer Studien liegen nicht vor.
3.5. Die maximal unwirksame Konzentration wird für Fische mit etwa 500 µg l^{-1} angegeben.
3.6. Hexachlorbenzen wird relativ schnell resorbiert (hauptsächlich über das lymphatische System) und in lipoidreichen Organstrukturen gespeichert (innerhalb von 48 h). Im Warmblüterorganismus erfolgt langsamer Metabolismus unter Bildung von Pentachlorphenol, Tetrachlorhydrochinon, Pentachlorthiophenol sowie weiteren niedriger chlorierten Phenolen und Benzen. Der Exkretion über Faeces überwiegt die Urinausscheidungsrate. Im Urin wurden insbesondere Tetrachlorbenzen, Pentachlorbenzen, 2,4,5-, 2,4,6-Trichlorphenol, 2,3,4,6- und 2,3,5,6-Tetrachlorphenol als Metabolite analysiert.
3.7. Auf Grund seiner Lipophilie hat Hexachlorbenzen ein relativ hohes Biokonzentrationspotential. Durchschnittliche Konzentrierungsfaktoren in Biosystemen von 8 000–9 000 wurden festgestellt.

4. Grenz- und Richtwerte

4.1. keine Angaben
4.2. Trinkwasser: 0,01 µg l^{-1} (WHO)
     Unter Beachtung eines möglichen karzinogenen Risikos bei Hexachlorbenzen-Expositionen werden von der U.S. EPA folgende Trinkwassergrenzwerte vorgeschlagen:

Krebsrisiko	Grenzwert (µg l^{-1})
10^{-7}	0,007
10^{-6}	0,07
10^{-5}	0,7

4.3. keine Angaben

5. Umweltverhalten

Hexachlorbenzen ist in Umweltstrukturen ubiquitär. Gegenüber physikalisch-chemischen und biologischen Stofftransformationen ist die Verbindung stabil. Allerdings ist die Stoffwandlung in Biosystemen unter Bildung niedriger chlorierter Benzene und phenolischer Derivate (auch in Form von Konjugaten) fesgestellt. Die geringe Wasserlöslichkeit verbunden mit guter Lipophilie und die geringe Flüchtigkeit charakterisieren die Mobilität der Verbindung in und zwischen den Umweltkompartimenten. Hexachlorbenzen besitzt ein relativ hohes Bio- und Geoakkumulationspotential. Infolge der großen Sorptionstendenz in Böden sind Grundwasserkontaminationen nur bei massiven Verunreinigungen verbunden mit ungünstigen Bodenverhältnissen zu erwarten. In den Strukturen von Hydro-, Pedo-, Atmo- und Biosphäre wurden u. a. folgende Hexachlorbenzen-Konzentrationen analysiert:

Oberflächenwasser:	0,003–90 µg l^{-1}
Trinkwasser:	bis zu 2,8 µg l^{-1}
Regenwasser:	bis zu 0,3 µg l^{-1}
Böden:	0,002–167 mg/kg
Gewässersedimente:	bis zu 8,6 µg/kg
Nahrungsmittel:	0,006–16 mg/kg

6. Abfallbeseitigung/schadlose Beseitigung/Entgiftung

Die Ablagerung kleinerer Mengen Hexachlorbenzen bzw. entsprechender Abprodukte kann auf einer ausgewiesenen Schadstoffdeponie erfolgen. Die Verbrennung HCB-haltiger Abprodukte oder Rückstände ist zu vermeiden, da bei dem Verbrennungsprozeß weitere chlorierte, umweltrelevante Stoffe gebildet werden können.

7. Verwendung

Hexachlorbenzen wird vorzugsweise verwendet als
- Fungizid bei der Saatgutbehandlung
- Holzschutzmittel
- Zusatz für pyrotechnische Erzeugnisse
- Fließmittelzusatz bei der Aluminiumherstellung
- Zusatzstoff bei der PVC-Herstellung
- Zusatzstoff bei der Herstellung von Gummi und Isoliermaterialien sowie bei der Herstellung von Graphitelektroden (Chloralkali-Elektrolyse).

Literatur

IARC Monographs on the Evaluation of the Carcinogenic Risk of Chemicals to Humans. Vol. 20, 1979. Some Halogenated Hydrocarbons. IARC, Lyon, October 1979

Chlordibenzofurane und -dioxine

Die Verbindungen beider Stoffgruppen gehören zur Klasse der tricyclischen Verbindungen. Sie werden nicht gezielt synthetisiert und kommen natürlicherweise nicht vor. Chlordibenzodioxine umfassen 75 Isomere und Chlordibenzofurane 135 Isomere. Maßgebliche Eintragsquellen für PCDD/PCDF in die Umwelt sind die Herstellung und Anwendung kontaminierter Chemikalien und Produkte wie PCB, Chlorphenole, Chlorbenzene, Hexachlorophen, Pentachlorphenol u. a., Verbrennungsprozesse in der Technosphäre (industrielle Abprodukte, Energieträger, Abwasserschlämme, Krankenhausabfälle) und im kommunalen Bereich sowie die Deponie PCDD- und PCDF-haltiger Abfälle. Aussagen zur Bedeutung einzelner Eintragsquellen sowie eine Quantifizierung der Gesamtexposition von Umweltkompartimenten und des Menschen sind gegenwärtig nicht möglich. PCDD und PCDF können jedoch als ubiquitäre Chemikalien charakterisiert werden. Der background level der Atmosphäre für 2,3,7,8-TCDD bis Hexa-CDD und -CDF liegt im Fentogramm-Bereich, für Böden und Sediment zwischen 1–100 ng/kg. Trinkwässer enthalten weniger als 1 pg/l. Aussagen zum back-ground terrestrischer Organismen und von Nahrungsmitteln sind gegenwärtig nicht möglich. In Fischen werden zwischen 1–50 ng/kg 2,3,7,8-TCDD bis Hexa-CDD und -CDF nachgewiesen. Obwohl eine Quantifizierung der Exposition der Bevölkerung nicht möglich ist, wird eingeschätzt, daß Lebensmittel die maßgebliche Expositionsquelle sind. Luft und Trinkwasser sind von untergeordneter Bedeutung. Im Tierexperiment erfolgt eine 30–50%ige Resorption oral aufgenommener PCDD/PCDF. Die Eliminierungshalbwertzeiten betragen zwischen 12–94 Tagen, bei Rhesusaffen bis zu einem Jahr. Die PCDD/PCDF Akkumulation erfolgt vorzugsweise im Fettgewebe, der Leber, im Muskelgewebe und der Haut. Nachgewiesene 2,3,7,8-TCDD Metabolite sind grundsätzlich von geringerer Toxizität als die Ausgangsverbindung. Bislang nachgewiesene toxische Effekte sind spezies-, alters- und geschlechtsabhängig. Das komplette, derzeit bekannte Wirkungsspektrum ist nicht bei jeder Versuchstierspezies feststellbar. Gewichtsverluste, Thymusatrophie, Wirkungen auf das Immunsystem, Hepatotoxizität, reproduktive Effekte, Teratogenität, Karzinogenität sowie dermale Toxizität sind maßgebliche Effekte entsprechender Intoxikationen. Chlorakne ist das charakteristischste und am häufigsten feststellbare Wirkungssymptom beim Menschen. Neben 2,3,7,8-TCDD werden 12 weitere Isomere als hoch toxisch bewertet. Dabei handelt es sich um Isomere der kongeneren Gruppen von Tetra-, Penta-, Hexa- und Heptachlordibenzodioxin und -dibenzofuran. Die teilweise erheblichen Unterschiede in der Toxizität der Isomere sind gegenwärtig nicht erklärbar. Ergebnisse epidemiologischer Studien zu Zusammenhängen zwischen PCDD/PCDF-Expositionen und Krebsinzidenz sind nicht signifikant. Rückschlüsse auf die für den Menschen toxischen Dosen sind lediglich für PCDF bei YUSHO- und YU-CHENG-Patienten möglich. Der Gesamtintake betrug bei diesen Intoxikationen 3,3–3,8 mg/Person; für 2,3,7,8-TCDF 400–500 µg/Person.
Die in Chlorphenolen und PCB am häufigsten identifizierten Isomere sind in Abb. 4a–c zusammengestellt.

Von besonderer öko- und humantoxikologischer Relevanz sind nachfolgende PCDD/PCDF-Isomere:

2,3,7,8-Tetrachlordibenzo-p-dioxin [1746-01-6]
1,2,3,6,7,8-Hexachlordibenzo-p-dioxin [57654-85-7]
1,2,3,7,8-Pentachlordibenzo-p-dioxin [40321-76-4]
1,2,3,7,8,9-Hexachlordibenzo-p-dioxin [19408-74-3]
2,3,7,8-Tetrachlordibenzofuran [51207-31-9]
1,2,3,7,8-Pentachlordibenzofuran [57117-41-6]
2,3,4,7,8-Pentachlordibenzofuran [57117-31-4]

Für 2,3,7,8-Tetrachlordibenzo-p-dioxin, im allgemeinen Sprachgebrauch als das „Dioxin" bezeichnet, liegen die meisten Informationen vor. Deshalb wird es im nachfolgenden Datenprofil als Indikatorsubstanz der Stoffgruppe der Chlordibenzo-p-dioxine dargestellt.

Die für chlorierte Dibenzo-p-dioxine und Dibenzofurane ermittelten Verteilungskoeffizienten n-Octanol/Wasser weisen auf hohe Lipophilie verbunden mit schneller Resorption und Distribution in Organismen sowie hohe Sorptions- und Bioakkumulationstendenz hin. Verteilungskoeffizienten von:

lg P = 7,47   1,2,4-Trichlordibenzo-p-dioxin
lg P = 8,22   1,2,3,7-Tetrachlordibenzo-p-dioxin
lg P = 8,72   1,3,6,8-Tetrachlordibenzo-p-dioxin
lg P = 5,65   2,8-Dichlordibenzofuran

sind den für polychlorierte Biphenyle und p,p'-DDT bestimmten Werten vergleichbar.

1,2,4,6,8-Penta-CDF   1,2,3,4,6,8-Hexa-CDF   1,2,3,4,6,7,8-Hepta-CDF

1,2,4,6,7,8-Hexa-CDF   1,2,3,4,6,8,9-Hepta-CDF

1,2,4,6,8,9-Hexa-CDF

a

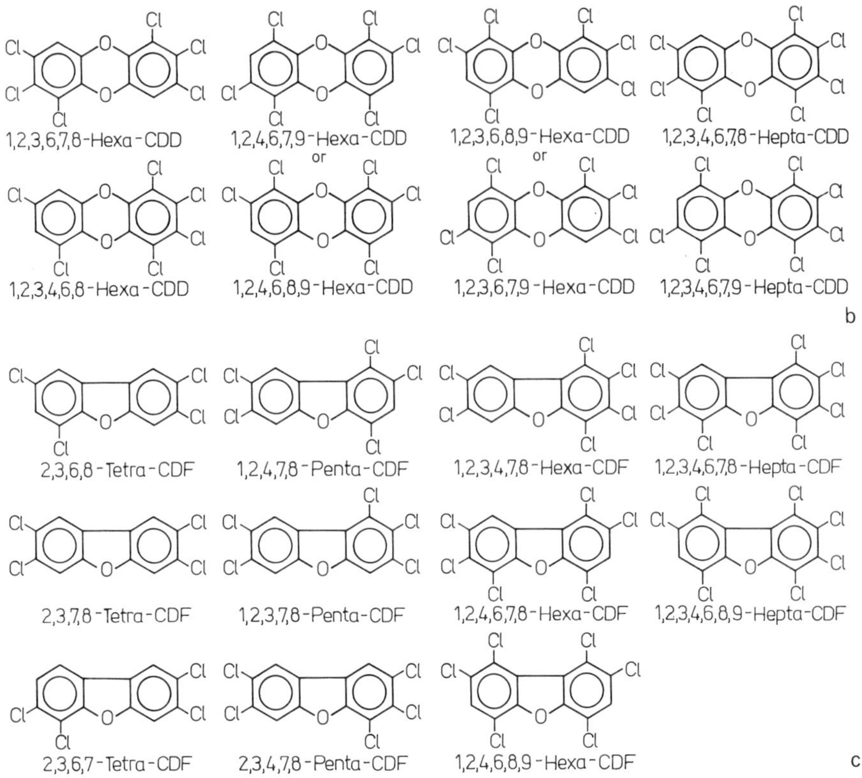

1,2,3,6,7,8-Hexa-CDD   1,2,4,6,7,9-Hexa-CDD   1,2,3,6,8,9-Hexa-CDD   1,2,3,4,6,7,8-Hepta-CDD
                        or   or
1,2,3,4,6,8-Hexa-CDD   1,2,4,6,8,9-Hexa-CDD   1,2,3,6,7,9-Hexa-CDD   1,2,3,4,6,7,9-Hepta-CDD

b

2,3,6,8-Tetra-CDF   1,2,4,7,8-Penta-CDF   1,2,3,4,7,8-Hexa-CDF   1,2,3,4,6,7,8-Hepta-CDF

2,3,7,8-Tetra-CDF   1,2,3,7,8-Penta-CDF   1,2,4,6,7,8-Hexa-CDF   1,2,3,4,6,8,9-Hepta-CDF

2,3,6,7-Tetra-CDF   2,3,4,7,8-Penta-CDF   1,2,4,6,8,9-Hexa-CDF

c

Abb. 4 Auswahl der in polychlorierten Biphenylen und Chlorphenolen am häufigsten identifizierten polychlorierten Dibenzofurane und Dioxine
a) Polychlorierte Dibenzofurane in Chlorphenolen identifiziert.
b) Polychlorierte Dibenzo-p-dioxine in Chlorphenolen identifiziert
c) Polychlorierte Dibenzofurane in polychlorierten Biphenylen identifiziert

2,3,7,8-Tetrachlordibenzo-p-dioxin [1746-01-6]

1. Allgemeine Informationen

1.1. Dioxin
1.2. Dibenzo[b,e][1,4]dioxin, 2,3,7,8-Tetrachlor-
1.3. $C_{12}H_4O_2Cl_4$

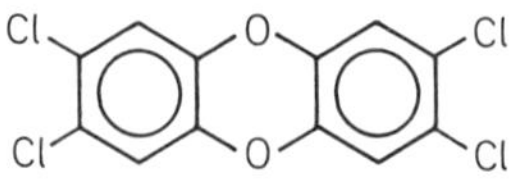

1.4. 2,3,7,8-TCDD, TCDD
1.5. chlorierte tricyclische Verbindungen

1.6. sehr giftig
Wer mit Stoffen, Zubereitungen oder Erzeugnissen umgeht, die insgesamt mehr als 0,1 mg/kg (ppm) PCDD und/oder PCDF oder mehr als 0,01 mg/kg 2,3,7,8-TCDD enthalten, muß dies gemäß Anhang III der Gefahrstoff-Verordnung der zuständigen Behörde anzeigen.

2. Ausgewählte Eigenschaften

2.1. 322,0
2.2. kristalliner Feststoff
2.3. keine Angaben
2.4. 305–306 °C
2.5. keine Angaben
2.6. keine Angaben
2.7. Wasser: $0,2 \cdot 10^{-7}$ g/100 g (0,2 ppb); $0,2 \mu g\ l^{-1}$
Benzen: 0,57 g/100 g
Aceton: 0,11 g/100 g
n-Octanol: 0,048 g/100 g
Chloroform: 0,37 g/100 g
2.8. TCDD ist thermisch stabil und zersetzt sich erst bei Temperaturen über 750 °C. Substitutionsreaktionen unter Bildung von Octachlordibenzo-p-dioxin und photochemische Dechlorierungsreaktionen sind nachgewiesen. Trotz seiner extremen Toxizität ist TCDD bezüglich Stabilität und Reaktivität wenig untersucht.
2.9. lg P   = 7,1 (berechnet)
2.10. H   = $7 \cdot 10^{-5}$
2.11. lg SC = 7,5 (berechnet)
2.12. lg BCF = 7,24 (berechnet)
2.13. keine Angaben
2.14. keine Angaben

3. Toxizität

3.1. keine Angaben
3.2. TCDD   oral   Meerschwein LD 50   0,6–2,2 µg/kg
             oral   Ratte   LD 50   etwa 120,0 µg/kg
             oral   Maus   LD 50   etwa 120 µg/kg
             dermal   Kaninchen   LD 50   etwa 270 µg/kg
      TCDF   oral   Meerschwein LD 50   5–10 µg/kg

Akut toxische Wirkkonzentrationen von Tetrachlor- bis Hexachlorbenzo-p-dioxin-Isomere und für Tetrachlor- bzw. Pentachlordibenzofuran-Isomere liegen im Bereich von 1–100 µg/kg. Die Toxizität ist maßgeblich abhängig von Anzahl und Position der Chloratome.
Im subakuten Test werden bei Ratten bei einmaliger Gabe von 0,1 µg/kg TCDD Vergrößerungen der Leber festgestellt. Tägliche Gaben von 10 µg/kg verursachen nach 2–4 d den Tod der Versuchstiere. 0,1 µg/kg 5 Tage pro Woche über 13 Wochen oral verabreicht, führen bei Ratten zu Gewichtsverlusten, Leberveränderungen, Erhöhung der alkalischen

Phosphatase, morphologisch feststellbarer funktioneller Veränderungen des reproduktiven Systems und zu einer erhöhten Ausscheidung von δ-Aminolävulinsäure und Bilirubin im Urin. Bei Kaninchen führt eine einmalige Verabreichung von 1 µg/kg oral zu Leberschädigungen und Chlorakne.

3.3. Chronische Intoxikationen manifestieren sich vorzugsweise in Leberschädigungen, Schäden des ZNS, Veränderungen von Enzymakivitäten (Enzymhemmwirkung) und in Schädigungen der Haut (Chlorakne).
3.4. TCDD besitzt eine hohe teratogene Aktivität. Bei Mäusen wurde ein no effect level der teratogenen Wirkung von 0,1 µg/kg, bei Ratten von 0,03 µq/kg ermittelt. Im mikrobiologischen Kurzzeittest (Ames-Test) ist die Verbindung mutagen aktiv. Hexachlordibenzo-p-dioxin verursacht bei chronischer Exposition über die Nahrung bei Ratten und Mäusen Lebertumoren. Octachlordibenzo-p-dioxin ist im Ames-Test nicht mutagen. Zur Karzinogenität liegen keine Informationen vor.
3.5. keine Angaben
3.6. Chlordibenzofurane und Chlordibenzo-p-dioxine werden relativ schnell resorbiert. Für TCDD wurde eine biologische Halbwertszeit (Ratte) zwischen 24–31 d ermittelt. Bei Langzeitexpositionen ist eine Bioakkumulation insbesondere in der Leber und im Fettgewebe festgestellt. Die Exkretion von TCDD erfolgt vorwiegend über Faeces; lediglich 3–18 % werden dann über den Urin ausgeschieden. Mono-, Di- und Trichlordibenzo-p-dioxin-Isomere werden im Warmblüterorganismus unter Bildung hydroxylierter Derivate metabolisiert. Metabolite des TCDD sind nicht bekannt.
3.7. Für 2,3,7,8-Tetrachlordibenzo-p-dioxin wurde in aquatischen Organismen ein mittlerer Biokonzentrationsfaktor von 7 000 ermittelt. Chlordibenzofurane und Chlordibenzo-p-dioxine sind durch eine relativ hohe Bioakkumulationstendenz charakterisiert.

4. Grenz- und Richtwerte

4.1. MAK-Wert: III A2 krebserzeugend (D)
4.2. siehe Punkt 1.6.
4.3. TA Luft: Bei Stoffen, die sowohl schwer abbaubar als auch leicht anreicherbar und von hoher Toxizität sind oder die auf Grund sonstiger besonders schädlicher Umweltwirkungen keiner Klasse zugeordnet werden können (z. B. polyhalogenierte Dibenzodioxine, polyhalogenierte Dibenzofurane oder polychlorierte Biphenyle), ist der Emissionsmassenstrom unter Beachtung des Grundsatzes der Verhältnismäßigkeit soweit wie möglich zu begrenzen. Hierbei sind neben der Abgasreinigung insbesondere prozeßtechnische Maßnahmen sowie Maßnahmen mit Auswirkungen auf die Beschaffenheit von Einsatzstoffen und Erzeugnissen zu treffen.

5. Umweltverhalten

Infolge der extrem hohen Toxizität sind die in der Umwelt analysierten Stoffmengen sowohl an Chlordibenzofuranen als auch an Chlordibenzo-p-dioxinen unter öko- und humantoxikologischen Aspekten bedeutsam. Darüber hinaus sind die Verbindungen durch eine relativ hohe Persistenz charakterisiert. Die Halbwertszeit von TCDD in Gewässersedimenten beträgt schätzungsweise 600 d und in Böden bis zu 10 a. Trotz stärkerer Bodenverunreinigungen mit TCDD infolge von Unfällen sind Migrationen in tiefere Bodenschichten verbunden mit Grundwasserkontaminationen nicht bekannt. Die aus Laboruntersuchungen bekannte Hydrolyse von Pentachlordibenzo-p-dioxin und Pentachlordibenzofuran konnte unter natürlichen Bedingungen nicht bestätigt werden. In der Atmosphäre beträgt die Photolysehalbwertszeit von TCDD etwa 0,5 a. Insbesondere höher chlorierte Dibenzo-p-dioxine und Dibenzofurane sind durch eine relativ hohe Bio- und Geoakkumulationstendenz charakterisiert. Ähnlich wie bei PCB und Chlorbenzen-Isomeren ist eine Abhängigkeit umweltrelevanter Eigenschaften der Stoffe wie Wasserlöslichkeit, Lipoidlöslichkeit, Flüchtigkeit und Transformationsverhalten vom Grad der Chlorierung feststellbar. Bei oxidativen Verfahren der Wasseraufbereitung ist die Möglichkeit der Bildung von Chlordibenzo-p-dioxinen aus Chlorphenolen zu beachten.

6. Abfallbeseitigung/schadlose Beseitigung/Entgiftung

Für die Beseitigung PCDD- oder PCDF-haltiger Stoffe oder kontaminierter Materialien gibt es keine verbindlichen Empfehlungen.

7. Verwendung

Verbindungen beider Stoffgruppen treten lediglich als Verunreinigungen anderer Stoffe in Erscheinung. Verwendungen außer zu Untersuchungszwecken in Laboratorien sind nicht bekannt.

Literatur

Buser, H. R.: Polychlorinated Dibenzo-p-dioxines and Dibenzo-furanes: Formation, Occurence and Analysis of Environmental Hazardous Compounds. Dissertation, University of Umea, Umea Sweden, 1978
Cavallaro, A., and Galli, G.: Spectrum Publ., INC., Jamaica N. Y. Sarna, L. P., et al.: Chemosphere **13** (9) (1984): 975–983
Environmental Protection Agency. Health Assessment Document for Polychlorinated Dibenzofurans. EPA 600/8/86/018A, June 1986
International Programme on Chemical Safety (IPCS) Polychlorinated Dibenzo-para-dioxins and Dibenzofurans. Unedited Draft, 1987
Kimbrough, R. D., et al.: Environm. Hlth. Perspect. **24** (1978): 173–184
Kimbrough, R. D.: Halogenated Biphenyls, Terphenyls, Naphthalens, Dibenzodioxines and Related Products, Biomedical Press, Elsevier/North Holland 1981
Matthiaschk, G.: Survey about Toxicological Data of 2,3,7,8-TCDD. In: Dioxin: Toxicological and Chemical Aspects. Eds.: F. Cattabeni, Cavallaro, A., and Galli, G.: Spectrum Publ., INC., Jamaica N.Y.
National Toxicology Program, Carcinogenesis Bioassay of 1,3,7,8-Tetrachlorodibenzo-p-dioxin in Swiss-Webster Mice. Technical Report Series No. 201, 1982. Dermal Study. Technical Report Series No. 209, 1982. Gavage Study. U.S. Department of Health Education and Welfare, National Toxicol. Program, Bethesda 1982
Sachstand Dioxine – Stand November 1984. Hrsg. Umweltbundesamt und Bundesgesundheitsamt. Berichte 5/85. Erich Schmidt Verlag, Berlin 1985

Chlordimeform [6164-98-3]

Die Herstellung von Chlordimeform erfolgt entweder durch Umsetzung von p-Chlor-o-toluidin mit Dimethylformamid in Gegenwart von Phosphoroxychlorid, Sulfurylchlorid oder Phosgen (als Kondensationsmittel), oder durch Chlorierung von N',N'-dimethyl-N²-o-tolylformamidin. In beiden Fällen erfolgt die Freisetzung der Base durch Natriumhydroxid. Das technische Produkt hat einen Reinheitsgrad von etwa 96%. Wesentliche Verunreinigungen sind:

- 2-Methyl-4-Chlorformamidin
- p-Chlor-o-toluidin-hydrochlorid
- Natriumchlorid

Über Produktionsmengen liegen keine neuen Angaben vor. Letzte bekannte Anwendungsmenge in den USA betrug 227 t im Jahr 1979.

1. **Allgemeine Informationen**
1.1. Chlordimeform [6164-98-3]
1.2. Methansäureimidamid, N'-(4-chlor-2-methylphenyl)-N,N-dimethyl-
1.3. $C_{10}H_{13}ClN_2$

[Strukturformel: Cl-C₆H₃(CH₃)-N=CH-N(CH₃)₂]

1.4. N^2-(4-Chlor-o-tolyl-)-N', N'-dimethylformamidin, Chlorphenamidin, ENT 27335
1.5. Formamid
1.6. mindergiftig

2. **Ausgewählte Eigenschaften**
2.1. 196,7
2.2. Reinsubstanz: farbloser, kristalliner Feststoff
2.3. 163–165 °C bei 14 mm Hg
2.4. 32 °C
2.5. $3,6 \cdot 10^{-4}$ mm Hg bei 20 °C/$4,8 \cdot 10^{-2}$ Pa
2.6. 1,10 g/cm³
2.7. Wasser: 250 mg l^{-1} bei 20 °C
    Aceton: 200 g l^{-1} bei 20 °C
    leichtlöslich in Benzen, Chloroform, Hexan und Methanol
2.8. Mit Säuren erfolgt leichte Umsetzung unter Bildung der jeweiligen Salze. In neutraler oder saurer wäßriger Lösung hydrolysiert die Verbindung unter Bildung von 4-Chlor-o-tolylformamid, welches weiter in p-Chlor-o-toluidin zerfällt.
2.9. lg P   = 3,03 (berechnet)
2.10. H   = 0,206
2.11. lg SC = 2,7 (berechnet)

2.12. lg BCF = 2,45 (berechnet)
2.13. keine Angaben
2.14. keine Angaben

3. **Toxizität**
3.1. keine Informationen verfügbar
3.2. oral   Maus   LD 50   285 mg/kg
     oral   Ratte   LD 50   340 mg/kg
     oral   Kaninchen LD 50   625 mg/kg
     200 mg/kg ip verursacht bei Ratten und Mäusen innerhalb von 5–10 min eine narkoseähnliche lähmende Wirkung. Bei akuten Intoxikationen sind Schädigungen der Leber, der Niere und des kardiovaskulären Systems festgestellt.
3.3. Chronische Intoxikationen manifestieren sich u. a. in Leber- und Nierenschädigungen, der Veränderung von Enzymaktivitäten und in kardiovaskulären Störungen.
3.4. Im Test mit Säugerzellen konnten keine DNA-Veränderungen festgestellt werden. Untersuchungsergebnisse zur Karzinogenität und Teratogenität liegen nicht vor. Zu beachten ist die bei Ratten und Mäusen nachweisbare karzinogene Wirkung des Metaboliten p-Chlor-o-toluidin.
3.5. keine Angaben
3.6. Chlordimeform wird im Organismus relativ schnell metabolisiert und über den Urin ausgeschieden. Als wesentliche Metaboliten sind nachgewiesen:
 - Desmethyl-chlordimeform
 - N-Formyl-p-chlor-o-toluidin
 - p-Chlor-o-toluidin
 - N-Formyl-5-Chlor-anthranilsäure
 - 5-Chloranthranilsäure
 Chlordimeform sowie einige Metaboliten inhibieren bei Mäusen den Ethylalkohol-Metabolismus.
3.7. Infolge relativ guter Wasserlöslichkeit ist keine hohe Bioakkumulationstendenz zu erwarten.

4. **Grenz- und Richtwerte**
4.1. keine Angaben
4.2. ADI-Wert: 0,1 µg/kg/d (WHO)
     Trinkwasser: 0,1 µg/l als Einzelstoff (D)
                    0,5 µg/l als Summe Pflanzenschutzmittel (D)
4.3. keine Angaben

5. **Umweltverhalten**

Über Kontaminationen von Umweltmedien liegen keine Angaben vor. In aquatischen Systemen und in Böden ist eine relativ schnelle Zersetzung (Hydrolyse, Demethylierung) zu erwarten. Im Zusammenhang mit Bodenkontaminationen ist die Wasserlöslichkeit des Stoffes zu beachten. Der mikrobiologische Abbau erfolgt unter Bildung von p-Chlor-o-toluidin.

6. **Abfallbeseitigung/schadlose Beseitigung/Entgiftung**

Rückstände und kontaminierte Abprodukte sollten auf Sonderdeponien abgelagert werden. Die Wasserlöslichkeit ist zu beachten.

7. **Verwendung**

Chlordimeform wird als Insektizid verwendet.

Literatur

WHO, IARC Monographs on the Evaluation of the Carcinogenic Risk of Chemicals to Humans. Volume 30, 1983. Miscellanious Pesticides. IARC, Lyon 1983

Chlorierte Naphthalene [70776-03-3]

Die sukzessive Protonensubstitution beider kondensierten aromatischen Ringe des Naphthalens durch Chloratome führt zu theoretisch 76 Chlornaphthalen-Isomeren. Im Gegensatz zum Benzen ist der aromatische Charakter der Naphthalenderivate nicht so stark ausgeprägt. Die Handelsprodukte von Chlornaphthalenen enthalten ähnlich den polychlorierten Biphenylen ein Gemisch verschieden hoch chlorierter Isomere. Die Stoffe kommen natürlicherweise nicht vor und können als Indikatorsubstanzen für anthropogen verursachte Kontaminationen angesehen werden. Global werden jährlich etwa 5000 t Chlornaphthalene produziert, wobei die Tendenz rückläufig ist. Kommerziell von Bedeutung sind folgende Handelsprodukte mit der in Tabelle 11 angegebenen Isomeren-Zusammensetzung.

1. Allgemeine Informationen

1.1. Chlornaphthalene [70776-03-3]
1.2. Naphthalen, Chlorderivate
1.3. $C_{10}H_nCl_n$

1.4. polychlorierte Naphthalene, PCN, Halowax
1.5. chlorierte Aromaten
1.6. keine Angaben

Tabelle 11
Isomeren-Zusammensetzung der verschiedenen Halowax-Handelsprodukte

Anzahl der Chloratome	Chlorgehalt (%)	Isomeren-Zusammensetzung Halowax					
		1031	1000	1001/1009	1013	1014	1061
1	22	95	60				
2	26	5	40	10			
3	50			40	10		
4	52			40	50	20	
5	56			10	40	40	
6	62					40	
7							10
8							90

2. Ausgewählte Eigenschaften

2.1. Mittlere molare Masse:
Halowax 1031 151
1000 159
1001 207
1009 209
1013 225
1014 246

2.2. Gemische aus Chlornaphthalen und Dichlornaphthalen sind flüssig, während alle anderen Chlornaphthalengemische wachsartige Feststoffe sind.

2.3. Halowax 1031 250 °C bei 760 mm Hg
1000 250 °C bei 760 mm Hg
1001 308 °C
1009 315 °C bei 760 mm Hg
1014 344 °C bei 760 mm Hg

2.4. Halowax 1031 etwa −25 °C
1000 etwa −33 °C
1009 102 °C
1014 137 °C

2.5. Halowax 1031 10^{-1} mm bei 20 °C/13,3 Pa
1000 $5 \cdot 10^{-2}$ mm bei 20 °C/5,0 Pa
1009 $5 \cdot 10^{-4}$ mm bei 20 °C/6,6 $\cdot 10^{-2}$ Pa
1014 etwa 10^{-4} mm bei 20 °C/1,3 $\cdot 10^{-2}$ Pa

Halowax 1031 ist bei Raumtemperatur zu etwa 1 % flüchtig (Ausgangskonzentration: 200 g; Oberfläche: 9,2 cm^2; Zeit: 10 d)

2.6. keine Angaben
2.7. keine Angaben
2.8. Die physikalisch-chemischen Eigenschaften und die Reaktivität von Chlornaphthalenen ist u. a. maßgeblich abhängig vom Chlorierungsgrad. Schmelz- und Siedepunkt erhöhen sich mit zunehmender Zahl der Chloratome, während sich der Dampfdruck und die Wasserlöslichkeit vermindern. Chlornaphthalene sind gegenüber Säuren und Alkalien chemisch stabil. Den polychlorierten Biphenylen vergleichbar sind insbesondere höher chlorierte Isomere durch eine hohe thermische Stabilität charakterisiert. Dehydrochlorierungsreaktionen sind nicht nachweisbar.

2.9. Chlornaphthalen lg P = 3,5 [90-13-1/91-58-7]
Dichlornaphthalen lg P = 3,8 [28699-88-9]
Trichlornaphthalen lg P = 4,1 [1321-65-9]
Tetrachlornaphthalen lg P = 4,4 [1335-88-2]
Pentachlornaphthalen lg P = 4,75 [1321-64-8]
Hexachlornaphthalen lg P = 5,1 [1335-87-1]
Heptachlornaphthalen lg P = 5,5 [32241-08-0]

2.10. entfällt
2.11. Chlornaphthalen lg SC = 2,85
Dichlornaphthalen lg SC = 3,4
Trichlornaphthalen lg SC = 3,9

Tetrachlornaphthalen	lg SC	= 4,0
Pentachlornaphthalen	lg SC	= 4,6
Hexachlornaphthalen	lg SC	= 5,2
Heptachlornaphthalen	lg SC	= 5,7

2.12.
Chlornaphthalen	lg BCF	= 2,6
Dichlornaphthalen	lg BCF	= 2,8
Trichlornaphthalen	lg BCF	= 3,25
Tetrachlornaphthalen	lg BCF	= 3,4
Pentachlornaphthalen	lg BCF	= 4,1
Hexachlornaphthalen	lg BCF	= 4,7
Heptachlornaphthalen	lg BCF	= 5,12

2.13. PCN: biologisch nicht leicht abbaubar
2.14. keine Angaben

3. Toxizität

Die Toxizität von Chlornaphthalenen wird u. a. maßgeblich vom Chlorierungsgrad der Isomeren bestimmt. Monochlor-Isomere sind beispielsweise für aquatische Organismen akut toxischer als Octachlornaphthalen. Gegenüber Ratten, Mäusen, Kaninchen, Schweinen und Katzen sind Monochlor- und Dichlornaphthalen-Isomere akut weniger toxisch als die Trichlor- bis Heptachlor-Isomeren.

3.1. Die Exposition des Menschen gegenüber Chlornaphthalenen erfolgt vorzugsweise über Nahrungsmittel und Luft. Trinkwasser hat infolge der geringen Wasserlöslichkeit der Stoffe nur eine untergeordnete Bedeutung.

3.2. Erfahrungsgemäß sind Penta- und Hexachlornaphthalen-Isomere im Tierexperiment akut toxischer als andere Isomere.

oral	Ratte	LD 50	1 540 mg/kg	Chlornaphthalen
oral	Maus	LD 50	1 091 mg/kg	Chlornaphthalen
oral	Ratte	LD 50	868 mg/kg	2-Chlornaphthalen
oral	Maus	LD 50	2 078 mg/kg	2-Chlornaphthalen
ihl	Mensch	TCL 0	30 mg/m^3	Trichlornaphthalen

3.3. Mono- und Dichlornaphthalen-Isomere
500 mg/g Lösungsmittel appliziert zeigen beim Menschen keine nachweisbaren toxischen Wirkungen.
Bei der Ratte führen 5 g/kg (ad libitum) Dichlornaphthalen über 15 Tage zu Wachstumsstörungen und Erhöhungen des Lebergewichtes.
Tri- und Tetrachlornaphthalen-Isomere
Hauptapplikationen von nicht exakt definierten Mengen über 2 h/d haben bei Mäusen und Ratten innerhalb von 40–60 d keine toxische Wirkung.
300 mg/Ratte/d über 9–136 d (Gesamtmenge 2,7–41 g) appliziert verursachen eine Zunahme der Fettakkumulation. Demgegenüber sind bei 1,31 mg/m^3 inhalativ über 15 h/d und 143 d keine toxischen Effekte feststellbar.
Pentachlornaphthalen-Isomere
50 mg/Ratte/d über 63 Tage verabreicht führen zu Leberdegenerationen. Vergleichbare Symptome treten bei Kaninchen bereits bei 15 mg/kg/d über 12–26 Tage auf.

Penta- und Hexachlornaphthalen
Die letale Dosis für Kaninchen wird mit 15 mg/kg/d über 12–26 d angegeben. 100 mg/Ratte/d über 55 d verabreicht führen bei Ratten zu Leberschädigungen.

Octachlornaphthalen [2234-13-1]
500 mg/kg über 22 d verabreicht führen bei Ratten zu einer Abnahme des Lebergewichtes.
3.4. keine Angaben
3.5. keine Angaben
3.6. Auf Grund der abgestuften Wasser- und Lipoidlöslichkeit werden Chlornaphthalene relativ schnell im Organismus resorbiert und transportiert. Bei Hautkontakten über längere Zeit oder bei hohen Dosen kommt es zu der von PCB bekannten Ausbildung der Chlorakne. Verminderungen von Serumenzymaktivitäten sind als relevante toxische Effekte chronischer Intoxikationen zu betrachten. Mono- und Tetrachlornaphthalen-Isomere werden zu Hydroxyverbindungen metabolisiert und als solche ausgeschieden. Bei Penta- und Hexachlornaphthalen-Isomeren ist eine bis zu 20 %ige Exkretion in unveränderter Form über Faeces und Urin festgestellt. Insbesondere bei höher chlorierten Isomeren ist eine relativ hohe Bioakkumulationstendenz zu erwarten.
3.7. keine Angaben

4. Grenz- und Richtwerte
4.1. keine Angaben
4.2. Trinkwasser: Grenzwertempfehlungen der USA

Trichlornaphthalen-Isomere	3,9 µg/l
Tetrachlornaphthalen-Isomere	1,5 µg/l
Pentachlornaphthalen-Isomere	0,39 µg/l
Hexachlornaphthalen-Isomere	0,15 µg/l
Octachlornaphthalen-Isomere	0,08 µg/l

4.3. TA Luft: Bei Stoffen, die sowohl schwer abbaubar und leicht anreicherbar als auch von hoher Toxizität sind oder die auf Grund sonstiger besonders schädlicher Umwelteinwirkungen keiner Klasse zugeordnet werden können (z. B. polyhalogeniert Dibenzodioxine, polyhalogenierte Dibenzofurane oder polychlorierte Biphenyle), ist der Emissionsmassenstrom unter Beachtung des Grundsatzes der Verhältnismäßigkeit so weit wie möglich zu begrenzen. Hierbei sind neben der Abgasreinigung insbesondere prozeßtechnische Maßnahmen mit Auswirkungen auf die Beschaffenheit von Einsatzstoffen und Erzeugnissen zu treffen.

5. Umweltverhalten
Chlornaphthaline sind unter natürlichen Bedingungen chemisch, physika-

lisch und biologisch stabil. Ein mikrobiologischer Stoffabbau ist nicht festgestellt. Auf Grund der physikalisch-chemischen Eigenschaften ist in Hydro- und Pedosphäre nur eine geringe Mobilität, demgegenüber jedoch eine in Abhängigkeit vom Chlorierungsgrad abgestufte hohe Bio- und Geoakkumulationstendenz zu erwarten. Folgende Stoffmengen wurden in Hydro-, Pedo- und Atmosphäre sowie in Biosystemen analysiert:

Luft   bis zu   25 ng/m^3
Oberflächenwasser   bis zu 200 ng l^{-1}
Meerwasser   bis zu   20 ng l^{-1}
Sedimente   bis zu 100 µg/kg
Böden   bis zu 100 µg/kg
Fische   bis zu   0,12 mg/kg
Vögel   bis zu   70 mg/kg
Mensch (Fettgewebe)   bis zu   15 µg/kg

Den höher chlorierten Biphenylen vergleichbar sind hochchlorierte Naphthaline durch eine hohe Persistenz in der Umwelt charakterisiert.

6. **Abfallbeseitigung/schadlose Beseitigung/Entgiftung**

Eine Verbrennung von Chlornaphthalenrückständen oder -abprodukten ist nicht zu empfehlen. Auf Sonderdeponie kann eine gesicherte Ablagerung erfolgen. Eine kombinierte Deponie mit Hausmüll sollte vermieden werden.

7. **Verwendung**

Chlornaphthalene werden vorzugsweise in der Elektroindustrie und als Additive verwendet.

Literatur

Hutzinger, O. (Hrsg.): The Handbook of Environmental Chemistry. Volume 3, Part B, Anthropogenic Compounds, Springer, Berlin – Heidelberg – New York 1982

Chlorierte Paraffine [63449-39-8]

Die Herstellung erfolgt durch Chlorierung von Paraffin in der Flüssigphase bei Temperaturen zwischen 50 und 150 °C in Gegenwart eines Lösungsmittels wie Tetrachlormethan. Die Kettenlänge der entstehenden Verbindungen liegt zwischen C_{10} und C_{30} mit einem Chlorierungsgrad von 10–70 %, C_{12}-, C_{15}- und C_{20}-Paraffine mit einem Chlorierungsgrad zwischen 40 und 70 % gehören zu den am häufigsten nachweisbaren Verbindungen dieser Stoffgruppe. In den USA werden die jährlichen Produktionsmengen mit etwa 50 000–70 000 t angegeben, während etwa global 280 000–300 000 t/a hergestellt werden. Auf Grund der Anwendungsbreite und der Vielzahl von Einsatzbereichen muß mit einem weiteren Produktionsanstieg gerechnet werden. Bekannt sind die Verbindungen überwiegend nur in Form ihrer Handelsprodukte mit den folgenden Bezeichnungen:

Cereclor   Arubren CP
Chlorez   Chloroflo
Chlorowax   Chlorafin
CPF/FLX   CW
Kloro   Paraoil
Unichlor   Witachlor
Chlorparaffine Hoechst Chlorparaffine Hüls

1. Allgemeine Informationen

1.1. Chlorierte Paraffine [63449-39-8]
1.2. Paraffinwachse und Kohlenwasserstoffwachse, chlorierte
1.3. entfällt
1.4. vergleiche Handelsbezeichnungen
1.5. chlorierte aliphatische Kohlenwasserstoffe
1.6. keine Angaben

2. Ausgewählte Eigenschaften

Ein Überblick zu einigen Eigenschaften verschiedener Cereclor-Produkte ist beispielhaft für die Stoffgruppe in Tabelle 12 zusammengestellt.

2.1. 320–1 100
2.2. In Abhängigkeit von der Kettenlänge und dem Chlorierungsgrad farblose bis gelbe, wäßrige bis viskose Flüssigkeiten oder pulverförmige weiße Feststoffe.
2.3. C_{20}–C_{30}-Paraffine mit einem Chlorgehalt bis 70 % haben einen Erweichungspunkt von etwa 90 °C.
2.4. keine Informationen
2.5. $1,3–2,6 \cdot 10^{-4}$ Pa für C_{14}–C_{17}-Paraffine mit 52 % Chlor
2.6. 1,16–1,53 g/cm³
2.7. Wasser: Die Löslichkeit der Stoffe ist sehr gering.
C_{25}-Paraffine mit 52 % Chlorgehalt sind zu etwa 10 µg l^{-1} in Oberflächenwasser und zu 4 µg l^{-1} in Meerwasser löslich.
C_{25}-Paraffine mit 42 % Chlorgehalt lösen sich zu etwa 3 µg l^{-1} in Meerwasser. Infolge des „Salzeffektes" ist die Löslichkeit in Meerwasser nahezu

Tabelle 12
Eigenschaften verschiedener Cereclor-Produkte

Bezeichnung	Chlorgehalt (%)	Molekular-gewicht	Aggregatzustand Farbe	Dichte (gml^{-1})
Cereclor 42	42	600	klare, farblose Flüssigkeit	1,16
Cereclor 48	48	700	klare, viskose, gelbliche Flüssigkeit	1,24
Cereclor 54	54	780	klare, viskose, gelbe Flüssigkeit	1,32
Cereclor 70	70	1 100	weißes Puder	1,63
Cereclor S45	45	390	klare, wäßrige, mobile Flüssigkeit	1,16
Cereclor 50 LV	49	320	klare, farblose Flüssigkeit	1,19

immer um etwa eine Zehnerpotenz gegenüber Oberflächen- und Trinkwasser vermindert.

2.8. Die Paraffinchlorierung ist eine radikalische Reaktion, wobei die Reaktivität der Protonen mit zunehmender Acidität abnimmt. Bei 300 °C verhalten sich die Chlorierungsgeschwindigkeiten primärer, sekundärer und tertiärer Kohlenstoffatome wie 4:2:1. Die Reaktivität des Paraffins und die relative Reaktionsgeschwindigkeit bestimmen die Verteilung der Chlorsubstituenten im Molekül. Erfahrungsgemäß gilt, daß die Stabilität der Stoffe ihrer Bildungstendenz und -geschwindigkeit umgekehrt proportional ist. Chlorierte Paraffine sind bis zu Temperaturen von 200 °C stabil. Bei höheren Temperaturen erfolgt Zersetzung unter Dehydrochlorierung. Die Handelsprodukte enthalten zumeist Stabilisatoren wie EDTA und NTA.

2.9. lg P = 6,2 (berechnet für Cereclor 42)
2.10. H = 42,7 für Cereclor 42
2.11. lg SC = 5,6 (berechnet für Cereclor 42)
2.12. lg BCF = 5,8 (berechnet für Cereclor 42)
2.13. biologisch nicht leicht abbaubar
2.14. keine Angaben

3. **Toxizität**
3.1. keine Angaben
3.2. Die Stoffe sind generell durch eine relativ geringe akute Warmblütertoxizität charakterisiert.
    oral   Ente   LD 50   10 280 mg/kg Cereclor S 52
    oral   Fasan   LD 50   24 606 mg/kg Cereclor S 52
3.3. Fütterungsversuche über 3 Monate mit 500 ppm C_{14}—C_{17}-Paraffinen (Chlorgehalt: 52%) bei Ratten und 30 mg/kg/d bei Hunden führten zu Le-

berschädigungen. Die Akkumulationsraten der Stoffe im Fettgewebe erreichten nicht die applizierten Mengen. Die Eliminierung, verbunden mit einer Remobilisierung der Chlorparaffine im Fettgewebe, erfolgt mit einer Halbwertszeit von einigen Wochen.
3.4. Bei In-vitro-Tests ist keine mutagene Aktivität feststellbar. Zur Karzinogenität liegen keine Untersuchungsergebnisse vor.
3.5. keine Angaben
3.6. Chlorparaffine mit einem niedrigen Chlorgehalt verursachen bei dermaler Applikation Hautirritationen.
3.7. In Abhängigkeit von der Kettenlänge und dem Chlorierungsgrad sind bei Fischen Konzentrierungsfaktoren bis zu 770 festgestellt.

4. Grenz- und Richtwerte

keine Angaben

5. Umweltverhalten

Das Verhalten von Chlorparaffinen in Umweltmedien wird insbesondere von den, in Abhängigkeit von Kettenlänge und Chlorierungsgrad bestimmten, physikalisch-chemischen Eigenschaften geprägt. In aquatischen Systemen sind die Stoffe infolge der geringen Wasserlöslichkeit durch eine relativ hohe Bio- und Geoakkumulationstendenz charakterisiert. Bei Fischen wurden beispielsweise folgende Akkumulationsfaktoren und Halbwertszeiten ermittelt:

Kettenlänge	Chlorgehalt	Akkumulationsfaktor	Halbwertszeit (d)
10–13	49	770	13
10–13	59	740	34
10–13	71	140	7
14–17	50	40	30
18–26	49	10	7

Der mikrobiologische Abbau chlorierter Paraffine erfolgt relativ langsam. In aquatischen Sedimenten wurden für C_{24}-Paraffine Abbauraten von etwa 20 % in 28 Tagen ermittelt.
Unter aeroben Bedingungen vermindert sich die Abbaugeschwindigkeit und -rate. Abbauprodukte wurden bislang nicht identifiziert. Erfahrungsgemäß werden kurzkettige Paraffine vergleichsweise schneller transformiert als langkettige Paraffine. Infolge der geringen Flüchtigkeit ist mit einer relativ geringen Mobilität der Stoffe zwischen den Systemen Wasser – Luft zu rechnen.

6. Abfallbeseitigung/schadlose Beseitigung/Entgiftung

Chlorparaffinhaltige Rückstände oder Abprodukte werden auf Sonderdeponien abgelagert.

7. Verwendung

Die Stoffe finden Verwendung als Zusatzstoffe für Plaste, Öle sowie als Flammschutzmittel.

Literatur

Birtley, R.D.N., et al.: The Toxicological Effects of Chlorinated Paraffines in Mammals. Toxicol. Appl. Pharmacol. **54** (1980): 514–525

Campbell, I., and McConell, G.: Chlorinated Paraffines and the Environment. Part 1. Environmental Occurence. Environm. Sci. Technol. **14** (1980): 1209–1214

Hutzinger, O. (Hrsg.): Handbook of Environmental Chemistry. Volume 3, Part A, 1980

Madley, J. R., and Birtley, R. D. N.: Chlorinated Paraffines and the Environment. Part 2. Aquatic and Avian Toxicology, Environm. Sci. Technol. **14** (1980): 1215–1221

Chlorierte Phenole (Chlorphenole)

Die Gruppe der Chlorphenole umfaßt 19 Verbindungen, bestehend aus Mono-, Di-, Tri-, Tetrachlorphenol-Isomeren und Pentachlorphenol. Ausgenommen das o-Chlorphenol sind alle Chlorphenole kristalline Feststoffe. Im Gegensatz zu 2,4-Dichlor-, 2,4,5-Trichlor-, 2,4,6-Trichlor-, 2,3,4,6-Tetrachlorphenol und Pentachlorphenol haben andere Chlorphenole nur eine untergeordnete kommerzielle Bedeutung. Die Synthese erfolgt entweder über eine direkte Chlorierung von Phenol oder eine alkalische Hydrolyse entsprechender Chlorbenzene. Global werden die jährlichen Produktionsmengen an Chlorphenolen mit mehr als 200 000 t angegeben. Allerdings entfällt dabei der maßgebliche Anteil auf Pentachlorphenol mit schätzungsweise 90 000 t. 1977 wurden beispielsweise in den USA 36 000 t Pentachlorphenol hergestellt. Chlorphenole sind mehr oder weniger durch andere Stoffe wie beispielsweise durchschnittlich etwa 8 % polyhalogenierte Phenoxyphenole (sogenannte Prädioxine), polychlorierte Dioxine, polychlorierte Dibenzofurane und Diphenylether in Mengen von 10 bis mehr als 100 mg/kg verunreinigt. Die physikalisch-chemischen Eigenschaften werden u. a. bestimmt durch den Grad der Chlorierung. Während sich die Flüchtigkeit und Wasserlöslichkeit mit zunehmendem Chlorierungsgrad vermindern, erhöhen sich Schmelz- und Siedepunkt sowie die Lipoidlöslichkeit. Damit verbunden sind eine verstärkte Bio- und Geoakkumulatinstendenz. Hydro- und Atmosphäre sind die maßgeblichen Transport- und Verteilungsmedien für Chlorphenole. Als schwache Säuren bilden die Verbindungen Ester, Ether und Salze. Niedrig chlorierte Phenole können in Form von Substitutionsreaktionen chloriert, nitriert, alkyliert und acyliert werden.

Die Toxizität der Chlorphenole erhöht sich mit zunehmendem Chlorierungsgrad, wobei insbesondere die Wirkung auf aquatische Organismen und Säuger hervorzuheben ist.

Im folgenden Datenprofil werden auf Grund ihrer kommerziellen Bedeutung insbesondere die Verbindungen 4-Chlorphenol, 2,4-Dichlorphenol, 2,4,5- und 2,4,6-Trichlorphenol sowie 2,3,4,6-Tetrachlorphenol als Indikatorsubstanzen dieser Stoffgruppe dargestellt.

Mono- bis Tetrachlorphenole

1. Allgemeine Informationen

1.1. Chlorphenol, Dichlorphenol, Trichlorphenol, Tetrachlorphenol
1.2. 4-Chlorphenol [106-48-9]
  2,4-Dichlorphenol [120-83-2]
  2,4,5-Trichlorphenol [95-95-4]
  2,4,6-Trichlorphenol [88-06-2]
  2,3,4,6-Tetrachlorphenol [58-90-2]
1.3. C_6H_5ClO; $C_6H_4Cl_2O$; $C_6H_3Cl_3O$; $C_6H_2Cl_4O$

1.4. 4-CP, 2,4-DCP, 2,4,5-TCP, 2,4,6-TCP, 2,3,4,6-TCP
1.5. Chlorphenole
1.6. 4-CP: mindergiftig
2,4-DCP: mindergiftig
2,4,5-TCP: mindergiftig
2,4,6-TCP: mindergiftig
2,3,4,6-TCP: giftig
2. **Ausgewählte Eigenschaften**
2.1. 4-CP – 128,56; 2,4-DCP – 163; 2,4,5-TCP – 197,45; 2,4,6-TCP – 197,45; 2,3,4,6-TCP – 231,89
2.2. reine Chlorphenole: farblose, kristalline Feststoffe; Ausnahme 2-Chlorphenol: farblose Flüssigkeit; die Verbindungen haben einen charakteristischen, unangenehmen Geruch (Chlorphenol-Geruch: „medizinisch")
2.3. 4-CP   219 °C
2,4-DCP   210–211 °C
2,4,5-TCP   245–246 °C
2,4,6-TCP   246 °C
2,3,4,6-TCP   164 °C bei 23 mm Hg
2.4. 4-CP   40–41 °C
2,4-DCP   43–44 °C
2,4,5-TCP   68 °C
2,4,6-TCP   68 °C
2,3,4,6-TCP   69–70 °C
2.5. keine Angaben
2.6. 4-CP   1,265 g/cm^3 bei 40 °C
2.7. Wasser:
4-CP   27 g l^{-1}
2,4-DCP
2,5,4-TCP
2,3,4,6-TCP   100 mg l^{-1}
Chlorphenole sind gut löslich bis löslich in Ethanol, Diethylether, Chloroform, Benzen und Aceton.
2.8. Chlorphenole zeigen ein ähnliches physikalisch-chemisches Verhalten wie Phenol. Als schwache Säuren bilden sie Ester und Ether sowie Salze mit Metallen, Aminen u. a. Im Gegensatz zum Phenol bilden sich bereits bei der Umsetzung mit Natriumcarbonat die entsprechenden Phenolate. In wäßriger Lösung erfolgt hydrolytische Umwandlung unter Substitution der Chloratome durch Hydroxylgruppen. Die gebildeten Hydroxyverbindungen wiederum können polymerisieren. Chlorphenole können oxidativ unter Bildung von Hydrochinonen und Benzochinonen transformiert werden. Die Photolyse wäßriger Chlorphenollösungen führt unter Chlorsubstitution durch Hydroxylgruppen ebenfalls zur Polymerenbildung. Folgende Ionisationskonstanten (pK_a) wurden ermittelt:
4-CP – 9,18; 2,4-DCP – 7,67; 2,4,5-TCP – 7,43; 2,4,6-TCP – 7,42; 2,3,4,6-TCP – 6,72
2.9. 4-CP   lg P = 2,27
2,4-DCP   lg P = 2,93

	2,4,5-TCP	lg P = 3,69
	2,4,6-TCP	lg P = 3,69
	2,3,4,6-TCP	lg P = 4,42
2.10.	4-CP	keine Angaben
	2,4-DCP	keine Angaben
	2,4,5-TCP	keine Angaben
	2,4,6-TCP	keine Angaben
	2,3,4,6-TCP	keine Angaben
2.11.	4-CP	lg SC = 1,95
	2,4-DCP	lg SC = 2,4
	2,4,5-TCP	lg SC = 3,1
	2,4,6-TCP	lg SC − 3,1
	2,3,4,6-TCP	lg SC = 3,76
2.12.	4-CP	lg BCF = 1,7
	2,4-DCP	lg BCF = 1,85
	2,4,5-TCP	lg BCF = 2,3
	2,4,6-TCP	lg BCF = 2,3
	2,3,4,6-TCP	lg BCF = 2,95
2.13.	4-CP	nicht leicht biologisch abbaubar
	2,4-DCP	nicht leicht biologisch abbaubar
	2,4,5-TCP	nicht leicht biologisch abbaubar
	2,4,6-TCP	leicht biologisch abbaubar
	2,3,4,6-TCP	nicht leicht biologisch abbaubar
2.14.	entfällt für alle Chlorphenole	

3. Toxizität

3.1. Zu umweltrelevanten Expositionen sind keine Angaben verfügbar.

3.2.	4-CP	oral	Ratte	LD 50	500 mg/kg
		scu	Ratte	LD 50	1030 mg/kg
	2,4-DCP	oral	Ratte	LD 50	3600 mg/kg
		oral	Ratte	LD 50	580 mg/kg
	2,4,5-TCP	oral	Ratte	LD 50	850 mg/kg
	2,4,6-TCP	oral	Ratte	LD 50	820 mg/kg
	2,3,4,6-TCP	oral	Ratte	LD 50	140 mg/kg
		ipr	Ratte	LD 50	130 mg/kg

3.3. 100 mg/kg/d 2,4-DCP oder 100 mg/kg/d 2,4,5-TCP über 6 Monate bzw. 3 Monate führen im Fütterungsversuch bei Ratten zu keinen nachweisbaren toxischen Effekten. Bei der Verabreichung von 1000 mg/kg/d 2,4,5-TCP über 3 Monate werden Gewichtsverluste der Versuchstiere sowie degenerative Veränderungen der Leber und Niere festgestellt.

3.4. Die Plazentapassage verbunden mit embryotoxischen bzw. fetotoxischen Wirkungen ist für 2-Chlorphenol und Pentachlorphenol nachgewiesen. Vergleichbare Wirkungen können für andere Chlorphenol-Isomere erwartet werden. 2-Chlorphenol verändert differenzierte Parameter des reproduktiven Systems.

3.5. Die relativ hohe Fischtoxizität von Chlorphenolen ist beispielhaft für den Guppy in Tabelle 13 dargestellt. Mollusken (LC 50 − 15 µg l^{-1}) und Goldfi-

Tabelle 13
Akut toxische Wirkquantitäten verschiedener Chlorphenole für den Guppy in Abhängigkeit vom pH Wert nach Koenemann (1980)

Substanz	lg LC50 (μmoll^{-1})		
	pH 7,8	pH 7,3	pH 6,1
2-MCP	2,02	1,94	1,74
2,4-DCP	1,56	1,41	1,30
2,3,5-TCP	1,38	0,9	0,65
2,3,6-TCP	1,83	1,41	0,68
3,4,5-TCP	1,08	0,76	0,76
2,3,4,5-TCP	1,00	0,52	0,28
2,3,5,6-TCP	1,23	0,77	0,23

Tabelle 14
Hemmwirkung der oxidativen Phosphorylierung und der Katalaseaktivität durch Chlorphenole

Substanz	pK$_a$[1]	I 50(10^{-6}M)[2] oxidative Phosphorylierung
4-MCP	9,2	180
2,4-DCP	7,8	42
2,4,5-TCP	7,0	3
2,4,6-TCP	6,1	18
2,3,4,6-TCP	5,3	2

	pK$_a$[1]	I 50(M)[2] Katalaseaktivität
4-MCP	9,2	7 · 10^{-5}
2,4-DCP	7,8	2 · 10^{-6}
2,5-DCP		2 · 10^{-5}
2,4,6-TCP	6,1	1 · 10^{-2}

[1] pK$_a$ Ionisationskonstante
[2] I 50 50%ige Hemmwirkung (Stoffmenge in Mol bzw. Mikromol)

sche (LC 50 – 200 µg l^{-1}) sind als empfindlichste aquatische Organismen anzusehen. Ohne weitere Speziesdifferenzierung werden folgende akut toxische Wirkquantitäten angegeben:
4-CP   LC 50   14 mg l^{-1}
2,4-DCP LC 50   5,2–14,7 mg l^{-1}
2,4,6-TCP LC 50 3,2 mg l^{-1}

3.6. Die Bioaktivität respektive Toxizität von Chlorphenolen wird u. a. durch den Chlorierungsgrad und die damit verbundenen Abstufungen physikalisch-chemischer Eigenschaften bestimmt. Die Resorption der Stoffe im Organismus erfolgt relativ schnell. Hemmwirkungen für verschiedene Enzyme sind nachgewiesen. Die in Tabelle 14 angegebenen Beispiele der Störung der oxidativen Phosphorylierung und der Katalaseaktivität zeigen deutliche Zusammenhänge zwischen Stoffeigenschaften und Bioaktivität.

3.7. Mit zunehmender Anzahl der Chloratome im Molekül erhöht sich die Bioakkumulationstendenz der Chlorphenole. Für Tetrachlorphenol wurde ein durchschnittlicher Biokonzentrationsfaktor für aquatische Organismen von 320 ermittelt.

4. **Grenz- und Richtwerte**

4.1. keine Angaben

4.2. Trinkwasser [µg/l]:
3-CP	50
4-CP	30
2,5-DCP	3
2,6-DCP	3
2,4,5-TCP	10
2,4,6-TCP	100
2,3,4,6-TCP	263

Geruchsschwellenwert [µg/l]:
2-CP	0,33–6
3-CP	200
4-CP	33
2,4-DCP	0,65–2
2,4,5-TCP	11–200
2,4,6-TCP	100
2,3,4,6-TCP	600–915

4.3. TA Luft:
Dichlorphenole: 20 mg/m³ bei einem Massenstrom von
Trichlorphenole: 0,1 kg/h und mehr
Abfallbehandlung
nach § 2 Abs. 2
Abfallgesetz
Chlorphenole Lösemittel, Lack- und Farbschlämme
             Abfallschlüssel 55 207
Dichlorphenole Lösemittel, Lack- und Farbschlämme
             Abfallschlüssel 55 204

5. **Umweltverhalten**

Chlorphenole sind in abiotischen und biotischen Strukturen der Umwelt nachweisbar. Zu differenzieren ist jedoch im Hinblick auf Nachweishäufigkeit und Konzentration. Tri- und Tetrachlorphenol-Isomere und Pentachlorphenol sind häufiger als Kontaminanten nachweisbar. Mono- und Dichlorphenol-Isomere treten demgegenüber zumeist nur bei punktförmigen Emissionen als Kontaminanten von Umweltmedien auf. Neben produktions- und anwendungstechnisch bedingten Emissionen treten als weitere Emissionsquellen die Chlorphenolbildung bei der Trink- und Abwasserchlorung sowie der Metabolismus verschiedener organischer Stoffe (z. B. Hexachlorcyclohexan) in Erscheinung. Auch nichtbiologische Strofftransformationen führen in Umweltmedien häufig zur Bildung chlorierter Phenole. Die Stoffe sind in Hydro-, Pedo-, Atmo- und Biosphäre gegenüber physikalisch-chemischen und biologischen Reaktionen stabiler als vergleichsweise Phenol. Generell nehmen Abbaurate und -geschwindigkeit mit zunehmender Chlorsubstitution ab. Isomere mit Substitution in meta-Position sind stabiler als Isomere ohne Protonensubstitution in dieser Position.

Die in Tabelle 15 angegebenen Beispiele für den Abbau verschiedener Chlorphenol-Isomere in Böden können als Orientierung für die Stabilität der Stoffe dienen. Ortho-, meta- und para-Chlorphenol werden über den ortho- oder meta-Weg metabolisiert und zum Teil mineralisiert. Der Abbau von Chlorphenolen in der Umwelt erfolgt vorzugsweise mikrobiologisch, wobei u. a. als Transformationsprodukte nachgewiesen sind:

o-Chlorphenol 3-Chlorbrenzkatechin
m-Chlorphenol 4-Chlorbrenzkatechin
p-Chlorphenol 4-Chlorbrenzkatechin,
               2-Hydroxy-5-chlormuconsäure-semialdehyd

2,4-Dichlorphenol wird über den meta-Weg metabolisiert. Der Abbau kann dabei bis zur vollständigen Mineralisierung erfolgen. Die Bildung von Dimeren ist jedoch auch nachgewiesen. Metaboliten sind nicht bekannt. 2,4,6-TCP wird in Böden ebenfalls mineralisiert, wobei in 10 Wochen bis zu 10 µg/g vollständig abgebaut wurden.

Insgesamt ist für Mono-, Di- und Trichlorphenol-Isomere in Umweltmedien eine relativ geringe bis mittlere Persistenz zu erwarten. Der Stoffab-

Tabelle 15
Mikrobiologischer Chlorphenolabbau in Bodensuspensionen

Substanz	Bodenproben Zeitdauer bis zum völligen Stoffabbau (d)
2-MCP	1–2
3-MCP	14–47
4-MCP	3–9
2,4-DCP	5–9
2,5-DCP	72
2,4,5-TCP	47–72
2,4,6-TCP	5–13
2,3,4,6-TCP	72

	Abwasserschlamm Zeitdauer bis zum Abbau des aromatischen Kerns (d)
4-MCP	3 (100%)
2,4-DCP	5 (100%)
2,5-DCP	4 (52%)
2,4,6-TCP	3 (100%)

bau verläuft vorzugsweise bis zur völligen Mineralisierung. Vergleichbare Ergebnisse liegen für Tetrachlorphenole nicht vor.

Im Hinblick auf die Kontamination von Umweltmedien durch Chlorphenole verdienen die nachweisbaren Verunreinigungen der Stoffe mit polychlorierten Dibenzofuranen und Dibenzo-p-dioxinen besondere Beachtung. Folgende Gehalte wurden beispielsweise ermittelt:

	Summe PCDF	Summe PCDD
2,4,6-TCP	60 µg/g	unter 3 µg/g
2,3,4,6-TCP	160 µg/g	12 µg/g
Pentachlorphenol	280 µg/g	1 000 µg/g

Des weiteren gilt die Bildung dieser Verbindungen bei der thermischen Zersetzung von Chlorphenolen als gesichert.

6. Abfallbeseitigung/schadlose Beseitigung/Entgiftung

Auf Grund der Bildungsmöglichkeit von polychlorierten Dibenzofuranen und Dibenzo-p-dioxinen ist die Verbrennung chlorphenolhaltiger Rückstände oder Abprodukte als kritisch zu betrachten. Die Ablagerung auf einer Sonderdeponie muß die Wasserlöslichkeit sowohl der Chlorphenole als auch der entsprechenden Phenolate beachten.

7. Verwendung

Chlorphenole finden hauptsächlich Verwendung als Herbizide, Bakterizide, Fungizide, Insektizide, als Zwischenprodukte in der chemischen Industrie, als Leder- und Holzschutzmittel und zur Herstellung von MCPA.

Literatur

Ahlborg, U. G., and Thunberg, T. M.: A Study of Benzenecarboxylates, Chlorinated Naphthalenes, Chlorophenoles, Silicones and Fluorcarbondes. Syracuse University Research Corporation Syracuse N.Y.
Dietz, F., und Traud, J.: gwf-Wasser/Abwasser **119** (1978): 318
Buikeman, A. L., et al.: Phenolics in aquatic ecosystems: A selected review of recent literature. Marine Environm. Res. **2** (1979): 87–181
Exon, J. H., and Koller, L. D.: Effects of Transplacental exposure to chlorinated phenols. Environm. Hlth. Perspectives **46** (1982): 137–140
Howard, P. H., and Burkin, P. R.: CRC Critical Reviews in Toxicology **7** (1980): 1
Koenemann, H.: Quantitative-Structure-Activity Relationships for Kinetics and Toxicity of Aquatic Pollutants and Their Mixtures. Thesis. Universität Utrecht 1980

Pentachlorphenol [87-86-5]

Pentachlorphenol gehört innerhalb der Gruppe der Chlorphenole zu den Stoffen mit den höchsten Herstellungs- und Anwendungsmengen. Sowohl als reiner Wirkstoff als auch in unterschiedlichen Formulierungen besitzt es infolge seiner physikalisch-chemischen Eigenschaften sowie der Bioaktivität eine Reihe von Anwendungsbereichen. Die fungiziden und bakteriziden Eigenschaften sind besonders hervorzuheben. In den 70er Jahren wurden allein in den USA jährlich etwa 50000 t, in Japan bis zu 33000 t produziert. Noch 1984 betrug die Weltproduktion in westlichen Industrieländern, einschließlich Japans etwa 35000–40000 t. Infolge differenzierter ökotoxikologisch und toxikologisch relevanter Eigenschaften sowie der Ubiquität wurden in den 80er Jahren die Produktions- und Anwendungsmengen sowie Einsatzbereiche in den Industrieländern teilweise drastisch eingeschränkt. Der Eintrag von Pentachlorphenol in die Umwelt erfolgt vorzugsweise durch die Vielzahl von Einsatzbereichen. Produktionsbedingte Einträge über Abwässer, Abluft und Abprodukte haben demgegenüber nur untergeordnete Bedeutung. Von besonderer Relevanz sind Einträge infolge der Anwendung als Holz-, Textil- und Lederkonservierungsmittel und als Desinfektionsmittel. Hohe Produktionsmengen und Anwendungsmengen über Jahrzehnte führten zu lokalen, territorialen und vermutlich globalen Kontaminationen der Umwelt. Stoffeigenschaften wie Wasserlöslichkeit, Volatilität und Lipophilie verbunden mit einer geringen biologischen Abbaubarkeit sind darüber hinaus Ursachen für ein nahezu ubiquitäres Vorkommen.

In der Atmosphäre können bei lokalen Emissionen PCP-Konzentrationen im µg-Bereich, über als wenig bis nicht belasteten Gebieten im ng-Bereich auftreten. Demgegenüber erreichen PCP-Innenraumbelastungen Werte von durchschnittlich bis zu 0,5 µg/m^3 in der Luft und zwischen 15–20 µg/g im Hausstaub. Oberflächengewässer können bis zu 2 ppb mit Maximalwerten bis zu 11 ppb, und Abwässer in Abhängigkeit vom Behandlungsgrad sowie Art und Herkunft bis zu 32 ppm PCP enthalten. In Böden werden in Abhängigkeit von der Bodentiefe sowie der Eintragsmenge und -dauer Konzentrationen bis zu 184 ppb gemessen.

Die Herstellung von Pentachlorphenol erfolgt durch Chlorierung von Phenol bei höheren Temperaturen in Gegenwart von Aluminiumchlorid oder Eisenchlorid. Seit 1986 wird Pentachlorphenol in der Bundesrepublik Deutschland nicht mehr hergestellt. Das technische Produkt enthält durchschnittlich folgende Verunreinigungen:

Tetrachlorphenol	4,4 %
Trichlorphenol	0,1 %
chlorierte Phenoxyphenole	6,2 %
2,3,7,8-TCDD [1746-01-6]	0,05 mg/kg
Hexachlordibenzodioxin [34465-46-8]	4 mg/kg
Heptachlordibenzodioxin [37871-00-4]	125 mg/kg
Octachlordibenzodioxin [3268-87-9]	2 500 mg/kg
Hexachlordibenzofuran [55684-94-1]	30 mg/kg
Heptachlordibenzofuran [38998-75-3]	80 mg/kg
Octachlordibenzofuran [39001-02-0]	80 mg/kg
Hexachlorbenzen [118-74-1]	400 mg/kg

1. Allgemeine Informationen

1.1. Pentachlorphenol [87-86-5]
1.2. Pentachlorphenol

1.3. C_6HCl_5O

```
        OH
   Cl   |   Cl
     \  |  /
      [ring]
     /  |  \
   Cl   |   Cl
        Cl
```

1.4. PCP, Chlorophen, Penta, Dowicide
1.5. Chlorphenol
1.6. giftig
Wer mit Stoffen, Zubereitungen oder Erzeugnissen umgeht, die insgesamt mehr als 0,1 mg/kg (ppm) PCDD und/oder PCDF oder mehr als 0,01 mg/kg 2,3,7,8-TCDD enthalten, muß dies gemäß Anhang III der Gefahrstoff-Verordnung der zuständigen Behörde anzeigen.
Die Verwendung von Pentachlorphenol als Pflanzenschutzmittel ist in der Bundesrepublik Deutschland nur für bestimmte Anwendungen zugelassen.
Ein generelles Verwendungsverbot durch Rechtsverordnung nach dem Chemikaliengesetz ist in Vorbereitung.

2. **Ausgewählte Eigenschaften**

2.1. 266,35
2.2. weiße, nadelförmige Kristalle von stechendem Geruch
2.3. 309–310 °C bei 754 mm Hg unter Zersetzung
2.4. 174 °C
2.5. $1,1 \cdot 10^{-4}$ mm Hg bei 20 °C/$1,5 \cdot 10^{-2}$ Pa
2.6. 1,98 g/cm³
2.7. Wasser: 5 mg l⁻¹ bei 0 °C
       14 mg l⁻¹ bei 20 °C
       35 mg l⁻¹ bei 50 °C
   Aceton: 21–33 g/100 g bei 20 °C
   Benzen: 11–14 g/100 g bei 20 °C
   Ethanol: 47–52 g/100 g bei 20 °C
   Ether: 53–60 g/100 g bei 20 °C
2.8. In alkalischer Lösung bildet Pentachlorphenol leicht Phenolate mit teilweise stark verändertem Lösungsverhalten (z. B. Natrium-Pentachlorphenolat in Wasser zu 224 g l⁻¹ löslich). Trotz der im Vergleich zu niedriger chlorierten Phenolen verminderten Reaktivität kann die Substanz durch reduktive Dechlorierung, hydrolytische Dechlorierung sowie Ester und Esterbildung transformiert werden. Beim Erhitzen auf Temperaturen über 200 °C bilden sich geringe Mengen Octachlordibenzo-p-dioxin.
2.9. lg P = 5,19
2.10. H = 1,144
2.11. lg SC = 3,6
2.12. lg BCF = 3,9
2.13. nicht leicht biologisch abbaubar
2.14. entfällt

3. **Toxizität**

3.1. Die durchschnittliche mittlere umweltbedingte Gesamtexposition wird gegenwärtig auf 1–50 µg/Person/d geschätzt. Dabei entfallen anteilmäßig durchschnittlich etwa nur 60 ng l^{-1} auf das Trinkwasser.

3.2.
oral	Ratte	LD 50	27–78 mg/kg
oral	Kaninchen	LD 50	70–100 mg/kg
scu	Kaninchen	LDL 0	40 mg/kg
scu	Ratte	LD 50	105 mg/kg

Die niedrigste orale letale Konzentration wird für den Menschen mit 29 mg/kg angegeben.
2,5 mg/kg über 5–10 d an Hamster oral verabreicht sind ohne nachweisbare toxische Wirkung.

3.3. Im 90-Tage-Test an Ratten wurde ein no effect level von 3 mg/kg/d ermittelt. Bereits bei Konzentrationen von mehr als 3 mg/kg/d werden Aktivitätsveränderungen von Serumenzymen festgestellt. Über 8 Monate sind bei Ratten 5 mg/kg/d ohne toxische Wirkung. Im 2-Jahre-Test mit Ratten wurden 3 mg/kg/d für weibliche Tiere und 10 mg/kg/d für männliche Tiere als no effect level ermittelt. Konzentrationen größer 10 mg/kg/d und 30 mg/kg/d führen zu Veränderungen in der Hautpigmentierung und zu Pigmentanreicherungen in der Leber und Niere. Das Fehlen einer Wirkungskumulierung wurde bei Langzeitexpositionen festgestellt.

3.4. Zur Mutagenität sind keine eindeutigen Ergebnisse verfügbar. Im chronischen Experiment mit Mäusen und Ratten wirkt Pentachlorphenol nicht karzinogen. Bei subkutaner Injektion konnten bei Mäusen Hepatome nachgewiesen werden. Konzentrationen von mehr als 5 mg/kg wirken fetotoxisch. Eine teratogene Aktivität ist nicht nachweisbar. Eine eindeutige Bewertung des genotoxischen Risikos bei Pentachlorphenol-Expositionen ist gegenwärtig nicht möglich.

3.5. Pentachlorphenol besitzt eine relativ hohe akut toxische Wirkung bei Fischen.

LC 50	Goldorfe	0,2–0,6 mg l^{-1}
LC 50	Lachs	1,8 µg l^{-1}
LC 50	Guppy	1,0 mg l^{-1}
LC 50	Goldfisch	0,2–0,24 mg l^{-1}

Bei Fischen ist eine Anreicherung der Substanz in der Gallenblase festgestellt.

3.6. Im Organismus erfolgt eine relativ schnelle Wirkstoffverteilung mit teilweiser Akkumulation in der Leber und Galle. Bei Rhesusaffen spielt der enterohepatische Kreislauf eine entscheidende Rolle bei der Distribution von Pentachlorphenol bzw. seiner Metaboliten. Die Exkretion erfolgt entweder in Form des nicht metabolisierten Wirkstoffes oder in Form verschiedener Glucuronide. Pentachlorphenol ist ein potenter Entkoppler der oxidativen Phosphorylierung. Hemmungen der Aktivität von Enzymen wie ATPase, Fumarase, Malatdehydrogenase und Succinatdehydrogenase sind nachgewiesen. Bei einer Pentachlorphenol-Konzentration von 10^{-2} mmol ist die Phosphataufnahme völlig unterbunden, während der Sauerstoffverbrauch und die Bildung von Acetessigsäure aus β-Hydroxybuttersäure nicht beeinflußt werden. Psycho-vegetative Störungen, Augen- und Schleimhautreizungen, Chlorakne, Gewichtsverluste, Nieren- und Leberschäden, Leberzirrhose, Knochenmarksschwund und Nervenschädigungen sind Folgen chronischer Intoxikationen.

3.7. Mittlere Biokonzentrationstendenz

4. **Grenz- und Richtwerte**

4.1. MAK-Wert: 0,05 ml/m^3 (ppm), 0,5 mg/m^3 (D)
Gefahr der Hautresorption
4.2. siehe Punkt 1.6.
Trinkwasser: 10 µg/l (WHO, 1983)
ADI-Wert: 0,003 mg/kg/d
Geruchsschwellenwert: 0,8–12 mg/l
organoleptischer Schwellenwert: 0,3 mg/l
4.3. Nach EG-Richtlinie 86/280/EWG bestehen Grenzwerte für Emissionsnormen für die Ableitung von Pentachlorphenol aus Industriebetrieben und Qualitätsziele für Gewässer (Inkrafttreten am 1.1.1988).
Grenzwerte für Emissionsnormen im abgeleiteten Abwasser:
Produktion von Pentachlorphenol-Natrium durch Hydrolyse von Hexachlorbenzol: 2 mg/l Tagesmittelwert
1 mg/l Monatsmittelwert
Qualitätsziele für Gewässer, die von den Abwässern betroffen werden:
– oberirdische Binnengewässer: 2 µg/l
– Mündungs- und Küstengewässer: 2 µg/l
– Küstenmeere: 2 µg/l
(arithmetisches Mittel der Ergebnisse eines Jahres)
Die PCP-Konzentrationen in Sedimenten, Mollusken, Schalentieren oder Fischen dürfen mit der Zeit nicht wesentlich ansteigen.

5. **Umweltverhalten**

Das Umweltverhalten von Pentachlorphenol wird maßgeblich durch eine geringe Wasserlöslichkeit und Flüchtigkeit sowie die physikalisch-chemische und mikrobiologische Stoffwandlung in Hydro- und Pedosphäre bestimmt. Die Mobilität zwischen Hydro- und Atmosphäre ist nur gering ausgeprägt. Der Wirkstoff ist in Hydro- und Pedosphäre durch eine mittlere Persistenz charakterisiert. In Bodensuspensionen konnte ein vollständiger Stoffabbau in 72 d festgestellt werden (Laborversuch). Unter natürlichen Bedingungen erfolgt der Abbau von 200 mg Pentachlorphenol/kg Boden zu 98 % in etwa 205 d. In Abwasser können durch Pseudomonas bis zu 200 mg l^{-1} ohne nachweisbare toxische Nebenwirkungen bei 30 °C abgebaut werden. Die abiotische photolytische Transformation erfolgt unter Bildung niedrig chlorierter Phenole, insbesondere von Tetrachlorphenol. Durch UV-Bestrahlung wäßriger Lösungen werden 30 mg l^{-1} Pentachlorphenol in 7 d zu etwa 99 % abgebaut. Tabelle 16 zeigt entsprechende physikalisch-chemische und biologische Abbaumöglichkeiten für Pentachlor-

Tabelle 16
Abiotische und biotische Transformationsprodukte des Pentachlorphenols

Transformationsprodukt	Medium/Species	Transformation
Tetrachlorbenzochinon	Wasser	isolierte Mikroorganismen (biologisch)
Trichlorhydroxybenzochinon	Wasser	isolierte Mikroorganismen (biologisch)
PCP-Acetat	Kultur	isolierte Mikroorganismen (biologisch) (Aeromonas, Pseudomonas etc.)
2,3,5,6-Tetrachlorphenol	Boden	reduktive Dehalogenierung
2,3,4,5-Tetrachlorphenol	Boden	reduktive Dehalogenierung
Tetrachlorkatechol		isolierte Bodenmikroorganismen (biologisch)
Tetrachlorhydrochinon		isolierte Bodenmikroorganismen (biologisch)
Verschiedene Di- u. Trichlorphenole	Boden	reduktive Dehalogenierung
Pentachlorphenylsulfat	Fisch	
Pentachlorphenyl-β-glucuronid	Fisch	

phenol. Für Algen besitzt der Wirkstoff eine hohe akut toxische Wirkung, z. B. für Chlorella pyri. sind 1 µg l^{-1} akut toxisch. In Oberflächengewässern sind durchschnittlich weniger als 1 µg l^{-1} in Trinkwässern 8–70 µg l^{-1}, in Grundwässern teilweise bis zu 800 µg l^{-1} und in wenig belasteten Abwässern durchschnittlich bis zu 5 µg l^{-1} Pentachlorphenol analysiert. Demgegenüber können Böden bis zu 60 mg/kg und atmosphärische Aerosole bis zu 100 mg/kg der Substanz enthalten. In menschlichen Gewebeproben wurden bis zu 20 µg/kg und in Urinproben 10–80 µg/kg analysiert. Auf Grund der physikalisch-chemischen Eigenschaften ergibt sich bei entsprechenden Pentachlorphenol-Emissionen folgende wahrscheinliche Kompartimentalisierung:
Hydrosphäre: 11 % Pedosphäre: 88 % Atmosphäre: 1 %.
Bei Trinkwasserverunreinigungen ist eine Wirkstoffeliminierung bis zu 65 % zu erwarten. Mit Aktivkohle erfolgt nur eine teilweise Eliminierung. Bei der Wasserchlorung ist die Möglichkeit der Pentachlorphenolbildung aus Phenol zu beachten. Oxidative Wasseraufbereitungsverfahren führen zur Bildung chinoider Reaktionsprodukte im pH-Bereich 3,5–6. Langsamsandfiltration führt zu Konzentrationsminderungen bis zu 40–50 %.

6. Abfallbeseitigung/schadlose Beseitigung/Entgiftung

Wäßrige Pentachlorphenollösungen können über Aktivkohle gereinigt oder mittels Ozon oxidativ aufbereitet werden. Eine Ablagerung ist nur auf

Schadstoffdeponien möglich. Nicht verwertbare Rückstände oder Abprodukte können in einer Sonderabfallverbrennungsanlage beseitigt werden.

7. Verwendung

Pentachlorphenol findet u. a. Verwendung als Algizid, Fungizid, Desinfektionsmittel, Holzschutzmittel, Lederschutz- und Konservierungsmittel, Zusatzstoff für Kühlwasserkreisläufe sowie als Zusatzstoff für Kautschuk und Kosmetika.

Literatur

Ahlborg, U. G., and Thunberg, T. M.: CRC Critical Review in Toxicology **7** (1980). 1
Augustin, H.: Vom Wasser **58** (1982): 297
Howard, P. H., and Durkin, P. R.: A Study of Benzenocarboxylates, Chlorinated Naphthalines, Chlorophenoles, Silicones and Fluorcarbones. Syracuse University Research Corporation, Syracuse N.Y.
Kunde, M., und Böhme, C.: Zur Toxikologie des Pentachlorphenols: Eine Übersicht. Bundesgesundheitsblatt **21**, Nr. 19/20 vom 20. September 1978, 302–310
Pentachlorphenol, BUA-Stoffbericht Nr. 3. Hrsg. Beratergremium umweltrelevante Altstoffe (BUA) VCH-Verlagsgesellschaft, Weinheim 1986
WHO, IARC Monographs on the Evaluation of the Carcinogenic Risk of Chemicals to Humans. Vol. 20, 1979, Some Halogenated Hydrocarbons. IARC, Lyon 1979

p-Chlornitrobenzen [100-00-5]

Die Herstellung von Chlornitrobenzen erfolgt durch Nitrierung von Chlorbenzen mit einem Gemisch aus 52,5 % Schwefelsäure, 35 % Salpetersäure und 12 % Wasser bei etwa 40–70 °C. Bei der Umsetzung entsteht ein Gemisch aus 34 % ortho-Chlornitrobenzen, 65 % para-Chlornitrobenzen und 1 % meta-Chlornitrobenzen. Die Isomerentrennung erfolgt durch fraktionierte Destillation und Kristallisation. Kommerzielle Bedeutung hat lediglich das para-Isomere.

1. Allgemeine Informationen

1.1. para-Chlornitrobenzen [100-00-5]
1.2. Benzen, 1-chlor-4-nitro,
1.3. $C_6H_4ClNO_2$

1.4. Chlornitrobenzol
1.5. Nitro-Chlor-Aromaten
1.6. giftig

2. Ausgewählte Eigenschaften

2.1. 157,54
2.2. monokline, gelbe Kristalle mit nitrobenzolähnlichem Geruch
2.3. 242 °C
2.4. 83 °C
2.5. 7,24 mbar bei 20 °C/7,24 · 10^2 Pa
2.6. 1,29 g/cm³
2.7. Wasser: unlöslich
2.8. Beim Erhitzen bilden sich Stickoxide und Chlorwasserstoff. Das Chloratom des Moleküls ist leicht durch andere funktionelle Gruppen wie Hydroxyl-, Methoxy- oder Ethoxygruppen substituierbar.
2.9. lg P = 2,4
2.10. keine Angaben
2.11. lg SC = 2,1
2.12. lg BCF = 2,6
2.13. nicht leicht biologisch abbaubar
2.14. keine Angaben

3. Toxizität

3.1. keine Informationen verfügbar
3.2. oral   Ratte   LD 50   288 mg/kg (ortho-Isomere)
     oral   Maus   LD 50   135 mg/kg (ortho-Isomere)

| | oral | Ratte | LD 50 | 420 mg/kg (para-Isomere) |
| oral | Maus | LD 50 | 1414 mg/kg (para-Isomere) |

3.3. Bei chronischen Expositionen werden Veränderungen des Blutbildes bis zur Ausbildung einer Methämoglobinämie festgestellt. Ursache hierfür ist die Bildung von Nitrosobenzen im Organismus. Weiterhin sind Störungen der Nierenfunktion und des ZNS nachweisbar. Bei wiederholter Aufnahme akkumuliert die Verbindung.
3.4. keine Informationen verfügbar
3.5. keine Informationen verfügbar
3.6. durch intakte Haut erfolgt schnelle Resorption
3.7. infolge geringer Wasserlöslichkeit ist eine Bioakkumulation zu erwarten

4. Grenz- und Richtwerte

4.1. MAK-Wert: 1 mg/m^3 Gefahr der Hautresorption
4.2. Geruchsschwellenwert: 0,01–0,2 mg/l
4.3. keine Angaben

5. Umweltverhalten

Der Verteilungskoeffizient der Verbindung deutet auf eine mittlere Bio- und Geoakkumulationstendenz hin. Eine hohe Persistenz ist nicht zu erwarten. Die biologische Stoffwandlung erfolgt sowohl durch Reduktion der Nitrogruppe als auch durch Substitution des Chloratoms durch eine Hydroxylgruppe unter Bildung von Nitrophenol.

6. Abfallbeseitigung/schadlose Beseitigung/Entgiftung

Konzentrierte Abfälle werden in einer Sonderabfallverbrennungsanlage beseitigt. Verdünnte wäßrige Abprodukte können mit Kalk behandelt und einer biologischen Abwasserreinigung zugeführt werden. Vor der Einleitung in den Vorfluter ist eine Sandfiltration empfehlenswert.

7. Verwendung

p-Chlornitrobenzen wird vorzugsweise zur Herstellung von Azo- und Schwefelfarbstoffen, Pharmaka, Fungiziden und Konservierungsmitteln verwendet.

Literatur

ortho-Chlornitrobenzol, BUA Stoffbericht Nr. 2. Hrsg. Beratergremium umweltrelevante Altstoffe (BUA), VCH-Verlagsgesellschaft, Weinheim 1985
meta- und para-Chlornitrobenzol, BUA Stoffbericht Nr. 11. Hrsg. Beratergremium umweltrelevante Altstoffe (BUA), VCH-Verlagsgesellschaft, Weinheim 1988

Chloroform [67-66-3]

Die Herstellung von Chloroform erfolgt entweder durch Hydrochlorierung von Methanol oder durch Chlorierung von Methan. Die Weltproduktion betrug 1973 schätzungsweise 245000–300000 t. Die gegenwärtigen Produktionsmengen westlicher Industrieländer, einschließlich Japans, werden mit 70000 bis 100000 t jährlich angegeben. Die produktions- und anwendungstechnisch bedingten Chloroform-Emissionen betragen etwa 10000 t. Chloroform bildet sich in beachtlichen Mengen bei der Chlorbleiche von Zellulose. Darüber hinaus wird infolge der Chloroformbildung bei der Wasserchlorung mit einer zusätzlichen Belastung des Wassers mit schätzungsweise 10000 t jährlich gerechnet. Dabei wird ein durchschnittlicher Chloroformgehalt von 20 µg l^{-1} zugrunde gelegt. Neben anwendungstechnisch bedingten Emissionen kann die photolytische Zersetzung von Trichlorethylen eine weitere Quelle für Chloroformkontaminationen der Atmosphäre darstellen. Den gegenwärtigen Erkenntnissen entsprechend ist Chloroform ubiquitär und nahezu in allen Strukturen von Hydro-, Pedo-, Atmo- und Biosphäre nachweisbar. Handelsübliches Chloroform enthält u. a. Bromchlormethan (bis zu 500 ppm), Bromdichlormethan. Methylenchlorid, Tetrachlormethan (bis zu 1500 ppm), 1,2-Dichlorethan, Trichlorethylen und Tetrachlorethan als Verunreinigungen.

1. Allgemeine Informationen

1.1. Chloroform [67-66-3]
1.2. Methan, Trichlor
1.3. $CHCl_3$

$$Cl-\underset{H}{\overset{Cl}{C}}-Cl$$

1.4. Formylchlorid, Methantrichlorid
1.5. Haloform/Chlormethane
1.6. mindergiftig
Die Verwendung von Chloroform als Pflanzenschutzmittel ist in der Bundesrepublik Deutschland verboten.

2. Ausgewählte Eigenschaften

2.1. 119,4
2.2. klare, stark lichtbrechende, farblose Flüssigkeit mit typischem, süßlichem Geruch
2.3. 61,2 °C
2.4. −63,5 °C
2.5. 200 mm Hg bei 25,9 °C/2,66 · 10^4 Pa
2.6. 1,485 g/cm^3
2.7. Wasser: 8220 mg l^{-1} bei 20 °C; 7420 mg l^{-1} bei 25 °C
Chloroform ist leicht mischbar mit Benzen, Pentan, Hexan, Ethanol, Diethylether.

2.8. In Anwesenheit starker Oxidationsmittel zersetzt sich Chloroform unter Bildung von Phosgen und Chlor. In alkalischer Lösung bilden sich in Gegenwart von Phenolen hydroxysubstituierte aromatische Aldehyde. Mit Aminen erfolgt eine Umsetzung unter Bildung von Isonitrilen. Chloroform ist nicht photolysestabil.

2.9. lg P = 2,02
2.10. H = $1,6 \cdot 10^5$
2.11. lg SC = 1,8
2.12. lg BCF = 1,9
2.13. biologisch nicht leicht abbaubar
2.14. $k_{OH} = 2 \cdot 10^{-13}$ cm³ s⁻¹, $t_{1/2}$ = 80 d

3. Toxizität

3.1. Geschätzte jährliche Exposition gegenüber Chloroform (ausgenommen berufliche Expositionen)

			Exposition (mg/a)
Maximal:	Atmosphäre		474
	Wasser		494
	Nahrung (gesamt)		16,4
Minimal:	Atmosphäre		0,41
	Wasser		0,037
	Nahrung (gesamt)		0,21
Mittel:	Atmosphäre		5,20
	Wasser		14,9
	Nahrung (gesamt)		2,17

3.2.
oral	Ratte	LD 50	300 mg/kg
oral	Hund	LDL 0	1 000 mg/kg
oral	Maus	LDL 0	2 400 mg/kg
ihl	Ratte	LCL 0	8 000 ppm über 4 h
ihl	Mensch	LDL 0	10 ppm über 1 a

3.3. Chronische Intoxikationen manifestieren sich vorzugsweise in Schädigungen der Leber, Niere, des ZNS und des kardiovaskulären Systems. Bei inhalativer Exposition von Ratten, Kaninchen und Meerschweinchen gegenüber 25, 50 oder 85 ppm Chloroform bzw. von Hunden gegenüber 25 ppm für 7 h/d, 5 d/Woche über 6 Monate sind histopathologische Veränderungen der Leber und Niere, eine erhöhte Mortalitätsrate sowie Gewichtsveränderungen verschiedener Organe festgestellt. Bei Expositionen gegenüber 25 ppm Chloroform sind die Effekte wahrscheinlich reversibel.

3.4. Chloroform ist im Tierexperiment bei Ratten und Mäusen karzinogen. Bei weiblichen Ratten treten vorzugsweise Schilddrüsentumoren, bei männlichen Ratten Leber- und Nierentumoren auf. Im Ames-Test ist die Verbindung nicht mutagen. 30, 100 oder 300 ppm Chloroform wirken bei inhalativer Exposition 7 h/d bei trächtigen Ratten (6–15 d) fetotoxisch. Teratogene Effekte sind nicht festgestellt.

3.5. Für Fische wird eine Schädlichkeitsgrenze von etwa 10 mg l⁻¹ angegeben.

3.6. Chloroform wird vom Organismus sehr schnell absorbiert und über die

Blutbahn verteilt. Sowohl bei inhalativer als auch oraler Aufnahme können zwischen 70–75 % der Substanz in nicht metabolisierter Form über den Respirationstrakt abgeatmet werden. Insbesondere im ZNS und in lipoidreichen Organstrukturen wie der Leber werden höhere Chloroformkonzentrationen festgestellt, was auf die Passage der Blut-Hirn-Schranke und eine gewisse Bioakkumulationstendenz des Stoffes hindeutet. An Leber- und Nierenproteine erfolgt eine ausgeprägte kovalente Bindung. Veränderungen der Aktivität von Enzymen wie Cytochrom P-450 sind nachgewiesen.
3.7. Chloroform ist durch eine relativ geringe Bioakkumulationstendenz charakterisiert.

4. Grenz- und Richtwerte

4.1. MAK-Wert: 10 ml/m^3, 50 mg/m^3 (D)
III B begründeter Verdacht auf krebserregendes Potential (D)
4.2. Trinkwasser: 100 µg/l (USA)
20 µg/l (WHO)
Geruchsschwellenwert: 200 ppm
Ausgehend von einem möglichen Krebsrisiko bei Chloroformexposition werden von der U.S. EPA folgende Grenzwertempfehlungen gegeben:

Krebsrisiko	Grenzwert (µg/l)
10^{-7}	0,021
10^{-6}	0,21
10^{-5}	2,1

4.3. TA Luft: 20 mg/m^3 bei einem Massenstrom von 0,1 kg/h und mehr
Abfallbeseitigung nach
§ 2 Abs. 2 Abfallgesetz: Lösemittel, Lack- und Farbschlämme, Anstrichmittel, Abfallschlüssel 55 203

5. Umweltverhalten

Chloroform ist in den Strukturen von Hydro-, Pedo- und Atmosphäre nahezu ubiquitär. Ursächlich bedingt durch seine Wasserlöslichkeit, Flüchtigkeit, Lipoidlöslichkeit ist es durch eine relativ große Mobilität in und zwischen den Umweltstrukturen charakterisiert. Halbwertszeiten in der Atmosphäre zwischen 15 und 23 Wochen, dem Wasser von $10 \cdot 10^4$ bis $14 \cdot 10^6$ Wochen und in Biosystemen von schätzungsweise bis zu 2 Jahren deuten auf eine relativ große Stabilität in der Umwelt hin. Neben produktions- und anwendungsbedingten Emissionen gehören die Wasserchlorung (Trinkwasser- und Abwasserchlorung), der Abbau von Tetrachlorethylen, Trichlorethylen und Dichloracetylchlorid sowie die Reaktion von Methanol und Chlor in der Atmosphäre, zu den maßgeblichen Kontaminationsquellen. Die relativ geringe Geoakkumulationstendenz, verbunden mit einer vergleichsweise hohen Wasserlöslichkeit, kann bei massiven Bodenverunreinigungen zu Migrationen des Chloroforms bis in grundwasserführende Bodenschichten führen. Biologische Abwasseraufbereitungsprozeßstufen werden in ihrer Funktionsfähigkeit durch Chloroformkonzentrationen bis 10 mg l^{-1} nicht wesentlich beeinträchtigt.

Die Grundbelastung der Atmosphäre wird mit 0,05–0,1 µg/m³ Chloroform angegeben. Demgegenüber werden in Stadtgebieten bis zu 74 µg/m³ analysiert.

In Trinkwässern sind bis zu 910 µg l^{-1}, in Grundwässern bis zu 620 µg l^{-1} und in Oberflächenwässern bis zu 111 µg l^{-1} Chloroform nachgewiesen. Uferfiltrate belasteter Flußwässer enthalten bis zu 20 µg l^{-1} und stark belastete Abwässer bis zu 4000 µg l^{-1} der Verbindung. Fische in relativ wenig belasteten Wässern enthielten zwischen 56 und 1040 µg/kg und Mollusken zwischen 7 und 851 µg/kg Chloroform. In menschlichen Gewebeproben wurden bis zu 68 µg/kg analysiert.

6. Abfallbeseitigung/schadlose Beseitigung/Entgiftung

Chloroformrückstände können destillativ aufgearbeitet werden. Destillationsschlämme werden durch Wasserdampfdestillation weiter konzentriert und nachfolgend in Sonderverbrennungsanlagen mit Rauchgaswäsche beseitigt. Chloroformhaltige Rückstände oder Abprodukte sind nicht deponiefähig.

7. Verwendung

Hauptverwendungszwecke:
- Kühlmittel
- Aerosolsprays
- Herstellung von Fluorplasten
- Extraktions- und Lösungsmittel in der chemischen Industrie
- Pharmazeutische Industrie, Kosmetikaherstellung.

Literatur

Chloroform, BUA-Stoffberichte, Nr. 1. Hrsg. Beratergremium umweltrelevante Altstoffe (BUA), VCH-Verlagsgesellschaft, Weinheim 1985
Environmental Protection Agency, Chloroform, Position Document 2, Office of Pesticides and Toxic Substances. Washington, D.C., September 1982
ARC Monographs on the Evaluation of the Carcinogenic Risk of Chemicals to Humans. Volume 20, Some Halogenated Hydrocarbons. IARC, Lyon 1979

Chloropren [126-99-8]

Die Herstellung von Chloropren erfolgt nach 2 technischen Verfahren:
- Umsetzung von Acetylen mit Chlorwasserstoff
- Umsetzung von Butadien mit Chlor.

Chloroprenhaltige Abprodukte entstehen insbesondere bei der Produktsynthese und bei der Emulsionspolymerisation.

1. Allgemeine Informationen

1.1. Chloropren [126-99-8]
1.2. 1,3-Butadien, 2-Chlor
1.3. C_4H_5Cl

$$CH_2 = C - C = CH_2$$
$$||$$
$$ClH$$

1.4. Chlorbutadien
1.5. Chlordiene
1.6. minder giftig, leicht entzündlich

2. Ausgewählte Eigenschaften

2.1. 88,54
2.2. farblose, leicht flüchtige Flüssigkeit mit ätherischem Geruch
2.3. 59,4 °C
2.4. −130 °C
2.5. 239 mbar bei 20 °C/2,39 · 10^4 Pa
2.6. 0,96 g/cm³
2.7. Wasser: schwer löslich
2.8. Auf Grund der beiden Doppelbindungen im Molekül ist die Verbindung außerordentlich reaktiv. Bei Raumtemperatur erfolgt selbst unter Lichtausschluß spontane Polymerisation. Additionsreaktionen erfolgen häufig explosionsartig. Die Lagerung und der Transport von Chloropren erfolgen unter Zusatz von Stabilisatoren bei −10 °C.
2.9. keine Angaben
2.10. keine Angaben
2.11. keine Angaben
2.12. keine Angaben
2.13. keine Angaben
2.14. $K_{OH} = 4,6 \cdot 10^{-11}$ cm³ s⁻¹; $t_{1/2} = 0,3$ d

3. Toxizität

3.1. keine Informationen verfügbar
3.2. oral   Ratte   LDL 0   64 mg/kg
     ihl   Ratte   LCL 0   2000 ppm über 4 h
     scu   Kaninchen   LD 50   2200 mg/kg

3.3. Chronische Intoxikationen manifestieren sich insbesondere in Leber-, Nieren- und Lungenschädigungen.
3.4. keine Informationen verfügbar
3.5. keine Informationen verfügbar
3.6. Hohe Chloroprenkonzentrationen können nach wenigen Sekunden zum Tode führen. Die Resorption der Verbindung erfolgt rasch. Aktivitätsveränderungen von Enzymen wie Adenosintriphosphatase, Xanthinoxydase, Succinatdehydrogenase, Hexokinase und Cholinesterase sind festgestellt. Bei Hautresorption treten lokale dermale Veränderungen auf. 8stündige Inhalation von 165 ppm führt bei Ratten zum Tode.
3.7. keine Biokonzentration zu erwarten

4. Grenz- und Richtwerte

4.1. MAK-Wert: 10 ml/m^3 (ppm), 36 mg/m^3 (D) Gefahr der Hautresorption
4.2. Geruchsschwellenwert: 139–277 ppm
4.3. TA Luft: 0,10 g/m^3 bei einem Massenstrom von 2 kg/h und mehr

5. Umweltverhalten

Infolge seiner hohen Flüchtigkeit und Reaktivität hat Chloropren als Schadstoff für Hydro- und Pedosphäre kaum Bedeutung. Bei massiven Kontaminationen ist mit einem schnellen Stofftransfer in die Atmosphäre sowie einer schnellen Stoffumwandlung zu rechnen.

6. Abfallbeseitigung/schadlose Beseitigung/Entgiftung

Jede Form der Deponie ist auszuschließen. Abfälle, die nur polymerisiertes Chloropren enthalten, können auf einer Sonderdeponie gelagert werden. Soweit eine destillative Aufarbeitung von Rückständen nicht möglich ist, erfolgt die Beseitigung in einer Sonderabfallverbrennungsanlage mit Rauchgaswäsche.

7. Verwendung

Chloropren wird vorzugsweise zur Herstellung von Chloropren-Kautschuk verwendet.

Chrom [7440-47-3] und -verbindungen

Trotz der weiten Verbreitung des Elementes Chrom, z. B. mit durchschnittlich 125 mg/kg in der Erdkruste, erreichen die natürlicherweise in Hydro- und Atmosphäre analysierten Konzentrationen selten die Nachweisempfindlichkeit der gegenwärtig angewandten Analysenverfahren. Der background-level der Atmosphäre wird mit etwa 5 pg/m^3 angegeben. Entsprechende Konzentrationen in Gewässern erreichen Werte um 0,5 µg l^{-1}. Die in Hydro-, Pedo-, Atmosphäre und Biosphäre festgestellten Chrommengen sind vorwiegend auf industrielle Emissionen zurückzuführen. Während die natürlich bedingten Emissionen in die Atmosphäre mit etwa 58 000 t jährlich angegeben werden, erreichen die anthropogen bedingten Emissionen nahezu 100 000 t/a. Mit schätzungsweise 55 000 t jährlich tragen Abwässer zur Chrombelastung der Umwelt bei. Bei Verbrennungsprozessen werden etwa 1 500 t/a emittiert.

Die in den USA 1972 industriell verarbeiteten Chrommengen werden mit mehr als 320 000 t angegeben.

Natürlicherweise kommt Chrom in den Oxidationsstufen 3+ und 6+ in Form von Chrom-(III)- und Chrom-(VI)-verbindungen vor. Chrom-(VI)-verbindungen sind gut wasserlöslich, werden jedoch unter natürlichen Bedingungen in Gegenwart organischen, oxidierbaren Materials schnell zu den weniger wasserlöslichen, stabilen Chrom-(III)-verbindungen reduziert. Der umgekehrte Prozeß ist temperaturabhängig und verläuft vergleichsweise langsam. Durch Sorptionsprozesse an Magnesium- und Calciumverbindungen wird die Oxidationsgeschwindigkeit weiter vermindert. Im Hinblick auf das Umweltverhalten leitet sich somit für Chrom-(III)-verbindungen im Gegensatz zu Chrom-(VI)-verbindungen eine hohe Stabilität ab. Sechswertiges Chrom liegt in wäßriger Lösung vorzugsweise in anionischer Form vor, und wird deshalb in alkalischem Milieu kaum ausgefällt. Hydrochromat, Chromat und Dichromat zählen zu den wichtigsten umweltrelevanten Chrom-(VI)-anionen. In stark alkalischer oder neutraler Lösung überwiegt die Chromatform, während bei niedrigem pH-Wert die Dichromatform bevorzugt ist. In natürlichen Wässern kommt das Element vorzugsweise in Form von Hydrochromatanionen vor.

Dreiwertiges Chrom bildet hexavalente Komplexe. Die Komplexbildungstendenz beispielsweise mit Carboxylgruppen ist dabei Grundlage der koordinativen Bindung an Aminosäuren, Nucleinsäuren und Nucleoproteine. Im Zusammenhang mit der vermuteten karzinogenen bzw. kokarzinogenen Wirkung gewinnen gerade diese Reaktionen besondere Bedeutung. Im Gegensatz zu Chrom-(III) ist Chrom-(VI) genetisch außerordentlich aktiv. In nahezu allen Testsystemen zur Ermittlung mutagener Wirkung sind Chrom-(VI)-verbindungen aktiv. Im Zusammenhang mit der nachgewiesenen Plazentapassage ergibt sich hieraus ein hohes Gefährdungspotential für Embryonen und Feten. Die karzinogene Wirkung von Chrom-(VI)-verbindungen ist sowohl im Tierexperiment nachgewiesen als auch durch die Ergebnisse epidemiologischer Studien an beruflich exponierten Bevölkerungsgruppen untersetzt. Die entsprechenden Latenzzeiten werden mit etwa 10—27 a angegeben. Synergistische Effekte sind bei kombinierten Expositionen gegenüber Chrom und Zink sowie Chrom und Viren festgestellt. Im Gegensatz zu Chrom-(VI)- sind Chrom-(III)-verbindungen weniger aktiv. Eine karzinogene Wirkung konnte bislang nicht eindeutig bestätigt werden. Vermutlich handelt es sich jedoch um ultimative Karzinogene. Akute Intoxikationen manifestieren sich bei Chrom-(VI)-verbindungen u. a. in Nierenschädigungen. Chronische Intoxikationen können zu Veränderungen des Gastrointestinaltraktes sowie zu Akkumulierungen in der Leber, Niere, Schilddrüse und Knochenmark führen. Damit verbunden ist eine geringe Ausscheidungsrate. In aquatischen Systemen schwankt die Toxizität löslicher Chromverbindungen in Abhängigkeit von pH, Temperatur und Wasserhärte sowie der Organismenspezies. Die Beurteilung der Mobilität von Chrom in der Pedosphäre muß die adsorptive und reduzierende Kapazität von Böden und Sedimenten beachten. Da die Oxidation von Chrom-(III)- zu Chrom (VI)-verbindungen natürlicherweise kaum erfolgt, ist in aquatischen Systemen nur eine geringfügige Remobilisierungstendenz für sedimentierte Chrom-(III)-hydroxide zu erwarten. Chromhaltige Abfälle sind insbesondere auf Grund ihres Verhaltens im geologischen Untergrund bei Deponieablagerungen kritisch zu bewerten. In alkalischem Milieu sind Chromate schätzungsweise bis zu 50 a stabil und migrieren selbst durch bindige Böden bis in grundwasserführende Schichten.

Literatur

IARC Monographs on the Evaluation of the Carcinogenic Risk of Chemicals to Humans. Volume 23, 1980, Some Metals and Metallic Compounds IARC, Lyon 1980
Levis, A. G., and Bianchi, V.: Mutagenic and Cytogenetic Effects of Chromium Compounds. In: Langard (Hrsg.): Biological and Environmental Aspects of Chromium. Elsevier Biomed. Press (1982): 171–208
Hayes, R. B.: Carcinogenic Effects of Chromium. In: Langard (Hrsg.): Biological and Environmental Aspects of Chromium. Elsevier Biomed. Press (1982): 222–247
Stern, R. M.: Chromium Compounds: Production and Occupational Exposure. The Danish Welding Institute Report. 82. 03, Glostrup, Denmark 1982

Natriumdichromat [10588-01-9]

1. Allgemeine Informationen

1.1. Natriumbichromat [10588-01-9]
1.2. Chromsäure, Dinatriumsalz
1.3. $Na_2Cr_2O_7 \cdot 2\,H_2O$
1.4. Natriumpyrochromat
1.5. Chrom-(VI)-verbindungen (Chromate)
1.6. reizend

2. Ausgewählte Eigenschaften

2.1. 298,1
2.2. orangerote, hygroskopische Kristalle
2.3. bei 450 °C erfolgt Zersetzung
2.4. 320 °C
2.5. keine Angaben
2.6. 2,52 g/cm³ bei 20 °C
2.7. Wasser: 2 380 g l^{-1} bei 0 °C

	1 800 g l⁻¹ bei 20 °C
Methanol:	513 g l⁻¹ bei 19 °C

2.8. Natriumdichromat ist ein starkes Oxidationsmittel und reagiert sehr leicht mit oxidierbaren Stoffen.
2.9. entfällt
2.10. entfällt
2.11. entfällt
2.12. entfällt
2.13. entfällt
2.14. entfällt

3. Toxizität

3.1. keine Angaben
3.2. oral Mensch LD 6–8 g
      oral Mensch LD 1 g
3.3. Bei chronischen Expositionen gegenüber Natriumdichromat wird die Ausbildung von Geschwüren im Magen-Darm-Trakt festgestellt. Die beobachtete Bioakkumulation ist verbunden mit einer nur geringfügigen Chromausscheidung über den Urin.
3.4. Im mikrobiologischen Kurzzeittest wirkt die Verbindung mutagen. Die Untersuchungsergebnisse zur karzinogenen Wirkung sind nicht eindeutig signifikant.
3.5. Die akut toxische Wirkung für Fische wird ohne Speziesdifferenzierung mit einem Bereich zwischen 60–728 mg l⁻¹ angegeben.
3.6. vergleiche unter Chromverbindungen
3.7. Die Biokonzentration erfolgt im Säugerorganismus vorzugsweise in der Leber, Niere, Schilddrüse und Knochenmark.

4. Grenz- und Richtwerte

4.1. MAK-Wert:
   Alkalichromat   III B begründeter Verdacht auf krebserzeugendes Potential (D)
4.2. Trinkwasser: 50 µg/l als Cr (D)
                         50 µg/l als Cr (WHO 1983)
4.3. TA Luft: 5 mg/m³ bei einem Massenstrom von 25 g/h oder mehr

Abfallbehandlung nach
§ 2 Abs. 2 Abfallgesetz: Chrom(VI)-haltige Konzentrate, Bäder
                          Abfallschlüssel 52712
                          Chrom(VI)-haltige Halbkonzentrate
                          Abfallschlüssel 52718
Abwasseranlagen: 2 mg/l als Cr

5. Umweltverhalten

Unter natürlichen Bedingungen, insbesondere in Anwesenheit organischen Materials erfolgt eine schnelle Reduktion von Dichromat unter Bildung wenig wasserlöslicher Chrom-(III)-verbindungen. In aquatischen Systemen können sich bildende Chrom-(III)-hydroxide sedimentieren. In Abhängigkeit vom pH-Wert erfolgt die Reduktion in saurem Milieu schneller als im alkalischen Bereich. Damit im Zusammenhang steht die Variationsbreite toxischer Wirkquantitäten von Chromaten gegenüber aquatischen Organismen. Natriumdichromat ist durch eine relativ hohe akut toxische Wirkung für Wassermikroorganismen charakterisiert. Toxische Wirkkonzentrationen liegen im Bereich von 0,3–22 mg l^{-1}. Die Mobilität von Chromaten in Böden wird maßgeblich von den Milieueigenschaften pH-Wert, Temperatur, Sorptionskapazität und Redoxpotential bestimmt. Migrationen von Chromationen in grundwasserführende Strukturen sind möglich. Demgegenüber führt die Chromatreduktion zur Chromfixierung in Böden infolge der verminderten Wasserlöslichkeit. Bodenmigrationen sind allerdings nicht auszuschließen.

6. Abfallbeseitigung/schadlose Beseitigung/Entgiftung

Lösliche Chromate und Dichromate werden reduziert und in Form von Chrom-(III)-hydroxiden gefällt. Die anfallenden Schlämme können durch Teilentwässerung stichfest und ablagerungsfähig gemacht werden. Die Reduktion erfolgt u. a. mit Natriumsulfit in schwefelsaurer Lösung. Die Ablagerung erfolgt auf Sonderdeponie. Bei der Deponie chromathaltiger Rückstände oder Abprodukte ist eine Mischdeponie empfehlenswert, um den Reduktionsprozeß zu initiieren. Die Verbrennung Chrom-(III)-haltiger Schlämme sollte auf Grund einer möglichen Chromatbildung vermieden werden.

7. Verwendung

Chromate werden vorzugsweise in der Metallveredlung, der Leder- und Textilindustrie sowie zur Herstellung von Farbstoffen und Pigmenten verwendet.

Chrysen [218-01-9]

1. Allgemeine Informationen
1.1. Chrysen [218-01-9]
1.2. Chrysen
1.3. $C_{18}H_{12}$
1.4. 1,2-Benzophenanthren, Benzo(a)phenanthren
1.5. polyzyklische aromatische Kohlenwasserstoffe
1.6. keine Angaben

2. Ausgewählte Eigenschaften
2.1. 228,3
2.2. farblose Blättchen mit bläulicher Fluoreszens
2.3. 448 °C
2.4. 255–256 °C
2.5. $6,3 \cdot 10^{-7}$ Torr bei 20 °C/7,99 $\cdot 10^{-5}$ Pa
2.6. keine Angaben
2.7. Wasser: 2 µg l^{-1}; 1,5–2,2 µg l^{-1}
leichtlöslich in Aceton, Schwefelkohlenstoff und Diethylether
Ethylalkohol: 1 g/1 300 ml
Toluen: 0,24 Teile/100 Teile bei 18 °C
löslich in Benzen und heißem Xylen
2.8. Keine photo-oxidative Umsetzung in organischen Lösungsmitteln bei Sonnenlicht- oder Fluoreszenslichtbestrahlung. In Gegenwart von Stickstoffmonoxid und Stickstoffdioxid erfolgt Nitrierung.
2.9. lg P = 5,61
2.10. H   = 49,9
2.11. lg SC = 4,9
2.12. lg BCF = 5,25
2.13. keine Angaben
Aus der Struktur wird abgeleitet, daß der Stoff biologisch nicht leicht abbaubar ist.
2.14. keine Angaben

3. Toxizität
3.1. Nahrungsmittel und Luft sind maßgebliche Expositionsquellen für den Menschen. Eine Quantifizierung der Exposition ist nicht möglich.
3.2. i.p. Maus LD 50 > 320 mg/kg
3.3. keine Angaben
3.4. Bei Hautapplikation ist Chrysen karzinogen bei Mäusen in verschiedenen

Tests. Zur Teratogenität sind keine Angaben verfügbar. Im Ames-Test bei metabolischer Aktivierung ist die Verbindung mutagen aktiv. Ergebnisse anderer Testsysteme sind nicht eindeutig signifikant.

3.5. keine Angaben

3.6. Chrysen wird im Organismus relativ schnell resorbiert. Der Metabolismus erfolgt unter Bildung von Monohydroxy-Derivaten sowie 1,2-, 3,4- und 5,6-dihydrodiolen. Bei exogener metabolischer Aktivierung ist das 1,2-dihydrodiol sowie das 1,2-diol-3,4-epoxid mutagen im Ames-Test und bei Säugerzellen.

3.7. Der Biokonzentrationsfaktor deutet auf eine relativ hohe Bioakkumulationstendenz hin.

4. Grenz- und Richtwerte

4.1. MAK-Wert: III A2, krebserzeugend (D)
4.2. Trinkwassergrenzwert: 0,2 µg/l für die Summe der PAK (D), berechnet als C
4.3. keine Angaben

5. Umweltverhalten

Das Umweltverhalten von Chrysen ist dem von Pyren vergleichbar.

6. Abfallbeseitigung/schadlose Beseitigung/Entgiftung
keine Angaben

7. Verwendung
keine Angaben

Literatur

WHO, IARC Monographs on the Evaluation of Carcinogenic Risks of Chemicals to Humans. Vol. 32, 1983. Polynuclear Aromatic Compounds
Part 1. Chemical, Environmental and Experimental Data. IARC, Lyon 1983

Cresole [1319-77-3]

Auf Grund der chemischen Struktur der Verbindung sind drei Isomere zu unterscheiden: ortho-, meta- und para-Cresol. Sie sind im Steinkohlenteer enthalten und finden im allgemeinen ohne weitere Auftrennung Verwendung. Unter dem Namen „Lysol" ist cresolhaltige Seifenlösung als Desinfektionsmittel in Gebrauch. Die Herstellung von Cresol erfolgt technisch aus dem sogenannten Carbolöl, welches bei der Destillation des Steinkohlenteers bei etwa 170 bis 230 °C abgeschieden wird. Durch Extraktion mit Natronlauge oder nach dem Phenoraffinverfahren mit wäßriger Natriumphenolatlösung und iso-Propylether wird die Phenolatlauge abgetrennt. Durch Rektifikation erhält man die Cresol-Isomere. Über Produktions- und Anwendungsmengen liegen keine Informationen vor.

1. Allgemeine Informationen

1.1. o-Cresol, m-Cresol, p-Cresol [95-48-7] [108-39-4] [106-44-5]
1.2. Phenol, Methyl-
1.3. C_7H_8O

1.4. Methylphenol, Hydroxytoluen
1.5. Phenole
1.6. giftig

2. Ausgewählte Eigenschaften

2.1. 108,9
2.2. farblose bis dunkelbraune Flüssigkeit in Abhängigkeit von der Reinheit, der Lichteinwirkung und dem Alter der Substanz
2.3. o-Cresol   191 °C
     m-Cresol   203 °C
     p-Cresol   202 °C
2.4. o-Cresol   31 °C
     m-Cresol   11 °C
     p-Cresol   35 °C
2.5. Isomerengemisch 2,27 mbar bei 20 °C/2,27 · 10^2 Pa
2.6. 1,03 g/cm^3 bei 20 °C
2.7. Wasser: 20 g l^{-1} bei 20 °C
2.8. Flammpunkt: 43–82 °C; die wäßrige Lösung reagiert schwach sauer
2.9. lg P   = 1,5 (o-Cresol)
2.10. H   = 67,10 (o-Cresol)
2.11. lg SC = 2,16 (o-Cresol)
2.12. lg BCF = 2,1 (o-Cresol)
2.13. o-, m- und p-Cresol: leicht biologisch abbaubar

2.14. o-Cresol: $k_{OH} = 4{,}1 \cdot 10^{-11}$ cm^3 s^{-1}; $t_{1/2} = 0{,}4$ d
m-Cresol: $k_{OH} = 5{,}9 \cdot 10^{-11}$ cm^3 s^{-1}; $t_{1/2} = 0{,}3$ d
p-Cresol: $k_{OH} = 4{,}5 \cdot 10^{-11}$ cm^3 s^{-1}; $t_{1/2} = 0{,}4$ d

3. Toxizität

3.1. keine Angaben

3.2.
o-Cresol	oral	Ratte	LD 50	121 mg/kg
	scu	Ratte	LDL 50	55 mg/kg
	ivn	Hund	LDL 0	80 mg/kg
m-Cresol	oral	Ratte	LD 50	242 mg/kg
	oral	Kaninchen	LDL 0	1400 mg/kg
p-Cresol	oral	Ratte	LD 50	206 mg/kg
	oral	Kaninchen	LDL 0	620 mg/kg
	scu	Ratte	LDL 0	80 mg/kg

3.3. Chronische Intoxikationen manifestieren sich u. a. in Leber- und Nierenschädigungen sowie in Schleimhautveränderungen.

3.4. keine Angaben

3.5. Für Fische wird bei p-Cresol-Expositionen eine akute Toxizität mit 9,2 bis 21 mg l^{-1} angegeben. Die LC 50 wird ohne Speziesdifferenzierung bei o-Cresol mit 15,4 mg l^{-1} und m-Cresol mit 21 mg l^{-1} festgestellt. Cresol verursacht bei exponierten Fischen Geschmacksbeeinträchtigungen.

3.6. Die biologische Wirkung ist der des Phenols vergleichbar.

3.7. Infolge der relativ hohen Wasserlöslichkeit ist nur eine geringe Biokonzentrationstendenz zu erwarten.

4. Grenz- und Richtwerte

4.1. MAK-Wert: 5 ml/m^3 (ppm), 22 mg/m^3 (D)
Gefahr der Hautresorption
(alle Isomere)

4.2. Geruchsschwellenwert: 5 ppm
Geschmacksschwellenwert: 0,65 ppm

4.3. TA-Luft: 20 mg/m^3 bei einem Massenstrom von 0,1 kg/h oder mehr
(alle Isomere)
Abwasseranlagen: 1 mg/l

5. Umweltverhalten

Selbst bei Verdünnung (1:50) wirkt eine wäßrige Cresollösung noch schädigend auf Wasserorganismen. Neben der Fischtoxizität und der Geschmacksbeeinträchtigung bei Fischen (bereits bei 3 mg l^{-1} feststellbar) ist die Toxizität für Wassermikroorganismen zu beachten. Als toxische Grenzkonzentrationen wurden u. a. ermittelt:

Scenedesmus		o-Cresol	11 mg l^{-1}
		m-Cresol	15 mg l^{-1}
Pseudomonas		o-Cresol	33 mg l^{-1}
		m-Cresol	53 mg l^{-1}
Daphnia magna	LC 0	o-Cresol	6,3 mg l^{-1}
		m-Cresol	1,6 mg l^{-1}
	LC 50	o-Cresol	19 mg l^{-1}
		m-Cresol	8,9 mg l^{-1}
	LC 100	o-Cresol	50 mg l^{-1}
		m-Cresol	25 mg l^{-1}

Infolge der hohen Wasserlöslichkeit (20 g l^{-1}) ist Cresol durch eine hohe Mobilität in aquatischen Systemen und im Boden charakterisiert. Das Eindringen in tiefere Bodenschichten ist nicht auszuschließen. Damit im Zusammenhang stehende Grundwasserkontaminationen führen zu einer organoleptischen Beeinflussung des Wassers. Der mikrobiologische Abbau insbesondere durch Bacillus stearothermophilus und differenzierte Stämme von Pseudomonas ist nachgewiesen. Als wesentliche Metaboliten wurden identifiziert:

o-Cresol: 3-Methylbrenzcatechin, 4-Methylbrenzcatechin
m-Cresol: 4-Methylbrenzcatechin, 3-Methylbrenzcatechin, 3-Hydroxybenzoesäure
p-Cresol: 4-Methylbrenzcatechin, 4-Hydroxybenzaldehyd, 4-Hydroxybenzoesäure, Protocatechusäure

In Umweltmedien ist Cresol nur durch eine relativ geringe Persistenz charakterisiert.

6. **Abfallbeseitigung/schadlose Beseitigung/Entgiftung**

Cresolabprodukte werden bei hohen Substanzkonzentrationen in Sonderabfallverbrennungsanlagen beseitigt. Stark verdünnte cresolhaltige Abwässer können biologisch gereinigt werden. Eine Deponie sollte nur bei sicherer Untergrundabdichtung zugelassen werden (Wasserlöslichkeit beachten).

7. **Verwendung**

Die Substanz dient u. a. der Herstellung von Cresolharzen, Lösungsmitteln, Desinfektionsmitteln, synthetischer Gerbstoffe und als Grundstoffe für die Produktion von Trikresylphosphat, Farbstoffen, Pestiziden und Antiklopfmitteln. Darüber hinaus ist es Bestandteil von Antischaummitteln und findet in der Flotation der Erzaufbereitung Verwendung.

Dokumentation mikrobieller Fremdstoffmetabolismus. Akademie der Wissenschaften der DDR, ZIMET, Jena 1982

DDT [50-29-3]

Der Term DDT bezeichnet die chemische Verbindung 1,1-Bis-(p-chlorphenyl)-2,2,2-trichlorethan (p,p'-DDT). Im allgemeinen Sprachgebrauch charakterisiert diese Abkürzung ein technisches Produkt, welches neben p,p'-DDT und o,p'-DDT folgende weitere typische Substanzen enthält:

p,p'-DDT	77,1 %
o,p'-DDT	14,9 %
p,p'-DDE	4,0 %
p,p'-DDD	0,3 %
o,p'-DDE	0,1 %

und etwa 3,5 % nicht weiter identifizierte chemische Stoffe. DDT ist der Prototyp eines persistenten Insektizides mit breitem Wirkungsspektrum. Es wurde erstmals 1874 synthetisiert. Seine insektiziden Eigenschaften wurden jedoch erst 1949 erkannt. Von diesem Zeitpunkt an stiegen die Produktions- und Anwendungsmengen dieses Wirkstoffes weltweit kontinuierlich an. 1944 wurden beispielsweise in den USA bereits schätzungsweise 4400 t hergestellt. 1974 wird die Produktionsmenge global auf mehr als 60 000 t geschätzt, obwohl bereits zu Beginn der 70er Jahre Anwendungsverbote für DDT-haltige Präparate wirksam wurden. Der Wirkstoff, teilweise seine Transformationsprodukte DDE und DDD, sind ubiquitär und durch eine hohe Bio- und Geoakkumulationstendenz charakterisiert.

1. Allgemeine Informationen

1.1. DDT [50-29-3]
1.2. Benzen 1,1'-(2,2,2-Trichlorethyliden)-bis-[4-chlor-
1.3. $C_{14}H_9Cl_5$

1.4. 1,1-Bis-(p-chlorphenyl)-2,2,2-trichlorethan, p,p'-DDT
1.5. chlorierte Kohlenwasserstoffe
1.6. giftig
In der Bundesrepublik Deutschland ist es nach dem DDT-Gesetz vom 7. 8. 1972 verboten, DDT und seine Isomere herzustellen, einzuführen, auszuführen, in den Verkehr zu bringen, zu erwerben und anzuwenden.

2. Ausgewählte Eigenschaften

2.1. 354,48
2.2. weißer, kristalliner, geruchloser Feststoff
2.3. 185–186 °C bei 133 Pa (teilweise unter Zersetzung)

2.4. 108 °C
2.5. 45,3 · 10⁻⁶ Pa bei 20 °C (p,p'-DDT)
    2,6 · 10⁻⁵ Pa bei 20 °C (technisches Produkt)
2.6. 1,556 g/cm³
2.7. 5,5 µg l⁻¹ bei 20 °C
    in den meisten organischen Lösungsmitteln gut löslich
2.8. DDT ist der Prototyp eines gegenüber physikalisch-chemischen und biologischen Transformationsprozessen sehr stabilen Insektizides. In Alkalien erfolgt unter Bildung von DDE Dehydrochlorierung. An Oberflächen adsorbiert ist eine vollständige Mineralisierung des Stoffes unter UV-Bestrahlung festgestellt. In der Gasphase erfolgt der photolytische Abbau nur bis zu DDE. Neben polychlorierten Biphenyl-Isomeren sind 10 weitere Photolyseprodukte des DDT identifiziert.
2.9. lg P = 6,1
2.10. H = 65,8
2.11. lg SC = 5,5
2.12. lg BCF = 6,06
2.13. biologisch nicht leicht abbaubar
2.14. keine Angaben

3. Toxizität

3.1. Die durchschnittliche Gesamtexposition gegenüber DDT wird auf 35 mg/a geschätzt, wobei sich die anteilmäßigen Expositionen wie folgt verteilen:
    Luft   0,03 mg/a (Gesamtaufnahme: 13,10³ m³/a/Person)
    Wasser   0,01 mg/a (Gesamtaufnahme: 365 l/a/Person)
    Nahrungsmittel 30,0 mg/a (Gesamtaufnahme: 803 kg/a/Person)
    Sonstiges   4,96 mg/a
3.2. oral   Ratte   LD 50   250 mg/kg
     dermal Ratte   LD 50   500 mg/kg
3.3. oral   Ratte   über 2 a: applizierte Dosis
                                         41–80 mg/kg/d
                                         erhöhte Mortalitätsraten
     oral   Hund   über 39–49 Monate: applizierte Dosis
                                         41–80 mg/kg/d
                                         führen zu 100%iger
                                         Mortalität
     oral   Affen   über 70 Tage: applizierte Dosis
                                         41–80 mg/kg/d
                                         100%ige Mortalität

Im 3-Generationen-Test sind bei Hunden 10 mg/kg/d ohne toxische Wirkung. Im 2-Generationen-Test sind bei Ratten 10 mg/kg/d ohne Wirkung auf das reproduktive System.
Im 2-Generationen-Test bei Hunden sind 5–10 mg/kg/d ohne toxische Wirkung. Die Dosis wird als no effect level angenommen. 2,6–5 mg/kg/d zeigen bei Affen über 7,5 a keine toxische Wirkung. Die Dosis wird als no effect level angenommen. Im 2-Jahre-Fütterungsversuch sind 0,63 bis 1,25 mg/kg/d bei Ratten ohne toxische Wirkung. Bei 0,3 mg/kg/d werden

noch keine Veränderungen in der Aktivität mikrosomaler Enzyme festgestellt.

3.4. Bei Mäusen ist eine karzinogene Wirkung nachgewiesen. 0,16–0,31 mg/kg/d führen allerdings nur bei männlichen Tieren zu einer Erhöhung der Häufigkeit der Leberkarzinome. Bei weiblichen Versuchstieren wurde der Effekt nicht bestätigt. 10,0 µg l^{-1} DDT führen zu Chromosomen-Aberrationen. Ein eindeutiger Nachweis zur Karzinogenität von DDT beim Menschen wurde bislang nicht geführt.

3.5. Die akut toxische Wirkung wird für Forellen mit 0,06 ppm über 96 h angegeben.

3.6. Infolge der hohen Lipophilie erfolgt eine schnelle Resorption inkorporierten DDTs im Organismus, die mit einer hohen Bioakkumulation in Fettgewebe bzw. lipoidreichen Organstrukturen verbunden ist. Der Stoffmetabolismus erfolgt in nahezu allen Organismen unter Dehydrochlorierung und Bildung von DDE bzw. durch reduktive Dechlorierung und Bildung von DDD. Im Säugerorganismus wird DDD über weitere Zwischenstufen bis zu Dichlordiphenylessigsäure abgebaut, welche in Form von Konjugaten ausgeschieden wird (Abb. 5). Darüber hinaus sind phenolische Metaboliten und Methylsulfone nachgewiesen. Neben morphologischen Veränderungen der Leber sowie Veränderungen der Aktivität mikrosomaler Enzyme manifestieren sich chronische Intoxikationen mit hoher Wahr-

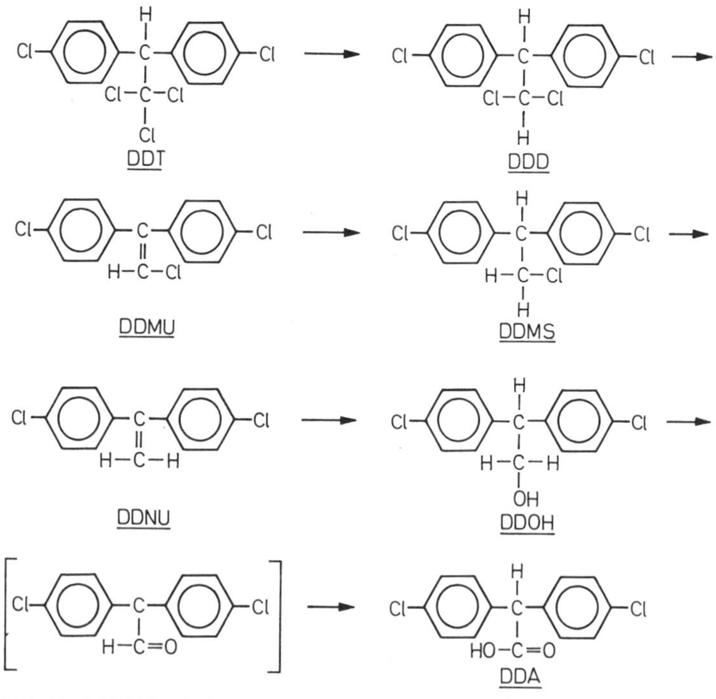

Abb. 5 DDT-Metabolismus im Säugerorganismus über DDD zu DDA (Dichlordiphenylessigsäure)

scheinlichkeit in immunsuppressiven Wirkungen. 200 mg l⁻¹ DDT verursacht bei Ratten eine Verminderung der Antikörperbildung.

3.7. Bei Langzeitexpositionen wurden nachfolgende DDT-Speicherungsarten ermittelt:

Ratte	2,6 mg/kg/d	320 µg/kg Fett	nach 54 d
		350 µg/kg Fett	nach 72 d
		350 µg/kg Fett	nach 90 d
	11,2 mg/kg/d	960 µg/kg Fett	nach 54 d
		830 µg/kg Fett	nach 72 d
		880 µg/kg Fett	nach 90 d

In aquatischen Organismen wurden folgende Biokonzentrationsfaktoren ermittelt:

DDT	61 600–84 500
DDE	bis 27 400
DDD	bis 63 830

4. Grenz- und Richtwerte

4.1. MAK-Wert: 1 mg/m³ (D)
Gefahr der Hautresorption
4.2. Trinkwasser: 0,1 µg/l als Einzelstoff (D)
0,5 µg/l als Summe Pflanzenschutzmittel (D); Inkrafttreten am 1. 10. 1989
1 µg/l (WHO)
ADI-Wert: 0,005 µg/kg/d (WHO)
4.3. siehe Punkt 1.6.

Für Abwassereinleitungen gelten Grenzwerte (z. B. für Betriebe, die DDT-belastete Importbaumwolle aufarbeiten). Nach EG Richtlinie 86/280/EWG bestehen Grenzwerte für Emissionsnormen für die Ableitung von DDT-Isomeren aus Industriebetrieben und Qualitätsziele für Gewässer (Inkrafttreten am 1. 1. 1988).

Grenzwerte für Emissionsnormen im abgeleiteten Abwasser
– Produktion, Formulierung: 1,3 mg/l Tagesmittelwert
0,7 mg/l Monatsmittelwert
ab 1. 1. 1991 0,4 mg/l Tagesmittelwert
0,2 mg/l Monatsmittelwert

Qualitätsziele für Gewässer, die von den Abwässern betroffen werden:
– oberirdische Binnengewässer
– Mündungsgewässer   10 ng/l für p,p'-DDT
– innere Küstengewässer   25 ng/l für DDT-Isomere
– Küstenmeere
(arithmetisches Mittel der Ergebnisse eines Jahres)
Die DDT-Konzentrationen in Gewässern, Sedimenten, Weichtieren, Schalentieren oder Fischen dürfen mit der Zeit nicht wesentlich ansteigen.

5. Umweltverhalten

Das Verhalten von DDT in den Strukturen der Umwelt wird insbesondere geprägt durch die geringe Wasserlöslichkeit und Flüchtigkeit sowie durch die mit der Lipophilie verbundene hohe Bio- und Geoakkumulationstendenz. In aquatischen Systemen erfolgt eine relativ schnelle Stoffsorption an Feststoffe bzw. eine Absorption durch Biosysteme (aquatische Organismen). In Sedimenten können Konzentrierungsfaktoren bis 10^5, in Wasserorganismen bis 10^6 erreicht werden. Trotz des niedrigen Dampfdruckes besitzt DDT in aquatischen Systemen eine relativ hohe Flüchtigkeit infolge von Codestillationsprozessen. Aus wäßrigen Suspensionen von 0,01–0,1 ppm DDT verflüchtigen sich in 24 h nahezu 50 % des Wirkstoffes. Die Stoffakkumulation in biologischen und nichtbiologischen Umweltstrukturen sind einmal Ursache für die Ausbildung remobilisierbarer Wirkstoffdepots. Zum anderen bedingt die Akkumulation eine Verminderung des Stoffabbaus durch biologische und physikalisch-chemische Prozesse. Die Halbwertszeiten in Böden und Sedimenten werden maßgeblich von der mikrobiologischen Aktivität der Matrices bestimmt und können 7 Jahre und mehr erreichen. Transport- und Dispersionsprozesse in Böden erfolgen mit sehr geringer Geschwindigkeit, schließen jedoch ein Eindringen von DDT bzw. seiner Metaboliten in grundwasserführende Schichten nicht mit Sicherheit aus. In der Atmosphäre erfolgt der Transport des Wirkstoffes vorzugsweise in an Schwebstoffe adsorbierter Form. Eine photolytische Stoffwandlung unter UV-Bestrahlung zu polychlorierten Biphenyl-Isomeren ist wahrscheinlich.

6. Abfallbeseitigung/schadlose Beseitigung/Entgiftung

Eine Ablagerung kleiner Mengen wirkstoffhaltiger Rückstände bzw. von Abprodukten auf Sonderdeponien ist möglich.

7. Verwendung

Insektizide

Literatur

WHO, Environmental Health Criteria, No. 9, DDT and its Derivatives. WHO, Geneva 1979
IRPTC, Data Sheets on Pesticides. No. 21, DDT, December 1976; IRPTC, Geneva 1976
UNEP/IRPTC Scientific Reviews of Soviet Literature on Toxicity and Hazards of Chemicals. DDT, No. 39 (1983), Moskau 1983

Demephion [8065-62-1]

Der Wirkstoff Demephion besteht aus einem Gemisch der Isomere Thiophosphorsäure-0,0-dimethyl-S-(methylthioethyl)-ester und Thiophosphorsäure-0,0-dimethyl-0-(methyl-thioethyl)-ester.

1. Allgemeine Informationen

1.1. Demephion [8065-62-1]
1.2. Thiophosphorsäure-0,0-dimethyl-S-(2-methylthioethyl)-ester und Thiophosphorsäure-0,0-dimethyl-0-(2-methylthioethyl)-ester
1.3. $C_5H_{13}O_3PS$

$$CH_3O\diagdown_{P}\diagup^{O}$$
$$CH_3O\diagup \diagdown S-CH_2-CH_2-S-CH_3$$

$$CH_3O\diagdown_{P}\diagup^{S}$$
$$CH_3O\diagup \diagdown O-CH_2-CH_2-S-CH_3$$

1.4. Tinox, Methyl-demeton-methyl
1.5. Thiophosphorsäureester
1.6. nicht aufgeführt, dafür die strukturähnlichen Stoffe Demeton-0-methyl und Demeton-S-methyl

2. Ausgewählte Eigenschaften

2.1. 216,3
2.2. Thiono-Isomeres: schwach gelblich gefärbte Flüssigkeit
     Thiol-Isomeres: farblose Flüssigkeit
     Gemisch: gelblich bis rotbraun gefärbte Flüssigkeit mit starkem Eigengeruch
2.3. Thiono-Isomeres: 96 °C bei 1 mm Hg
     Thiol-Isomeres: 93 °C bei 1 mm Hg
2.4. keine Angaben
2.5. Thiono-Isomeres: $1,85 \cdot 10^{-3}$ mm Hg bei 20 °C/0,246 Pa
     Thiol-Isomeres: $4,6 \cdot 10^{-3}$ mm Hg bei 20 °C/0,613 Pa
2.6. keine Angaben
2.7. Wasser: Thiono-Isomeres: 3000 mg l^{-1}
             Thiol-Isomeres: 300 mg l^{-1}
2.8. Der nicht formulierte Wirkstoff ist infolge Selbstmethylierung unter Normalbedingungen nur kurze Zeit beständig. In alkalisch wäßriger Lösung erfolgt schnelle Hydrolyse.
2.9. lg P   = 3,63   Thiono-Isomeres;   lg P   = 3,9   Thiol-Isomeres
2.10. H   = 0,097 Thiono-Isomeres;   H   = 2,4   Thiol-Isomeres
2.11. lg SC = 2,9   Thiono-Isomeres;   lg SC = 3,15   Thiol-Isomeres
2.12. lg BCF = 2,7   Thiono-Isomeres;   lg BCF = 3,4   Thiol-Isomeres

2.13. keine Angaben
2.14. keine Angaben

3. Toxizität

3.1. keine Angaben
3.2.
oral	Ratte	LD 50	15–30 mg/kg
oral	Hund	LD 50	14,7 mg/kg
ipr	Ratte	LD 50	7 mg/kg
ihl	Ratte	LD 50	6,5 mg l^{-1} über 24 h
ihl	Ratte	LD 50	5,3 mg l^{-1} über 48 h

3.3. Im 2-Jahre-Test mit Ratten wurde ein no effect level von 0,016 mg/kg/d ermittelt.
3.4. Zur Karzinogenität sind keine Informationen verfügbar. Die Substanz ist im mikrobiologischen sowie Warmblütersystem mutagen aktiv.
3.5. Toxische Schwellenkonzentrationen:
Forelle   7,5 mg l^{-1}
Hecht   4,0 mg l^{-1}
3.6. keine Angaben
3.7. keine Angaben

4. Grenz- und Richtwerte

4.1. MAK-Wert: 5 mg/m^3 (D)
4.2. ADI-Wert: 5 µg/kg/d (WHO)
    Trinkwasser: 0,1 µg/l als Einzelstoff (D)
                  0,5 µg/l als Summe Pflanzenschutzmittel (D)
4.3. keine Angaben

5. Umweltverhalten

Das Umweltverhalten des Wirkstoffes wird insbesondere durch die hohe Wasserlöslichkeit und geringe Stabilität geprägt. Der Dampfdruck der Isomere deutet auf eine mittlere Flüchtigkeit hin. In aquatischen Systemen ist die Substanz durch eine gute Mobilität sowie vernachlässigbare Bio- und Geoakkumulationstendenz charakterisiert.
Unter natürlichen Bedingungen ist mit einer schnellen hydrolytischen Zersetzung des Wirkstoffes zu rechnen. Beachtenswert ist die hohe Toxizität für aquatische Organismen sowie die hohe Warmblütertoxizität.

6. Abfallbeseitigung/schadlose Beseitigung/Entgiftung

Eine Ablagerung kleiner Mengen ist nur auf einer Schadstoffdeponie möglich. Zu beachten ist die Wasserlöslichkeit des Wirkstoffes. Eine alkalische Hydrolyse ist möglich.

7. Verwendung

Systemisches Insektizid und akarizider Wirkstoff (Kontakt- und Fraßgift)

1,2-Dibromethan [106-93-4]

1. Allgemeine Informationen
1.1. Dibromethan [106-93-4]
1.2. Ethan, 1,2-Dibrom-
1.3. $C_2H_4Br_2$

```
     H   H
     |   |
Br — C — C — Br
     |   |
     H   H
```

1.4. Ethylendibromid, Ethylenbromid
1.5. Alkylbromid
1.6. giftig, krebserzeugend

2. Ausgewählte Eigenschaften
2.1. 187,87
2.2. farblose, stark lichtbrechende Flüssigkeit mit chloroformartigem Geruch
2.3. 131,4 °C
2.4. 10 °C
2.5. 11,3 mbar bei 20 °C/1,13 · 10^3 Pa
2.6. 2,2 g/cm^3
2.7. Wasser: 4,3 g l^{-1}
  mischbar mit Alkoholen und Esthern
2.8. Unter Lichteinwirkung zersetzt sich die Substanz langsam unter Freisetzung von Brom (Braunfärbung bei längerem Stehen). Mit Alkalien, Aluminium, Magnesium, Natrium und Kalium erfolgt heftige Reaktion. Dibromethan ist nicht brennbar.
2.9. lg P = 2,1
2.10. H = 1,7 · 10^3
2.11. lg SC = 2,68
2.12. lg BCF = 2,93
2.13. biologisch nicht leicht abbaubar
2.14. k_{OH} = 2,5 · 10^{-13} $cm^3 s^{-1}$; $t_{1/2}$ = 60 d

3. Toxizität
3.1. keine Angaben
3.2. oral   Ratte   LD 50   140 mg/kg
     oral   Maus   LD 50   250 mg/kg
     oral   Kaninchen   LD 50   55 mg/kg
     oral   Meerschwein   LD 50   110 mg/kg
  Die niedrigste toxische Dosis für den Menschen wird mit 4500 mg/kg angegeben.
3.3. Chronische Intoxikationen manifestieren sich u. a. in Schädigungen von Leber, Niere und ZNS.

3.4. Die Untersuchungsergebnisse zu genotoxischen Wirkungen sind nicht eindeutig. Auf der Grundlage von Kenntnissen zu anderen Bromverbindungen wird Dibromethan als karzinogen suspekt eingeordnet. Bei Bullen konnte eine mutagene Wirkung nachgewiesen werden.
3.5. Die akute Toxizität wird ohne Speziesdifferenzierung mit 15–18 mg l^{-1} angegeben.
3.6. Die Resorption erfolgt sowohl bei inhalativer, dermaler als auch bei der Aufnahme durch den Gastrointestinaltrakt sehr schnell. Verbunden damit ist eine schnelle Distribution in lipoidreiche Organstrukturen und Gewebe. Die Passage der Blut-Hirn-Schranke führt zu narkotisierenden Wirkungen nach inhalativer Aufnahme. Neben Nieren- und Leberschädigungen sind insbesondere bei akuten Intoxikationen Haut- und Schleimhautveränderungen festgestellt.
3.7. Auf Grund der Wasserlöslichkeit ist nur eine geringe Biokonzentrationstendenz zu erwarten.

4. Grenz- und Richtwerte

4.1. MAK-Wert: III A2 krebserzeugend (D)
4.2. keine Angaben
4.3. TA Luft: 5 mg/m³ bei einem Massenstrom von 25 g/h und mehr

5. Umweltverhalten

Das Umweltverhalten von Dibromethan wird u. a. durch die hohe Wasserlöslichkeit und Flüchtigkeit und die damit verbundene geringe Bio- und Geoakkumulationstendenz geprägt. In und zwischen Hydro-, Pedo- und Atmosphäre ist eine relativ hohe Stoffmobilität zu erwarten. Bevorzugt ist mit einem Stofftransport und der Verteilung in Hydro- und Atmosphäre zu rechnen. Über das Abbauverhalten in Umweltsystemen ist nichts bekannt. In der Atmosphäre sind photolytische Stofftransformationen denkbar, in aquatischen Systemen werden hydrolytische Stoffwandlungen bevorzugte Abbaureaktionen sein. Bei Bodenkontaminationen sind Migrationen in grundwasserführende Bodenschichten möglich. Aus den physikalisch-chemischen Stoffeigenschaften ergibt sich bei entsprechenden Emissionen folgende wahrscheinliche Kompartimentalisierung:
Atmosphäre: 99 %; Wasser: 0,5 %; Boden/Sediment: 0,5 %

6. Abfallbeseitigung/schadlose Beseitigung/Entgiftung

Eine Deponie von Rückständen oder Abprodukten ist auszuschließen. Die Aufarbeitung sollte durch Destillation mit nachfolgender Verbrennung der Destillationsrückstände erfolgen (Rauchgaswäsche).

7. Verwendung

keine Angaben

1,2-Dichlorethan [107-06-2]

Im Gegensatz zum 1,1-Dichlorethan besitzt das 1,2-Isomere als Zwischenprodukt für die Synthese anderer organischer Stoffe die größte kommerzielle Bedeutung. Die globalen Produktionsmengen werden mit etwa 13 000 000 t/a angegeben und liegen damit weit über denen für Chloroform, Tetrachlormethan, Methylenchlorid und anderen chlorierten aliphatischen Kohlenwasserstoffen bekannten Produktionszahlen. Die Herstellung von 1,2-Dichlorethan erfolgt vorzugsweise durch Chlorierung oder Oxychlorierung von Ethylen. Das technische Produkt enthält als Verunreinigungen u.a. Trichlorethan, Dichloralkylverbindungen und eine Reihe ungesättigter Verbindungen. Die jährlichen produktions- und anwendungstechnisch bedingten Dichlorethan-Emissionen werden auf mehr als 1 000 000 t geschätzt. Dabei erfolgt der Haupteintrag in die Atmosphäre, verbunden jedoch mit einem relativ schnellen Transport und der Verteilung in Hydro-, Pedo- und Biosphäre.

1. Allgemeine Informationen

1.1. Dichlorethan [107-06-2]
1.2. Ethan, 1,2-Dichlor-
1.3. $C_2H_4Cl_2$

$$Cl-\underset{\underset{H}{|}}{\overset{\overset{H}{|}}{C}}-\underset{\underset{H}{|}}{\overset{\overset{H}{|}}{C}}-Cl$$

1.4. Ethylendichlorid, Chlorethylen
1.5. Chloralkylverbindung
1.6. mindergiftig, leichtentzündlich

2. Ausgewählte Eigenschaften

2.1. 98,945
2.2. klare, farblose, ölige Flüssigkeit mit chloroformartigem Geruch
2.3. 83,5 °C
2.4. −35,4 °C
2.5. 87 mbar bei 20 °C/8,7 · 10^3 Pa
2.6. 1,25 g/cm³ bei 20 °C; 1,28 g/cm³ bei 0 °C
2.7. Wasser: 8 869 mg l⁻¹ bei 0 °C
    8 850 mg l⁻¹ bei 20 °C
    9 840 mg l⁻¹ bei 30 °C
    in den meisten organischen Lösungsmitteln gut löslich
2.8. In wäßriger Lösung bzw. in Gegenwart von Wasser bei Temperaturen zwischen 160 und 175 °C erfolgt hydrolytische Zersetzung unter Bildung von Ethylenglycol und Formaldehyd. In trockenem Zustand ist die Verbindung stabil. Bei 600 °C erfolgt Zersetzung unter Bildung von Vinylchlorid, Chlorwasserstoff und Acetylen. Unter Normalbedingungen erfolgt keine oxidative Stofftransformation. Beide Chloratome sind reaktiv. Polyethylen und Aluminium werden durch Dichlorethan angegriffen.

2.9. lg P = 1,7
2.10. H = 3,3 · 10³
2.11. lg SC = 1,9
2.12. lg BCF = 1,87
2.13. biologisch nicht leicht abbaubar
2.14. $k_{OH} = 6,5 \cdot 10^{-14}$ cm³ s⁻¹; $t_{1/2}$ = 246 d

3. **Toxizität**
3.1. keine Angaben
3.2. oral   Ratte   LD 50   680 mg/kg
     oral   Maus   LDL 0   600 mg/kg
     ipr   Ratte   LDL 0   600 mg/kg
     ihl   Ratte   LCL 0   1 000 ppm über 4 h
Die niedrigste letale Dosis für den Menschen wird mit etwa 845 mg/kg angegeben.
3.3. Chronische Intoxikationen manifestieren sich u. a. in Leber- und Nierenschädigungen, Veränderungen von Enzymaktivitäten sowie irreversiblen Veränderungen des ZNS. Beeinflussungen des Herz-Kreislauf-Systems und des Gastrointestinaltraktes sind festgestellt.
3.4. Die karzinogene Wirkung von Dichlorethan ist in Tierexperimenten bei Ratten und Mäusen nachgewiesen. Im mikrobiologischen Kurzzeittest (Ames-Test) sowie bei Drosophila ist die Substanz mutagen. Die metabolische Bildung von Chlorethylsulfid als reaktivem Zwischenprodukt erscheint ebenso beachtenswert wie die Bildung des mutagen aktiven Chloracetaldehyd.
Die Plazentapassage verbunden mit einer Akkumulation in Feten (Leber) weist auf eine feto- bzw. embryotoxische Wirkung hin.
3.5. Seebarsch   LD 50   150–175 mg l⁻¹
3.6. Dichlorethan ist ein starkes Narkotikum. Im Organismus erfolgt eine schnelle Resorption verbunden mit der Distribution insbesondere in lipoidreiche Organstrukturen und Gewebe. Veränderungen von Enzymaktivitäten sind insbesondere auf Reaktionen mit Sulfhydrylgruppen zurückzuführen. Schädigungen des ZNS haben ihre Grundlage in der Blut-Hirn-Schranken-Passage. Sowohl bei chronischen als auch akuten Intoxikationen sind Schädigungen der Leber, der Niere sowie krankhafte Veränderungen der Magen- und Darmschleimhaut festgestellt. Der Metabolismus erfolgt u. a. unter Bildung von Chloressigsäure, Thiodiessigsäure und Chlorethylsulfid. Im Warmblüterorganismus ist Chlorethanol als toxisches metabolisches Zwischenprodukt festgestellt. Chlorethanol hat eine akute orale Toxizität bei der Ratte von LD 50 87 ± 11,3 mg/kg. Die Ausscheidung nicht metabolisierten Dichlorethans erfolgt nur durch Abatmen über die Lunge.
3.7. Auf Grund der Wasserlöslichkeit ist nur eine geringe Bioakkumulationstendenz zu erwarten.

4. **Grenz- und Richtwerte**
4.1. MAK-Wert: 20 ml/m³ (ppm),l 80 mg/m³

	III B begründeter Verdacht auf krebserzeugendes Potential (D)
4.2. Trinkwasser:	2 mg/l (SU)
	10 µg/l (WHO 1983)
Geruchsschwellenwert:	50 ppm
Geschmacksschwellenwert (Wasser):	2 mg/l
4.3. TA Luft:	20 mg/m³ bei einem Massenstrom von 0,1 kg/h und mehr Anlagen zur Herstellung von 1,2-Dichlorethan und Vinylchlorid: Die Abgase sind einer Abgasreinigungseinrichtung zuzuführen; die Emissionen an 1,2-Dichlorethan im Abgas dürfen 5 mg/m³ nicht überschreiten.
Emissionsgrenzwert:	bei Oberflächenbehandlungsanlagen, Chemischreinigungs- und Textilausrüstungsanlagen, Extraktionsanlagen (2. BIm Sch V)

5. Umweltverhalten

Das Umweltverhalten von Dichlorethan wird maßgeblich durch seine hohe Wasserlöslichkeit und Flüchtigkeit (Verteilungskoeffizient Wasser/ Luft: 24,6) und eine vergleichbar geringe Bio- und Geoakkumulationstendenz geprägt. In Hydro-, Pedo- und Atmosphäre ist mit einer relativ hohen Stoffmobilität zu rechnen. Die Hydrolysehalbwertszeiten bis zu 10^3 Wochen weisen auf eine relativ hohe Stabilität in aquatischen Systemen hin. Bei Ausgangskonzentrationen von 1 ppm im Wasser werden im Modellversuch bei 25 °C nach 22 min 50 % Dichlorethan und nach 109 min bis zu 90 % in der Luft analysiert. Der Stoffübergang Wasser/Atmosphäre ist somit von maßgeblicher Bedeutung für Konzentrationsminderungen in aquatischen Systemen.

In der Atmosphäre erfolgt der Abbau unter Bildung von Chloracetaldehyd, Chloracetylchlorid und Formylchlorid. Bei massiven Bodenkontaminationen ist eine Migration in grundwasserführende Bodenschichten möglich.

6. Abfallbeseitigung/schadlose Beseitigung/Entgiftung

Eine Verbrennung von Rückständen oder Abprodukten in speziellen Lösungsmittelverbrennungsanlagen ist prinzipiell möglich. Zu beachten ist bei hohen Temperaturen die Bildung von Chloracetaldehyd, Acetylen und Chlorwasserstoff. Vorzugsweise ist eine destillative Aufarbeitung von Rückständen mit nachfolgender Wasserdampfdestillation zu empfehlen. Eine Deponie ist infolge der Wasserlöslichkeit und Flüchtigkeit nicht möglich.

7. Verwendung

Dichlorethan wird u. a. zur Herstellung von Vinylchlorid, Trichlorethan, Ethylenaminen, Tetrachlorethylen, Trichlorethylen, Vinylidenchlorid und anderen Chlorkohlenwasserstoffen verwendet.

Literatur

IRPTC Scientific Reviews of Soviet Literature on Toxicity and Hazards of Chemicals. No. 25, Dichloroethane, UNEP, 1982
Hutzinger, O.: The Handbook of Environmental Chemistry. Vol. 3, Part B, Anthropogenic Compounds. Springer, Berlin–Heidelberg–New York 1982
Konietzko, H.: Chlorinated Ethanes: Sources, Distribution, Environmental Impact, and Health Effects. Hazard Assessment for Chemicals, Current Development, Vol. 3 (1984): 401–448

Dichlorvos [62-73-7]

Die Synthese von Dichlorvos erfolgt entweder durch Dehydrochlorierung von Trichlorphon oder durch Umsetzung von Trimethylphosphat mit Chloral (Trichloracetaldehyd). Abhängig vom Herstellungsprozeß kann Dichlorvos mit Trichloracetaldehyd, Trichlorphon oder Trimethylphosphaten verunreinigt sein. Die globalen Produktionsmengen werden jährlich auf etwa 50 000 bis 100 000 t geschätzt, wobei allerdings nur von wenigen Ländern Produktionsangaben vorliegen. Dichlorvos kommt natürlicherweise nicht vor. Kontaminationen von Umweltmedien sind in jedem Fall anthropogen bedingt.

1. Allgemeine Informationen

1.1. Dichlorvos [62-73-7]
1.2. Phosphorsäure, 2,2-Dichlorethenyl-dimethyl-ester
1.3. $C_4H_7Cl_2O_4P$

$$CH_3O\diagdown\underset{CH_3O\diagup}{\overset{\overset{O}{\|}}{P}}-O-\underset{}{\overset{H}{C}}=C\diagdown\underset{Cl}{\overset{Cl}{}}$$

1.4. DDVP, Chlorvinphos, 2,2-Dichlorvinyl-dimethyl-phosphat, Vinylphos, Dichlorovos
1.5. Phosphorsäureester
1.6. giftig

2. Ausgewählte Eigenschaften

2.1. 220,98
2.2. farblose bis bernsteinfarbige Flüssigkeit mit aromatischem Geruch
2.3. 35 °C bei 0,05 Torr, 140 °C bei 20 mm, 84 °C bei 1 mm Hg
2.4. keine Angaben
2.5. 1,599 Pa bei 20 °C; 9,33 Pa bei 40 °C
2.6. 1,41 g/cm³ bei 25 °C
2.7. Wasser: etwa 10 g l^{-1}
     Glycerol: 5 g l^{-1}
     Dichlorvos ist gut löslich in Benzen, Chloroform, Methylenchlorid, Tetrachlormethan und in Alkoholen.
2.8. In wäßriger alkalischer Lösung hydrolysiert Dichlorvos u. a. unter Bildung von Dichloracetaldehyd. Bei pH 1 erfolgt innerhalb von 50 min vollständige Hydrolyse. In neutraler wäßriger Lösung wurden Halbwertszeiten von etwa 23 d ermittelt. Die Verbindung ist korrosiv gegenüber Eisen und anderen Metallen, ausgenommen Nickel, Aluminium und Stahl.
2.9. lg P   = 1,9
2.10. H   = 1,806
2.11. lg SC = 1,8
2.12. lg BCF = 1,9
2.13. keine Angaben
2.14. keine Angaben

3. Toxizität
3.1. keine Angaben
3.2.
oral	Ratte	LD 50	56–80 mg/kg
dermal	Ratte	LD 50	75–106 mg/kg
dermal	Kaninchen	LD 50	107 mg/kg
ip	Ratte	LD 50	6–10 mg/kg

Für Ratten wurde ein LC 100-Wert von mehr als 30 mg/m^3 (3,3 ppm) bei 5- bis 83stündiger inhalativer Exposition ermittelt.

3.3. Im 90-Tage-Fütterungsversuch mit 1000 mg/kg Dichlorvos wurden bei Ratten keine Anzeichen von Intoxikationen beobachtet. Hunde, Katzen und Kaninchen, die über 8 Wochen kontinuierlich einer dichlorvoshaltigen Atmosphäre ausgesetzt waren (0,08–0,3 mg/m^3) zeigten ebenfalls keinerlei Intoxikationssymptome. 5–80 mg/kg oral verabreicht führen bei täglich 1maliger bzw. 2maliger Gabe über 10–21 d zu Hemmwirkungen der Cholinesterase bei Rhesusaffen.

3.4. Im Ames-Test und bei Mäusen wirkt Dichlorvos mutagen. Als alkylierende Verbindung reagiert Dichlorvos mit Bakterien- und Säuger-Nukleinsäuren. Bei beruflich exponierten Personen sind keine Chromosomen-Aberrationen festgestellt.

3.5. Dichlorvos gilt generell als fischtoxisch. Für empfindliche Spezies wird die akut toxische Wirkung mit 0,1–1,0 mg l^{-1} angegeben.

Karpfen	LC 50	40 ppm über 48 h
Bluegill	LC 50	1000 ppm

3.6. Die Resorption der Verbindung erfolgt sowohl inhalativ als auch über den Gastrointestinaltrakt und die intakte Haut. Akute und chronische Intoxikationen manifestieren sich u. a. in einer ausgeprägten Cholinesterase-Hemmwirkung durch Phosphorylierung. Die alkylierenden Eigenschaften des Stoffes sind Ursache für die Bildung kovalenter Bindungen mit Nukleinsäuren.

3.7. Dichlorvos ist durch eine relativ geringe Bioakkumulationstendenz geprägt.

4. Grenz- und Richtwerte

4.1.	MAK-Wert:	0,1 ml/m^3 (ppm), 1 mg/m^3 (D)
4.2.	Trinkwasser:	0,1 µg/l als Einzelstoff (D)
		0,5 µg/l als Summe Pflanzenschutzmittel (BRD); Inkrafttreten am 1. 10. 1989
	ADI-Wert:	4 µg/kg/d (WHO)
4.3.	keine Angaben	

5. Umweltverhalten

Dichlorvos besitzt eine relativ hohe Mobilität in Umweltmedien, bedingt durch die hohe Wasserlöslichkeit und die relativ geringe Bio- und Geoakkumulationstendenz. Hydro- und Pedosphäre sind die maßgeblichen Transport- und Verteilungsprinzipien des Stoffes.
Auf Grund des niedrigen Dampfdruckes ist der Übergang Hydrosphäre

bzw. Pedosphäre – Atmosphäre wenig ausgeprägt. Infolge chemischer Hydrolyse bzw. mikrobiologisch bedingter Transformationsprozesse wird die Verbindung in aquatischen Systemen relativ schnell abgebaut. Hydrolyseprodukt ist u. a. Dichloracetaldehyd. Trotz der geringen Persistenz ist die hohe Fischtoxizität der Verbindung zu beachten. Das Verhalten im Boden wird maßgeblich von der biologischen Aktivität sowie von verschiedenen bodenphysikalischen und -chemischen Faktoren geprägt. Erfahrungsgemäß erhöhen sich Transformationsgeschwindigkeit und -rate von Dichlorvos mit zunehmendem Gehalt der Böden an organischem Material sowie der Erhöhung der Umgebungstemperatur. Einen Tag nach der Applikation des Wirkstoffes können in mikrobiologisch aktiven Böden bis zu 87 % metabolisiert werden. In sterilen Böden sind die Abbauleistungen stark vermindert. In Pflanzen wird Dichlorvos u. a. bis zur nicht toxischen Dimethylphosphorsäure metabolisiert.

6. Abfallbeseitigung/schadlose Beseitigung/Entgiftung

Die Entgiftung nicht verwertbarer Rückstände kann entweder durch energische alkalische Hydrolyse oder durch Verbrennung in Sonderabfallverbrennungsanlagen erfolgen.

7. Verwendung

Insektizid

Literatur

Wright, M. F., and Hutson, D. H.: The Chemical and Biochemical Reactivity of Dichlorvos. Arch. Toxicol. **42** (1979): 1–18
WHO, 1974, Evaluations of some Pesticide Residues in Food. WHO Pesticide Residue Series, No. 4 (1975): 539
WHO Data Sheets on Pesticides, No. 2, 1978, Dichlorovos. WHO, Geneva 1978

2,4-Dichlorphenoxyessigsäure [94-75-7]

1. **Allgemeine Informationen**
   1.1. 2,4-D [94-75-7]
   1.2. (2,4-Dichlorphenoxy)-essigsäure
   1.3. $C_8H_6Cl_2O_3$

   Cl—⟨○⟩—O—CH_2—COOH
         |
         Cl

   1.4. 2,4-Dichlorphenoxyessigsäure
   1.5. Phenoxycarbonsäure
   1.6. mindergiftig

2. **Ausgewählte Eigenschaften**
   2.1. 221,04
   2.2. farbloser, kristalliner Feststoff
   2.3. 160 °C bei 0,4 mm Hg
   2.4. 138 °C, als Methylester: 33 °C
   2.5. 0,4 mm Hg bei 160 °C/53,2 Pa
        Isopropylester: $10,5 \cdot 10^{-3}$ mm Hg bei 25 °C/1,399 Pa
   2.6. keine Angaben
   2.7. Wasser: 600–700 mg l^{-1} bei 23 °C
                                  620 mg l^{-1} bei 25 °C
        Na-Salz   45 g l^{-1}
        in Ethanol zu 130 g l^{-1} löslich; in den meisten organischen Lösungsmitteln löslich
   2.8. 2,4-D ist photolytisch dechlorierbar. An chemischen Umsetzungen sind O-Alkylierungen und Ringhydroxylierungen nachgewiesen. Die Substanz ist nicht hygroskopisch, aber korrosiv gegenüber Metallen.
   2.9. lg P = 2,81
   2.10. H   = $1,07 \cdot 10^2$
   2.11. lg SC = 1,6
   2.12. lg BCF = 1,85
   2.13. keine Angaben
   2.14. keine Angaben

3. **Toxizität**
   3.1. keine Angaben
   3.2. oral   Ratte   LD 50   1 650 mg/kg
        oral   Ratte   LD 50   375 mg/kg (männliche Tiere)
        oral   Hund   LD 50   100 mg/kg
        Natriumsalz
        oral   Ratte   LD 50   375 mg/kg (männliche Tiere)
        oral   Ratte   LD 50   805 mg/kg (weibliche Tiere)

Isopropylester
oral   Ratte   LD 50   700 mg/kg

Applikationen von 30 mg/kg/d oder weniger bei jungen weiblichen Ratten 5mal pro Woche über 4 Wochen zeigten keinerlei toxische Wirkung (hämatologisch, histologisch). Bei 100 mg/kg/d wurden im gleichen Versuch Wachstumsstörungen und Schädigungen der Leber nachgewiesen. 300 mg/kg/d waren letal.

3.3. Im 2-Jahre-Test mit Ratten waren 5, 25, 125 und 625 oder 1250 mg/kg ohne toxische Wirkung im Vergleich mit den Kontrolltieren.

3.4. Bei menschlichen Zellkulturen (in vitro) und bei Versuchstieren (in vivo) ist eine mutagene Aktivität festgestellt. Bei unterschiedlichen tierexperimentellen Test war die Substanz nicht karzinogen. Ergebnisse zur Teratogenität an verschiedenen Versuchstieren sind nicht eindeutig signifikant.

3.5.   LD 50   Barsch   75 ppm über 4 d
        LD 50   Plötze   75 ppm über 4 d
        LD 50   Forelle   250 ppm über 24 h

3.6. 2,4-D wirkt nicht kumulativ. Die Exkretion erfolgt vorzugsweise im Urin mit einer Ausscheidungsrate von etwa 1 mg/kg/d. In vivo ist eine von der Dosis abhängige Reduzierung des Acetatmetabolismus und eine Entkopplung der oxydativen Phosphorylierung nachgewiesen.

3.7. Im statischen Versuch konnte bei aquatischen Organismen keine merkliche Biokonzentration festgestellt werden.

4. Grenz- und Richtwerte

4.1. MAK-Wert: 10 mg/m^3 (D)
4.2. Trinkwasser: 0,1 µg/l als Einzelstoff (D)
                     0,5 µg/l als Summe Pflanzenschutzmittel (D);
                     100 µg/l (WHO 1983)
     ADI-Wert: 0,3 µg/kg/d (WHO)
4.3. keine Angaben

5. Umweltverhalten

Das Verhalten des Wirkstoffes in der Umwelt ist maßgeblich bestimmt durch die relativ hohe Wasserlöslichkeit und Flüchtigkeit, die mit einer nur geringen Bio- und Geoakkumulationstendenz, aber hohen Mobilität in Hydro- und Pedosphäre verbunden ist. Eine Anreicherung über biologische Ketten erfolgt wahrscheinlich nicht. Infolge der Wasserlöslichkeit sind Migrationen in grundwasserführende Schichten möglich und nachgewiesen. Insgesamt ist der Wirkstoff durch eine nur mittlere Persistenz in der Umwelt charakterisiert. In der Atmosphäre erfolgt photolytischer Abbau. Biologisch kann die Substanz unter Dechlorierung, Ringspaltung bis zu CO_2, H_2O und HCl abgebaut werden. Eine relativ hohe Toxizität besitzt 2,4-D gegenüber Wassermikroorganismen. Konzentrationen zwischen 1 und 10 µmol inhibieren die Photosynthese, 10 µmol verursachen Wachstumsverminderungen bis zu 50 %.

6. Abfallbeseitigung/schadlose Beseitigung/Entgiftung

Nicht verwendbare Rückstände oder 2,4-D-haltige Abprodukte können auf Schadstoffdeponien abgelagert werden. Die Wasserlöslichkeit der Verbindung sowie die ihrer Ester bzw. Salze ist zu beachten. Kleinere Rückstandsmengen oder Abprodukte können auf geeigneten Flächen ausgebracht werden.

7. Verwendung

Herbizid

Literatur

IPCS International Programme on Chemical Safety, Environmental Health Criteria 29. 2,4-Dichlorophenoxyacetic acid (2,4-D). WHO, Geneva 1984

Dimethoat [60-51-5]

Die Herstellung der Substanz erfolgt durch die Umsetzung eines Salzes der Dimethyldithiophosphorsäure mit Chloressigsäuremonomethylamid. Der Wirkstoff ist systemisch- und kontakt-insektizid wirksam. Der hohen insektiziden Aktivität steht eine vergleichsweise relativ geringe Warmblütertoxizität gegenüber. Die Substanz wirkt als Cholinesterasehemmer, wird jedoch schnell metabolisiert und ausgeschieden. Ausgenommen in alkalischem Milieu ist Dimethoat unter natürlichen Bedingungen relativ stabil.

1. Allgemeine Informationen

1.1. Dimethoat [60-51-5]
1.2. Dithiophosphorsäure, 0,0-Dimethyl-S-[2-(methylamino)-2-oxoethyl]-ester
1.3. $C_5H_{12}NO_3PS_2$

$$CH_3O\underset{CH_3O}{\overset{}{\diagdown}}\overset{S}{\underset{}{\overset{\|}{P}}}-S-CH_2-\overset{O}{\underset{}{\overset{\|}{C}}}-NH-CH_3$$

1.4. 0,0-Dimethyl-S-methylcarbamoylmethyl-dithiophosphat, Rogor, Cygon, DMS-94, Roxion
1.5. Thiophosphorsäureester
1.6. mindergiftig

2. Ausgewählte Eigenschaften

2.1. 229,28
2.2. reiner Wirkstoff: farblose Kristalle mit campherartigem Geruch
2.3. keine Angaben
2.4. 51–52 °C
2.5. $1,3 \cdot 10^{-3}$ Pa bei 25 °C; $6,66 \cdot 10^{-3}$ Pa bei 30 °C
2.6. keine Angaben
2.7. Wasser: 25 g l^{-1} bei 21 °C
die Verbindung ist in nahezu allen organischen Lösungsmitteln gut löslich; Paraffine ausgenommen.
2.8. Im neutralen und sauren Bereich ist Dimethoat stabil. In alkalisch wäßrigen Lösungen erfolgt schnelle Hydrolyse. Beim Erhitzen wird die Verbindung zum O,S-Dimethyldithiophosphat-Isomeren transformiert. Unter Normalbedingungen erfolgt in Böden relativ schnelle Zersetzung. Dimethoat ist photolyseinstabil.
2.9. lg P = 1,9
2.10. H = $5,5 \cdot 10^{-4}$
2.11. lg SC = 2,5
2.12. lg BCF = 1,6
2.13. biologisch nicht leicht abbaubar
2.14. keine Angaben

3. Toxizität
3.1. keine Angaben
3.2.
oral	Ratte	LD 50	147–215 mg/kg
oral	Maus	LD 50	60 mg/kg
oral	Vögel	LD 50	22 mg/kg
oral	Wildvögel	LD 50	7 mg/kg
oral	Mensch	TDL 0	30 mg/kg

3.3. Der no effect level wird für den Menschen mit etwa 0,2 mg/kg/d und für die Ratte mit 0,4 mg/kg/d angegeben. Im 3-Wochen-Fütterungsversuch sind bei Meerschweinchen 20 mg/kg/d ohne meßbare toxische Wirkung.
3.4. Dimethoat ist im Ames-Test, im Sister-Chromatid-Exchange-Test und in vivo bei Mäusen mutagen aktiv. Eine karzinogene Wirkung ist nach dermaler Applikation bei Mäusen und Ratten und bei intramuskulärer Applikation bei Ratten festgestellt.
3.5. Regenbogenforelle LC 50 27 ppm über 48 h
schneller Wirkstoffabbau in Gewässern
LC 50 Harlekinfisch 19 ppm über 24 h
3.6. Dimethoat wirkt als Cholinesterasehemmer. Dabei erfolgt zunächst eine Aktivierung der Substanz unter oxidativer Umwandlung der P=S- in eine P=O-Gruppierung. Der Metabolismus wird durch das Enzym Carboxyamidase katalysiert und führt unter teilweise oxidativer teils hydrolytischer Stoffwandlung zur Bildung von Phosphorsäure, P=O-Dimethoat, Dimethoatcarbonsäure, O,O-Dimethyldithiophosphorsäure und O-Methylphosphorsäure. Eine Wirkstoffakkumulation in Fettgewebe ist nicht festgestellt, jedoch erfolgt eine vorübergehende Konzentrierung in der Leber, Niere und Galle. Bei Ratten werden etwa 90 % des Wirkstoffes über den Urin ausgeschieden.
3.7. relativ geringe Bioakkumulationstendenz

4. Grenz- und Richtwerte
4.1. MAK-Wert: 0,5 mg/m³ (SU)
4.2. Trinkwasser: 0,1 µg/l als Einzelstoff (D)
0,5 µg/l als Summe Pflanzenschutzmittel (D)
ADI-Wert: 0,02 µg/kg/d (WHO)
4.3. keine Angaben

5. Umweltverhalten

Die Wasserlöslichkeit und die Transformationstendenz prägen das Verhalten von Dimethoat in Umweltstrukturen. In aquatischen Systemen ist die Stabilität des Wirkstoffes der von Parathion und Ethion vergleichbar. Die Sorptionstendenz an Gewässersedimente ist nur gering ausgeprägt. Die Stoffmobilität in Böden wird durch den Gehalt an Bodenwasser und an organischem Material bestimmt. Der Diffusionskoeffizient erhöht sich schnell mit zunehmendem Gehalt an Bodenwasser. An organischen Bodenbestandteilen erfolgt eine teilweise Stoffsorption. In sandigen Lehmböden wird die Persistenz mit etwa 2 Monaten, in wasserhaltigen Lehmböden bei einer Belastung mit 4–8 ppm Wirkstoff mit 5–7 d angegeben. Nach 14–21 d sind noch zwischen 30 und 35 % Dimethoat und nach 42 d noch 1–10 % nachweisbar. Die biologische Halbwertszeit wird für Böden mit etwa 4 d angegeben. Entsprechend den physikalisch-chemischen Eigenschaften, sind Hydro- und Pedosphäre die maßgeblichen Transport- und Verteilungsprinzipien für Dimethoat. Infolge des niedrigen Dampfdruckes spielt der atmosphärische Transport nur eine untergeordnete Rolle. Dimethoat zählt zu den weniger persistenten phosphororganischen Insektiziden.

6. **Abfallbeseitigung/schadlose Beseitigung/Entgiftung**

   Kleine Mengen von Dimethoatrückständen oder entsprechender wirkstoffhaltiger Abprodukte können auf Sonderdeponien in geeigneter Weise abgelagert werden. Zu sichern ist in jedem Fall eine Untergrundabdichtung, um Kontaminationen grundwasserführender Schichten auszuschließen.

7. **Verwendung**

   Insektizid und Akarizid

Literatur

Toxicological Data Sheets on Chemicals. Dimethoat. Data Sheet Series No. 6, Industrial Toxicology Research Centre, Lucknow, India 1982

4,6-Dinitro-o-cresol [534-52-1]

Die Herstellung von Dinitro-o-cresol erfolgt durch Nitrierung von o-Cresol in Gegenwart von Schwefelsäure. Zwischenprodukt ist das entsprechende Monosulfonsäure-Derivat. Das freie Phenol wird selten zur Synthese eingesetzt, sondern vorzugsweise die Natrium- oder Ammoniumsalze des o-Cresols.

1. Allgemeine Informationen

1.1. Dinitro-o-cresol [534-52-1]
1.2. Phenol, 2-Methyl-4,6-dinitro
1.3. $C_7H_6N_2O_5$

$$\underset{NO_2}{\underset{|}{\overset{OH}{\underset{|}{\bigcirc}}}}\overset{CH_3}{}$$

1.4. DNOC, Hedolit, Dinitrosol, Selinon, Sinox
1.5. aromatische Nitroverbindung
1.6. giftig

2. Ausgewählte Eigenschaften

2.1. 202,56
2.2. Das freie Phenol bildet gelbe, prismenähnliche Kristalle.
2.3. 312 °C unter Zersetzung
2.4. 53,4 °C (freies Phenol: 85,5 °C)
2.5. $1,05 \cdot 10^{-4}$ mm Hg bei 25 °C/$1,39 \cdot 10^{-2}$ Pa
2.6. 1,486 g/cm^3
2.7. Wasser: Die Salze sind in Wasser gut löslich. Das freie Phenol löst sich zu etwa 130 mg l^{-1} bei 15 °C.
Chloroform: 43 g l^{-1} bei 15 °C
Ethanol: 372 g l^{-1} bei 15 °C
Substanz ist in den meisten organischen Lösungsmitteln gut löslich
2.8. In trockener Form ist Dinitro-o-cresol explosiv. Den Salzen wird deshalb etwa 10 % Wasser zugemischt. Mit phenolischen Gruppen und Aminen bildet die Verbindung Komplexe. Das technische Produkt ist relativ lagerbeständig.
2.9. lg P = 3,1
2.10. H = 0,893
2.11. lg SC = 2,8
2.12. lg BCF = 2,95
2.13. biologisch nicht leicht abbaubar
2.14. entfällt

3. Toxizität
3.1. keine Angaben
3.2.
oral	Ratte	LD 50	30 mg/kg
oral	Maus	LD 50	21 mg/kg
dermal	Meerschwein	LD 50	200 mg/kg
oral	Ziege	LD 50	100 mg/kg
oral	Schaf	LD 50	200 mg/kg
oral	Schwein	LD 50	20–100 mg/kg

3.3. Im Fütterungsversuch über 6 Monate wurde für Ratten ein no effect level von 100 ppm ermittelt.
3.4. Dinitro-o-Cresol ist im mikrobiologischen Kurzzeittest (Ames-Test) mutagen. Zur Karzinogenität und Teratogenität sind keine Angaben verfügbar.
3.5. Die toxische Schwellenkonzentration wird ohne Speziesdifferenzierung mit 1–10 mg l^{-1} angegeben.
Bei Temperaturerhöhungen des Wassers kann es zu einer bis 50%igen Toxizitätserhöhung kommen.
3.6. Die Resorption von Dinitro-o-cresol erfolgt über den Gastrointestinaltrakt, die Lunge oder die intakte Haut. Insbesondere im Blut besteht eine ausgeprägte Tendenz zur Stoffkonzentrierung. Die Ausscheidung der unter Reduktion gebildeten Amine erfolgt sehr langsam über den Urin. Intoxikationen führen u. a. zu einer Entkoppelung zwischen Gewebeatmung und Phosphorylierung verbunden mit dem Verlust der Fähigkeit des Organismus zur oxidativen Phosphorylierung. Akute und chronische Intoxikationen manifestieren sich in Herz-, Leber- und Nierenschädigungen, Reizwirkungen an Augen und Atmungsorganen, Zyanosen, deutlichen Temperaturerhöhungen und Krämpfen bis zum Koma. Eine allergene Wirkung der Substanz wird vermutet. Besonders hervorzuheben ist die starke Temperaturabhängigkeit der toxischen Wirkung. Ein Ansteigen der Außentemperatur auf über 25 °C hat bei gleichbleibender Stoffkonzentration eine Zunahme der Toxität um bis zu 50 % zur Folge.
Zur Ausscheidung der Verbindung über die Milch liegen keine Hinweise vor.
3.7. Infolge der hohen Wasserlöslichkeit ist nur eine geringe Biokonzentrationstendenz zu erwarten.

4. Grenz- und Richtwerte

4.1. MAK-Wert: 0,2 mg/m^3 (D)
Gefahr der Hautresorption
0,05 mg/m^3 (SU)
4.2. Trinkwasser: 0,1 µg/l als Einzelstoff (D)
0,5 µg/l als Summe Pflanzenschutzmittel (D)
4.3. TA Luft: Anlagen zur Herstellung von Wirkstoffen von Pflanzenschutzmitteln:
5 mg/m^3 bei einem Massenstrom von 25 g/h und mehr

5. Umweltverhalten

Infolge der hohen Wasserlöslichkeit ist Dinitro-o-cresol durch eine große Mobilität in Hydro- und Pedosphäre charakterisiert. Die Bio- und Geoakkumulationstendenz ist nur geringfügig ausgeprägt. Eine Migration bis in grundwasserführende Bodenschichten ist möglich. In Gewässern besitzt der Wirkstoff eine relativ hohe Stabilität gegenüber mikrobiologischen und physikalisch-chemischen Transformationsreaktionen. In Böden und Sedimenten erfolgt demgegenüber ein schneller mikrobiologischer Abbau über Aminophenole, Phenole bis zur vollständigen Mineralisierung. In Abhängigkeit von Bodenart und Temperatur werden die Halbwertszeiten mit 3–21 d angegeben. Eine Aufnahme des Wirkstoffes durch die Pflanze über den Boden wurde bisher nicht nachgewiesen. Mikroorganismen können sich an Dinitro-o-cresol adaptieren. Für Daphnia magna wurde ein LC 50 von 8 mg l^{-1} und für E. coli von 100 mg l^{-1} ermittelt. Eine Schädigung des Algenwachstums ist bei 30–36 mg l^{-1} und eine Hemmung der Zellvermehrung bei Pseudomonas ab 16 mg l^{-1} festgestellt. Dinitro-o-cresol ist ein hochtoxischer jedoch relativ wenig persistenter Wirkstoff.

6. Abfallbeseitigung/schadlose Beseitigung/Entgiftung

Bei der Beseitigung von Rückständen oder nicht verwertbarer Abprodukte sind in jedem Fall Verunreinigungen von Gewässern zu vermeiden. Die Ablagerung auf Sonderdeponien hat so zu erfolgen, daß eine Wirkstoffmigration in das Grundwasser ausgeschlossen ist.

7. Verwendung

Herbizid

Dinitrotoluene [25321-14-6]

Die Herstellung von Dinitrotoluen erfolgt durch Nitrierung von Toluen mittels salpetriger Säure und Schwefelsäure. Von den sechs möglichen Isomeren hat lediglich das 2,4-Dinitrotoluen kommerzielle Bedeutung. Die in den USA 1975 hergestellte Menge an Dinitrotoluen wird mit etwa 264 000 t angegeben. Zur Weltproduktion sind keine Angaben verfügbar. Kontaminationen insbesondere aquatischer Systeme erfolgen durch produktionsbedingte Emissionen über Abwässer.

1. Allgemeine Informationen

1.1. Dinitrotoluene [25321-14-6]
1.2. Benzen, 1-Methyl-2,4-dinitro- [121-14-2]
1.3. $C_7H_6N_2O_4$

<chemical structure: 2,4-dinitrotoluene, benzene ring with CH₃, NO₂ (ortho), NO₂ (para)>

1.4. DNT, 2,4-Dinitrotoluol
1.5. aromatische Nitroverbindung
1.6. giftig

2. Ausgewählte Eigenschaften

2.1. 182,14
2.2. gelblicher, kristalliner Feststoff
2.3. 300 °C unter Zersetzung
2.4. 71,4 °C
2.5. keine Angaben
2.6. keine Angaben
2.7. Wasser: 270 mg l^{-1} bei 22 °C
Diethylether: 94 g l^{-1} bei 22 °C
Schwefelkohlenstoff: 21,9 g l^{-1} bei 17 °C
2.8. Die Verbindung ist unter Normalbedingungen relativ stabil.
2.9. lg P = 2,8
2.10. H = keine Angaben
2.11. lg SC = 2,3
2.12. lg BCF = 2,65
2.13. 2,4-Dinitrotoluen [121-14-2]
2,3-Dinitrotoluen [602-01-7]
2,5-Dinitrotoluen [619-15-8]
2,6-Dinitrotoluen [606-20-2]
Diese vier Dinitrotoluene sind biologisch nicht abbaubar.
2.14. keine Angaben

3. Toxizität
3.1. keine Angaben
3.2. 2,4-Dinitrotoluen [121-14-2]
oral Ratte LD 50 268 mg/kg
oral Maus LD 50 1625 mg/kg
2,3-Dinitrotoluen [602-01-7]
oral Ratte LD 50 1122 mg/kg
oral Maus LD 50 1072 mg/kg
2,5-Dinitrotoluen [619-15-8]
oral Ratte LD 50 707 mg/kg
oral Maus LD 50 1213 mg/kg
2,6-Dinitrotoluen [606-20-2]
oral Ratte LD 50 177 mg/kg
oral Maus LD 50 1000 mg/kg

3.3. Bei beruflich bedingten Langzeitexpositionen sind Schädigungen des blutbildenden Systems festgestellt.
3.4. Zur Karzinogenität liegen keine eindeutigen Ergebnisse vor. Zu beachten ist die durch Reduktion entstehende Verbindung 2,4-Toluendiamin, welche als Karzinogen bekannt ist.
3.5. akute Toxizität für Kaltblüter beträgt etwa 10 mg l^{-1}
3.6. keine Angaben
3.7. Auf Grund der Wasserlöslichkeit ist eine mittlere Biokonzentrationstendenz zu erwarten.

4. Grenz- und Richtwerte

4.1. MAK-Wert: III A2 krebserzeugend
Isomerengemisch (D)
4.2. Auf Grund eines möglichen Krebsrisikos werden von der U.S. EPA folgende Empfehlungen für Trinkwassergrenzwerte gegeben:

Krebsrisiko	Grenzwert (µg/l)
10^{-7}	0,007
10^{-6}	0,07
10^{-5}	0,7

4.3. TA Luft: Die im Abgas enthaltenen Emissionen krebserzeugender Stoffe sind unter Beachtung des Grundsatzes der Verhältnismäßigkeit soweit wie möglich zu begrenzen.

5. Umweltverhalten

Auf Grund der relativ geringen Wasserlöslichkeit ist in der Umwelt nur mit einer wenig ausgeprägten Stoffmobilität zu rechnen. Demgegenüber kann eine mittlere Bio- und Geoakkumulationstendenz erwartet werden. Eine mikrobiologisch bedingte Stofftransformation führt zur Bildung entsprechender Aminoverbindungen. In Hydro- und Pedosphäre ist eine mittlere Persistenz zu erwarten.

6. Abfallbeseitigung/schadlose Beseitigung/Entgiftung

Rückstände oder Abprodukte können in einer Sonderabfallverbrennungsanlage beseitigt werden. Eine Deponie sollte nur auf einer ausgewiesenen Schadstoffdeponie erfolgen.

7. Verwendung

Dinitrotuluen wird u. a. zur Herstellung von Sprengmitteln, von Farbstoffen und Urethanpolymeren verwendet.

Literatur

Dinitrotoluole, BUA-Stoffbericht Nr. 12. Hrsg. Beratergremium umweltrelevante Altstoffe (BUA). VCH-Verlagsgesellschaft, Weinheim 1987

Dinoseb [88-85-7]

Ausgangsprodukt für die Herstellung von Dinoseb ist Phenol. Nach der Sulfonierung zu 4-Phenolsulfonsäure sowie der Alkylierung mit Buten-(2) oder Isobutanol in Gegenwart von Schwefelsäure wird durch Nitrierung zum 4,6-Dinitroderivat umgesetzt. Dinitro-o-cresol und Dinoseb-acetat sind strukturchemisch ähnliche Stoffe. Dinoseb wird vorzugsweise in Form des Natrium- oder Ammoniumsalzes eingesetzt.

1. Allgemeine Informationen

1.1. Dinoseb [88-85-7]
1.2. Phenol, 2-(1-Methylpropyl-)-4,6-dinitro-
1.3. $C_{10}H_{12}N_2O_5$

1.4. 2-(1-methylpropyl)-4,6-dinitrophenol
1.5. aromatische Nitroverbindung
1.6. giftig

2. Ausgewählte Eigenschaften

2.1. 240,22
2.2. Der reine Wirkstoff bildet gelbe Kristalle. Das technische Produkt ist eine rotbraune, viskose Flüssigkeit.
2.3. keine Angaben
2.4. 42 °C; das technische Produkt hat einen Erstarrungspunkt von 28 °C
2.5. 1 mm Hg bei 151 °C/133,3 Pa
760 mm Hg bei 332 °C/$1,01 \cdot 10^5$ Pa
2.6. keine Angaben
2.7. Wasser: 5 mg l^{-1} bei 20 °C
Ethanol: 480 g l^{-1} bei 20 °C
2.8. In neutraler und alkalischer wäßriger Lösung ist die Substanz stabil. Unter UV-Bestrahlung erfolgt photolytische Zersetzung. Metalle werden korrodiert.
2.9. lg P = 4,12
2.10. H keine Angaben
2.11. lg SC = 3,2
2.12. lg BCF = 3,54
2.13. biologisch nicht leicht abbaubar
2.14. entfällt

3. Toxizität

3.1. keine Angaben
3.2. oral   Ratte   LD 50   25 mg/kg
     oral   Maus   LD 50   20 mg/kg
     oral   Meerschwein LD 50   25 mg/kg
     oral   Kaninchen   LD 50   80–200 mg/kg
3.3. Chronische Intoxikationen manifestieren sich in Herz-, Leber- und Nierenschädigungen. Allergene Wirkungen sind festgestellt.
3.4. keine Angaben
3.5. keine Angaben
3.6. Im Organismus wird Dinoseb sowohl nach oraler als auch dermaler Aufnahme resorbiert und verteilt. In Abhängigkeit von der Versuchstierart sind Reduktionen der Nitrogruppen unter Bildung von Acetamiden festgestellt. Die Methylgruppen der Seitenkette können oxidativ unter Bildung der entsprechenden Carbonsäuren metabolisiert werden. Die Exkretion erfolgt vorzugsweise renal. Durch Bindung an Proteine ist im Blut eine gewisse Akkumulationstendenz nachgewiesen.
3.7. keine Angaben

4. Grenz- und Richtwerte

4.1. keine Angaben
4.2. Trinkwasser: 0,1 µg/l als Einzelstoff (D)
                       0,5 µg/l als Summe Pflanzenschutzmittel (D)
4.3. TA Luft: Anlagen zur Herstellung von Wirkstoffen
                       für Pflanzenschutzmittel:
                       5 mg/m^3 bei einem Massenstrom von 25 g/h
                       und mehr

5. Umweltverhalten

Die Wasserlöslichkeit des Wirkstoffes verbunden mit einer nur gering ausgeprägten Bio- und Geoakkumulationstendenz sowie die Reaktivität der Nitrogruppen und der Molekülseitenkette des Phenylrings bestimmen das Umweltverhalten. In Böden und Wasser erfolgt ein relativ schneller mikrobiologischer Wirkstoffabbau durch Reduktion der Nitrogruppen, Ringspaltung bis zur vollständigen Mineralisierung. In der Atmosphäre ist die photolytische Stoffwandlung nachgewiesen. Infolge der Wasserlöslichkeit sind Migrationen in grundwasserführende Bodenschichten nicht auszuschließen. Hydro- und Pedosphäre sind die maßgeblichen Transport- und Verteilungsprinzipien der Substanz. Beachtenswert ist die hohe akute Warmblütertoxizität. Für aquatische Organismen wird Dinoseb als stark toxisch eingeordnet, obwohl keine exakten Wirkquantitäten vorliegen.

6. Abfallbeseitigung/schadlose Beseitigung/Entgiftung

Rückstände oder wirkstoffhaltige Abprodukte können nur auf einer Schadstoffdeponie abgelagert werden. Die Wasserlöslichkeit der Substanz ist zu beachten.

7. Verwendung

Kontaktinsektizid

1,4-Dioxan [123-91-1]

Dioxan wird durch Dehydrierung von Diethylenglycol bei 160 °C, 250–1 100 mbar in Gegenwart von Schwefelsäure, Phosphorsäure oder Natriumhydrogensulfat hergestellt. Der technische Reinheitsgrad entspricht 99,5 % Dioxan. Enthalten sind 0,1 % Wasser und etwa 10 ppm Peroxide. Die Gesamtproduktion westeuropäischer Länder wird auf etwa 1500 t pro Jahr geschätzt. Angaben zur Weltproduktion liegen nicht vor.

1. Allgemeine Informationen
1.1. Dioxan [123-91-1]
1.2. 1,4-Dioxan
1.3. $C_4H_8O_2$

1.4. Diethylene ether, 1,4-Diethylene dioxid, Diethylene Oxid
1.5. Ether
1.6. mindergiftig, leichtentzündlich

2. Allgemeine Eigenschaften
2.1. 88,11
2.2. farblose Flüssigkeit mit schwach etherartigem Geruch
2.3. 101,3 °C bei 1 031 mbar
2.4. 11,8 °C
2.5. 41,3 mbar bei 20 °C/4,13 · 10^3 Pa
2.6. 1,0329 g/cm³ bei 20 °C
2.7. Wasser: mischbar
   Mit den meisten organischen Lösungsmitteln mischbar.
2.8. Dioxan ist durch eine relativ niedrige Reaktivität gekennzeichnet. Bei der Behandlung mit starken Säuren bzw. bei höheren Temperaturen ist eine Ringöffnung möglich. Bei Temperaturen zwischen 40–160 °C kann die Verbindung leicht unter Bildung von 2,5-Dichlordioxan bis zum Octachlordioxan chloriert werden. Bei Luftkontakt bilden sich leicht explosible Peroxide unbekannter Struktur.
2.9. lg P keine Angaben
2.10. H keine Angaben
2.11. lg SC keine Angaben
2.12. lg BCF keine Angaben
2.13. biologisch nicht leicht abbaubar
2.14. keine Angaben

3. Toxizität
3.1. keine Angaben
3.2. oral   Kaninchen   LD 50   2 000 mg/kg

oral Maus LD 50 5 700 mg/kg
ihl Ratte LC 50 46 000 mg/m^3 2 h
ihl Maus LC 50 65 000 mg/m^3 2 h

3.3. Im 2-Jahre-Test an Ratten bei Konzentrationen von 1 % Dioxan im Trinkwasser werden Verminderungen des Körpergewichtes, Schädigungen der Leber und des renalen Systems und eine erhöhte frühzeitige Mortalität festgestellt. 0,01 % Dioxan sind ohne nachweisbare toxische Wirkung.
3.4. Die Karzinogenität der Substanz ist an Mäusen, Ratten und Meerschweinchen getestet. Zusammenfassend wird eingeschätzt, daß Dioxan karzinogen wirkt bei täglichen Dosen von oral 0,35 g/kg Körpergewicht der Versuchstiere bzw. bei höheren Dosen. Bei Inhalativer Exposition ist keine karzinogene Wirkung festgestellt. Für Dioxan wird ein Grenzwert der karzinogenen Wirkung diskutiert. Im mikrobiologischen Test (Ames-Test) ist Dioxan nicht mutagen aktiv. Teratogene Wirkung bzw. Schädigungen des reproduktiven Systems wurden im Experiment mit Mäusen nicht beobachtet.
3.5. Die akute Toxizität für Süß- und Salzwasserfische wird ohne Speziesdifferenzierung mit LC 50 (96 h) 10 000–6 700 ppm angegeben.
3.6. Dioxan wird sowohl bei oraler als auch dermaler Aufnahme relativ schnell resorbiert. Das metabolische Verhalten der Substanz ist dosisabhängig. Bei 6stündiger Exposition gegenüber 50 ppm Dioxan wurde eine Halbwertszeit im menschlichen Organismus von 59 ± 7 min ermittelt. Bei wiederholter Aufnahme wird keine Akkumulation festgestellt. Die Ausscheidung erfolgt vorzugsweise im Urin, unabhängig von der Art der Aufnahme. Als maßgeblicher Metabolit wurde β-Hydroxyethoxy-essigsäure analysiert. Mit zunehmender Dosis erhöht sich die Menge an unverändert ausgeschiedenem Dioxan, die Konzentration des Metaboliten vermindert sich. Intoxikationen manifestieren sich u. a. in Leberschädigungen und Veränderungen des renalen Systems.
3.7. Eine Biokonzentration ist nicht festgestellt.

4. Grenz- und Richtwerte

4.1. MAK-Wert: 50 ml/m^3 (ppm), 180 mg/m^3 (D)
Gefahr der Hautresorption
III B begründeter Verdacht auf
krebserzeugendes Potential (D)
4.2. keine Angaben
4.3. TA Luft: 20 mg/m^3 bei einem Massenstrom von 0,1 kg/h und mehr

5. Umweltverhalten

Die hohe Wasserlöslichkeit und Flüchtigkeit verbunden mit einer großen Mobilität in und zwischen den Umweltsystemen sowie einer vernachlässigbaren Bio- und Geoakkumulationstendenz charakterisieren das Umweltverhalten von Dioxan. Die Persistenz der Substanz ist gering. Die Photolysehalbwertszeit in der Troposphäre wird mit 14 h bei 25 °C angegeben. Unter natürlichen Bedingungen werden etwa 30 % Dioxan innerhalb von 20 d biologisch abgebaut. Bei Bodenverunreinigungen ist mit einer schnellen Migration in grundwasserführende Schichten zu rechnen. Die aquatische Toxizität der Substanz ist gering (vgl. Fischtoxizität). Über Belastungen von Umweltmedien liegen keine Ergebnisse vor. Bei Dioxanemissionen sind die Hydro- und Atmosphäre die maßgeblichen Transport- und Verteilungsprinzipien.

6. Abfallbeseitigung/schadlose Beseitigung/Entgiftung

Die Beseitigung von Rückständen oder dioxanhaltigen Abprodukten sollte in einer Sonderabfallverbrennungsanlage erfolgen. Eine Deponie ist auszuschließen. Bei Kontakt mit Luft bilden sich schnell Peroxide unbekannter Struktur, welche durch $SnCl_2$, $FeCl_2$ oder aktiviertes Aluminiumoxid reduziert werden können.

7. Verwendung

Dioxan wird vorzugsweise als Lösungsmittel für Zellulose, Lacke, Farben u. a. sowie als Dispersionsmittel bei der Textilherstellung verwendet. In der pharmazeutischen Industrie findet es als Extraktionsmittel und in der chemischen Industrie u. a. als Stabilisator für chlororganische Lösungsmittel Verwendung.

Literatur

European Chemical Industry Ecology & Toxicology Centre, Brüssel, Joint Assessment of Commodity Chemicals, No. 2, 1983. 1,4-Dioxan

Endosulfan [115-29-7]

Die Synthese von Endosulfan erfolgt in 3 Stufen:
- Additionsreaktion zwischen Hexachlorcyclopentadien und Butendiol-diacetat bis zu 180 °C,
- Umsetzung bei 60 °C mit Methanol zu Endosulfandiol,
- Diolveresterung mit Thionylchlorid bei 85 °C in einem aromatischen Lösungsmittel.

Das technische Produkt ist ein Gemisch aus 64 % α-Isomer und 36 % β-Isomer. Die Produktionsmengen werden in der BRD mit jährlich etwa 2500 t angegeben, Informationen zur Gesamtproduktion liegen nicht vor.

1. Allgemeine Informationen

1.1. Endosulfan [115-29-7]
1.2. 6,9-Methano-2,4,3-benzodioxathiepin, 6,7,8,9,10,10-hexachlor-1,5,5a,6,9a-hexahydro-3-oxid
1.3. $C_9H_6Cl_6O_3S$

1.4. Thiodan, Malix, Thiofor
1.5. Chlorkohlenwasserstoffe
1.6. giftig

2. Ausgewählte Eigenschaften

2.1. 406,95
2.2. gelblicher bis gelblichbrauner, kristalliner Feststoff, Geruch nach SO_2
2.3. 166 °C bei 0,93 mbar
2.4. 80–90 °C
2.5. $1,77 \cdot 10^{-3}$ Pa bei 25 °C; 1,199 Pa bei 80 °C
2.6. 1,81 g/cm³
2.7. Wasser: 1,4 mg l^{-1}
     Benzen: 33 g l^{-1}
     Xylen: 45 g l^{-1}
     Chloroform: 50 g l^{-1}
     Tetrachlormethan: 29 g l^{-1}
     Methanol: 11 g l^{-1}
2.8. Endosulfan ist unter Normalbedingungen stabil und lagerbeständig. In saurem oder alkalischem wäßrigem Milieu erfolgt Hydrolyse unter Bildung des wenig toxischen Diols oder der Bildung von Schwefeldioxid. Auf Grund seiner chemischen Struktur ist der Wirkstoff reaktiver als vergleichsweise DDT oder Lindan.

2.9. lg P = 4,65
2.10. H = 2,81
2.11. lg SC = 3,82
2.12. lg BCF = 4,1
2.13. keine Angaben
2.14. keine Angaben

3. **Toxizität**
3.1. keine Angaben
3.2. oral Ratte LD 50 18–220 mg/kg
 oral Maus LD 50 6,9–13,5 mg/kg
 ihl Ratte LC 50 350 mg/m^3 4 h
 dermal Ratte LD 50 74–681 mg/kg
 Tremor und verminderte Atmung sind sichtbare Symptome akuter Intoxikationen, welche sich letztlich in Leber- und Nierenschädigungen manifestieren.
3.3. Im 2-Jahre-Fütterungsversuch wurde bei Ratten und Hunden ein no effect level von etwa 30 ppm ermittelt.
 0,75 mg/kg/d über 1 Jahr verfüttert, war bei Hunden ohne toxische Wirkung
3.4. 5,0 und 10,0 mg/kg/d sind im Tierexperiment bei der Ratte teratogen. Bei Ratten und Mäusen konnte keine karzinogene Wirkung nachgewiesen werden. Zur Mutagenität sind keine Daten verfügbar.
3.5. Ohne Speziesdifferenzierung wird eine letale Konzentration von 1,0 bis 10 µg l^{-1} angegeben. Endosulfandiol ist demgegenüber mit einem LC 50-Wert von 100 mg l^{-1} für Goldfische weniger toxisch.
3.6. Die Resorption des Wirkstoffes nach oraler Applikation erfolgt langsamer als bei gleichzeitiger Gabe von lipophilen Lösungsvermittlern. Eine Kumulation von Endosulfan in biologischen Ketten und Akkumulation in lipoidhaltigen Organstrukturen ist nicht festgestellt.
 Im Organismus erfolgt ein relativ schneller metabolischer Abbau unter Bildung von Endosulfandiol mit einer akut toxischen Wirkung bei der Ratte von 15 000 mg/kg (Entgiftung).
 Sowohl nichtmetabolisierter Wirkstoff als auch Abbauprodukte werden vorzugsweise über den Urin ausgeschieden.
 Als Metaboliten sind weiter nachgewiesen Endosulfanhydroxyether und Endosulfansulfat.
3.7. geringe Bioakkumulationstendenz zu erwarten

4. **Grenz- und Richtwerte**
4.1. MAK-Wert: 0,1 mg/m^3 (USA)
4.2. Trinkwasser: 0,1 µg/l als Einzelstoff (D)
 0,5 µg/l als Summe Pflanzenschutzmittel (D);
 Inkrafttreten am 1. 10. 1989
 100 µg/l (U.S. EPA)
4.3. Fischzuchtgewässer: 1–3 ng/l (SU)

5. Umweltverhalten

Das Umweltverhalten von Endosulfan wird bestimmt durch die relativ geringe Wasserlöslichkeit und Flüchtigkeit sowie die im Vergleich zu anderen chlororganischen Insektiziden höhere Reaktivität. Letztere Stoffeigenschaft ist u. a. Ursache dafür, daß der Wirkstoff in biotischen und abiotischen Strukturen nur geringfügig akkumuliert. Der Abbau in Umweltstrukturen erfolgt relativ schnell, begünstigt durch reaktive Zentren im Wirkstoffmolekül. In aquatischen Systemen ist die hohe Toxizität für Wasserorganismen zu beachten.

6. Abfallbeseitigung/schadlose Beseitigung/Entgiftung

Nicht mehr verwertbare Rückstände und Abprodukte sollten auf Schadstoffdeponien abgelagert werden. Kleinere Mengen können zu Endosulfandiol hydrolysiert und abgelagert oder in Sonderabfallverbrennungsanlagen beseitigt werden.

7. Verwendung

Insektizid

Literatur

WHO/FAO, Data Sheets on Pesticides. No. 15, 1975, Endosulfan. WHO, Geneva 1975
Gupta, P. K., and Gupta, R. C.: Pharmacology, Toxicology and Degradation of Endosulfan: A Review., Toxicology **13** (1979): 115–130

Epichlorhydrin [106-89-8]

Die Synthese von Epichlorhydrin erfolgt durch Umsetzung von Propylen mit Chlorgas bei 600 °C zu Allylchlorid. Durch Anlagerung von hypochloriger Säure wird dieses zu Glycerindichlorhydrin umgesetzt. Bei der Hydrolyse mit Calciumhydroxid bildet sich Epichlorhydrin. Infolge des Herstellungsverfahrens kann die Substanz eine Reihe von Verunreinigungen enthalten. Über Produktionsmengen liegen keine Angaben vor.

1. Allgemeine Informationen

1.1. Epichlorhydrin [106-89-8]
1.2. Oxiran, (Chlormethyl)-
1.3. C_3H_5ClO

$$CH_2-CH-CH_2-Cl$$
$$\diagdown O \diagup$$

1.4. Chlormethyloxiran, 1-Chlor-2,3-epoxypropan
1.5. Epoxid
1.6. giftig, krebserzeugend

2. Ausgewählte Eigenschaften

2.1. 92,23
2.2. farblose Flüssigkeit mit chloroformartigem Geruch
2.3. 116–117 °C
2.4. −57,1 °C
2.5. 17,3 mbar bei 20 °C / 1,73 · 10^3 Pa
2.6. 1,18 g/cm^3 bei 20 °C
2.7. Wasser: 60 g l^{-1} bei 20 °C
2.8. Die Reaktivität der Verbindung wird durch das endständige Chloratom sowie die Epoxidgruppierung bestimmt. In wäßriger Lösung erfolgt langsame Hydrolyse unter Bildung von Chlorpropandiol. Bei Kontakt mit Säuren und Alkalien erfolgt Polymerisation. Die Umsetzung mit Alkohol erfolgt nahezu explosionsartig.
2.9. lg P = 1,1
2.10. H   = 2,5
2.11. lg SC = 1,9
2.12. lg BCF = 1,8
2.13. biologisch leicht abbaubar
2.14. $k_{OH} = 2 \cdot 10^{-12}$ $cm^3 s^{-1}$; $t_{1/2} = 8$ d

3. Toxizität

3.1. keine Angaben
3.2. oral   Ratte   LD 50   40 mg/kg
     oral   Maus   LD 50   178 mg/kg
     ihl   Ratte   LCL 0   250 ppm über 4 h

3.3. Im chronischen Experiment werden bei inhalativer Aufnahme von 0,2 mg/m³ keine toxischen Wirkungen beobachtet. Nachweisbare Effekte treten bei 2 mg/m³ auf. Entsprechende Intoxikationen manifestieren sich in Schädigungen von Lunge, Leber und Niere.
3.4. Im mikrobiologischen Kurzzeittest (Ames-Test) ist Epichlorhydrin mutagen. Es wird als karzinogen suspekt eingeordnet.
3.5. LC 50   Goldfisch   23 mg l^{-1} über 24 h
3.6. Insbesondere bei Hautkontakt wird die Verbindung relativ gut resorbiert. Akute Intoxikationen treten häufig mit verzögerten Symptomen auf. Allergene Reaktionen sind beim Menschen festgestellt. Der metabolische Abbau erfolgt durch Hydrolyse.
3.7. nur sehr geringe Bioakkumulation zu erwarten

4. Grenz- und Richtwerte

4.1. MAK-Wert: III A2 krebserzeugend (D)
                                   1 mg/m³ (SU)
4.2. Trinkwasser: 10 µg/l
     Geruchsschwellenwert: 0,2–0,3 mg/m³
4.3. TA Luft: 5 mg/m³ bei einem Massenstrom von
                                   25 g/h und mehr

5. Umweltverhalten

Das Verhalten von Epichlorhydrin in der Umwelt wird bestimmt durch die hohe Wasserlöslichkeit und Flüchtigkeit verbunden mit einer guten Mobilität in und zwischen Hydro- und Atmosphäre. Die Bio- und Geoakkumulationstendenz ist infolge der hohen Wasserlöslichkeit und Reaktivität nur sehr gering ausgeprägt. Maßgebliche Transport- und Verteilungsprinzipien bei entsprechenden Stoffemissionen sind Wasser und Luft. In aquatischen Systemen ist die hohe Toxizität gegenüber Wasserorganismen zu beachten. Bei Bakterien und Algen treten bereits bei geringen Konzentrationen Zellvermehrungshemmungen ein. Für Daphnia magna werden die LC 50 mit 30 mg l^{-1}, die LC 100 mit 44 mg l^{-1} angegeben. Für Algen wurden 6 mg l^{-1} und für Pseudomonas 55 mg l^{-1} als toxische Grenzkonzentrationen ermittelt. Trotz der hohen Flüchtigkeit sind bei massiven Bodenverunreinigungen Bodenmigrationen bis in grundwasserführende Schichten nicht auszuschließen.

6. Abfallbeseitigung/schadlose Beseitigung/Entgiftung

Wäßrige epichlorhydrinhaltige Abfälle werden mit Natronlauge verseift und das entstehende Glycerin in biologischen Kläranlagen abgebaut. Konzentrierte Rückstände oder Abfälle werden in Sonderabfallverbrennungsanlagen beseitigt. Bei unsachgemäßer Verbrennung besteht die Gefahr der Phosgenbildung.
Jede Form der Deponie ist auszuschließen.

7. Verwendung

Die Substanz ist Ausgangsprodukt der Glycerinsynthese und Zwischenprodukt verschiedener organischer Synthesen. Darüber hinaus wird Epichlorhydrin in der Gummiindustrie als Lösungsmittel und bei der Herstellung von Epoxid- und Phenoxyharzen als Ausgangsstoff verwendet.

Ethylbenzen [100-41-4]

Die jährliche Weltproduktion beträgt etwa 12–14 Mill. t. Darüber hinaus werden schätzungsweise durch Verbrennungsprozesse von Treibstoffen aller Art global etwa 40 Mill. t Ethylbenzen in die Atmosphäre emittiert.

1. **Allgemeine Informationen**
1.1. Ethylbenzen [100-41-4]
1.2. Benzen, Ethyl-
1.3. C_8H_{10}

1.4. keine Angaben
1.5. Aromaten
1.6. mindergiftig, leichtentzündlich

2. **Ausgewählte Eigenschaften**
2.1. 106,10
2.2. farblose Flüssigkeit mit benzinartigem Geruch
2.3. 136,25 °C
2.4. −93,9 °C
2.5. $9{,}33 \cdot 10^2 - 1{,}99 \cdot 10^3$ Pa bei 20 °C; $2{,}66 \cdot 10^3$ Pa bei 38,6 °C
2.6. 0,866 g/cm³
2.7. Wasser: 866 mg l⁻¹
gut löslich in allen organischen Lösungsmitteln
2.8. Ethylbenzen kann zu Styren dehydriert werden. Oxidationsreaktionen an der Ethylseitenkette sind möglich, ebenso wie Substitutionsreaktionen am aromatischen Kern (vgl. Toluen).
2.9. lg P = 3,15 (berechnet: 2,4)
2.10. H = $1{,}0 \cdot 10^4$
2.11. lg SC = 2,2
2.12. lg BCF = 2,3
2.13. biologisch leicht abbaubar
2.14. $k_{OH} = 7{,}95 \cdot 10^{-12}$ cm³ s⁻¹; $t_{1/2}$ = 2 d

3. **Toxizität**
3.1. keine Informationen
3.2.

oral	Ratte	LD 50	3 500 mg/kg
ihl	Ratte	LCL 0	4 000 ppm über 4 h
oral	Ratte	LD 100	6 000 mg/kg
ihl	Ratte	LD 100	58 000–70 000 mg/m³
ihl	Maus	LD 100	50 000 mg/m³
ihl	Maus	LD 50	35 500 mg/m³

3.3. Bei inhalativer Exposition von Kaninchen mit 100 oder 1000 mg/m³ 4 h/d über 7 Monate sind Aktivitätsveränderungen der Cholinesterase, Verminderung der Leukozyten, der Erythrozyten und des Hämoglobins festgestellt. Histologische Veränderungen der Leber und Niere sind nachweisbar. Bei 1 mg/m³ sind keine entsprechenden Effekte erkennbar. Bei 6monatiger Applikation von 5 g l^{-1} im Trinkwasser an Kaninchen werden funktionelle Veränderungen des ZNS, morphologische Veränderungen des periphären Blutes und Gewichtsverluste festgestellt. Bei 2 g l^{-1} sind keine dementsprechenden Wirkungen nachweisbar. 4- bis 7monatige inhalative Exposition gegenüber 1500 mg/m³ führt bei Kaninchen zu immunsupressiven Wirkungen.
3.4. keine Angaben
3.5. Die akute Toxizität wird für Fische ohne Speziesdifferenzierung mit 37–92 mg l^{-1} angegeben. 10 mg l^{-1} haben keine toxische Wirkung. Ethylbenzen und Styren zeigen summative Wirkung.
3.6. Bei inhalativer, oraler und dermaler Aufnahme erfolgt eine relativ schnelle Resorption und Distribution im Organismus. Bevorzugter Angriffspunkt für metabolische Abbaureaktionen ist die Ethylseitenkette des Moleküls. Der Metabolismus erfolgt oxidativ zu Benzoe- und Mandelsäure. Als intermediäre Zwischenprodukte treten Phenylessigsäure und Methylphenylcarbinol auf. Mandelsäure ist das Endprodukt des Ethylbenzen-Metabolismus beim Menschen und wird über den Urin ausgeschieden.
3.7. Eine mittlere Biokonzentrationstendenz ist zu erwarten.

4. Grenz- und Richtwerte

4.1. MAK-Wert: 100 ml/m³ (ppm), 440 mg/m³ (D)
Gefahr der Hautresorption
100 ppm (USA)
5 mg/m³ (SU)
4.2. Trinkwasser: 1,1 µg/l (USA)
10 µg/l (SU)
organoleptischer
Schwellenwert: 10 µg/l
4.3. TA Luft: 0,1 g/m³ bei einem Massenstrom von 2 kg/h und mehr
Fischzuchtgewässer: 1,1 µg/l (SU)

5. Umweltverhalten

Infolge der Flüchtigkeit und Wasserlöslichkeit ist mit einer relativ hohen Mobilität und Dispersionstendenz der Substanz in und zwischen Hydro-, Pedo- und Atmosphäre zu rechnen. In Oberflächenwässern wurden bis zu 4 µg l^{-1} Ethylbenzen analysiert. Wasserverunreinigungen beeinflussen das Selbstreinigungsvermögen von Gewässern. 100 mg l^{-1} führen zu einer starken Hemmung des Wachstums heterotropher Bakterien, Verminderung des Gehaltes an gelöstem Sauerstoff. 10 mg l^{-1} bewirken eine Erhöhung des biologischen Sauerstoffbedarfes, 10 µg l^{-1} verändern die organoleptischen Eigenschaften des Wassers. Der biologische und nichtbiologische Stoffabbau erfolgt bevorzugt oxidativ an der Ethylseitenkette. Auf Grund der physikochemischen Eigenschaften ergibt sich folgende wahrscheinliche relative Kompartimentalisierung bei Ethylbenzenemissionen: Luft: 98 %; Wasser: 1,5 %; Boden/Sediment: 0,5 %

6. Abfallbeseitigung/schadlose Beseitigung/Entgiftung

Ethylbenzenhaltige Abprodukte oder Rückstände sind nicht deponierbar. Die Beseitigung erfolgt in Sonderabfallverbrennungsanlagen.

7. Verwendung

Ethylbenzen wird vorzugsweise zur Herstellung von Styren und in der Gummi- und Plastindustrie verwendet.

Literatur

IRPTC/UNEP, Scientific Reviews of Soviet Literatur on Toxicity and Hazards of Chemicals, No. 57 (1984) IRPTC/UNEP, Geneva 1984

Ethylenchlorhydrin [107-07-3]

Die Herstellung von Ethylenchlorhydrin erfolgt durch Umsetzung von Ethylen mit hypochloriger Säure. Die Verbindung entsteht u. a. beim Abbau von 1,2-Dichlorethan.

1. Allgemeine Informationen

1.1. Ethylenchlorhydrin [107-07-3]
1.2. Ethanol, 2-Chlor-
1.3. C_2H_5ClO

```
      H H
      | |
 Cl – C–C – OH
      | |
      H H
```

1.4. 2-Chloräthylalkohol, Glycolchlorhydrin, 2-Chlorethanol
1.5. Glycolderivate
1.6. giftig

2. Ausgewählte Eigenschaften

2.1. 80,52
2.2. farblose Flüssigkeit mit schwach ätherischem Geruch
2.3. 128,8 °C
2.4. −67,5 °C
2.5. 6,5 mbar bei 20 °C/650 Pa
2.6. 1,2 g/cm^3
2.7. Wasser: bei Raumtemperatur unbegrenzt mischbar
 löslich in Ethern und Alkoholen
2.8. Ethylenchlorhydrin reagiert leicht mit sauerstoffhaltigen Verbindungen. Beim Erhitzen erfolgt unter Zersetzung Phosgenbildung. Auf Grund des β-ständigen Chloratoms ist die Verbindung leicht hydrolysierbar. Der Flammpunkt liegt bei 55 °C.
2.9. lg P = keine Angaben
2.10. H = keine Angaben
2.11. lg SC = keine Angaben
2.12. lg BCF = keine Angaben
2.13. keine Angaben
2.14. $k_{OH} = 1,4 \cdot 10^{-12}$ cm^3 s^{-1}; $t_{1/2} = 11$ d

3. Toxizität

3.1. keine Angaben
3.2. oral   Ratte   LD 50   72–95 mg/kg
     ihl   Ratte   LC 50   0,11 mg l^{-1}
     oral   Maus   LD 50   64–98 mg/kg
3.3. Bei i. p. Applikation von 12,8 mg/kg 3mal pro Woche über 3 Monate sind relative Erhöhungen von Organgewichten (Leber, Lunge, Niere und Ge-

hirn) bei Ratten festgestellt. Histopathologische Veränderungen sind nicht nachweisbar. Vergleichbare Effekte werden bei oraler Gabe von 67,5 mg/kg Ethylenchlorhydrin bei Ratten beobachtet. Bei Hunden und Affen sind bei chronischen Intoxikationen Wachstumsverminderungen festgestellt. Sowohl bei inhalativer Aufnahme als auch im Langzeitfütterungsversuch sind die Lunge, Niere und Leber die bevorzugten Wirkorte entsprechender Intoxikationen.
3.4. Im mikrobiologischen Kurzzeittest (Ames-Test) ist die Verbindung mutagen. Bei Hühnerembryonen sind teratogene Effekte nachgewiesen.
3.5. 5 mg l^{-1} werden als nicht toxisch für Fische angegeben. Ohne Speziesdifferenzierung wird die akute Toxizität mit einem Bereich von 1 bis 100 mg l^{-1} ermittelt.
3.6. Ethylenchlorhydrin wirkt mit hoher Wahrscheinlichkeit als Kumulationsgift. Bei inhalativer, oraler und dermaler Aufnahme erfolgt eine schnelle Resorption und Distribution. Toxische Effekte manifestieren sich u. a. in Leber-, Nieren- und ZNS-Schädigungen. 2,5 mg/ml führen zu Störungen der Proteinsynthese in der Leber; bei 25 mg/ml wird die RNA-Synthese beeinflußt. Durch Verabreichung von Cystein kann eine Störung der Proteinsynthese vermindert werden. Die Verabreichung von 30 mg/kg führt zu Veränderungen der Leberlipidwerte insbesondere bei weiblichen Versuchstieren. Beim Menschen treten nach 60minütiger Exposition gegenüber 20 ppm (68 mg/m³) Ethylenchlorhydrin sichtbare toxische Effekte auf. Bei Haut- bzw. Schleimhautkontakt (Magen-Darm-Trakt) kommt es zur hydrolytischen Zersetzung unter Bildung von Chlorwasserstoff (Salzsäure). Letale Dosen können bereits durch die intakte Haut resorbiert werden.
3.7. keine Bioakkumulation zu erwarten

4. Grenz- und Richtwerte

4.1. MAK-Wert: 1 ml/m³ (ppm), 3 mg/m³ (D)
   Gefahr der Hautresorption
   0,5 mg/m³ (SU)
4.3. keine Angaben

5. Umweltverhalten

Das Verhalten von Ethylenchlorhydrin in der Umwelt wird maßgeblich durch die unbegrenzte Mischbarkeit mit Wasser und die Flüchtigkeit bestimmt. Damit verbunden ist eine hohe Mobilität in und zwischen Hydro- und Atmosphäre sowie eine zu vernachlässigende Bio- und Geoakkumulationstendenz. Eine hohe Persistenz der Verbindung ist infolge des reaktiven β-ständigen Chloratoms und der alkoholischen Hydroxylgruppe nicht zu erwarten. Bei massiven Bodenverunreinigungen ist trotz der hohen Flüchtigkeit eine Migration in tiefere Bodenschichten nicht auszuschließen.

6. Abfallbeseitigung/schadlose Beseitigung/Entgiftung

Eine Aufarbeitung von Abfällen oder Rückständen durch Destillation ist möglich. Größere Mengen an Rückständen sind in speziellen Verbrennungsanlagen zu beseitigen. Wäßrige Lösungen von Ethylenchlorhydrin sind hoch toxisch für Wasserorganismen und dürfen nicht in Vorfluter abgeleitet werden. Kleinere Restmengen können mit saugfähigem Material aufgenommen und auf Schadstoffdeponien in geeigneter Weise abgelagert werden.

7. Verwendung

Ethylenchlorhydrin wird u. a. als Lösungsmittel für Zelluloseacetat, Ethylzellulose und saure sowie basische Farbstoffe verwendet. Es ist Zwischenprodukt bei der Synthese von Insektiziden, Anästhetika und Weichmachern. Als Abprodukt wird es insbesondere bei der Herstellung von Ethylenoxid und Ethylenglycol gebildet.

Ethylenoxid [75-21-8]

Die Weltproduktion an Ethylenoxid wird auf etwa 3 900 000 t jährlich geschätzt.

1. **Allgemeine Informationen**
1.1. Ethylenoxid [75-21-8]
1.2. 1,2-Epoxyethan, Oxiran
1.3. C_2H_4O

$$\underset{O}{CH_2 - CH_2}$$

1.4. Oxiran, Ethenoxid, Ethylenether, Oxane
1.5. Epoxid
1.6. giftig, leichtentzündlich, krebserzeugend
Die Verwendung von Ethylenoxid als Pflanzenschutzmittel und bei Arzneimitteln ist in der Bundesrepublik Deutschland verboten.

2. **Ausgewählte Eigenschaften**
2.1. 44,053
2.2. farblose, leichtbewegliche, süßlich riechende Flüssigkeit (oder unter Druck gasförmig)
2.3. 10,5–11 °C bei 760 Torr
2.4. −111 bis −112,4 °C
2.5. $1,45 \cdot 10^5$ Pa bei 20 °C; $1,74 \cdot 10^5$ Pa bei 25 °C
2.6. 1,9 g/cm³
2.7. Wasser: unbegrenzt mit Wasser mischbar
in organischen Lösungsmitteln gut löslich
2.8. Ethylenoxid ist ein starkes Oxidationsmittel. In wäßriger Lösung erfolgt pH-abhängige Hydrolyse. Die Hydrolysehalbwertszeit beträgt unter Normalbedingungen 14 d. Bei Anwesenheit von Chlor (Hypochlorit) kommt es zur Hydrochlorierung.
2.9. lg P entfällt
2.10. H entfällt
2.11. lg SC entfällt
2.12. lg BCF entfällt
2.13. keine Angaben
2.14. $k_{OH} = 5 \cdot 10^{-14}$ cm³ s⁻¹; $t_{1/2} = 321$ d

3. **Toxizität**
3.1. keine Angaben
3.2.

oral	Ratte	LD 50	330 mg/kg
ihl	Ratte	LC 50	1 460 mg/kg
ihl	Maus	LC 50	835 mg/kg
ihl	Hund	LC 50	960 mg/kg

Die niedrigste letale Dosis für den Menschen wird mit 4000 ppm bei 4stündiger Exposition angegeben.
3.3. Bei Langzeitexpositionen über 10 Jahre wird der no effect level mit 5–10 ppm angegeben.
3.4. keine Angaben
3.5. Goldfisch   LC 50   90 mg l^{-1}
   Fathead Minnow   LC 50_{24h} 150–500 mg l^{-1}
   (Elritze)   LC 50_{48h} 63–125 mg l^{-1}
                    LC 50_{96h} 73–96 mg l^{-1}
3.6. keine Angaben
3.7. keine Bioakkumulation

4. Grenz- und Richtwerte

4.1. MAK-Wert: III 2 krebserzeugend (D)
   Gefahr der Hautresorption
   1,0 mg/m³ (SU)
4.2. Geruchsschwellenwert: 1,6 mg/m³
4.3. TA Luft: 5 mg/m³ bei einem Massenstrom von 25 g/h und mehr

5. Umweltverhalten

Die unbegrenzte Mischbarkeit mit Wasser und die hohe Flüchtigkeit bestimmen neben der Reaktivität das Umweltverhalten von Ethylenoxid. Wasser und Atmosphäre sind die hauptsächlichen Transport- und Verteilungsprinzipien. Die Substanz ist durch eine hohe Mobilität und Dispersionstendenz charakterisiert. Es erfolgt keine Bio- und Geoakkumulation. Infolge der hohen Wasserlöslichkeit ist die Flüchtigkeit aus Wasser vergleichsweise geringer als für Benzen, Toluen oder Chloroform. In Oberflächenwasser (pH 7,4; 25 °C) beträgt die Hydrolysehalbwertszeit 12,2–14,2 d, in destilliertem Wasser 314 h. In Salzwasser wurde eine Hydrolyse-Hydrochlorierung-Halbwertszeit von 9 d ermittelt (25 °C; 3 % Salzwasser). Unter natürlichen Bedingungen ist die Substanz wenig stabil. In biologischen Abwasserreinigungsanlagen erfolgt innerhalb weniger Stunden eine vollständige Biooxidation. In Gewässern werden 52 % Ethylenoxid in 20 d biologisch abgebaut. Für Daphnia magna wird ein LC 50_{24h} von größer 300 mg l^{-1} angegeben.
Über Kontaminationen von Hydro-, Pedo-, Atmo- und Biosphäre liegen keine Angaben vor.

6. Abfallbeseitigung/schadlose Beseitigung/Entgiftung

Wäßrige ethylenoxidhaltige Lösungen können mit Kalkmilch neutralisiert werden.

7. Verwendung

Ethylenoxid ist Ausgangsprodukt einer Vielzahl chemischer Synthesen und dient darüber hinaus zur Herstellung von Waschmitteln und Textilhilfsstoffen.

Literatur

Conway, R. A., et al.: Environmental Fate and Effects of Ethylene Oxide. Environ. Sci. Technol. **17** (1983): 107–112

Ethylene Oxide (EtO). NIOSH Current Intelligence Bulletin 35, May, 1981, NIOSH, Robert A. Taft Labs., Cincinnati 1981

Fenitrothion [122-14-5]

Die Herstellung von Fenitrothion erfolgt durch Umsetzung von Dimethylthionophosphorsäurechlorid mit 1-Methyl-3-hydroxy-6-nitrobenzen in Gegenwart säurebindender Stoffe. Als Kontaktinsektizid ist der Wirkstoff im Vergleich zu Methylparathion durch eine geringere Warmblütertoxizität, jedoch durch eine längere insektizide Dauerwirkung bei etwa gleicher Wirkungsbreite charakterisiert. Angaben zur Weltproduktion liegen nicht vor. Der Bedarf an Fenitrothion wird in Indien jährlich auf etwa 300 t geschätzt. Dem steht eine Produktionsmenge von 116 t 1980/81 gegenüber.

1. **Allgemeine Informationen**
1.1. Fenitrothion [122-14-5]
1.2. Thiophosphorsäure, 0,0-Dimethyl-0-(3-methyl-4-nitro-phenyl)-ester
1.3. $C_9H_{12}NO_5PS$

$$CH_3-O\underset{CH_3-O}{\overset{S}{\underset{\|}{P}}}-O-\underset{}{\bigcirc}-NO_2$$ (CH_3)

1.4. Folithion, Novathion, Agrothion, Bayer 41831, Methathion
1.5. Thiophosphorsäureester
1.6. mindergiftig

2. **Ausgewählte Eigenschaften**
2.1. 277,2
2.2. gelblichbraune Flüssigkeit
2.3. 140–145 °C bei 0,1 mm Hg unter Zersetzung
2.4. keine Angaben
2.5. $6 \cdot 10^{-6}$ mm Hg bei 20 °C/7,99 $\cdot 10^{-4}$ Pa
$4,3 \cdot 10^{-4}$ mm Hg bei 43 °C/5,7 $\cdot 10^{-2}$ Pa
Die Flüchtigkeit beträgt bei 20 °C etwa 0,82 mg/m^3 und bei 40 °C etwa 6 mg/m^3
2.6. keine Angaben
2.7. Wasser: 30 mg l^{-1}
Gut löslich in den meisten organischen Lösungsmitteln. In jedem Verhältnis mischbar mit Methyl- und Ethylalkohol, Alkylacetaten, Ketonen sowie aromatischen Kohlenwasserstoffen.
2.8. Die Verbindung ist thermisch instabil. Beim Erhitzen auf mehr als 100 °C erfolgt Isomerisierung und explosive Zersetzung. In alkalischer Lösung erfolgt schnelle Hydrolyse, wobei die Hydrolysehalbwertszeit in 0,01 N Natriumhydroxid-Lösung bei 30 °C mit etwa 270 min angegeben wird. Unter Normalbedingungen ist die Substanz lagerbeständig und 1–2 Jahre stabil.
2.9. lg P = 3,6
2.10. H = 0,39
2.11. lg SC = 3,52
2.12. lg BCF = 3,76

2.13. biologisch nicht leicht abbaubar
2.14. keine Angaben

3. **Toxizität**
3.1. keine Angaben
3.2. oral   Ratte   LD 50   504 mg/kg (männliche Tiere)
     oral   Ratte   LD 50   250 mg/kg (weibliche Tiere)
     oral   Maus   LD 50   870 mg/kg
     oral   Katze   LD 50   142 mg/kg
     dermal   Ratte   LD 50   3500 mg/kg
3.3. Im chronischen Test wurde bei Ratten ein no effect level von 0,25 mg/kg/d ermittelt. Bei Applikation von Fenitrothion (500–1 000 mg/kg) an Stiere und Schweine waren nach 30–45 min Anzeichen schwerer Intoxikationen feststellbar, die jedoch nach etwa 2 h wieder abklangen. Bei der Verabreichung von täglich 100 mg/kg Wirkstoff über 60–90 d an Milchkühe und Schafe wurde lediglich in den ersten 7 d eine Verminderung der Cholinesteraseaktivität beobachtet. Eine Wirkstoffexkretion mit der Milch ist nicht festgestellt.
3.4. Im Tierexperiment ist keine karzinogene Wirkung nachweisbar. Mutagene Effekte wurden bei verschiedenen Versuchstierarten nicht beobachtet. 0,1 und 1,0 % Fenitrothion zwischen dem 4. und 12. Bebrütungstag in Hühnereier injiziert führten bei den Küken zu teratogenen Effekten. 5–30 % Fenitrothion sind letal für Hühnerembryonen.
3.5. Für Karpfen wird die toxische Grenzkonzentration mit 4,4 ppm/h und für Forellen mit 1,0 ppm/h angegeben. 0,01–0,1 ppm Wirkstoff wirken toxisch bei Karpfenbrut.
3.6. Die Substanz wird im Organismus schnell resorbiert und verteilt. Eine geringfügige Wirkstoffakkumulation ist zu verzeichnen. Die Metabolisierung erfolgt u. a. unter Bildung von 3-Methyl-4-Nitrophenol und O-Desmethylfenitrothion. Intoxikationen manifestieren sich maßgeblich in einer Hemmung der Cholinesterase. Fenitrothion-Expositionen in Kombination mit Phosphamidon oder Malathion sind durch eine potenzierende Giftwirkung gekennzeichnet.
Die Substanz ist bienentoxisch.
3.7. Im statischen Versuch wurde bei aquatischen Organismen ein Konzentrierungsfaktor von 10 ermittelt.

4. **Grenz- und Richtwerte**
4.1. keine Angaben
4.2. Trinkwasser: 0,1 µg/l als Einzelstoff (D)
                    0,5 µg/l als Summe Pflanzenschutzmittel (D)
     ADI-Wert: 5 µg/kg/d (WHO)
4.3. TA Luft: Anlagen zur Herstellung von Wirkstoffen von Pflanzenschutzmitteln:
                    5 mg/m^3 bei einem Massenstrom von 25 g/h und mehr

5. Umweltverhalten

Die geringe Flüchtigkeit, eine mittlere Wasserlöslichkeit und das Hydrolyseverhalten bestimmen die Mobilität, die Bio- und Geoakkumulationstendenz und Stabilität des Wirkstoffes in der Umwelt. In aquatischen Systemen hydrolysiert Fenitrothion bei $pH\,7$. Bei $pH\,5{,}4$ wird eine Halbwertszeit von 60 h und bei $pH\,8{,}2$ von 22 h ermittelt. Unter natürlichen Bedingungen erfolgt die hydrolytische Zersetzung in Oberflächenwässern innerhalb von 0,3–3,5 d. Zu beachten ist eine Abnahme der Hydrolysegeschwindigkeit mit abnehmender Wirkstoffkonzentration. Bei weniger als 0,03 ppm Fenitrothion beträgt die Hydrolyse-Halbwertszeit etwa 40 d. In Laborexperimenten in methanolisch-wäßriger Lösung festgestellte Wirkstoff-Protolyse deutet auf die Möglichkeit photolytischer Reaktionen in Oberflächenwässern hin. Mit einem relativ schnellen Wirkstoffabbau ist ebenfalls in Böden zu rechnen. 32–64 d nach einer entsprechenden Applikation waren in Waldböden in 15 cm Tiefe nur Spuren Fenitrothion nachweisbar. Die Wasserlöslichkeit verbunden mit einer nur geringen Sorptionstendenz schließen eine Migration in grundwasserführende Bodenschichten nicht aus. Eine Dekontamination von Trinkwässern ist mit ausreichendem Wirkungsgrad nur mit Aktivkohle möglich. Fenitrothion besitzt eine hohe Toxizität für Wasserorganismen.

6. Abfallbeseitigung/schadlose Beseitigung/Entgiftung

Kleinere Wirkstoffrestmengen bzw. wirkstoffhaltige Abprodukte können auf Schadstoffdeponien abgelagert werden.

7. Verwendung

Kontaktinsektizid

Literatur

Toxicological Data Sheets on Chemicals. Fenitrothion. Industrial Toxicology Research Centre, Lucknow India, Data Sheet Series No. 7, 1982
UNEP/IRPTC Scientific Reviews of Soviet Literature on Toxicity and Hazards of Chemicals. Fenitrothion. No. 26, 1983, Moskau 1983

Formaldehyd [50-00-0]

Die Herstellung von Formaldehyd erfolgt durch Oxidation von Methanol oder Methan. Angaben zu den globalen Produktionsmengen liegen nicht vor. In den USA werden die jährlichen Produktionsmengen auf mehr als 500 000 t geschätzt. Neben den herstellungs- und anwendungsbedingten (Formalin) Emissionen wird Formaldehyd bei der Dieselkraftstoffverbrennung emittiert.

1. Allgemeine Informationen

1.1. Formaldehyd [50-00-0]
1.2. Formaldehyd, Methanal
1.3. CH_2O

$$\begin{array}{c} H \\ \diagdown \\ C=O \\ \diagup \\ H \end{array}$$

1.4. Oxomethan
1.5. Aldehyd
1.6. in Lösung > 30 %: giftig, 5–30 %: mindergiftig

2. Ausgewählte Eigenschaften

2.1. 30,30
2.2. farbloses Gas (Verwendung als Formaldehydlösung 30%ig mit einem Methanolgehalt von 1 % bzw. unter 1 %), stechender Geruch
2.3. $-19\,°C$
2.4. $-92\,°C$
2.5. keine Angaben
2.6. 0,815 g/cm³ bei $-20\,°C$
2.7. Wasser: unbegrenzt mischbar
2.8. In wäßriger Lösung liegt Formaldehyd als geminales Diol vor. Bei Temperaturen über 150 °C erfolgt Zersetzung unter Bildung von Kohlenmonoxid und Wasserstoff. Formaldehyd neigt zur Polymerisation.
2.9. lg P keine Angaben
2.10. H keine Angaben
2.11. lg SC keine Angaben
2.12. lg BCF keine Angaben
2.13. keine Angaben
2.14. $k_{OH} = 1,1 \cdot 10^{-11}\ cm^3\ s^{-1}$; $t_{1/2} = 1,5\ d$

3. Toxizität

3.1. keine Angaben
3.2.
oral	Ratte	LD 50	800 mg/kg
ihl	Ratte	LDL 0	250 ppm über 4 h
ig	Ratte	LD 50	424 ± 34 mg/kg
		LD 16	284 mg/kg

ig   Maus   LD 50   385 ± 28 mg/kg
      LD 16   318 mg/kg
scu   Maus   LD 50   420 mg/kg
ipr   Maus   LDL 0   16 mg/kg
Die letale Dosis für den Menschen wird mit 3,5–5,25 g angegeben.
3.3. Im Langzeittest über 60 Wochen wurde die niedrigste toxisch wirksame Dosis bei subkutaner Applikation mit 96 mg/kg ermittelt. Die tägliche Verabreichung von 4 mg Formaldehyd über 1,5–2,5 Monate führte bei Kaninchen zu keinen toxischen Wirkungen. 2–50 mg/kg über 129 d an Hunde und Kaninchen verabreicht, führen zu Minderungen des Körpergewichtes, zur Reduzierung der Erythrozytenzahl und zu permanenten Protein- und Ameisensäureausscheidungen im Urin. Inhalative Expositionen von 0,011 mg/m^3 über 30 d führen bei Meerschweinchen zu Veränderungen des Immunstatus. Eine kontinuierliche Exposition über 3 Monate mit 3 mg/m^3 führt bei männlichen Ratten nach 2 Wochen zu ersten toxischen Effekten.
3.4. Formaldehyd ist bei menschlichen Zellkulturen in vitro mutagen (130 μmol; 2 h Exposition bei 37 °C). Die karzinogene Wirkung ist im Tierexperiment bei Ratten nachgewiesen. Bei Mäusen wurden die Ergebnisse bestätigt. Die mutagene Wirkung ist bei Bakterien, Insekten und verschiedenen Pflanzen nachgewiesen.
3.5. LC 100   Karpfen   200 mg l^{-1}
     LC 50   Karpfen   100 mg l^{-1}
Ohne Speciesdifferenzierung wird der LC 50-Wert für Fische mit einem Bereich von 15–30 mg l^{-1} angegeben.
3.6. Akute und chronische Intoxikationen manifestieren sich u.a. in Leber- und Nierenschädigungen sowie Herz-Kreislauf-Veränderungen.
3.7. keine Bioakkumulation

4. Grenz- und Richtwerte

4.1. MAK-Wert: 1 ml/m^3 (ppm); 1,2 mg/m^3 (D)
                  Gefahr der Sensibilisierung
                  III B begründeter Verdacht auf
                  krebserzeugendes Potential (D)
4.2. organoleptischer
     Schwellenwert
     (Wasser):   1 mg/l
4.3. TA Luft: 20 mg/m^3 bei einem Massenstrom von
                  0,1 kg/h und mehr
     Abwassergrenzwert: 1 mg/l

5. Umweltverhalten

Die unbegrenzte Mischbarkeit mit Wasser und die Flüchtigkeit bestimmen das Verhalten von Formaldehyd in der Umwelt. Eine Bio- und Geoakkumulation erfolgt nicht. Transport- und Verteilungsprinzipien sind die Luft und das Wasser. Formaldehyd ist durch eine hohe Mobilität und Dispersionstendenz charakterisiert. Unter Umweltbedingungen ist die Verbindung nicht persistent. Der photolytische Abbau erfolgt u. a. in der Atmosphäre unter Bildung von Kohlenmonoxid und Wasserstoff. Bei Anwesenheit von Wasserdampf bilden sich Methan und Kohlendioxid. In Gegenwart von Chlor kommt es zur Bildung von Phosgen. Über die Atmosphäre erfolgt der Eintrag größerer Mengen Formaldehyd in Gewässer. In aquatischen Systemen ist die Toxizität für Mikroorganismen zu beachten. Bei Algen und Daphnia magna werden bereits bei 0,3 bzw. 2 mg l^{-1} Intoxikationen beobachtet. Die toxische Grenzkonzentration für Protozoen liegt bei etwa 20 mg l^{-1}. Die Schädlichkeitsgrenze für Klärschlamm wird mit 100 mg l^{-1}, für Belebtschlamm mit 800 mg l^{-1} angegeben. Formaldehyd ist in Oberflächen- und Meerwasser nachgewiesen. Über Kontaminationen anderer Umweltmedien liegen keine Angaben vor. Bei oxidativen Verfahren der Wasseraufbereitung wie Chlorung, Ozonung und Permanganatbehandlung wird die Substanz zu Ameisensäure, Kohlendioxid und Wasser umgesetzt.

6. Abfallbeseitigung/schadlose Beseitigung/Entgiftung

Kleinere Mengen können oxidativ zersetzt werden. Nicht verwertbare größere Mengen werden in Sonderabfallverbrennungsanlagen beseitigt.

7. Verwendung

Formaldehyd wird als Desinfektionsmittel, Textilhilfsmittel sowie zur Herstellung von Phenolharzen, Hexamethylentetramin und zur Kondensation zu Harnstoffharzen verwendet.

Literatur

Augustin, H., et al.: Vom Wasser **58** (1982): 297–340
Formaldehyd – Gemeinsamer Bericht des Bundesgesundheitsamtes, der Bundesanstalt für Arbeitsschutz und des Umweltbundesamtes. Schriftenreihe d. BMJFG, Bd. 148. W. Kohlhammer, Stuttgart 1984
Goldmacher, V. S., and Thilly, W. G.: Formaldehyde is Mutagenic for Cultured Human Cells. Mutat. Res. **116** (1983): 417–422
IRPTC, Scientific Reviews of Soviet Literature on Toxicity and Hazards of Chemicals. No. 13, 1982, Formaldehyde, UNEP/IRPTC, Geneva 1982
Formaldehyde, NIOSH Current Intelligence Bulletin 34, April, 1981
NIOSH, Robert A. Taft Labs., Cincinnati 1981
Ulsamer, A. G., et al.: Formaldehyde in Indoor Air: Toxicity and Risk. 75th Annual Meeting of the Air Pollution Control Assoc., New Orleans 1982
Ulsamer, A. G., et al.: Orveview of Health Effects of Formaldehyde. Hazard Assessment of Chemicals, Current Development Vol. 3 (1984): 337–400

Haloacetonitrile

Obwohl von den Verbindungen der Stoffgruppe der Haloacetonitrile lediglich Chloracetonitril und Trichloracetonitril in der chemischen Synthese bzw. als Insektizid und Räuchermittel Bedeutung haben, werden sie seit etwa 2 Jahren mit großer Aufmerksamkeit insbesondere im Hinblick auf ihre öko- und humantoxikologische Relevanz betrachtet, da die Bildung sowohl chlorierter als auch bromierter Acetonitrile bei der Trinkwasser- und Abwasserchlorung nachgewiesen ist. Die nachfolgenden Informationen zu den Stoffen Chlor-, Dichlor-, Trichlor-, Brom- und Dibromacetonitril zeigen, daß nur wenige Daten zur Bewertung der Toxizität und Umweltgefährlichkeit verfügbar sind.

Chloracetonitril

1. Allgemeine Informationen

1.1. Chloracetonitril [107-14-2]
1.2. Acetonitril, Chlor-
1.3. C_2H_2ClN

$$Cl-\underset{H}{\overset{H}{C}}-C\equiv N$$

1.4. 2-Chloracetonitril, Chlormethylcyanid, Chlorcyanomethan, Chloroethannitril
1.5. Chlornitril
1.6. giftig

2. Ausgewählte Eigenschaften

2.1. 75,50
2.2. klare, farblose Flüssigkeit
2.3. 126–127 °C
2.4. keine Angaben
2.5. keine Angaben
2.6. 1,202 g/cm³
2.7. Wasser: 50–100 mg ml^{-1} bei 21,5 °C
     DMSO: >100 mg ml^{-1} bei 21,5 °C
     Ethanol: >100 mg ml^{-1} bei 21,5 °C
     Aceton: >100 mg ml^{-1} bei 21,5 °C
2.8. Chloracetonitril reagiert mit Wasser, Wasserdampf und Säuren. Die Verbindung ist brennbar (Flammpunkt: 47 °C)
2.9. lg P = 1,1
2.10. keine Angaben
2.11. lg SC = 0,8 (berechnet)
2.12. lg BCF = 1,0 (berechnet)
2.13. keine Angaben
2.14. keine Angaben

3. Toxizität

3.1. keine Angaben
3.2. oral   Ratte   LD 50   220 mg/kg
      ihl   Ratte   LCL 0   250 ppm/4 h
      ipr   Maus   LD 50   100 mg/kg
      ipr   Kaninchen   LDL 0   71 mg/kg
3.3. keine Angaben
3.4. keine Angaben
3.5. keine Angaben
3.6. Haut- und Schleimhautschädigungen bei inhalativer bzw. dermaler Aufnahme.
3.7. keine Biokonzentration zu erwarten

4. Grenz- und Richtwerte

keine Angaben

5. Umweltverhalten

Chloracetonitril wird u.a. bei Chlorung organisch belasteter Wässer gebildet. Die Wasserlöslichkeit läßt auf eine gute Mobilität in aquatischen Systemen schließen. Sorption in Böden und Sedimenten ist nicht zu erwarten. In Umweltstrukturen ist Chloracetonitril nicht persistent (Hydrolyse, Photolyse).

6. Abfallbeseitigung/schadlose Beseitigung/Entgiftung

Rückstände oder Abprodukte werden in Sonderabfallverbrennungsanlagen beseitigt. Jede Form der Deponie ist auszuschließen.

7. Verwendung

Zur Herstellung aktivierter Cyanomethylester in der Peptidsynthese oder als Zwischenprodukt in der organischen Synthese.

Literatur

Radian Hazardous Materials Laboratory. Chloroacetonitril. Radian Corporation, Houston, Texas

Dichloracetonitril [3018-12-0]

1. Allgemeine Informationen

1.1. Dichloracetonitril [3018-12-0]
1.2. Acetonitril, Dichlor
1.3. C_2HCl_2N

$$Cl-\overset{\overset{\displaystyle H}{|}}{\underset{\underset{\displaystyle Cl}{|}}{C}}-C\equiv N$$

1.4. Dichlormethylcyanid
1.5. Chlornitril
1.6. keine Angabe

2. **Ausgewählte Eigenschaften**
2.1. 109,94
2.2. klare Flüssigkeit
2.3. 112–113 °C
2.4. keine Angaben
2.5. Dampfdichte: 3,8
2.6. 1,369 g/cm³ bei 20 °C
2.7. Wasser: 10–50 mg ml⁻¹ bei 21,5 °C
DMSO: >100 mg ml⁻¹ bei 21,5 °C
Ethanol: >100 mg ml⁻¹ bei 21,5 °C
Aceton: >100 mg ml⁻¹ bei 21,5 °C
2.8. Dichloracetonitril ist unter Normalbedingungen stabil.
2.9. lg P = 1,7 (berechnet)
2.10. H keine Angaben
2.11. lg SC = 1,1 (berechnet)
2.12. lg BCF = 1,42 (berechnet)
2.13. keine Angaben
2.14. keine Angaben

3. **Toxizität**
3.1. keine Angaben
3.2. keine Angaben
3.3. keine Angaben
3.4. keine Angaben
3.5. keine Angaben
3.6. Die Verbindung wird durch die intakte Haut schnell resorbiert. Haut- und Schleimhautirritationen können durch Kontakt mit flüssigem oder gasförmigem Dichloracetonitril auftreten.
3.7. keine Biokonzentrationstendenz

4. **Grenz- und Richtwerte**
keine Angaben

5. **Umweltverhalten**
Die relativ große Wasserlöslichkeit und Flüchtigkeit bedingen eine hohe Mobilität der Verbindung in Wasser und Atmosphäre. Mit einer hohen Persistenz ist nicht zu rechnen. Keine ausgeprägte Sorptionstendenz in Boden und Sediment. Bildung bei der Wasserchlorung nachgewiesen.

6. **Abfallbeseitigung/schadlose Beseitigung/Entgiftung**
Rückstände und entsprechende Abprodukte werden in einer Sonderab-

fallverbrennungsanlage beseitigt. Jede Form der Deponie ist auszuschließen.

7. Verwendung

keine Angaben

Literatur

Radian Hazardous Materials Laboratory, Dichloroacetonitrile. Radian Corporation, Houston, Texas

Trichloracetonitril [545-06-2]

1. Allgemeine Eigenschaften
1.1. Trichloracetonitril [545-06-2]
1.2. Acetonitril, Trichlor-
1.3. C_2Cl_3N

$$Cl-\underset{\underset{Cl}{|}}{\overset{\overset{Cl}{|}}{C}}-C\equiv N$$

1.4. Cyanotrichlormethan, Trichlormethylcyanid
1.5. Chlornitril
1.6. giftig

2. Ausgewählte Eigenschaften
2.1. 144,39
2.2. klare, leicht gelblich gefärbte Flüssigkeit
2.3. 83–84 °C
2.4. −42 °C
2.5. keine Angaben
2.6. 1,4403 g/cm^3
2.7. Wasser: > 1 mg ml^{-1} bei 21,5 °C
DMSO: > 100 mg ml^{-1} bei 21,5 °C
Ethanol: > 100 mg ml^{-1} bei 21,5 °C
Aceton: > 100 mg ml^{-1} bei 21,5 °C
2.8. Trichloracetonitril ist unter Normalbedingungen stabil. In alkalischem und saurem Milieu erfolgt hydrolytische Zersetzung.
2.9. lg P = 3,1 (berechnet)
2.10. H keine Angaben
2.11. lg SC = 2,32 (berechnet)
2.12. lg BCF = 2,6 (berechnet)
2.13. keine Angaben
2.14. keine Angaben

3. Toxizität

3.1. Zu umweltrelevanten Expositionen sind keine Informationen verfügbar.

3.2.
oral	Ratte	LD 50	250 mg/kg
ihl	Ratte	LCL 0	250 mg/kg/4 h
ivn	Maus	LD 50	56 mg/kg
ihl	Kaninchen	LCL 0	311 ppm/5 h
skn	Kaninchen	LD 50	900 mg/kg
ihl	Meerschwein	LCL 0	311 ppm/5 h

3.3. keine Angaben
3.4. keine Angaben
3.5. keine Angaben
3.6. Haut- und Schleimhautirritationen treten bereits bei Dosen von 100 µg/kg 24 h (skn – Kaninchen) auf. Die Hautresorption erfolgt sehr schnell.
3.7. keine Angaben

4. Grenz- und Richtwerte

keine Angaben

5. Umweltverhalten

Trichloracetonitril wird neben Verbindungen wie Chloroform u.a. bei der Chlorung von Wässern gebildet. Zum Verhalten in der Umwelt liegen keine Informationen vor.

6. Abfallbeseitigung/schadlose Beseitigung/Entgiftung

keine Angaben

7. Verwendung

Insektizides Räuchermittel.

Literatur

Radian Hazardous Materials Laboratory, Trichloroacetonitrile Identifiers. Radian Corporation, Houston Texas

Bromacetonitril [590-17-0]

1. Allgemeine Informationen

1.1. Bromacetonitril [590-17-0]
1.2. Acetonitril, Brom
1.3. C_2H_2BrN

$$Br-\overset{H}{\underset{H}{C}}-C\equiv N$$

1.4. keine Angaben
1.5. Bromnitril
1.6. keine Angaben

2. **Ausgewählte Eigenschaften**
2.1. 119,95
2.2. bernsteinfarbene, helle Flüssigkeit
2.3. 150–151 °C
2.4. keine Angaben
2.5. keine Angaben
2.6. keine Angaben
2.7. Wasser: 50–100 mg ml^{-1} bei 21,5 °C
DMSO: >100 mg ml^{-1} bei 21,5 °C
Ethanol: >100 mg ml^{-1} bei 21,5 °C
2.8. Bromacetonitril reagiert mit starken Säuren und Wasserdampf unter hydrolytischer Zersetzung. Bei Lichteinwirkung erfolgt ebenfalls Zersetzung.
2.9. lg P = 1,1 (berechnet)
2.10. H = keine Angaben
2.11. lg SC = 0,8 (berechnet)
2.12. lg BCF = 1,0 (berechnet)
2.13. keine Angaben
2.14. keine Angaben

3. **Toxizität**
3.1. keine Angaben
3.2. keine Angaben
3.3. keine Angaben
3.4. keine Angaben
3.5. keine Angaben
3.6. Bromacetonitril wird durch die intakte Haut schnell resorbiert. Es kommt zu Haut- und Schleimhautirritationen.
3.7. keine Biokonzentration zu erwarten

4. **Grenz- und Richtwerte**

    keine Angaben

5. **Umweltverhalten**

    keine Angaben

6. **Abfallbeseitigung/schadlose Beseitigung/Entgiftung**

    Rückstände bzw. entsprechende bromacetonitrilhaltige Abprodukte werden in einer Sonderabfallverbrennungsanlage beseitigt. Jede Form der Deponie ist auszuschließen.

7. Verwendung

keine Angaben

Literatur

Radian Hazardous Materials Laboratory. Bromoacetonitrile. Radian Corporation, Houston, Texas

Dibromacetonitril [3252-43-5]

1. Allgemeine Informationen

1.1. Dibromacetonitril [3252-43-5]
1.2. Acetonitril, Dibrom
1.3. C_2HBr_2N

$$Br-\underset{\underset{Br}{|}}{\overset{\overset{H}{|}}{C}}-C\equiv N$$

1.4. Dibrommethylcyanid
1.5. Bromnitril
1.6. keine Angaben

2. Ausgewählte Eigenschaften

2.1. 198,86
2.2. bernsteinfarbene, klare Flüssigkeit
2.3. 67–69 °C bei 24 mm Hg
2.4. keine Angaben
2.5. keine Angaben
2.6. 2,296 g/cm^3
2.7. Wasser: 5–10 mg ml^{-1} bei 21,5 °C
DMSO: >100 mg ml^{-1} bei 21,5 °C
Ethanol: >100 mg ml^{-1} bei 21,5 °C
Aceton: >100 mg ml^{-1} bei 21,5 °C
2.8. Unter Normalbedingungen ist die Verbindung stabil.
2.9. lg P = 4,0 (errechnet)
2.10. H = keine Angabe
2.11. lg SC = 3,1 (errechnet)
2.12. lg BCF = 3,25 (errechnet)
2.13. keine Angaben
2.14. keine Angaben

3. Toxizität

3.1. keine Angaben
3.2. keine Angaben
3.3. keine Angaben

3.4. keine Angaben
3.5. keine Angaben
3.6. Dibromacetonitril wird durch die intakte Haut schnell resorbiert und führt zu Haut- und Schleimhautreizungen.
3.7. keine Biokonzentration zu erwarten

4. **Grenz- und Richtwerte**

   keine Angaben

5. **Umweltverhalten**

   Bildung bei der Trinkwasser- bzw. Abwasserchlorung möglich.

6. **Abfallbeseitigung/schadlose Beseitigung/Entgiftung**

   Rückstände oder dibromacetonitrilhaltige Abprodukte werden in einer Sonderabfallverbrennungsanlage beseitigt. Jede Form der Deponie ist auszuschließen.

7. **Verwendung**

   keine Angaben

Literatur

Radian Hazardous Materials Laboratory. Dibromacetonitrile. Radian Corporation, Houston, Texas

Halogenmethane

Halogenmethane werden weltweit in Mengen zwischen 20 000 t und 1 000 000 t hergestellt, wobei Produktionsmengen für folgende Einzelstoffe bekannt sind:

Chlormethan	400 000 t/a
Dichlormethan	500 000 t/a
Brommethan	20 000 t/a
Chloroform	250 000 t/a
Tetrachlormethan	1 000 000 t/a

Halogenmethan-Emissionen können anthropogen und natürlich bedingt sein. Natürliche Quellen für die Bildung von beispielsweise Chlormethan, Brommethan, Dichlormethan und Tribrommethan können stoffwechselaktive Prozesse von Meerwassermikroorganismen sein. Quellen anthropogen verursachter Belastungen sind neben produktions- und anwendungsbedingten Emissionen Prozesse der Wasserchlorung oder der thermischen Abproduktbeseitigung in Sonderverbrennungsanlagen.

Neben Chloroform und Tetrachlormethan, die in gesonderten Datenprofilen dargestellt werden, sind als Halogenmethane von öko- und humantoxikologischer Relevanz folgende Stoffe ausgewählt:

Chlormethan Dichlormethan Dichlorbrommethan
Brommethan Trichlorfluormethan Tribrommethan
Dichlordifluormethan

1. Allgemeine Informationen

1.1. Chlormethan [74-87-3]
Brommethan [74-83-9]
Dichlormethan [75-09-2]
Tribrommethan (Bromoform) [75-25-2]
Dichlorbrommethan [75-27-4]
Trichlorfluormethan [75-69-4]
Dichlordifluormethan [75-71-8]
1.2. Methan, Chlor-
Methan, Brom-
Methan, Dichlor-
Methan, Tribrom-
Methan, Bromdichlor-
Methan, Trichlorfluor-
Methan, Dichlordifluor-
1.3. CH_3Cl
CH_3Br
CH_2Cl_2
$CHBr_3$
$CHBrCl_2$
CCl_3F
CCl_2F_2

1.4. Dichlordifluormethan: Fluorcarbon-12, F-12, Freon-12
    Trichlorfluormethan: Fluorcarbon-11, F-11, Freon-11
1.5. Halogenmethane
1.6. Chlormethan: mindergiftig, leichtentzündlich
    Brommethan: giftig
    Dichlormethan: leichtentzündlich
    Tribrommethan: giftig
    Dichlorbrommethan: nicht aufgeführt
    Trichlorfluormethan: nicht aufgeführt
    Dichlordifluormethan: nicht aufgeführt

Die Verwendung von Brommethan als Pflanzenschutzmittel ist in der Bundesrepublik Deutschland nur für bestimmte Anwendungen zugelassen.

2. **Ausgewählte Eigenschaften**

2.1. Chlormethan 50
    Brommethan 95
    Dichlormethan 85
    Tribrommethan 252,746
    Dichlorbrommethan 163,9
    Trichlorfluormethan 137,36
    Dichlordifluormethan 122,99
2.2. Chlormethan flüssig
    Brommethan gasförmig
    Dichlormethan flüssig
    Tribrommethan flüssig
    Dichlorbrommethan flüssig
    Trichlorfluormethan flüssig
    Dichloridfluormethan gasförmig
2.3. Chlormethan 3,65 °C
    Brommethan −24,2 °C
    Dichlormethan 40 °C
    Tribrommethan 149,5 °C
    Dichlorbrommethan 90 °C
    Trichlorfluormethan 23,82 °C
    Dichlorfluormethan −29,7 °C
2.4. Chlormethan −97,9 °C
    Brommethan −93,6 °C
    Dichlormethan −95,1 °C
    Tribrommethan 8,3 °C
    Dichlorbrommethan −57,1 °C
    Trichlormethan −111 °C
    Dichlordifluormethan −158 °C
2.5. Chlormethan 3,765 mm Hg bei 20 °C/501,8 Pa
    Brommethan 1,420 mm Hg bei 20 °C/189,3 Pa
    Dichlormethan 362,4 mm Hg bei 20 °C/4,8 · 10^4 Pa
    Trichlorfluormethan 667,4 mmg Hg bei 20 °C/8,9 · 10^4 Pa
    Dichlordifluormethan 4,3 mm Hg bei 20 °C/573,2 Pa

2.6.
Chlormethan	0,973 g/cm³ bei 10 °C
Brommethan	1,737 g/cm³ bei 10 °C
Dichlormethan	1,327 g/cm³ bei 20 °C
Tribrommethan	2,89 g/cm³ bei 25 °C
Dichlorbrommethan	1,98 g/cm³ bei 25 °C
Trichlorfluormethan	1,467 g/cm³ bei 25 °C
Dichlordifluormethan	1,75 g/cm³ bei 115 °C

2.7. Wasser:
Chlormethan	5,38 g l^{-1}
Brommethan	1,0 g l^{-1}
Dichlormethan	13,2 g l^{-1}
Tribrommethan	1,1 g l^{-1}
Trichlorfluormethan	1,3 g l^{-1}
Dichlordifluormethan	2,8 g l^{-1}

2.8. Monohalogenmethane wie Methylbromid und Methylchlorid hydrolysieren in wäßriger Lösung langsam unter Bildung von Methanol und Halogenwasserstoffsäure. Die Hydrolysegeschwindigkeit nimmt mit der Größe des Halogenatoms zu. Unter Normalbedingungen ist ein oxidativer Abbau von Monohalogenmethanen nicht nachgewiesen. Die Verbindungen sind jedoch nicht photolysestabil. Fluorchlormethane haben eine relativ hohe thermische und chemische Stabilität. Sie reagieren mit Alkalien, jedoch nicht mit Säuren oder oxidierenden Agenzien. Die Stabilität von Dichlordifluormethan ist im Vergleich zu Trichlorfluormethan erhöht.

2.9. lg P
Chlormethan	= 1,6 (errechnet)
Brommethan	= 2,3 (errechnet)
Dichlormethan	= 1,5 (errechnet)
Tribrommethan	= 2,5 (errechnet)
Dichlorbrommethan	keine Angaben
Trichlorfluormethan	= 2,3 (errechnet)
Dichlordifluormethan	= 2,0 (errechnet)

2.10. H
Chlormethan	= 25,4
Brommethan	= 98,4
Dichlormethan	= $1,7 \cdot 10^3$
Tribrommethan	keine Angaben
Dichlorbrommethan	keine Angaben
Trichlorfluormethan	= $5,15 \cdot 10^4$
Dichlordifluormethan	= $1,37 \cdot 10^2$

2.11. lg SC
Chlormethan	= 0,6 (errechnet)
Brommethan	= 1,0 (errechnet)
Dichlormethan	= 1,1 (errechnet)
Tribrommethan	= 1,9 (errechnet)
Dichlorbrommethan	keine Angaben
Trichlorfluormethan	= 1,0 (errechnet)
Dichlordifluormethan	= 0,85 (errechnet)

2.12 lg BCF

Chlormethan	= 0,75 (errechnet)
Brommethan	= 0,9 (errechnet)
Dichlormethan	= 0,9 (errechnet)
Tribrommethan	= 1,5 (errechnet)
Dichlorbrommethan	keine Angaben
Trichlorfluormethan	= 0,7 (errechnet)
Dichlordifluormethan	= 0,8 (errechnet)

2.13.
Chlormethan:	keine Angaben
Brommethan:	keine Angaben
Dichlormethan:	keine Angaben
Tribrommethan:	keine Angaben
Dichlorbrommethan:	keine Angaben
Trichlorfluormethan:	keine Angaben
Dichlordifluormethan:	biologisch nicht leicht abbaubar

2.14.
Chlormethan:	$k_{OH} = 4{,}2 \cdot 10^{-14}$ cm^3 s^{-1}; $t_{1/2} = 382$ d
Brommethan:	$k_{OH} = 3{,}8 \cdot 10^{-14}$ cm^3 s^{-1}; $t_{1/2} = 422$ d
Dichlormethan:	$k_{OH} = 1{,}4 \cdot 10^{-13}$ cm^3 s^{-1}; $t_{1/2} = 115$ d
Tribrommethan:	keine Angaben
Dichlorbrommethan:	keine Angaben
Trichlorfluormethan:	$k_{OH} < 5 \cdot 10^{-18}$ cm^3 s^{-1}; $t_{1/2} = 3{,}2 \cdot 10^6$ d
Dichlordifluormethan:	$k_{OH} < 6{,}5 \cdot 10^{-18}$ cm^3 s^{-1}; $t_{1/2} = 2{,}5 \cdot 10^6$ d

3. Toxizität

3.1. keine Angaben

3.2.
Chlormethan	oral	Ratte	LD 50	1 800 mg/kg
Brommethan	ihl	Ratte	LCL 0	2 000 ppm
Dichlormethan	oral	Hund	LDL 0	3 000 mg/kg
Tribrommethan	oral	Ratte ♂	LD 50	1 388 mg/kg
	oral	Ratte ♀	LD 50	1 147 mg/kg
Dichlorbrommethan	oral	Ratte ♂	LD 50	916 mg/kg
	oral	Ratte ♀	LD 50	969 mg/kg
Trichlorfluormethan	keine Angaben			
Dichlordifluormethan	keine Angaben			

Bei inhalativer Aufnahme wird die niedrigste toxische Dosis für den Menschen mit 35 ppm für Brommethan und mit 500 ppm über 8 h für Dichlormethan angegeben.

3.3. Bei der Verabreichung von 5, 50, 500 und 2500 ppm Dichlorbrommethan oder Tribrommethan mit dem Trinkwasser an Ratten werden bei 2500 ppm Dichlorbrommethan Wachstumsstörungen nach 90 d Versuchsdauer festgestellt. Histologische Veränderungen der Leber und Schilddrüse sind bei beiden Stoffen vergleichbar. Hämatologische und biochemische Veränderungen sind nachweisbar. Die meisten der beobachteten Effekte sind reversibel bei ausbleibender Exposition.

3.4. Mit Ausnahme von Dichlordifluormethan, für welches keine Ergebnisse vorliegen, sind die Stoffe mutagen aktiv in verschiedenen Testsystemen. Tribrommethan und Dichlorbrommethan sind bei Ratten nicht teratogen. Dichlormethan, Dichlorbrommethan und Tribrommethan werden als karzinogen suspekt eingeordnet. Epidemiologische Studien weisen auf mögliche Zusammenhänge zwischen Exposition gegenüber diesen Stoffen im Trinkwasser und der Krebshäufigkeit hin. Die Ergebnisse sind jedoch nicht eindeutig.

3.5. Ohne Speciesdifferenzierung werden folgende akute Toxizitäten für Halogenmethane ermittelt:

Chlormethan	LC 50	270–550 mg l^{-1} (96 h)
Brommethan	LC 50	112–212 mg l^{-1}
Dichlormethan	LC 50	224–331 mg l^{-1}
Tribrommethan	LC 50	17,9–46,5 mg l^{-1}

Im Langzeit-Test wirken 14–24 mg l^{-1} Tribrommethan toxisch.

3.6. Halogenmethane werden nach oraler oder inhalativer Aufnahme schnell resorbiert und im Organismus verteilt. Infolge der Passage der Blut-Hirn-Schranke können bei akuten Intoxikationen anästhesierende Wirkungen bei chronischen Intoxikationen über mehrere Jahre irreversible neurologische Störungen auftreten. Insbesondere Chlormethan und Dichlormethan wirken schädigend auf das ZNS. Ausgeprägte neurologische Schädigungen können bei Brommethan-Exposition auftreten. Dichlorbrommethan und Tribrommethan haben eine dem Chloroform vergleichbare Wirkung auf das Nervensystem und das Herz-Kreislauf-System. Leber- und Nierenschädigungen, welche charakteristisch für alle Trihalogenmethane sind, können möglicherweise auf das beim metabolischen Abbau gebildete Phosgen zurückgeführt werden. Trichlorfluormethan-Expositionen führen zu Veränderungen der Serum- und Leberenzymaktivität (z. B. NADPH, β-Glucoronidase) und zu Depressionen myocardialer Funktionen. Die Verbindung wird im Warmblüterorganismus möglicherweise nicht metabolisiert, obwohl eine Bindung an Cytochrom P-450 nachgewiesen ist. Die Exkretion erfolgt über die Atemluft.

3.7. Eine Bioakkumulation der Stoffe ist nicht zu erwarten.

4. Grenz- und Richtwerte

4.1. MAK-Wert:

Chlormethan:	50 ml/m^3, (ppm), 105 mg/m^3
	III B begründeter Verdacht auf krebserzeugendes Potential (D)
Brommethan:	5 ml/m^3 (ppm), 20 mg/m^3
	Gefahr der Hautresorption
	III B begründeter Verdacht auf krebserzeugendes Potential (D)
Dichlormethan:	100 ml/m^3 (ppm), 360 mg/m^3
	III B begründeter Verdacht auf krebserzeugendes Potential (D)
Tribrommethan:	keine Angaben
Dichlorbrommethan:	keine Angaben
Trichlorfluormethan:	1 000 ml/m^3 (ppm), 5 600 mg/m^3
Dichlordifluormethan:	1 000 ml/m^3 (ppm), 5 000 mg/m^3

4.2. Trinkwasser:
Chlormethan: 2 µg/l (USA)
Brommethan: 2 µg/l (USA)
Dichlormethan: 25 µg/l als Summe der Stoffe:
1,1,1-Trichlorethan, Tri- und Tetrachlorethen,
Dichlormethan (D)
2 µg/l (USA)
Tribrommethan: 2 µg/l (USA)
Dichlorbrommethan: 2 µg/l (USA)
Trichlorfluormethan: 32 mg/l (USA)
Dichlordifluormethan: 3 mg/l (USA)

4.3. TA Luft:
Chlormethan: 20 mg/m^3 bei einem Massenstrom von 0,1 kg/h und mehr
Brommethan: 20 mg/m^3 bei einem Massenstrom von 0,1 kg/h und mehr
Dichlormethan: 20 mg/m^3 bei einem Massenstrom von 0,1 kg/h und mehr
Bromoform: keine Angaben
Dichlorbrommethan: keine Angaben
Trichlorfluormethan: 0,15 g/m^3 bei einem Massenstrom von 3 kg/h und mehr
Dichlordifluormethan: 0,15 g/m^3 bei einem Massenstrom von 3 kg/h und mehr

5. Umweltverhalten

Das Umweltverhalten der verschieden halogenierten Methane ist dem von Chloroform und Tetrachlormethan vergleichbar und wird insbesondere durch die hohe Flüchtigkeit, die Wasserlöslichkeit und eine relativ hohe Stabilität in den Strukturen von Hydro-, Pedo- und Atmosphäre geprägt. Die Halbwertszeiten für Trichlorfluormethan und Dichlordifluormethan in der Atmosphäre werden auf etwa 8700 bzw. 6800 Jahre geschätzt. Demgegenüber betragen die Halbwertszeiten von Dichlormethan und Chlormethan 16 bzw. 54 Wochen. Allerdings werden die Hydrolyse-Halbwertszeiten der letztgenannten Stoffe mit etwa $23 \cdot 10^7$ Wochen bzw. 230 Wochen angegeben. Weil Brommethan und Dichlormethan von Bodenmikroorganismen als Kohlenstoffquelle genutzt werden können, erfolgt in der Pedosphäre ein relativ schneller metabolischer Abbau dieser Stoffe. Infolge der hohen Flüchtigkeit gelangen die Halogenmethane, insbesondere auch die, die natürlicherweise beispielsweise als Algenstoffwechselprodukte in aquatischen Systemen gebildet werden, aus der Hydro- in die Atmosphäre und damit in biogeochemische Stoffkreisläufe. Transport- und Verteilungsprinzip der Stoffe sind vorzugsweise die Atmosphäre und Hydrosphäre. Die Wasserchlorung stellt u. a. eine zusätzliche Emissionsquelle für Dichlorbrommethan und Tribrommethan dar. Folgende durchschnittliche Stoffkonzentrationen deuten auf eine relativ weitläufige Verbreitung halogenierter Methane in der Umwelt hin.

Meerwasser:	Chlormethan	bis zu 0,015 µg l^{-1}
Oberflächenwasser:	Dichlormethan	0,05–0,5 µg l^{-1}
	Tribrommethan	0,05–0,1 µg l^{-1}
	Dichlorbrommethan	0,1–0,5 µg l^{-1}
Grundwasser:	Dichlormethan	bis zu 0,01 µg l^{-1}
	Tribrommethan	0,05–0,1 µg l^{-1}
	Dichlorbrommethan	0,1–0,5 g l^{-1}
Trinkwasser:	Dichlorbrommethan	10–40 µg l^{-1}
	Tribrommethan	1–40 µg l^{-1}
Atmosphäre:	Chlormethan	bis zu 0,9 µg/m^3
	Brommethan	bis zu 0,05 µg/m^3
	Dichlormethan	bis zu 0,03 µg/m^3

6. Abfallbeseitigung/schadlose Beseitigung/Entgiftung

keine Angaben

7. Verwendung

Chlormethan
Zwischenprodukt bei der Herstellung von Herbiziden, Gummi, Siliconen u. a. Stoffen.
Brommethan
Räuchermittel in der Schädlingsbekämpfung.
Dichlormethan
Lösungsmittel, Ausgangsprodukt in der Kunststoffherstellung.
Tribrommethan
Zwischenprodukt in der chemischen Industrie.
Dichlorbrommethan
keine Angaben
Trichlorfluormethan
Kühlmittel, Aerosol-Sprays
Dichlordifluormethan
Kühlmittel, Aerosol-Sprays.

Literatur

Brommethan, BUA Stoffbericht Nr. 14. Hrsg. Beratergremium umweltrelevante Altstoffe. (BUA). VCH-Verlagsgesellschaft Weinheim, 1987
Chlormethan. BUA-Stoffbericht Nr. 7. Hrsg. Beratergremium umweltrelevante Altstoffe (BUA), VCH-Verlagsgesellschaft Weinheim, 1987
Chu, I., et al.: The acute toxicity of four trihalogenmethanes in male and female rats. Toxicol. appl. Pharmacol. **52** (1980): 351–353
Chu, I., et al.: Toxicity of Trihalomethanes: I. The Acute and Subacute Toxicity of Chloroform Bromodichloromethane, Chlorodibromomethane and Bromoforme in Rats. J. Environm. Sci. Health, B 17 (3) (1982): 205–224
Dichlormethan. BUA-Stoffbericht Nr. 6. Hrsg. Beratergremium umweltrelevante Altstoffe (BUA), VCH-Verlagsgesellschaft Weinheim, 1987
Howard, P.H., und Durkin, P.R.: A Study of Benzenepolycarboxylates, Chlorinated Naphthalenes, Chlorophenols, Silicones and Fluorcarbones. Syracuse University Research Corporation, Syracuse, N.Y.

Hutzinger, O.: The Handbook of Environmental Chemistry. Vol. 3, Part B. Springer, Berlin – Heidelberg – New York 1982
Ruddick, J.A., et al.: A Teratological Assessment of Four Trihalomethanes in the rat. J. Environm. Sci. Health B18 (3) (1983): 333–349
II. Reversibility of Toxicological Changes produced by Chloroform, Bromodichloromethane, Dibromochloromethane and Bromoforme in Rats. J. Environm. Sci. Health, B17 (3) (1982): 225–240
UNEP/IRPTC Scientific Reviews of Soviet Literature on Toxicity and Hazards of Chemicals. Methanes, halogenated, No. 59, Moskau 1984

Hexachlorbutadien [87-68-3]

Maßgebliche Ursache für Umweltkontaminationen mit Hexachlorbutadien sind die Abprodukte der Herstellung von Chlorkohlenwasserstoffen wie Tetrachlorethylen, Trichlorethylen, Tetrachlormethan und die Chlorherstellung. In den USA werden die auf diese Weise emittierten Hexachlorbutadien-Mengen auf 3300–6600 t jährlich geschätzt. Angaben zu den Produktionsmengen des Stoffes liegen nicht vor.

1. Allgemeine Informationen

1.1. Hexachlorbutadien [87-68-3]
1.2. 1,1,2,3,4,4-Hexachlor-1,3-Butadien
1.3. C_4Cl_6

$$\begin{array}{c} Cl \\ \diagdown \\ Cl \end{array} C = C - C = C \begin{array}{c} \diagup Cl \\ \diagdown Cl \\ \end{array}$$
$$||$$
$$ClCl$$

1.4. HCBD, Perchlorbutadien, Hexachlor-1,3-butadien
1.5. Dien
1.6. keine Angaben

2. Ausgewählte Eigenschaften

2.1. 260,7
2.2. klare, farblose Flüssigkeit
2.3. 210–220 °C
2.4. Gefrierpunkt: −19 bis −22 °C
2.5. 22 mm Hg bei 100 °C; 0,15 mm Hg bei 20 °C/19,99 Pa
2.6. 1,675 g/cm³ bei 15,5 °C
2.7. Wasser: 5 µg l^{-1} bei 20 °C
     gut löslich in Ethanol und Diethylether
2.8. unter Normalbedingungen ist die Verbindung chemisch und physikalisch stabil
2.9. lg P = 4,1
2.10. H = 5,7 · 10⁴
2.11. lg SC = 2,9
2.12. lg BCF = 3,05
2.13. keine Angaben
2.14. keine Angaben

3. Toxizität

3.1. keine Informationen
3.2. oral   Ratte   LD 50   65–80 mg/kg
     oral   Maus   LD 50   250–270 mg/kg
     ip   Ratte   LD 50   76–105 mg/kg
     ip   Maus   LD 50   175–216 mg/kg

3.3. Im 2-Jahre-Fütterungsversuch bei Ratten mit Konzentrationen von 0,2, 2,0 und 20 mg/kg/d werden bei 2,0 und 20 mg/kg renale Nekrosen festgestellt. Vergleichbare Wirkungen können bei Applikation von 30 bis 100 mg/kg/d über 30 d beobachtet werden.
3.4. Im mikrobiologischen Test (Ames-Test) ist Hexachlorbutadien mutagen aktiv. In einem Experiment mit Ratten wurde bei oraler Applikation eine karzinogene Wirkung (Niere) festgestellt. Weitere Tierexperimente mit vergleichbaren bzw. höheren Dosen ergaben keine signifikanten Hinweise zur Karzinogenität. Die Verbindung wird als fetotoxisch suspekt betrachtet.
3.5. LC 50   Goldorfe   470 mg l^{-1}
3.6. Bei einmaliger oraler Aufnahme ist die Substanz in Leber, Niere, Blut, Hirn nachweisbar. Dies deutet auf eine gute Resorption und Distribution im Organismus hin. Hervorzuheben ist die kumulative Wirkung, welche bei chronischer Exposition ein hohes Gefährdungsmoment einschließt. Die Exkretion von Hexachlorbutadien erfolgt vorzugsweise über die Niere. Intoxikationen treten bereits bei 2−3 mg/kg/d auf. Bevorzugte Wirkorte sind das ZNS und die Niere.
3.7. In Fischen analysierte Konzentrationen zwischen 0,03 und 2 410 µg/kg Hexachlorbutadien deuten auf eine mittlere Bioakkumulationstendenz in aquatischen Systemen hin.

4. Grenz- und Richtwerte

4.1. MAK-Wert: Gefahr der Hautresorption
III B begründeter Verdacht auf krebserzeugendes Potential (D)
4.2. Auf Grund der beim Mensch vermuteten karzinogenen Wirkung des Stoffes werden unter Beachtung eines möglichen Krebsrisikos von der U.S. EPA folgende Trinkwassergrenzwerte empfohlen:

Krebsrisiko	Grenzwert ($\mu g \, l^{-1}$)
10^{-7}	0,007
10^{-6}	0,07
10^{-5}	0,7

4.3. TA Luft: 20 mg/m^3 bei einem Massenstrom von 0,1 kg/h und mehr

5. Umweltverhalten

Das Umweltverhalten der Verbindung wird durch die außerordentlich geringe Wasserlöslichkeit verbunden mit einer mittleren Bio- und Geoakkumulationstendenz und eine relativ hohe Flüchtigkeit charakterisiert. In Sedimenten wurden Konzentrierungsfaktoren bis zu 100 festgestellt, woraus sich im Vergleich zu anderen aliphatischen Chlorkohlenwasserstoffen eine relativ geringe Mobilität in Hydro- und Pedosphäre ableitet.
Ein Dampfdruck von 0,15 mm Hg bei 20 °C weist auf einen bevorzugten Übergang in die Atmosphäre und eine geringe Aufenthaltswahrschein-

lichkeit im Wasser hin. Die nachfolgend angegebenen Stoffkonzentrationen in biologischen und nicht biologischen Umweltstrukturen stehen im Gegensatz zu häufig vertretenen Meinung, Hexachlorbutadien-Kontaminationen seien lokal begrenzt.
Die in der Atmosphäre gemessenen Höchstkonzentrationen bei punktförmigen Emissionen betragen 463 µg/m³. In Trinkwässern der USA sind bis zu 0,07 µg l⁻¹, in der BRD bis zu 0,27 µg l⁻¹, in Oberflächenwasser bis zu 2 µg l⁻¹ und Abwasser bis zu 6,5 µg l⁻¹ Hexachlorbutadien analysiert. Böden können bis zu 0,8 mg/kg und Sedimente bis zu 8,0 mg/kg der Verbindung enthalten. In Algen sind 9 µg/kg, in Invertebraten 7 µg/kg und in menschlichem Fettgewebe bis zu 13,7 µg/kg der Verbindung nachgewiesen. Nahrungsmittel enthalten von 0,08 µg/kg (Milch) bis zu 4,65 mg/kg (Fisch) Hexachlorbutadien. Insgesamt ist mit einer weitläufigen Verbreitung der Verbindung in Umweltstrukturen zu rechnen, wobei sicherlich eine Vielzahl diffuser Emissionsquellen zu relativ hohen Belastungswerten beitragen. Über anwendungsbedingte, direkte Emissionen ist nichts bekannt.

6. **Abfallbeseitigung/schadlose Beseitigung/Entgiftung**

Eine Verbrennung nicht verwertbarer Rückstände in Sonderabfallverbrennungsanlagen ist möglich. Eine Deponie sollte ausgeschlossen werden. Die Flüchtigkeit und die chemische Stabilität der Verbindung sind bei der Beseitigung von Rückständen zu beachten.

7. **Verwendung**

Hexachlorbutadien wird als Lösungsmittel für Polymere, als Hydraulikflüssigkeit, als Zwischenprodukt bei der Gummiherstellung und als Pestizid (Räuchermittel) verwendet.

Hexachlorcyclohexan [58-89-9]

Die Herstellung von HCH erfolgt durch Photochlorierung von Benzen. Lindan ist der gebräuchliche Handelsname für ein Produkt, welches mindestens 99% des γ-Isomeren von 1,2,3,4,5,6-Hexachlorcyclohexan enthält. Unter der Abkürzung „HCH" wird insbesondere im US-amerikanischen Sprachgebrauch ein Isomerengemisch verstanden. Es enthält zwischen 14 und 77% γ-Isomer. Technisches HCH besteht anteilmäßig aus etwa 60–70% α-HCH, 5–12% β-HCH, 10–15% γ-HCH, 6–10% δ-HCH und 3–4% ε-HCH.

1973 wurden folgende Produktionsmengen angegeben:

HCH

Frankreich	30 000 t
BRD	8 500 t
Spanien	16 000 t
Lindan	
Frankreich	3 500 t
BRD	1 700 t
Spanien	1 000 t

1. Allgemeine Informationen

1.1. Hexachlorcyclohexan [58-89-9]
1.2. Cyclohexan, 1,2,3,4,5,6-Hexachlor- [608-73-1]
(technisches Isomerengemisch)
zu diesem Stoff gibt es fünf Strukturisomere:
α-HCH [319-84-6]
β-HCH [319-85-7]
γ-HCH (Lindan) [58-89-9]
δ-HCH [319-86-8]
ε-HCH [6108-10-7]
1.3. C$_6$H$_6$Cl$_6$ (γ-HCH, Lindan)

1.4. HCH; das γ-Isomere wird mit dem Gebrauchsnamen Lindan bezeichnet, seltener auch Gammaxan, Gammalin
1.5. cyclischer Kohlenwasserstoff
1.6. technisches HCH: giftig
Lindan: giftig
Die Verwendung von technischem HCH als Pflanzenschutzmittel ist in Deutschland verboten. Die Verwendung von Lindan als Pflanzenschutzmittel ist in Deutschland für bestimmte Anwendungen verboten.

2. Ausgewählte Eigenschaften

2.1. 290,82

2.2. Reinsubstanz: weißer, kristalliner Feststoff
HCH: weißer bis bräunlich gefärbter kristalliner Feststoff
HCH techn.: modriger Geruch

2.3. α-HCH   288 °C
β-HCH   60 °C bei 0,58 mm Hg
γ-HCH   323,4 °C
δ-HCH   60 °C bei 0,34 mm Hg

2.4. α-HCH   157,5–158 °C
β-HCH   309,8–310,7 °C
γ-HCH   112,5–113 °C
δ-HCH   138 °C
ε-HCH   219 °C

2.5. α-HCH   0,02 mm Hg bei 20 °C/2,66 Pa
β-HCH   0,005 mm Hg bei 20 °C/0,66 Pa
γ-HCH   0,03 mm Hg bei 20 °C/3,99 Pa

2.6. α-HCH   1,89 g/cm^3 bei 20 °C
β-HCH   1,82 g/cm^3 bei 19 °C
γ-HCH   1,85 g/cm^3 bei 20 °C

2.7. Wasser: γ-HCH 9–10 mg l^{-1} bei 20 °C
gut löslich in Petrolether; löslich in Aceton sowie aromatischen und Chlorkohlenwasserstoffen

2.8. Gegenüber Luft-, Hitze-, Licht- und Säureeinwirkung ist γ-HCH stabil. In Gegenwart von Alkalien erfolgt Dechlorierung unter Bildung von Trichlorbenzen. In Gegenwart von Eisen, Aluminium und Zink wird die Substanz zersetzt.

2.9. lg P = 4,0 (Lindan)
2.10. H = 4,7 · 10^3 (Lindan)
2.11. lg SC = 4,6 (Lindan)
2.12. lg BCF = 5,0 (Lindan)
2.13. alle Isomere: biologisch nicht leicht abbaubar
2.14. keine Angaben

3. Toxizität

3.1. keine Angaben

3.2.

γ-HCH	oral	Ratte	LD 50	70–88 mg/kg
	oral	Mensch	LDL 0	840 mg/kg
	skn	Ratte	LD 50	500 mg/kg
	ip	Maus	LDL 0	75 mg/kg
α-HCH	oral	Maus	LD 50	1 000 mg/kg
	oral	Ratte	LD 50	500–1 700 mg/kg
β-HCH	oral	Maus	LD 50	1 500 mg/kg
	oral	Ratte	LD 50	2 000 mg/kg
δ-HCH	oral	Ratte	LD 50	750–1 000 mg/kg
Isomerengemisch	oral	Maus	LD 50	600–1 250 mg/kg
	oral	Ratte	LD 50	700 mg/kg

HCH-Isomere sind gegenüber Säugern durch eine differenzierte Toxizität charakterisiert. α-HCH besitzt eine relativ geringe akute, chronische und kumulative toxische Wirkung. Demgegenüber ist β-HCH durch eine geringe akute jedoch eine hohe chronische und kumulative Toxizität gekennzeichnet; γ-HCH ist sowohl akut als auch chronisch hoch toxisch, während δ-HCH nur eine insgesamt geringe Toxizität aufweist.

3.3. Im 2-Jahre-Fütterungsversuch wurde bei Ratten ein no effect level von 2,5 mg/kg/d ermittelt.

3.4. Tierexperimentell ist bei γ-HCH, α-HCH und bei technischem HCH eine karzinogene Wirkung nachgewiesen. Expositionen weiblicher Ratten führten u. a. zur Ausbildung von Tumoren der Schilddrüse, γ-HCH wirkt bei menschlichen Zellkulturen (in vitro) mutagen. Tierexperimentell ist eine teratogene Wirkung festgestellt.

3.5. Für Fische wird ohne Speciesdifferenzierung eine akute Toxizität von LC 50 (96 h) 0,01–4,4 mg l^{-1} angegeben.

3.6. γ-HCH wird im Organismus relativ schnell resorbiert, verteilt und in lipoidhaltigen Organstrukturen angereichert. Die Ausscheidung nichtmetabolisierten Wirkstoffes erfolgt vorzugsweise im Urin, weniger in Faeces. In-vitro-Untersuchungen zeigen drei mögliche Wege der Stofftransformation:
- direkte Hydroxylierung und Umsetzung instabiler Zwischenprodukte zu 2,4,6-Trichlorphenol,
- Dehydrochlorierung zu Pentachlorcyclohexan oder Dehydrierung zu Hexachlorcyclohexan, Sauerstoffaddition mit nachfolgender Dehydrochlorierung zu 2,4,5-Trichlorphenol und 2,3,4,5-Tetrachlorphenol,
- Hydroxylierung intermediär entstehenden Trichlorbenzens unter Bildung von Trichlorphenol.

3.7. γ-HCH ist durch eine mittlere Biokonzentrationstendenz charakterisiert

4. Grenz- und Richtwerte

4.1. MAK-Wert: 0,5 mg/m^3 (BRD)
Gefahr der Hautresorption.

4.2. Trinkwasser: 0,1 µg/l als Einzelstoff (D)
0,5 µg/l als Summe Pflanzenschutzmittel (D)
3 µg/l (WHO)

Die U.S. EPA gibt unter Beachtung eines möglichen karzinogenen Risikos bei HCH-Expositionen mit dem Trinkwasser folgende Grenzwertempfehlungen:

	Krebsrisiko		
	10^{-5}	10^{-6}	10^{-7}
α-HCH	16 µg l^{-1}	1,6 µg l^{-1}	0,16 µg l^{-1}
β-HCH	28 µg l^{-1}	2,8 µg l^{-1}	0,28 µg l^{-1}
γ-HCH	54 µg l^{-1}	5,4 µg l^{-1}	0,54 µg l^{-1}
δ-HCH	21 µg l^{-1}	2,1 µg l^{-1}	0,21 µg l^{-1}

4.3. TA Luft: Anlagen zur Herstellung von Wirkstoffen für Pflanzenschutzmittel:
5 mg/m^3 bei einem Massenstrom
von 25 g/h und mehr

Nach EG-Richtlinie 84/491/EWG bestehen Grenzwerte für Emissionsnormen für die Ableitung von Isomeren des Hexachlorcyclohexans aus Industriebetrieben und Qualitätsziele für Gewässer.
Grenzwerte für Emissionsnormen im abgeleiteten Abwasser (Monatsmittelwerte)

Industriezweig	ab 1.4.86	ab 1.10.88	Maßeinheit
Herstellung	3	2	mg HCH/l
	3	2	g HCH/t hergestelltes HCH
Extraktion von	8	2	mg HCH/l
Lindan	15	4	g HCH/t hergestelltes HCH
Herstellung und	6	2	mg HCH/l
Extraktion von	16	5	g HCH/t hergestelltes HCH
Lindan			

Qualitätsziele für Gewässer, die von den Abwässern betroffen werden:
– oberirdische Binnengewässer 100 ng/l
– Mündungs- und Küstengewässer 20 ng/l
(arithmetisches Mittel der Ergebnisse eines Jahres)
Die Gesamt-HCH-Konzentration in Sedimenten, Mollusken, Schalentieren oder Fischen darf mit der Zeit nicht wesentlich ansteigen.

5. Umweltverhalten

Das Verhalten von HCH in der Umwelt wird maßgeblich beeinflußt durch eine im Vergleich mit anderen chlororganischen Insektiziden mittlere Wasserlöslichkeit und Flüchtigkeit sowie daraus resultierende Bio- und Geoakkumulationstendenz und Mobilität in und zwischen den Umweltmedien Wasser, Boden und Luft. In natürlichen Wässern ist die Substanz relativ stabil gegenüber physikalisch-chemischen Abbaureaktionen. Es erfolgt eine relativ schnelle Sorption an partikuläre Stoffe bzw. Sedimente sowie eine Bioakkumulation insbesondere in Phyto- und Zooplankton. Bei Fischen ist neben der Exposition über biologische Ketten eine direkte Exposition über das Wasser zu beachten. Sedimente sind als remobilisierbare Wirkstoffdepots zu bewerten. In Abhängigkeit von der biologischen Aktivität natürlicher Wässer und der Sedimente erfolgt der Metabolismus der Substanz. In Böden wird der Wirkstoff in Abhängigkeit vom Gehalt des Bodens an organischem Material vorzugsweise in oberflächennahen Schichten adsorbiert. Infolge der Wasserlöslichkeit sind Migrationen in grundwasserführende Schichten nicht auszuschließen. In oberflächennahen Bodenschichten wird der mikrobiologische sowie physikochemische Wirkstoffabbau realisiert. 50–70% des Wirkstoffes können in mikrobiologisch aktiven Böden innerhalb eines Jahres abgebaut werden. Infolge des vergleichsweise hohen Dampfdruckes sind die Stoffübergänge Wasser–Luft und Boden–Luft zu beachten und bedeutsam für die Stofftransformation in biogeochemischen Stoffkreisläufen.

6. Abfallbeseitigung/schadlose Beseitigung/Entgiftung

Nicht mehr verwertbare Rückstände bzw. HCH-haltige Abprodukte können in kleineren Mengen auf Schadstoffdeponien abgelagert werden. Zu beachten sind die Wasserlöslichkeit und Flüchtigkeit der Substanz. Bei der Beseitigung in Sonderabfallverbrennungsanlagen ist die Bildung toxischer Reaktionsprodukte (Pyrotoxine) zu beachten. Jede Form des Einbringens in Vorfluter oder Kläranlagen ist auszuschließen.

7. Verwendung

Insektizid

Literatur

Barke, E., Eichler, D., Hapke, H. J.: Hexachlorcyclohexan-Kontamination, Ursachen, Situation und Bewertung. Hrsg. Deutsche Forschungsgemeinschaft, Kommission zur Prüfung von Rückständen in Lebensmitteln. Haraldt Boldt Verlag, Boppard 1982
IARC Monographs on the Evaluation of the Carcinogenic Risk of Chemicals to Humans. Vol. 20, 1979, Some Halogenated Hydrocarbons. IARC, Lyon 1979
UNEP/IRPTC Scientific Review of Soviet Literature on Toxicity and Hazards of Chemicals. Lindan. No. 40, Moskau 1983
WHO/FAO Data Sheets on Pesticides. No. 12, Lindane

Hexachlorethan [67-72-1]

Die Herstellung von Hexachlorethan erfolgt durch Umsetzung von Tetrachlorethylen mit Chlor in Gegenwart eines Katalysators. Alternative Verfahren sind die photolyseinduzierte Umsetzung von Tetrachlorethylen mit Chlor unter Druck sowie die Chlorierung von Chlorbutadien, 1,2-Dichlorethan, Chlorpentan oder Chlorparaffinen. Genaue Angaben zur jährlichen globalen Produktionsmenge sind nicht verfügbar. Schätzungen geben etwa 2000–3000 t pro Jahr an.

1. Allgemeine Informationen

1.1. Hexachlorethan [67-72-1]
1.2. Ethan, Hexachlor-
1.3. C_2Cl_6

$$\begin{array}{c} \text{Cl} \quad \text{Cl} \\ | \quad | \\ \text{Cl}-\text{C}-\text{C}-\text{Cl} \\ | \quad | \\ \text{Cl} \quad \text{Cl} \end{array}$$

1.4. Carbonhexachlorid, Perchlorethan, Phenohep
1.5. chlorierte Ethane
1.6. keine Angaben

2. Ausgewählte Eigenschaften

2.1. 236,74
2.2. weißer, kristalliner Feststoff mit campherartigem Geruch
2.3. 186,8–187,4 °C
2.4. Sublimation bei 185 °C
2.5. 1 mm Hg bei 32,7 °C/133,3 Pa
2.6. 2,09 g/cm³ bei 20 °C
2.7. Wasser: unlöslich
gut löslich in Ethylether, Ethylalkohol, Benzen, Chloroform und Ölen
2.8. Hexachlorethan ist chemisch inert. Bei Temperaturen über 180 °C erfolgt Zersetzung unter Bildung von Tetrachlormethan und Tetrachlorethylen
2.9. lg P   keine Angaben
2.10. H   keine Angaben
2.11. lg SC   keine Angaben
2.12. lg BCF keine Angaben
2.13. biologisch nicht leicht abbaubar
2.14. keine Angaben

3. Toxizität

3.1. keine Angaben
3.2.
oral	Ratte	LD 50	4 460 mg/kg (weibliche Tiere)
oral	Ratte	LD 50	5 160 mg/kg (männliche Tiere)
ipr	Maus	LD 50	4,5 mg/kg

scu	Kaninchen	LDL0	4 000 mg/kg
ivn	Hund	LDL0	325 mg/kg
oral	Meerschwein	LD 50	4 970 mg/kg
dermal	Kaninchen	LD 50	32 000 mg/kg (appliziert als wäßrige Suspension)

3.3. Im subchronischen Experiment sind Hunde im Vergleich zu Ratten und Meerschweinchen am empfindlichsten bei Dosen von 260 ppm inhalativ 6 h/d; 5 d/Woche über 6 Wochen. Veränderungen in der Funktion des ZNS werden zu den maßgeblichen physiologischen Wirkungen gerechnet. Minimale toxische Effekte werden bei Expositionen gegenüber 48 und 16 ppm Hexachlorethan festgestellt.

3.4. Bei oraler und inhalativer Aufnahme ist die Verbindung bei Ratten nicht teratogen. Mutagene Wirkung konnte in unterschiedlichen Testsystemen nicht festgestellt werden. Die karzinogene Wirkung wurde an zwei Tierspecies getestet. Bei Mäusen (B6C3F1) sind Lebertumoren nachgewiesen. Bei Ratten sind die Untersuchungsergebnisse nicht signifikant. Eine Bewertung des karzinogenen Risikos für den Menschen ist nicht möglich.

3.5. 5 mg l^{-1} werden für Fische ohne Speciesdifferenzierung als nicht toxisch angegeben.

3.6. Hexachlorethan wird relativ schnell im Organismus resorbiert und in lipoidreichen Organstrukturen akkumuliert.
Bei akuten und chronischen Intoxikationen sind Schädigungen des ZNS, der Leber und Niere festgestellt.

3.7. keine Angaben

4. Grenz- und Richtwerte

4.1. MAK-Wert: 1 ml/m³ (ppm), 10 mg/m³ (D)
4.2. keine Angaben
4.3. keine Angaben

5. Umweltverhalten

Ausgehend von den physikalischen Eigenschaften (Wasserlöslichkeit, Dampfdruck, Reaktivität) ist in Umweltmedien mit einer mittleren Persistenz sowie Bio- und Geoakkumulationstendenz der Substanz zu rechnen.
Der Dampfdruck von 1 mm Hg weist auf eine mittlere Dispersionstendenz in der Atmosphäre sowie auf einen relativ leichten Stoffübergang zwischen Hydro- und Atmosphäre hin.
Über biotische bzw. abiotische Abbaureaktionen der Substanz in Umweltmedien ist nichts bekannt. In Oberflächenwässern sind Konzentrationen bis zu 4,4 µg l^{-1}, in Abwässern bis zu 8,4 µg l^{-1} und in Trinkwässern vereinzelt bis zu 4,3 µg l^{-1} Hexachlorethan analysiert.

6. Abfallbeseitigung/schadlose Beseitigung/Entgiftung

Nicht verwertbare Rückstände bzw. hexachlorethanhaltige Abprodukte sollten auf einer Sonderschadstoffdeponie abgelagert werden.

7. Verwendung

Die Substanz dient u. a. als Zusatzstoff für Pestizidformulierungen, als Additiv für nichtbrennbare Flüssigkeiten, als Hemmstoff bei Fermentationsprozessen und bei der Herstellung von Zellulose-Ester.

Literatur

Fishbein, L.: Potential Halogenated Industrial Carcinogenic and Mutagenic Chemicals. Part II, Sci. total Environm. **11** (1979): 163–195
Weeks, M. H., et al.: The Toxicity of Hexachloroethane in Laboratory Animals. Amer. Ind. Hygiene Assoc. J. **40** (3) (1979): 187–199
Konietzko, H.: Chlorinated Ethanes: Sources, Distribution, Environmental Impact, and Health Effects. Hazard Assessment of Chemicals: Current Development, Volume 3 (1984): 401–448

Hexachlorophen [70-30-4]

Die Herstellung von Hexachlorophen erfolgt durch Umsetzung von 2,4,5-Trichlorphenol mit Formaldehyd. Der Wirkstoff kann bis zu 15 µg/kg 2,3,7,8-Tetrachlor-dibenzo-p-dioxin [1746-01-6] enthalten. Haupteinsatzbereich der Verbindung ist die Desinfektion. In den USA waren 1977 110 Produkte registriert, welche Hexachlorophen als Wirkstoff enthielten. Über die Herstellungsmengen ist nichts bekannt.

1. Allgemeine Informationen

1.1. Hexachlorophen [70-30-4]
1.2. Phenol, 2,2'-Methylenbis-[3,4,6-trichlor-
1.3. $C_{13}H_6Cl_6O_2$

1.4. Hexophan, Trichlorophen, Hexachlorophen, Bis-(2-hydroxy-3,4,6-trichlorphenyl)-methan
1.5. Chlorphenol
1.6. keine Angaben

2. Ausgewählte Eigenschaften

2.1. 406,9
2.2. weißes Puder
2.3. keine Angaben
2.4. 166–167 °C
2.5. keine Angaben
2.6. keine Angaben
2.7. Wasser: praktisch unlöslich
löslich in Diethylether, Ethylalkohol, Aceton, Chloroform, Glycol, Polyethylenglycol.
2.8. In Gegenwart von Alkalien bilden sich die entsprechenden Salze.
2.9. lg P   keine Angaben
2.10. H   keine Angaben
2.11. lg SC   keine Angaben
2.12. lg BCF keine Angaben
2.13. keine Angaben
2.14. entfällt

3. Toxizität

3.1. keine Angaben
3.2. oral   Ratte   LD 50   66 mg/kg (männliche Tiere)

oral   Ratte   LD 50   56 mg/kg (weibliche Tiere)
Bei 10 Tage alten Ratten wurde eine LD 50 von 9 mg/kg ermittelt.
3.3. Bei der Verfütterung von 400 mg/kg Nahrung an Ratten über einen längeren Zeitraum oder der Applikation einer größeren Dosis dermal bzw. oral werden Schädigungen des ZNS im Sinne neurotoxischer Wirkungen sowie Störungen der oxidativen Phosphorylierung in den Mitochondrien festgestellt.
3.4. Hexachlorophen ist nachweisbar embryotoxisch. Im mikrobiologischen Test (Ames-Test) und im Dominant-letal-Test ist die Verbindung nicht mutagen. Im Tierexperiment mit Mäusen kann keine karzinogene Wirkung nachgewiesen werden. Ergebnisse epidemiologischer Studien zur Karzinogenität liegen nicht vor.
3.5. keine Angaben
3.6. Bei oraler Aufnahme erfolgt nur eine relativ geringe Resorption. Ratten scheiden innerhalb von 10 d 80–90 % des applizierten Wirkstoffes (orale Aufnahme) mit den Faeces aus. Die Exkretion über den Urin erfolgt in Form von Glucuroniden. Schädigungen des ZNS und Störungen der oxidativen Phosphorylierung sind maßgebliche toxische Effekte.
3.7. keine Angaben

4. **Grenz- und Richtwerte**

   keine Angaben

5. **Umweltverhalten**

   Trotz der vielfältigen Einsatzbereiche liegen nur wenige Informationen über Umweltverhalten und Umweltkontamination vor. Die nur geringfügige Wasserlöslichkeit läßt eine relativ große Bio- und Geoakkumulationstendenz erwarten. Stoffkonzentrationen in marinen Organismen bis zu 27 800 µg/kg scheinen das zu bestätigen. Gleiches trifft auf die in Sedimenten analysierten Wirkstoffkonzentrationen zwischen 9 und 397 µg/kg zu. In Oberflächenwässern sind bis zu 44 µg l^{-1} in Abwässern bis zu 31 µg l^{-1} Hexachlorophen analysiert. Konzentrationen bis zu 9 µg l^{-1} in Humanmilch deuten auf eine Gefährdungsmöglichkeit für Säuglinge hin. Die Verwendung von Hexachlorophen in Seifen, und die damit verbundene Möglichkeit der dermalen Aufnahme des Stoffes führte zu Wirkstoffkonzentrationen im Blut von etwa 0,4 mg l^{-1} und zu 80 µg/kg im analysierten Fettgewebe.
   Über den Wirkstoffabbau unter natürlichen Bedingungen sind keine Angaben verfügbar.

6. **Abfallbeseitigung/schadlose Beseitigung/Entgiftung**

   Nicht verwertbare Rückstände sind auf Sonderabfall- bzw. Schadstoffdeponien abzulagern.

7. **Verwendung**

   Hauptanwendungsbereich ist der Einsatz des Wirkstoffes als desinfizierender Zusatz in Reinigungsmitteln jeglicher Art. Das Mononatriumsalz findet in der Saatgutbehandlung Verwendung.

Literatur

Kimbrough, R. D., Hexachlorophene; Toxicity, and use as an antibacterial agent., Essays Toxicol. **7** (1976): 99–120

IARC Monographs on the Evaluation of the Carcinogenic Risks of Chemicals to Humans. Vol. 20, 1979. Some Halogenated Hydrocarbons. IARC, Lyon 1979

Methylparathion [298-00-0]

Die Herstellung von Methylparathion erfolgt durch Umsetzung von p-Nitrophenol bzw. Natrium-p-nitrophenolat mit Dimethylchlorthiophosphat in Gegenwart von Chlorwasserstoff in organischen Lösungsmitteln oder in wäßriger Phase. Technisches Methylparathion enthält u. a. p-Nitrophenol, Trimethylthiophosphat und O-methyl-O,O-bis-(4-nitrophenyl)thiophosphat als Verunreinigungen.

1. Allgemeine Informationen

1.1. Methylparathion [298-00-0]
1.2. Thiophosphorsäureester, 0,0-Dimethyl-0-(4-nitrophenyl)-
1.3. $C_8H_{10}NO_5PS$

$$CH_3O\diagdown \underset{\underset{S}{\overset{\|}{}}}{\overset{}{P}}-O-\underset{}{\bigcirc}-NO_2$$
$$CH_3O\diagup$$

1.4. Metaphos, Cabathion, Metaphor, Metaphos, Nitrox
1.5. Thiophosphorsäureester
1.6. giftig
Die Verwendung von Methylparathion als Pflanzenschutzmittel ist in der Bundesrepublik Deutschland für bestimmte Anwendungen verboten.

2. Ausgewählte Eigenschaften

2.1. 263,22
2.2. Reinsubstanz: weißer kristalliner Feststoff
Technisches Produkt: bräunliche Flüssigkeit
2.3. 154 °C bei 133 Pa; 109 °C bei 6,6 Pa
2.4. 35–36 °C
2.5. $0,97 \cdot 10^{-5}$ mm Hg bei 20 °C/$1,29 \cdot 10^{-3}$ Pa
2.6. 1,358 g/cm^3
2.7. Wasser: 50–60 mg l^{-1} bei 20 °C
wenig löslich in Petroleum und Mineralölen; in den meisten organischen Lösungsmitteln gut löslich oder mischbar
2.8. In wäßriger alkalischer oder saurer Lösung erfolgt Hydrolyse.
Die Hydrolyse-Halbwertszeit wird bei pH 1–5 und 20 °C mit etwa 175 d angegeben; bei 40 °C mit 4 d, 50 °C mit 12 h und 1,5 h bei 70 °C und pH 9. Beim Erhitzen isomerisiert die Verbindung leicht unter Bildung des O,S-Dimethyl-Isomeren.
2.9. lg P = 1,9
2.10. H = $3,7 \cdot 10^{-2}$
2.11. lg SC = 1,4
2.12. lg BCF = 1,65
2.13. biologisch nicht leicht abbaubar
2.14. keine Angaben

3. Toxizität

3.1. keine Angaben

3.2.
oral	Ratte	LD 50	13–18 mg/kg
oral	Maus	LD 50	100–200 mg/kg
dermal	Ratte	LD 50	67 mg/kg
ihl	Ratte	LC 50	0,14 mg l^{-1} über 4 h
oral	Kaninchen	LD 50	100 mg/kg

3.3. Im 90-Tage-Test wurde bei Ratten ein no effect level von 0,3 mg/kg/d und bei Hunden von 1,5 mg/kg/d ermittelt.

3.4. Bisher gibt es keine Hinweise zur karzinogenen Wirkung von Methylparathion. In differenzierten Tests ist die Substanz nicht mutagen. Demgegenüber wirken im 3-Generationen-Test 60 mg/kg (1,5 mg/kg/d) bei Mäusen teratogen. 30 mg/kg sind ohne entsprechende Wirkung; ebenso 15 mg/kg bei Ratten. Bei Ratten sind Schädigungen des reproduktiven Systems nachgewiesen.

3.5.
LC 50	Karpfen	3,5 mg l^{-1}
LC 50	Hecht	1–3 mg l^{-1}
LC 50	Regenbogenforelle	3 mg l^{-1}

3.6. Methylparathion wird schnell im Organismus resorbiert. Bereits 1–3 h nach Applikation wird ein Wirkstoffmaximum im Blut festgestellt. Die Distribution erfolgt in nahezu alle Organsysteme. Die höchsten Konzentrationen werden in der Galle analysiert. Der Wirkstoffmetabolismus im Warmblüter ist dem von Parathion vergleichbar. Die Ausscheidung der Metaboliten erfolgt über den Urin. Die toxische Wirkung ist insbesondere durch die Cholinesterasehemmung charakterisiert. Eine nachweisbare Konzentrierung erfolgt nicht. Das als Zwischenprodukt des metabolischen Abbaus nachweisbare Methylparaoxon wird wesentlich schneller entgiftet als das Paraoxon des oxidativen Parathionmetabolismus.

3.7. In aquatischen Organismen ist nur eine geringfügige Biokonzentration nachweisbar.

4. Grenz- und Richtwerte

4.1. MAK-Wert: 0,2 mg/m³ (USA)
0,1 mg/m³ (SU)

4.2. Trinkwasser: 0,1 µg/l als Einzelstoff (D)
0,5 µg/l als Summe Pflanzenschutzmittel (D);
Inkrafttreten am 1. 10. 1989
20 µg/l (SU)

ADI-Wert: 1,0 µg/kg/d (WHO)

4.3. TA Luft: Anlagen zur Herstellung von Wirkstoffen
für Pflanzenschutzmittel:
5 mg/m³ bei einem Massenstrom
von 25 g/h und mehr

5. Umweltverhalten

Das Umweltverhalten des Wirkstoffes wird durch seine Wasserlöslichkeit, eine geringe Flüchtigkeit sowie Bio- und Geoakkumulationstendenz und relativ schnelle Hydrolysierbarkeit bestimmt. Hydrolyse-Halbwertszeiten unter Normalbedingungen und Halbwertszeiten des mikrobiologischen Abbaus in Böden sind mit 2–4 Monaten vergleichbar. In Gewässern wird die Stabilität des Wirkstoffes wesentlich vom pH-Wert beeinflußt. Bei massiven Bodenverunreinigungen sind Migrationen in grundwasserführende Bodenschichten möglich. Die Flüchtigkeit bei der Ausbringung auf landwirtschaftliche Nutzflächen wird mit 7–14 kg/ha/a angegeben. In Trinkwässern erfolgt die hydrolytische Stoffumwandlung schneller als in Oberflächenwässern. Aquatische Mikroorganismen können bei Methylparathion-Expositionen adaptieren. Eine Wirkstoffeliminierung ist durch Aktivkohlefiltration bei der Trinkwasseraufbereitung möglich.

6. Abfallbeseitigung/schadlose Beseitigung/Entgiftung

Kleinere Mengen Methylparathion können durch energische alkalische Hydrolyse entgiftet werden. Eine Ablagerung nicht verwertbarer Rückstände oder von Abprodukten ist nur auf einer Sonderdeponie möglich.

7. Verwendung

Insektizid oder Akarizid

Literatur

IRPTC/UNEP, Scientific Reviews of Soviet Literature on Toxicity and Hazards of Chemicals. No. 9, 1982, Methylparathion. IRPTC/UNEP, Geneva 1982

Mevinphos [7786-34-7]

Die Herstellung von Mevinphos (Phosdrin) erfolgt durch Umsetzung von Trimethylphosphit und α-Chloracetessigester. Bei der Reaktion entsteht ein Gemisch aus etwa 60–70% cis-(α)- und 40–30% trans-(β)-Isomeren. Das cis-Isomere ist die insektizid wirksame Verbindung und für Warmblüter hoch toxisch. Über Produktionsmengen liegen keine Angaben vor.

1. Allgemeine Informationen

1.1. Mevinphos [7786-34-7]
1.2. 2-Butensäure, 3-[(Dimethoxyphosphinyl)oxy]-Methylester
1.3. $C_7H_{13}O_6P$

$$\begin{array}{c} CH_3O \\ \diagdown \\ P \\ CH_3O \diagup \diagdown O-C=CH-C \\ | \diagdown \\ CH_3 O-CH_3 \end{array}$$

1.4. Phosdrin
1.5. Phosphorsäureester
1.6. giftig

2. Ausgewählte Eigenschaften

2.1. 224,15
2.2. reiner Wirkstoff: farblose Flüssigkeit,
technisches Produkt: gelblich-orange
2.3. 110 °C bei 1,6 mm Hg; 99–103 °C bei 0,03 mm Hg
2.4. −56 °C
2.5. 0,386 Pa bei 21 °C, Flüchtigkeit von festen Oberflächen: etwa 27 mg/m^3 bei 20 °C
2.6. 1,23 g/cm^3 bei 20 °C
2.7. Wasser: gut löslich
in den üblichen organischen Lösungsmitteln gut löslich
2.8. In neutralem Medium ist die Substanz stabil. Eisen und Stahl werden korrodiert. Durch Polyethylen diffundiert Mevinphos.
2.9. lg P = 1,4
2.10. H keine Angaben
2.11. lg SC = 0,8
2.12. lg BCF = 0,7
2.13. keine Angaben
2.14. keine Angaben

3. Toxizität

3.1. keine Angaben
3.2. oral Ratte LD 50 3,7–6,1 mg/kg
dermal Ratte LD 50 4,1 mg/kg

dermal Kaninchen LD 50 4,7–33,8 mg/kg
3.3. Bei der Verfütterung von Mevinphos an Ratten über 13 Monate werden bereits bei Dosen von 1–2 ppm starke Hemmwirkungen der Erythrozyten-Cholinesterase festgestellt. Sichtbare pathologische Veränderungen treten bei den Versuchstieren bei Dosen von 25 ppm auf.
3.4. keine Angaben
3.5. Die Substanz wird als fischtoxisch bezeichnet. Toxische Wirkquantitäten sind nicht vorhanden.
3.6. Mevinphos wird sowohl bei Hauptapplikation als auch oral sehr schnell vom Organismus resorbiert und verteilt. Die Verbindung ist nicht kumulativ. Der Metabolismus erfolgt vorzugsweise unter Bildung von Dimethylphosphorsäure. Bei Kühen ist eine geringfügige Akkumulation an lipoidreichen Organstrukturen nachgewiesen. Die Wirkstoffexkretion erfolgt über den Urin. Die Verbindung ist als Cholinesterasehemmer charakterisiert.
3.7. Die Biokonzentration ist vernachlässigbar gering.

4. Grenz- und Richtwerte

4.1. MAK-Wert: 0,01 ml/m^3 (ppm), 0,1 mg/m^3 (D)
Gefahr der Hautresorption
4.2. Trinkwasser: 0,1 µg/l als Einzelstoff (D)
0,5 µg/l als Summe Pflanzenschutzmittel (D);
ADI-Wert: 1,5 µg/kg/d (WHO)
4.3. keine Angaben

5. Umweltverhalten

Infolge der Wasserlöslichkeit besitzt die Substanz in Hydro- und Pedosphäre eine relativ hohe Mobilität. Der niedrige Dampfdruck ist mit einer nur geringen Flüchtigkeit verbunden. In aquatischen Systemen ist Mevinphos durch eine mittlere Persistenz charakterisiert. Die Hydrolysehalbwertszeiten betragen bei *p*H 3–5 etwa 100 d, bei *p*H 6 etwa 120 d, bei *p*H 7,5 etwa 35 d und bei *p*H 11 1,4 h. Neben der abiotischen Hydrolyse ist eine biologische Stofftransformation möglich (mikrobielle Esterspaltung). Bei Bodenverunreinigungen sind Migrationen in grundwasserführende Schichten nicht auszuschließen. Zu beachten sind die hohe Warmblüter- und Bienentoxizität.

6. Abfallbeseitigung

Rückstände können nur auf Sonderschadstoffdeponien abgelagert werden. Dabei ist die Wasserlöslichkeit der Verbindung zu beachten.

7. Verwendung

Insektizid

Nitrobenzen [98-95-3]

Nitrobenzen ist die einfachste aromatische Nitroverbindung. Die Herstellung erfolgt durch direkte Nitrierung von Benzen. Die Produktionsmengen werden in den USA 1980 mit etwa 433 000 t angegeben. Zur Gesamtproduktion liegen keine Angaben vor. Die herstellungs- und anwendungsbedingten Emissionen werden jährlich in den USA auf etwa 10 200 t geschätzt. Dabei entfallen auf aquatische Systeme etwa 10 000 t und auf die Atmosphäre etwa 125 t. Als weitere Emissionsquellen für Nitrobenzen sind die Synthese von Nitrophenol, differenzierten Carbonsäuren, Nitraten und Nitriten zu beachten. Anilinfarbenherstellung und Erdölraffinerien sind weitere mögliche Nitrobenzen-Emittenten. In der UdSSR wurden in Abwässern der Ölraffinerie zwischen 1 500 und 2 000 mg l^{-1} Nitrobenzen analysiert.

1. Allgemeine Informationen

1.1. Nitrobenzen [98-95-3]
1.2. Benzen, Nitro-
1.3. $C_6H_5NO_2$

1.4. keine Angaben
1.5. aromatische Nitroverbindung
1.6. giftig

2. Ausgewählte Eigenschaften

2.1. 123,11
2.2. gelbliche Flüssigkeit von bittermandelartigem Geruch
2.3. 210,85 °C
2.4. 5,7 °C
2.5. 45,3 Pa bei 25 °C; 55,9 Pa bei 30 °C
2.6. 1,2034 g/cm^3 bei 20 °C
2.7. Wasser: 1,9 g l^{-1} bei 20 °C
unlöslich in Säuren und Alkalien; löslich in den meisten organischen Lösungsmitteln.
2.8. In organischen Lösungsmitteln gelöst, zersetzt sich Nitrobenzen unter UV-Bestrahlung. Infolge des negativen Induktionseffektes der Nitrogruppe sind Chlorierungs-, Nitrierungs- und Sulfonierungsreaktionen in ortho- und para-Position bevorzugt. In wäßriger Lösung wirkt die Verbindung auf Grund der Nitrogruppe als Oxidationsmittel. Beim Verbrennen ist die Bildung nitroser Gase zu beachten. Nitrobenzen wirkt lösend auf Kunststoffe.
2.9. lg P = 1,85 ± 0,01
Konzentrationsverhältnis Wasser/Luft: 1,4 · 10^{-3}

2.10. H $= 1{,}2 \cdot 10^2$
2.11. lg SC $= 2{,}1$
2.12. lg BCF $= 2{,}1$
2.13. biologisch nicht leicht abbaubar
2.14. $k_{OH} = 1{,}5 \cdot 10^{-13}\,cm^3\,s^{-1}$; $t_{1/2} = 107\,d$

3. **Toxizität**

3.1. Umweltbedingte Expositionen sind gegenwärtig nicht quantifizierbar, jedoch infolge einer Vielzahl anwendungs- und herstellungsbedingter Emissionen wahrscheinlich. Berufliche Expositionen werden bei Einhaltung eines MAK-Wertes von 5 mg/m³ auf 24 mg inhalativ und 9 mg dermal geschätzt. Bei 10 m³ Atemluft pro Tag und einer 80%igen Resorptionsquote von Nitrobenzen entspricht das einer täglich inkorporierten Stoffmenge von 29 mg/Person.

3.2.
oral	Ratte	LD 50	640 mg/kg
oral	Hund	LDL 0	750 mg/kg
oral	Kaninchen	LDL 0	600 mg/kg
scu	Ratte	LDL 0	800 mg/kg
scu	Maus	LDL 0	480 mg/kg

Akute letale Vergiftungen beim Menschen sind bereits bei Aufnahmen von 10–20 Tropfen Nitrobenzen entsprechend 0,5 g bekannt.

3.3. Im chronischen Experiment mit Ratten und Meerschweinchen führen Nitrobenzenkonzentrationen von 1,0–50 mg/kg über 9–14 Monate, mit Schlundsonde appliziert, zu Verminderungen des Hämoglobingehaltes und der Erythrozytenzahl. Die Zahl der Leukozyten ist erhöht. 0,1 mg/kg sind ohne toxische Effekte. 0,1 mg/kg Nitrobenzen werden als immuntoxisch maximal unwirksame Konzentration betrachtet. Langzeitexposition gegenüber 50 mg/kg führt bei Ratten zu hämatologischen, morphologischen Veränderungen sowie zu Schädigungen von Niere und Leber.

3.4. Nitrobenzen ist teratogen suspekt. Bisher vorliegende Ergebnisse sind jedoch nicht eindeutig signifikant. Die mögliche Teratogenität ist vermutlich mit Störungen bzw. Aktivitätsveränderungen von Atmungsfermenten verbunden. 125 mg/kg am 4.–6. oder 9.–12. Tag der Trächtigkeit an Ratten verabreicht, zeigen teratogene Wirkung. Eine mutagene Aktivität konnte im mikrobiologischen Test nicht nachgewiesen werden. Zu beachten ist allerdings, daß Transformationsprodukte des Nitrobenzens, wie 4-Aminophenol und Phenylhydroxylamin, mutagen aktiv sind. Darüber hinaus verändern Verbindungen wie 4-Nitrophenol und 4-Aminophenol sehr wesentlich die Aktivität von Enzymen des reproduktiven Systems.

3.5. LC 50   Goldorfe $68-89\,mg\,l^{-1}$ in 96 h
     LC 50   Bluegill $42\,mg\,l^{-1}$ in 96 h

3.6. Nitrobenzen wird nach oraler, dermaler und inhalativer Aufnahme relativ schnell resorbiert und im Organismus verteilt. Bei Mäusen wird innerhalb von 12–24 h das Exkretionsmaximum nach oraler Applikation erreicht. 2–4% der Ausscheidung erfolgt über die Galle. Nitrobenzen ist ein starkes Zell- und Blutgift und gehört zu den Methämoglobinbildnern. Akute und chronische Expositionen können in Abhängigkeit von der Expositionsdosis zu Schädigungen des ZNS, der Leber und Niere führen. Im Nitrobenzenmetabolismus sind teilweise erhebliche Speciesunterschiede festgestellt. Bei Ratten erfolgt der Metabolismus bevorzugt unter Bildung von p-Hydroxyacetanilid, p-Nitrophenol und m-Nitrophenol und bei Mäusen unter Bildung von p-Aminophenol (-sulfat). Hinzuweisen ist auf die potenzierende Giftwirkung von Alkohol und Nitrobenzen.

3.7. Auf Grund der Wasserlöslichkeit ist nur eine geringe Biokonzentrationstendenz zu erwarten.

4. Grenz- und Richtwerte

4.1. MAK-Wert: 1 ml/m^3 (ppm), 5 mg/m^3 (D)
Gefahr der Hautresorption
4.2. Trinkwasser: 30 µg/l (Vorschlag USA)
200 µg/l (SU)
Organoleptischer
Schwellenwert: 30 µg/l
4.3. TA Luft: 20 mg/m^3 bei einem Massenstrom
von 0,1 kg/h und mehr

5. Umweltverhalten

Das Umweltverhalten der Verbindung wird insbesondere durch die relativ hohe Wasserlöslichkeit (1 900 mg l^{-1}), die damit verbundene Mobilität und geringe Bio- bzw. Geoakkumulationstendenz sowie die Flüchtigkeit (0,34 mm Hg bei 25 °C) und die daraus abzuleitende Dispersionstendenz zwischen Hydro- und Atmosphäre charakterisiert. Die hohe Mobilität von Nitrobenzen ist ein maßgeblicher Faktor für die Realisierung des Wasser-Luft-Boden-Wasser-Stoffkreislauf. Die Verbindung ist von nur mittlerer Persistenz. Ihre Reaktivität steht im Zusammenhang mit der Nitrogruppe des Moleküls. Der mikrobiologische Abbau unter natürlichen Bedingungen führt u. a. zur Bildung von 4-Aminophenol, 4-Nitrophenol und Phenylhydroxylamin.

Nitrobenzen ist durch eine hohe Toxizität für Wasserorganismen charakterisiert. Die erste Störschwelle für Fische wird mit etwa 10 mg l^{-1} und die niedrigste letale Konzentration mit 90 mg l^{-1} angegeben. Im Zellvermehrungshemmtest wurden beispielsweise folgende Grenzkonzentrationen ermittelt:

Microcystis 1,9 mg l^{-1}
Pseudomonas 7,0 mg l^{-1}
Scenedesmus 33 mg l^{-1}
Für Daphnia magna wurden als akute Wirkquantitäten festgestellt:
LD 0 35 mg l^{-1}
LD 50 62 mg l^{-1}
LD 100 100 mg l^{-1}
Erste toxische Effekte werden bei Daphnia bei 28 mg l^{-1} beobachtet.
Zur Belastung von Umweltmedien mit Nitrobenzen liegen nur wenige Untersuchungsergebnisse vor. In 56 von 3 268 analysierten US-amerikanischen Trinkwässern ist die Verbindung nachgewiesen. Im Rhein wurden

zwischen 0,1 und 10 µg l⁻¹ und in Abwässern (UdSSR) bis zu 133 mg l⁻¹ Nitrobenzen festgestellt. In unmittelbarer Umgebung punktförmiger, industrieller Emittenten wurden in der Atmosphäre bis zu 0,096 mg/m³ der Verbindung nachgewiesen.

6. Abfallbeseitigung/schadlose Beseitigung/Entgiftung

Auf Grund der Flüchtigkeit und Wasserlöslichkeit sollte jede Form der Deponie ausgeschlossen werden. Kleinere Mengen Nitrobenzen können in Sonderabfallverbrennungsanlagen beseitigt werden. Bei Havarien erfolgt die Aufnahme von Restbeständen mittels saugfähigem Materials mit nachfolgender Verbrennung in Sonderverbrennungsanlagen.

7. Verwendung

Nitrobenzol wird insbesondere zur Anilin- und Sprengstoffherstellung sowie als Lösungsmittel in der chemischen Industrie verwendet.

Literatur

IRPTC Scientific Reviews of Soviet Literature on Toxicity and Hazards of Chemicals. No. 51, 1984, Nitrobenzene, IRPTC, Geneva 1984
Rickert, E. D., et al.: Metabolism and Excretion of Nitrobenzene by Rats and Mice. Toxicol. Appl. Pharmacol. **67** (1983): 206–214

Nitrofen [1836-75-5]

Die Herstellung von Nitrofen erfolgt durch Umsetzung von 1-Chlor-4-Nitrobenzen mit 2,4-Dichlorphenolat. An Verunreinigungen enthält das technische Produkt u. a.: 2,7-Dichlordibenzo-p-dioxin (möglicherweise auch höher chlorierte Dioxine, da das zur Synthese verwendete Phenolat auch höher chlorierte Phenole enthält),
p-Nitrophenol,
2,4-Dichlorphenol,
Bis-(para)-Nitrophenylether,
2-Chlor-4-Nitro-Diphenylether.
Ein natürliches Vorkommen der Verbindung ist nicht bekannt.

1. Allgemeine Informationen

1.1. Nitrofen [1836-75-5]
1.2. Benzol, 2,4-Dichlor-1-(4-nitrophenoxy)-
1.3. $C_{12}H_7Cl_2NO_3$

1.4. Nitrophen, 2,4-Dichlorphenyl-4-nitrophenylether
1.5. Ether
1.6. keine Angaben

2. Ausgewählte Eigenschaften

2.1. 284,1
2.2. kristalliner Feststoff
2.3. keine Angaben
2.4. 70–71 °C
2.5. $8 \cdot 10^{-6}$ mm Hg bei 40 °C/$1,06 \cdot 10^{-3}$ Pa
2.6. keine Angaben
2.7. Wasser: 0,7–1,2 mg l^{-1} bei 22 °C
bei Raumtemperatur zu etwa 25 % löslich in Aceton, Methanol und Xylen.
2.8. Die Ethergruppierung im Nitrofen reagiert unter Bildung von 2,4-Dichlorphenol, Nitrophenol und anderen Verbindungen. Ein Chloratom des aromatischen Kerns kann durch Hydroxygruppen substituiert werden. Reduktionen der Nitrogruppe führen zur Bildung der entsprechenden Aminophenylether.
2.9. lg P = 3,4 (errechnet)
2.10. H = 2,36
2.11. lg SC = 2,6 (errechnet)
2.12. lg BCF = 1,9 (errechnet)
2.13. keine Angaben
2.14. keine Angaben

3. Toxizität

- 3.1. keine Informationen verfügbar
- 3.2.
oral	Ratte	LD 50	410–3580 mg/kg
dermal	Ratte	LD 50	5000 mg/kg
ig	Ratte	LD 50	740 mg/kg
oral	Kaninchen	LD 50	780–1620 mg/kg
ig	Maus	LD 50	450 mg/kg
- 3.3. keine Angaben
- 3.4. Im mikrobiologischen Kurzzeittest (Amestest) ist Nitrofen mutagen. In 2 Studien konnten bei Säugern keine Schädigungen von Chromosomen festgestellt werden. 150 mg/kg oral wirken bei der Ratte teratogen. In 2 Studien an Mäusen wurde bei Applikation von technischem Nitrofen eine erhöhte Inzidenz bei Leberkarzinomen beobachtet, bei weiblichen Ratten eine erhöhte Pankreas-Adenokarzinom-Inzidenz.
- 3.5. keine Angaben
- 3.6. Bei oraler, inhalativer und cutaner Aufnahme erfolgt eine relativ schnelle Resorption. 40 mg/kg bei Schafen appliziert, führten nach 99 h zur Exkretion von etwa 76 % des Nitrofens. Nach 100 h waren die höchsten Konzentrationen im Fettgewebe, der Leber, Niere, Lunge, Schilddrüse und dem Muskelgewebe nachweisbar.
  Der Metabolismus führt zur Bildung von:
  - 2,4-Dichlorphenyl-4-aminophenylether
  - 2,4-Dichlor-5-hydroxyphenyl-4-nitrodiphenylether
  - 2,4-Dichlorphenol
  - 2-Chlorphenyl-4-nitrophenylether
  - verschiedenen Konjugaten.
- 3.7. eine Biokonzentrierung ist nicht zu erwarten

4. Grenz- und Richtwerte

- 4.1. keine Angaben
- 4.2. Trinkwasser: 0,1 µg/l als Einzelstoff (D)
  0,5 µg/l als Summe Pflanzenschutzmittel;
- 4.3. keine Angaben

5. Umweltverhalten

In aquatischen Systemen erfolgt ein relativ schneller photolytischer Abbau des Nitrofenmoleküls unter Spaltung der Etherbildung. Als Abbauprodukte wurden u. a. identifiziert:

- 2,4-Dichlorphenol
- p-Nitrophenol
- Hydrochinon
- 4-Nitrocatechol
- 2,4-Dichlorphenyl-p-aminophenylether
- 4,4'-bis-(2,4-Dichlorphenoxy-)azobenzen

Als weitere Abbaureaktionen sind möglich:
- Chlorsubstitution durch Hydroxylgruppen

- Ringhydroxylierung
- Denitrierung
- intramolekulare Umwandlung unter Biphenylbildung

Nach 4wöchiger Bestrahlung mit Sonnenlicht waren in wäßriger Nitrofenlösung nur noch 10% Wirkstoff nachweisbar. In Gegenwart von Cyaniden bilden sich unter diesen Bedingungen Chlorbenzonitrile. Die Verbindung ist unter Umweltbedingungen wenig stabil. Zu beachten ist die Bildung leicht wasserlöslicher Abbauprodukte sowie die Verunreinigung technischen Nitrofens mit verschieden hochchlorierten Dibenzo-p-dioxinen. Neben physikalisch-chemischen Stoffwandlungen ist ein relativ schneller mikrobiologischer Abbau in biologisch aktiven Umweltstrukturen zu erwarten.

6. Abfallbeseitigung/schadlose Beseitigung/Entgiftung

keine Angaben

7. Verwendung

Nitrofen wird als Herbizid verwendet.

Literatur

IARC Monographs on the Evaluation on the Carcinogenic Risk of Chemicals to Humans. Vol. 30, 1983, Miscellaneous Pesticides. IARC, Lyon 1983

N-Nitrosamine

Nitrosamine gehören ebenso wie Nitrosamide zur Gruppe der N-Nitrosoverbindungen mit folgenden charakteristischen funktionellen Gruppen:

Nitrosamine

$$\begin{array}{c} R \\ \diagdown \\ N-N=O \\ \diagup \\ R' \end{array}$$

Nitrosamide

$$\begin{array}{c} -C-N-N=O \\ \| | \\ O H \end{array}$$

Je nachdem welcher Gruppe die Molekülreste (R) und (R$^-$) entsprechen, differenziert man in symmetrische oder asymmetrische Dialkylnitrosamine, cyclische Nitrosamine, Acyl-alkylnitrosamine u. a. Nitrosamine sind in den biotischen und abiotischen Strukturen von Hydro-, Pedo- und Atmosphäre nahezu ubiquitär. Ihre exogene Bildung in Umweltmedien und die endogene Bildung aus Nahrungsbestandteilen, Arzneistoffen, Pestizidrückständen u. a. ist nachweisbar. Die Bildung dieser Verbindungen kann u. a. erfolgen durch Umsetzung von sekundären Aminen mit einem nitrosierenden Agenz, durch Umsetzung von tertiären Aminen mit einem α-CH-Atom mit Nitrit in wäßriger saurer Lösung (verbunden mit einer entalkylierenden Nitrosierung) oder durch Reaktion von Stoffen mit einer quaternären Ammoniumgruppe und Nitrit im sauren Milieu. Damit sind jedoch nicht alle Bildungsmöglichkeiten erfaßt. Katalysatoren der Nitrosaminbildung sind u. a. Halogenide, Pseudohalogenide, Formaldehyd, Alkohole, C-Nitrosophenole und C-Nitrosoaniline. Inhibitoren der Nitrosaminbildung können zunächst alle Stoffe sein, die mit salpetriger Säure schneller reagieren als sekundäre Amine. Solche Stoffe sind u. a. Aminosäuren, Peptide, Sulfit, Nucleinbasen, S—H-Verbindungen, Phenole, Tannine, Vitamin C, Vitamin A und Vitamin E.

Stellvertretend für Verbindungen der Stoffgruppe werden nachfolgend als öko- und humantoxikologisch wichtige Nitrosamine dargestellt:

N-Nitrosodimethylamin	(DMNA)[62-75-9]
N-Nitrosodiethylamin	(DENA) [55-18-5]
N-Nitrosodiphenylamin	(DPNA) [86-30-6]
N-Nitroso-di-n-butylamin	(DBNA) [924-16-3]
N-Nitroso-diethanolamin	(DETNA[1116-54-7]
N-Nitroso-di-n-propylamin	(DPA) [621-64-7]
N-Nitroso-N-ethylharnstoff	(EHN) [759-73-9]
N-Nitroso-N-methylharnstoff	(MHN) [684-93-5]
p-Nitrosodiphenylamin	(p-DPNA)[156-10-5]

1. Allgemeine Informationen

1.1. N-Nitrosodimethylamin
     N-Nitrosodiethylamin

N-Nitrosodiphenylamin
N-Nitroso-di-n-butylamin
N-Nitroso-diethanolamin
N-Nitroso-di-n-propylamin
N-Nitroso-N-ethylharnstoff
N-Nitroso-N-methylharnstoff
p-Nitrosodiphenylamin

1.2. Methanamin, N-Methyl-N-nitroso-
Ethanamin, N-Ethyl-N-nitroso-
Benzolamin, N-Nitroso-N-phenyl-
1-Butanamin, N-Butyl-N-nitroso-
Ethanol, 2,2'-(Nitrosoimino)bis-
1-Propanamin, N-Nitroso-N-propyl-
Harnstoff, N-Ethyl-N-nitroso-
Harnstoff, N-Methyl-N-nitroso-
Benzolamin, 4-Nitroso-N-phenyl-

1.3. DMNA $C_2H_6N_2O$
DENA $C_4H_{10}N_2O$
DPNA $C_{12}H_{10}N_2O$
DBNA $C_8H_{18}N_2O$
DETNA $C_4H_{10}N_2O_3$
DPA $C_6H_{14}N_2O$
EHN $C_3H_7N_3O_2$
MHN $C_2H_5N_3O_2$
p-DPNA $C_{12}H_{10}N_2O$

Strukturformeln vergleiche Abbildung 6

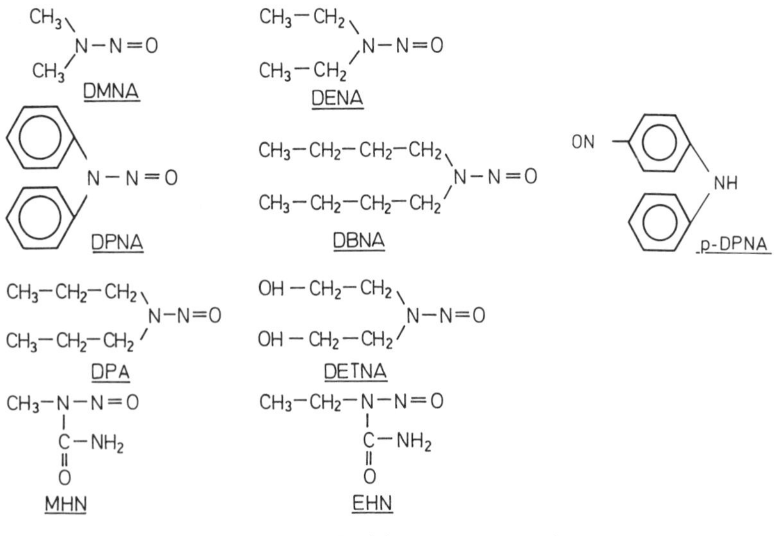

Abb. 6 Strukturformeln der unter 1.3. aufgeführten N-Nitrosamine

1.4. keine Angaben
1.5. N-Nitrosoverbindungen
1.6. keine Angaben

2. **Ausgewählte Eigenschaften**

2.1. DMNA 74,10
DENA 102,16
DPNA 198,20
DBNA 158,2
DETNA 134,1
DPNA 130,2
EHN 117,1
MHN 103,1
p-DPNA 198,20
2.2. Flüssigkeiten oder kristalline Feststoffe
2.3. DBNA 116 °C bei 14 mm Hg
DETNA 114 °C bei 115 mm Hg (Zersetzung ab 200 °C)
DENA 177 °C
DMNA 151 °C bei 760 mm Hg; 50–52 °C bei 14 mm Hg
DPNA 81 °C bei 5 mm Hg
2.4. DPNA 66,5 °C
p-DPNA 144–145 °C
EHN 103–104 °C unter Zersetzung
MHN 124–125 °C unter Zersetzung
2.5. Die Flüchtigkeit der Nitrosamine vermindert sich mit zunehmendem Molekulargewicht. Ausgenommen N-Nitrosodiethanolamin sind die Nitrosamine wasserdampfflüchtig.
2.6. DBNA 0,9009 g/cm^3
DENA 0,9422 g/cm^3
DMNA 1,0061 g/cm^3
DPNA 0,916 g/cm^3
Die Dichte der N-Nitrosamine wird mit einem Bereich von 0,9–1,2 g/cm^3 angegeben.
2.7. Nitrosamine sind in Wasser und polaren organischen Lösungsmitteln relativ gut löslich.
DBNA Wasser: zu 0,12 % löslich
DETNA Wasser: in jedem Verhältnis mischbar, gut löslich in polaren organischen Lösungsmitteln.
DENA Wasser: zu etwa 10 % löslich
DPNA Wasser: zu etwa 1 % löslich, in polaren organischen Lösungsmitteln löslich.
2.8. Bei Raumtemperatur, Lichtausschluß und in neutralem bzw. schwach alkalischem Milieu sind die Nitrosamine stabil. In saurer wäßriger Lösung nimmt die Stabilität merklich ab. Die Verbindungen sind lichtempfindlich. Starke Oxidationsmittel können Nitrosamine zu den entsprechenden Nitraminen oxidieren. Infolge der 4 freien Elektronenpaare an den Stickstoffatomen sind die Verbindungen sehr reaktiv. Komplexbildungsreaktionen,

Oxidationen-Reduktionen, Nitrierungen, Cyclisierungen, photolytische Umsetzungen und Reaktionen mit Mineralsäuren sind u. a. möglich. Reduktionsreaktionen führen zur Bildung der korrespondierenden Hydrazine und/oder Amine. In wäßriger Lösung sind Nitrosamine relativ hydrolysestabil. Bei höheren Temperaturen kommt es zu thermischen Zersetzungen unter Desaminierung oder zu Cyclisierungen unter Bildung kanzerogen aktiver Nitrosamine. N-Nitroso-N-ethylharnstoff ist eine außerordentlich reaktive Verbindung und bildet in alkalischer wäßriger Lösung Diazoethan. Die Stabilität ist dabei ebenso pH-abhängig wie die von N-Nitroso-N-methylharnstoff. Die Halbwertszeit beträgt bei pH 4 190 h für N-Nitroso-N-ethylharnstoff und 125 h für N-Nitroso N-methylharnstoff, bei pH 9 dementsprechend 0,05 und 0,03 h.

2.9. lg P = 3,0 (errechnet) DBNA
2.10. H keine Angaben
2.11. lg SC = 2,3 (errechnet) DBNA
2.12. lg BCF = 2,5 (errechnet) DBNA
2.13. DPNA: biologisch nicht leicht abbaubar
2.14. DMNA: $k_{OH} = 3 \cdot 10^{-12}$ cm^3 s^{-1}; $t_{1/2} = 5$ d
 DENA: $k_{OH} = 2,6 \cdot 10^{-11}$ cm^3 s^{-1}; $t_{1/2} = 0,6$ d
 EHN: $k_{OH} = 1,3 \cdot 10^{-13}$ cm^3 s^{-1}; $t_{1/2} = 123$ d
 MHN: $k_{OH} = 2 \cdot 10^{-11}$ cm^3 s^{-1}; $t_{1/2} = 0,8$ d

3. Toxizität

3.1. keine Angaben
3.2.

DMNA	oral	Ratte	TDL 0	30 mg/kg
	ihl	Ratte	LC 50	78 mg/m^3/4 h
	oral	Ratte	LD 50	40 mg/kg
	oral	Maus	TDL 0	0,9 mg/kg
	ihl	Hund	LCL 0	16 ppm über 4 h
	ig	Ratte	LD 50	36–40 mg/kg
	ip	Ratte	LD 50	30–35 mg/kg
DENA	oral	Ratte	LD 50	280 mg/kg
	ipr	Ratte	LD 50	216 mg/kg
	ivn	Ratte	LD 50	157 mg/kg
	ig	Maus	LD 50	210 mg/kg
DPNA	ipr	Ratte	LD 50	1 750 mg/kg
	ig	Maus	LD 50	3 850 mg/kg
DBNA	oral	Ratte	LD 50	1 200 mg/kg
DETNA	scu	Hamster	LD 50	11 300 mg/kg
DPA	oral	Ratte	LD 50	480 mg/kg
EHN	oral	Ratte	LD 50	300 mg/kg
MHN	oral	Ratte	LD 50	110 mg/kg

Akute Intoxikationen führen insbesondere zur Inhibierung der Protein- und Nucleinsäuresynthese.
Bereits subakute Experimente weisen auf die kumulative Wirkung von Nitrosaminen hin.

3.3. 3monatige ip. Applikation von 12 mg/kg ($\frac{1}{20}$ der LD 50) von N-Nitrosodiethylamin führt bei Ratten zu Leberschäden (Läsionen). Nach 9 Monaten sterben alle Versuchstiere an Leberinsuffizienz. Im gleichen Experiment verursacht N-Nitrosodiphenylamin morphologische Veränderungen der Leber, Lunge und Niere.
3.4. Die angegebenen N-Nitrosamine sind in differenzierten Tierexperimenten karzinogen und zumindest im mikrobiologischen Kurzzeittest mutagen aktiv. Epidemiologische Studien zu Zusammenhängen zwischen N-Nitrosamin-Exposition und karzinogenem Risiko liegen nicht vor. Für N-Nitrosodimethylamin und N-Nitrosodiethylamin sind nachfolgend beispielhaft Daten für karzinogen wirksame Stoffmengen angegeben.

DMNA nachweisbar karzinogen:

scu	Ratte	TDL 0	23 mg/kg
oral	Maus	TDL 0	0,9 mg/kg
scu	Maus	TDL 0	6 mg/kg
oral	Kaninchen	TDL 0	77 mg/kg über 17 Wochen
oral	Meerschwein	TDL 0	280 mg/kg über 40 Wochen
oral	Hamster	TDL 0	8 mg/kg

DENA nachweisbar karzinogen:

oral	Ratte	TDL 0	45 mg/kg über 83 Wochen
ivn	Ratte	TDL 0	40 mg/kg
oral	Maus	TDL 0	57 mg/kg
scu	Maus	TDL 0	320 mg/kg über 4 Wochen
oral	Hund	TDL 0	560 mg/kg
oral	Kaninchen	TDL 0	960 mg/kg über 28 Wochen

Bereits 0,1 mg N-Nitrosodimethylamin wirkt bei Mäusen karzinogen bei Dosierungen über 8–12 Wochen 3mal pro Woche. Für einige Nitrosamine ist die Plazentapassage nachgewiesen. Bei ig Applikation von 50 mg/kg N-Nitrosodimethylamin werden etwa 33 µg/g nach 2 h und 10 µg/g nach 24 h in den Feten bei Ratten analysiert. 200 mg/kg N-Nitrosodiethylamin wirken embryotoxisch.
Von den etwa 300 bisher getesteten Nitrosaminen bzw. Nitrosamiden sind etwa 90% karzinogen. Die Karzinogenität wird durch eine ausgeprägte Organspezifität charakterisiert. Typische Lokalisation der Tumorinduktion sind Gehirn, Nervensystem, Mundhöhle, Speiseröhre, Magen-Darm-Trakt, Leber, Niere, Harnblase, Pankreas, Herz und Haut. N-Nitroso-Verbindungen sind karzinogen aktiv in 39 Tierspezies.
3.5. keine Angaben
3.6. N-Nitroso-Verbindungen zeigen ihre biologische Wirkung erst nach Umwandlung in vivo in reaktive Zwischenprodukte. Die Aktivierung der N-Nitrosamine verläuft dabei wahrscheinlich über eine oxidierende α-C-Hydroxylierung (Cytochrom P-450) mit nachfolgender Dealkylierung zu Diazohydroxiden und den entsprechenden Alkylantien.
3.7. nur geringfügige Biokonzentration zu erwarten

4. Grenz- und Richtwerte

4.1. MAK-Wert: DMNA: III A2 krebserzeugend (D)
                 DENA: III A2 krebserzeugend (D)
                 DBNA: III A2 krebserzeugend (D)
                 DETNA: III A2 krebserzeugend (D)
                 p-DPNA: III A2 krebserzeugend (D)
                 2–3 mg/m^3 (SU)

4.2. Die U.S. EPA gibt unter Berücksichtigung eines täglichen durchschnittlichen Fischkonsums von 18,7 g/Person und dem möglichen karzinogenen Risiko folgende Grenzwertempfehlung für Trinkwasser:

Krebsrisiko	Grenzwert (ng l^{-1})
10^{-7}	0,26 DMNA
	0,09 DENA
10^{-6}	2,6 DMNA
	0,9 DENA
10^{-5}	26 DMNA
	9 DENA

Trinkwasser: DMNA: 0,03 µg/l (SU)
ADI-Wert: DMNA: 10 µg/d/Person (WHO)

4.3. keine Angaben

5. Umweltverhalten

N-Nitroso-Verbindungen können sowohl exogen in Umweltmedien durch differenzierte Präkursoren und Prozesse gebildet werden als auch endogen entstehen. Darüber hinaus werden herstellungs- und anwendungsbedingte Emissionen beschrieben. Insbesondere N-Nitrosodimethylamin, N-Nitrosodiethylamin und N-Nitrosodiphenylamin sind in biotischen und abiotischen Strukturen von Hydro-, Pedo- und Atmosphäre nachgewiesen. In Abwässern von Textilbetrieben sind 2–20 µg l^{-1}, in kommunalen Abwässern bis zu 2,8 µg l^{-1} N-Nitrosodiphenylamin und 0,3 µg l^{-1} N-Nitrosodiethylamin analysiert. In Böden sind bei hohen Nitratbelastungen bis zu 15 µg/g N-Nitrosodimethylamin nachgewiesen. Oberflächenwässer enthalten bis zu 0,01 µg l^{-1} N-Nitrosodiethylamin, 0,25 µg l^{-1} N-Nitrosodimethylamin und 0,25 µg l^{-1} N-Nitroso-n-butylamin. In aquatischen Systemen können N-Nitrosamine 2 Wochen und länger stabil sein. Für N-Nitrosodimethylamin und N-Nitrosodiethylamin wurden Halbwertszeiten im sauren wäßrigen Milieu von 20 d bzw. 15 d ermittelt. Im alkalischen Bereich sind die Stoffe mehr als 59 d stabil und ohne wesentliche Konzentrationsminderungen nachweisbar. Insgesamt ist die Stabilität der Verbindungen wesentlich von der chemischen Struktur beeinflußt. Photolytische Stoffwandlungen sind vermutlich maßgeblich für Konzentrationsminderungen in der Hydrosphäre und Atmosphäre. Trotz der teilweise erheblichen Wasserlöslichkeit zeigen Nitrosamine eine relativ hohe Sorptionstendenz an Aktivkohle. N-Nitrosodiethylamin (250 mg l^{-1}) wird mittels

Aktivkohlefiltration zu 99% aus Wasser eliminiert. Gleiche Wirkungsgrade werden bei der Ozonung und der Wasserchlorung festgestellt. Allerdings sind hierzu Chlordosen von mehr als $1\,g\,l^{-1}$ notwendig.

6. Abfallbeseitigung/schadlose Beseitigung/Entgiftung

In Laboratorien zu Versuchszwecken verwendete kleinere Mengen können mittels starker Säuren entgiftet werden.

7. Verwendung

N-Nitrosamine werden u. a. als Lösungsmittel, Antioxidantien (Ölen, Gummi) und Zusätze für Antikorrosionsmittel verwendet. Sie entstehen als intermediäre Zwischenprodukte bei der Synthese von Farbstoffen, heterocyclischer Verbindungen, Aminosäuren u. a.

Literatur

IRPTC/UNEP, Scientific Reviews of Soviet Literature on Toxicity and Hazards of Chemicals. No. 47 1984, Nitrosamines., IRPTC, UNEP, Geneva 1984

DFG Deutsche Forschungsgemeinschaft, Das Nitrosamin-Problem. Hrsg.: R. Preussmann, Verlag Chemie, Weinheim 1983

DFG Deutsche Forschungsgemeinschaft, Nitrat–Nitrit–Nitrosamine in Gewässern. Mitteilung III der Kommission f. Wasserforschung in Verbindung mit d. Kommission zur Prüfung von Lebensmittelzusatz- und Inhaltsstoffen. Verlag Chemie, Weinheim 1982

Parathion [56-38-2]

Die Synthese von Parathion erfolgt durch Reaktion von Diethylthionophosphorylchlorid mit Natrium-p-nitrophenolat in Methylketon bei 50 °C. Der Wirkstoff verdankt seinen raschen und bedeutenden Erfolg der ungewöhnlich umfassenden insektiziden Wirkungsbreite. Die para-ständige Nitrogruppierung ist eine der Voraussetzungen für die insektizide Wirkung. Entsprechende Substitutionen sind immer mit Wirkungsverlusten verbunden. Die Produktionsmengen werden für die USA mit etwa 5000 t jährlich angegeben. Globale Daten zur Gesamtproduktion sind nicht verfügbar. Parathion-Emissionen sind nahezu immer mit der Anwendung des Wirkstoffes als Insektizid verbunden.

1. Allgemeine Informationen

1.2. Thiophosphorsäure, 0,0-Diethyl-0-(4-nitrophenyl)-ester
1.3. $C_{10}H_{14}NO_5PS$

$$\begin{array}{c} CH_3-CH_2-O \\ \diagdown \\ P-O-\!\!\!\bigcirc\!\!\!-NO_2 \\ \diagup \\ CH_3-CH_2-O \end{array}$$

1.4. 0,0-Diethyl-0-(p-Nitrophenyl)-thiophosphat
 E 605, Thiophos
1.5. Thiophosphorsäureester
1.6. giftig
 Die Verwendung von Parathion als Pflanzenschutzmittel ist in der Bundesrepublik Deutschland für bestimmte Anwendungen verboten.

2. Ausgewählte Eigenschaften

2.1. 291,3
2.2. reine Form: farblose und geruchlose Flüssigkeit;
 technisches Produkt: gelblich-braune, lauchartig riechende Flüssigkeit
2.3. 160 °C bei 133 Pa; 150 °C bei 0,6 mm Hg
2.4. 6,1 °C
2.5. $768,1 \cdot 10^{-5}$ Pa bei 20 °C
2.6. 1,265 g/cm^3 bei 20 °C
2.7. Wasser: 24 mg l^{-1} bei 25 °C
 gut löslich in den meisten organischen Lösungsmitteln
2.8. Bei Bestrahlung mit Wellenlängen oberhalb 290 nm wird die Substanz unter Bildung von Paraoxon und p-Nitrophenol photolytisch transformiert. Im alkalischen Bereich erfolgt rasche Hydrolyse, wobei u. a. p-Nitrophenol und Diethylthionophosphorsäure gebildet werden. Im sauren Milieu ist Parathion bei Normalbedingungen relativ beständig. Bei Temperaturen über 160 °C erfolgt Isomerisierung unter Bildung von Thiolphosphorsäureester. Unter der Einwirkung von Oxidationsmitteln wird die Verbindung schnell zum Paraoxon oxidiert.
2.9. lg P = 3,8

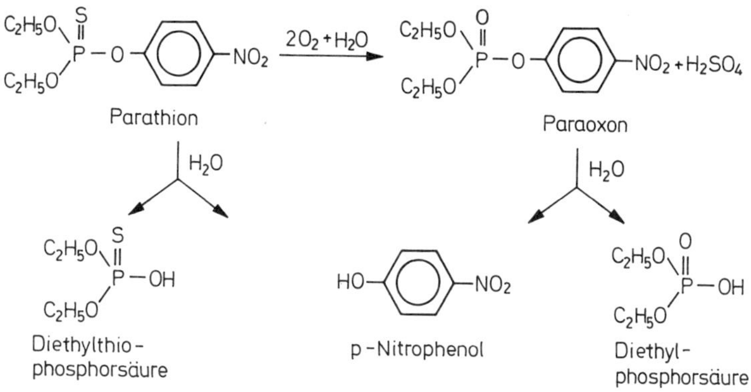

$$\underset{\text{Parathion}}{\overset{C_2H_5O}{\underset{C_2H_5O}{>}}\overset{S}{\underset{\parallel}{P}}-O-\text{\textlangle}\bigcirc\text{\textrangle}-NO_2} \xrightarrow{2O_2 + H_2O} \underset{\text{Paraoxon}}{\overset{C_2H_5O}{\underset{C_2H_5O}{>}}\overset{O}{\underset{\parallel}{P}}-O-\text{\textlangle}\bigcirc\text{\textrangle}-NO_2 + H_2SO_4}$$

↓ H_2O ↓ H_2O

$\underset{\substack{\text{Diethylthio-}\\\text{phosphorsäure}}}{\overset{C_2H_5O}{\underset{C_2H_5O}{>}}\overset{S}{\underset{\parallel}{P}}-OH}$ $\underset{\text{p-Nitrophenol}}{HO-\text{\textlangle}\bigcirc\text{\textrangle}-NO_2}$ $\underset{\substack{\text{Diethyl-}\\\text{phosphorsäure}}}{\overset{C_2H_5O}{\underset{C_2H_5O}{>}}\overset{O}{\underset{\parallel}{P}}-OH}$

Abb. 7 Transformationsprodukte des Parathion-Metabolismus

2.10. H = 0,51
2.11. lg SC = 2,6
2.12. lg BCF = 2,9
2.13. biologisch nicht leicht abbaubar
2.14. keine Angaben

3. Toxizität

3.1. keine Angaben
3.2.

oral	Ratte	LD 50	3–30 mg/kg
oral	Maus	LD 50	9–25 mg/kg
oral	Meerschwein	LD 50	15–25 mg/kg
oral	Katze	LD 50	5–6 mg/kg
oral	Kaninchen	LD 50	50 mg/kg
iv	Hunde	LD 50	10 mg/kg
ip	Ratte	LD 50	4 mg/kg
dermal	Ratte	LD 50	6–10 mg/kg
dermal	Kaninchen	LD 50	50–870 mg/kg

Mensch: mittlere letale Dosis 3–5 mg/kg

3.3. Die im Fütterungsversuch verträgliche Höchstdosis wird für die Ratte mit 0,02 mg/kg/d, für das Schwein mit 1,0 mg/kg/d und für den Menschen mit 0,05 mg/kg/d angegeben. Allergene Effekte werden vermutet.
3.4. Im mikrobiologischen Kurzzeit-Test ist Parathion mutagen. Mutagene Wirkungen konnten ebenfalls bei Pflanzen festgestellt werden. Störungen des reproduktiven Systems sowie feto- und embryotoxische Wirkungen wurden tierexperimentell nachgewiesen.
3.5. Parathion ist hoch toxisch für Fische, akut toxische Wirkung variiert stark LC 50 Bluegill 50 µg l^{-1} LC 50 Forelle 5 mg l^{-1} LC 50 Karpfen 1,5 mg l^{-1}
3.6. Parathion wird relativ schnell nach oraler, inhalativer oder dermaler Aufnahme resorbiert und im Organismus verteilt. Die Verbindung ist als Cholinesterase-Hemmstoff bekannt. Darüber hinaus werden weitere lebenswichtige Enzyme in ihrer Wirksamkeit maßgeblich beeinflußt.
Die metabolische Transformation unter Bildung von Paraoxon verläuft relativ schnell. Hydrolyse, Reduktion der Nitrogruppierung sowie Konjugationsreaktionen sind wichtige metabolische Abbaumechanismen. Wesentliche Metaboliten im Warmblüterorganismus s. Abb. 7. Nach Resorption

wird Parathion in der Leber, Niere, Galle, Schilddrüse, Ovarien nachgewiesen, verminderte Distribution bei dermaler Aufnahme, Ausscheidung erfolgt über den Urin.

3.7. Eine mittlere Bioakkumulationstendenz ist zu erwarten.

4. Grenz- und Richtwerte

4.1. MAK-Wert: 0,1 mg/m³ (D)
0,1 mg/m³ (USA)
0,05 mg/m³ (SU)
4.2. Trinkwasser: 0,1 µg/l als Einzelstoff (D)
3 µg/l (SU)
4.3. TA Luft: Anlagen zur Herstellung von Wirkstoffen für Pflanzenschutzmittel 5 mg/m³ bei einem Massenstrom von 25 g/h und mehr
Oberflächenwässer: 3,0 µg/l (SU)

5. Umweltverhalten

Bei pH 1–5 wurden in wäßrigen Lösungen Halbwertszeiten von 3000 d (bei 10 °C), 690 d (bei 20 °C) und 180 d (bei 30 °C) ermittelt. Bei pH 8 beträgt die Hydrolyse-Halbwertszeit 99 d; bei 70 °C 3 h (pH 9) und 34 h (pH 1). Für den Abbau im Lehmboden bis auf 0,1 ppm werden 90 d benötigt. Die Abbaugeschwindigkeit ist u. a. abhängig von der Bodenfeuchtigkeit. In trockenen Böden ist die Abbaurate vermindert. Erfahrungsgemäß sind in Böden Parathionrückstände bis zu 16 Jahren nachweisbar. Der Flüchtigkeitsindex wird mit 3 angegeben. Die Bodenmigration auf normalen Böden beträgt 20 cm/a. Die Hydrolyse erfolgt unter Bildung von Diethylphosphorsäure, Diethylthiophosphorsäure, Monoethylthiophosphorsäure, H_3PSO_3 und H_3PO_4. Isomerisierungen zu S-Ethyl- und S-(4-nitrophenyl-) Derivaten sind möglich. In Böden erfolgt keine Wirkstoffakkumulation.

6. Abfallbeseitigung/schadlose Beseitigung/Entgiftung

Kleinere Mengen des Wirkstoffes können durch starke alkalische Hydrolyse entgiftet werden. Nicht verwertbare Rückstände oder Abprodukte können auf Schadstoffdeponien abgelagert werden. Das Einleiten in Vorfluter oder andere Gewässer ist in jedem Fall zu vermeiden.

7. Verwendung

Insektizid

Literatur

IRPTC, Scientific Reviews of Soviet Literature on Toxicity and Hazards of Chemicals. No. 10, Parathion, UNEP, IRPTC 1982
WHO/FAO, Data Sheets on Pesticides. No. 6, 1978, Parathion, WHO, Geneva 1978

Phenanthren [85-01-8]

1. **Allgemeine Informationen**
1.1. Phenanthren [85-01-8]
1.2. Phenanthren
1.3. $C_{14}H_{10}$

1.4. Phenantrin
1.5. polyzyklische aromatische Kohlenwasserstoffe
1.6. keine Angaben

2. **Ausgewählte Eigenschaften**
2.1. 178,2
2.2. monokline Plättchen
2.3. 340 °C
2.4. 100 °C
2.5. $6,8 \cdot 10^{-4}$ Torr bei 20 °C/0,09 Pa
2.6. keine Angaben
2.7. Wasser: 1,29 mg l^{-1}; 1,0–1,6 mg l^{-1}
2.8. Die Verbindung ist gegenüber photo-oxidativen Reaktionen bei Einwirkung von Sonnenlicht oder Fluoreszenzlicht in organischen Lösungsmitteln stabil. An verschiedenen Positionen des Moleküls können Halogenierungs-, Nitrierungs-, Sulfonierungs- und Hydrierungsreaktionen stattfinden. Die Bildung des 9,10-Ozonids ist festgestellt. Alkalimetalle werden an der 9,10-Position addiert.
2.9. lg P = 4,46
2.10. H = 68,4
2.11. lg SC = 4,1
2.12. lg BCF = 4,45
2.13. biologisch leicht abbaubar
2.14. $k_{OH} = 3,4 \cdot 10^{11}$ cm^3 s^{-1}; $t_{1/2} = 0,7$ d

3. **Toxizität**
3.1. Phenanthren ist eine maßgebliche Komponente der in der Umwelt nachgewiesenen polyzyklischen aromatischen Kohlenwasserstoffe. Die Exposition des Menschen erfolgt bevorzugt über die Luft (auch Tabakrauch), Nahrungsmittel und in relativ geringem Maße über das Wasser. Eine Quantifizierung der Exposition ist nicht möglich.
3.2. oral Ratte LD 50 700 mg/kg
oral Maus LD 50 700 mg/kg
3.3. keine Angaben
3.4. Zur Teratogenität sind keine Angaben verfügbar.
Eine Bewertung des karzinogenen Risikos ist infolge differenzierter Ergeb-

nisse von 6 vergleichbaren Tests mit Mäusen (Hautapplikation) nicht möglich. Von 21 Testergebnissen zur mutagenen Wirkung sind lediglich 3 positive Resultate ausgewiesen. Phenanthren wird mit hoher Wahrscheinlichkeit als nicht mutagen aktiv bewertet.
3.5. keine Angaben
3.6. Phenanthren wird relativ schnell im Organismus resorbiert. Eine Ausscheidung erfolgt nach Metabolisierung zu den entsprechenden 1,2-, 3,4- und 9,10-dihydrodiolen über den Urin. Das 1,2-dihydrodiol kann oxidativ zum 1,2-diol-3,4-epoxid transformiert werden. Dieses Epoxid ist mutagen aktiv.
3.7. Auf Grund des ermittelten Biokonzentrationsfaktors ist eine mittlere Biokonzentrationstendenz zu erwarten.

4. **Grenz- und Richtwerte**

4.1. MAK-Wert: V d, Pyrrolyseprodukt aus organischem Material, Verdacht auf krebserzeugendes Potential dieser Gemische (D)
4.2. Trinkwassergrenzwert: 0,2 µg/l für Summe der PAK (D), berechnet als C
4.3. keine Angaben

5. **Umweltverhalten**

Im Gegensatz zu anderen polyzyklischen Aromaten ist Phenanthren durch eine relativ gute Wasserlöslichkeit (bis 1,6 mg l^{-1}) und verminderte Lipophilie (lg P = 4,46) charakterisiert. Im Vergleich zu Benz(a)pyren ist damit die Bio- und Geoakkumulationstendenz der Verbindung ebenfalls vermindert. Diese Eigenschaften, verbunden mit der vergleichsweise mittleren Flüchtigkeit, lassen eine relativ gute Mobilität in und zwischen Umweltstrukturen im Vergleich zu anderen PAK vermuten. Ermittelte Halbwertszeiten in natürlichen Böden von 2,5 h bei Ausgangskonzentrationen von 25 000 µg g^{-1} und von 26 Monaten bei 2,1 µg g^{-1} weisen auf mögliche biologische bzw. abiotische Stofftransformationen hin.

6. **Abfallbeseitigung/schadlose Beseitigung/Entgiftung**

keine Angaben

7. **Verwendung**

keine Angaben

Literatur

R. C. Sims and M. R. Overcash, Fate of Polynuclear Aromatic Compounds in Soil-Plant Systems. Res. Rev., **88** (1983): 1–68
WHO, IARC Monographs on the Evaluation of the Carcinogenic Risks of Chemicals to Humans. Vol. 32, 1983. Polynuclear Aromatic Compounds. Part 1, Chemical, Environmental and Experimental Data. IARC, Lyon, 1983

Phenole

Unter dem Begriff „Phenole" werden kernhydroxylierte aromatische Kohlenwasserstoffe einschließlich ihrer verschiedenen Substitutionsprodukte zusammengefaßt. Abhängig von der Anzahl der Hydroxylgruppen differenziert man in 1-, 2- und 3-wertige Phenole.
In den USA und Westeuropa wurden 1979 die Produktionsmengen an Phenolen auf etwa 2,8 Mill. t geschätzt. 60 % davon werden zu Kunststoffen und Weichmachern weiterverarbeitet. Darüber hinaus dienen sie zur Herstellung von Arzneimitteln, Herbiziden, Insektiziden, Farbstoffen, Sprengstoffen, Detergentien sowie Desinfektionsmitteln und werden als Hilfsmittel in der Textil- und Lederindustrie eingesetzt. Nicht unwesentlich für die weitläufige Verbreitung von Phenolen in der Umwelt ist die Tatsache, daß etwa 60 % aller Desinfektionsmittel Phenole als wirksame Komponente enthalten. Darüber hinaus ist zu beachten, daß Phenole, insbesondere Derivate 2- und 3-wertiger Phenole, natürlichen Ursprungs sein können und ihr Auftreten in Umweltstrukturen nicht notwendigerweise anthropogen bedingt sein muß. Als Bestandteile natürlicher Stoffkreisläufe sind sie demzufolge nur von untergeordneter toxikologischer Relevanz.
1-wertige Phenole sind schwache Säuren und zur Phenolatbildung befähigt. Da die phenolische Hydroxylgruppe die ortho- und para-ständigen Protonen des Benzolkernes aktiviert, was mit einer Erhöhung der Basizität des Kerns verbunden ist, erfolgt relativ leicht eine Zweitsubstitution des aromatischen Kerns. Relevante Reaktionen sind die Halogenierung, Nitrierung und die Sulfonierung. Die Wasserlöslichkeit der Phenole wird sehr maßgeblich bestimmt durch Art und Anzahl der weiteren Substituenten. Erfahrungsgemäß nimmt die Wasserlöslichkeit mit zunehmender Lipophilie des bzw. der Substituenten ab. Die Stoffe sind im allgemeinen durch einen relativ niedrigen Dampfdruck, verbunden mit einer geringen Flüchtigkeit, charakterisiert. Von der Gesamtmolekülstruktur werden sowohl die Sorptionstendenz als auch ihr Sorptionspotential gegenüber anderen Stoffen, wie beispielsweise Spurenmetallen, bestimmt. Dabei spielen ebenfalls Art und Anzahl der Substituenten eine hervorragende Rolle.
Die Aktivierung der Protonen des Benzolkernes durch die phenolische Hydroxylgruppe deutet bereits auf eine relativ hohe Reaktivität von Phenolen unter Umweltbedingungen hin. Die Stoffe werden relativ leicht oxidiert und photolytisch transformiert, wobei allerdings eine Vielzahl theoretisch möglicher Reaktionsprodukte gegenwärtig nicht identifiziert ist. Insgesamt werden sowohl das Umweltverhalten als auch die Toxizität maßgeblich beeinflußt durch die chemische Grundstruktur (1-, 2- oder 3-wertige Phenole) und die Art und Anzahl der Substituenten. Die Einführung differenzierter Substituenten ist verbunden mit Veränderungen der Lipophilie des Stoffes sowie der Transformations-, Bio- und Geoakkumulationstendenz. Insbesondere die Beurteilung mehrwertiger Phenole muß beachten, daß beispielsweise oxidative Molekülverknüpfungen unter Bildung substituierter Dibenzo-p-dioxine oder hydroxylierter Biphenyle möglich sind. Toxische Wirkquantitäten von Phenolen, wie beispielsweise akute Toxizitäten, können sich in Abhängigkeit von Art und Anzahl der Substituenten (Reaktionsfähigkeit) über mehrere Zehnerpotenzen erstrecken. So besitzt 2-sec.-Bu-

tyl-4,6-Dinitrophenol einen LD 50-Wert bei der Ratte (oral) von etwa 25 mg/kg, während p.-tert.-Butylphenol einen Wert von etwa 3 220 mg/kg aufweist. Auf der Grundlage bisheriger Erkenntnisse ist eine Beurteilung des Gefährdungspotentials und der Umweltgefährlichkeit der Phenole nicht möglich, sondern es sind differenzierte Betrachtungen von Einzelstoffen erforderlich.

Phenol [108-95-2]

Die technische Herstellung von Phenol erfolgt entweder durch Oxidation von Toluen oder über die Zwischenstufen Benzensulfonsäure bzw. Chlorbenzen. Darüber hinaus wird die Substanz aus dem Mittelöl der Steinkohlenteerdestillation (170 bis 250 °C) oder aus Kokereiabwässern gewonnen. Bei der Erdölraffinerie entstehen beträchtliche Phenolmengen in Form von Abprodukten. Phenolhaltige Abwässer fallen an bei der Herstellung von Cumol, Ethylen, Propylen, Phenylglycin, Naphthalin, Butadien, Acrylnitril, Waschmitteln, Kunstharzen, Kresolen, substituierten Kresolen, Acetylen, Benzen und Toluen. Damit sind in den Bereichen der chemischen Industrie eine Vielzahl von Phenolemissionsquellen relevant. 1973 wurden global etwa 3 Mill. t Phenol produziert.

1. **Allgemeine Informationen**
1.1. Phenol [108-95-2]
1.2. Phenol
1.3. C_6H_6O

1.4. Hydroxybenzol, Karbolsäure, Benzophenol, Phenylalkohol
1.5. Phenole
1.6. giftig

2. **Ausgewählte Eigenschaften**
2.1. 94,12
2.2. farblose bis rötlich gefärbte, stark hygroskopische Kristalle
2.3. 182 °C
2.4. 41 °C
2.5. 0,47 mbar bei 25 °C/47 Pa
2.6. 1,07 g/cm³ bei 20 °C
2.7. Wasser: 67 g l^{-1} bei 20 °C
2.8. Geringe Feuchtigkeitsmengen setzen den Schmelzpunkt der Substanz stark herab (Phenol mit 2 % Wasser schmilzt bei 33 °C). Die wäßrige Lösung reagiert schwach sauer. Phenol bildet mit Alkalien Phenolate.
2.9. lg P = 1,1
2.10. H = 3,6
2.11. lg SC = 1,9

2.12. lg BCF = 1,6
2.13. biologisch leicht abbaubar
2.14. $k_{OH} = 2,8 \cdot 10^{-11}$ cm^3 s^{-1}; $t_{1/2} = 0,6$ d

3. **Toxizität**

3.1. Zur Exposition liegen keine Angaben vor. Die höchste Expositionswahrscheinlichkeit besteht auf Grund der physikalisch-chemischen Eigenschaften über das Wasser.

3.2.
oral	Ratte	LD 50	414 mg/kg
oral	Maus	LDL 0	500 mg/kg
skn	Ratte	LD 50	669 mg/kg
oral	Mensch	LDL 0	14 mg/kg

3.3. Chronische Intoxikationen manifestieren sich u. a. in Leber- und Nierenschäden sowie Veränderungen des Blutbildes.

3.4. Zu genotoxischen Wirkungen sind keine Angaben verfügbar.

3.5. Die Schädlichkeitsgrenze für Fische wird ohne Speziesdifferenzierung mit einem Bereich zwischen 1–63 mg l^{-1} angegeben. Die toxische Grenzkonzentration vermindert sich jedoch bei Langzeitexposition (LC 50 über 90 Stunden: 1–20 mg l^{-1} bei 20 °C).

3.6. Bei akuten Intoxikationen, insbesondere bei Hautresorption, kann es zu Gefäßschädigungen, Schleimhautveränderungen sowie Leber- und Nierenschäden kommen.

3.7. Infolge der hohen Wasserlöslichkeit ist keine Biokonzentration zu erwarten.

4. **Grenz- und Richtwerte**

4.1.	MAK-Wert:	5 ml/m^3 (ppm), 19 mg/m^3 (D) Gefahr der Hautresorption
4.2.	Geruchsschwellenwert:	0,5 ppm
	Trinkwassergrenzwert:	keine Angaben
4.3.	TA Luft:	20 mg/m^3 bei einem Massenstrom von 0,1 kg/h und mehr
	Abfallbehandlung nach § 2 Abs. 2 Abfallgesetz:	phenolhaltige Schlämme aus der Erdölverarbeitung und Kohleveredlung, Abfallschlüssel 54 903

5. **Umweltverhalten**

Phenol besitzt eine relativ hohe Fischtoxizität. Bei chronischen Expositionen kann es zu einer Herabsetzung der Schädlichkeitsgrenze im Sinne einer höheren Organismusempfindlichkeit kommen. Phenolgehalte von 0,1 bis 0,2 mg l^{-1} führen bei Fischen bereits zu Geschmacksbeeinträchtigungen. Als toxische Grenzkonzentrationen wurden u. a. ermittelt:

Daphnia magna 16 mg l^{-1}
Scenedesmus 40 mg l^{-1}

Auf Grund der hohen Wasserlöslichkeit ist Phenol in Hydro- und Pedosphäre durch eine relativ große Mobilität charakterisiert. Das Geo- und Bioakkumulationsverhalten ist nur relativ gering ausgeprägt. Bei Bodenverunreinigungen sind Grundwasserkontaminationen möglich. Bei der Trinkwasser- und Abwasserchlorung ist die Bildung von Chlorphenolen zu beachten. Unter natürlichen Bedingungen wird Phenol relativ rasch abgebaut. Der mikrobiologische Metabolismus erfolgt vorzugsweise oxidativ über den ortho- oder meta-Weg oder reduktiv über die Bildung von Cyclohexanol. Durch differenzierte Mikroorganismen ist der Phenolabbau aerob und anaerob möglich.

6. **Abfallbeseitigung/schadlose Beseitigung/Entgiftung**

Aus phenolreichen Abwässern kann die Substanz durch Extraktion eliminiert werden. Schwach belastete Abwässer können einer biologischen Reinigung unterworfen werden, wobei eine zusätzliche Behandlung mit Aktivkohle oder Ozon den Wirkungsgrad der Aufbereitung wesentlich verbessert. Konzentrierte Abwässer oder phenolhaltige Abprodukte fester Konsistenz können darüber hinaus in Verbrennungsanlagen beseitigt werden. Auf Grund der hohen Wasserlöslichkeit sollte eine Deponie ausgeschlossen werden.

7. **Verwendung**

Phenol findet hauptsächlich Verwendung bei der Herstellung von Kunstharzen, Farbstoffen, Arzneimitteln, Pestiziden, Weichmachern, Riechstoffen, Pikrinsäure, Schmierölen und anderen Chemikalien.

ortho-Phenylphenol [90-43-7]

ortho-Phenylphenolat-Natrium [132-27-4]

Bei der Hydrolyse von Chlorbenzen mit Natriumhydroxid-Lösung wird ortho-Phenylphenol als Nebenprodukt gebildet. Die Produktionsmengen US-amerikanischer Firmen werden 1977 auf etwa 4600 t ortho-Phenylphenol und 59900 t Natrium-ortho-Phenylphenolat geschätzt. Zu den Produktionsmengen anderer Länder sind keine Informationen verfügbar.

1. **Allgemeine Informationen**

1.1. ortho-Phenylphenol [90-43-7]   ortho-Phenylphenolat-Natrium [132-27-4]

1.2. [1,1-Biphenyl]-2-ol   [1,1'-Biphenyl]-2-ol-Natrium

1.3. $C_{12}H_{10}O$ $\qquad$ $C_{12}H_9ONa$

1.4. ortho-Diphenylol, ortho-Hydroxybiphenyl, Orthoxenol
1.5. Phenol $\qquad\qquad\qquad\qquad\qquad\qquad$ Phenolat
1.6. keine Angaben $\qquad\qquad\qquad\qquad\quad$ keine Angaben

2. **Ausgewählte Eigenschaften**

2.1. 170,2 $\qquad\qquad\qquad\qquad\qquad\qquad$ 192,3 (264,3 als Tetrahydrat)
2.2. weiße Flocken $\qquad\qquad\qquad\qquad\quad$ weiße Flocken
2.3. 286 °C $\qquad\qquad\qquad\qquad\qquad\qquad$ keine Angaben
2.4. 57 °C (Gefrierpunkt) $\qquad\qquad\qquad\quad$ keine Angaben
2.5. $9,33 \cdot 10^2$ Pa bei 140 °C $\qquad\qquad\qquad$ keine Angaben
2.6. 1,217 g/cm³ $\qquad\qquad\qquad\qquad\qquad$ keine Angaben
2.7. Wasser: 700 mg l^{-1} bei 25 °C $\qquad\qquad$ Wasser: $\qquad$ 1220 g l^{-1}
     löslich in 95%igem Ethanol, $\qquad\qquad\quad$ Aceton: $\qquad$ 1560 g l^{-1}
     in Ethylenglycol, iso-Propanol $\qquad\qquad$ Methanol: $\quad$ 1380 g l^{-1}
     sowie verschiedenen Glycol- $\qquad\qquad\quad$ Propylenglycol: 280 g l^{-1}
     ethern und Polyglycolen
2.8. ortho-Phenylphenol reagiert in wäßriger Natriumhydroxid-Lösung relativ schnell unter Bildung des entsprechenden Phenylphenolats.
2.9. lg P $\quad= 2,6$ o-Phenylphenol
2.10. H $\quad= 1,24 \cdot 10^3$ o-Phenylphenol
2.11. lg SC $= 1,8$ o-Phenylphenol
2.12. lg BCF $= 1,65$ o-Phenylphenol
2.13. o-Phenylphenol: biologisch leicht abbaubar
2.14. keine Angaben

3. **Toxizität**

3.1. keine Informationen verfügbar
3.2. ortho-Phenylphenol
     oral $\quad$ Ratte $\qquad$ LD 50 $\qquad\qquad$ 2000 mg/kg
     oral $\quad$ Ratte $\qquad$ LD 50 $\qquad\qquad$ 2700 mg/kg
     ortho-Phenylphenolat-Natrium
     oral $\quad$ Maus $\qquad$ LD 50 $\qquad\qquad$ 686–1018 mg/kg
     oral $\quad$ Ratte $\qquad$ LD 50 $\qquad\qquad$ 1049–1069 mg/kg
3.3. Im 2-Jahre-Fütterungsversuch mit 2 % ortho-Phenylphenol wurden bei Ratten Veränderungen der Nieren- und Leberfunktion festgestellt. Bei gleichen Fütterungsversuchen über 90 d traten Veränderungen des Blasenepithels auf.
3.4. In differenzierten Mutagenitätstests (einschließlich an Nagern in vivo) wurden keine mutagenen Wirkungen festgestellt. 100, 300 oder 700 mg/kg/d, die zwischen dem 6. und 15. Tag der Trächtigkeit bei Ratten appli-

ziert wurden, führten nicht zu teratogenen und embryotoxischen Wirkungen. Vorliegende Untersuchungsergebnisse an Ratten und Mäusen zur Karzinogenität sind als nicht eindeutig signifikant im Vergleich zu Kontrolltieruntersuchungen zu interpretieren.
In Kurzzeittest verschiedentlich beobachtete Mutagenität ist vermutlich auf entsprechend aktive Verunreinigungen in den technischen Produkten zurückzuführen.
3.5. keine Angaben
3.6. Bei akuten Intoxikationen treten nach oraler Aufnahme Schädigungen der Lunge, der Leber, des Gastrointestinaltraktes und des Myocardsystems auf. Die Exkretion erfolgt in Form von Konjugaten (Glucuronide und Sulfate) über den Urin.
3.7. Infolge der hohen Wasserlöslichkeit ist keine Biokonzentration zu erwarten.

4. **Grenz- und Richtwerte**

4.1. keine Angaben
4.2. ADI-Wert: ortho-Phenylphenol und bis 1,0 mg/kg/d
             ortho-Phenylphenol-Natrium
4.3. keine Angaben

5. **Umweltverhalten**

Die relativ hohe Wasserlöslichkeit (0,7 bzw. 1,220 g l^{-1}) und die Reaktivität der phenolischen Hydroxylgruppe prägen das Verhalten von ortho-Phenylphenol in der Umwelt. Zu erwarten sind sowohl eine geringe Biokonzentrationstendenz als auch Sorption an Feststoffe. Der Dampfdruck deutet auf eine relativ hohe Flüchtigkeit und Mobilität hin. Bei Bodenverunreinigungen sind infolge der Löslichkeit Einschwemmungen in tiefere Bodenhorizonte nicht auszuschließen. In Böden und Sedimenten ist ein relativ guter mikrobiologischer Abbau zu erwarten.

6. **Abfallbeseitigung/schadlose Beseitigung/Entgiftung**

keine Angaben

7. **Verwendung**

Desinfektionsmittel, Fungizid, Keramikindustrie, Leder- und Farbenherstellung, zur Reinigung von Metalloberflächen.

Phthalsäureester

Im generellen Sprachgebrauch werden unter Phthalsäureestern (Phthalate) die von der 1,2-Benzendicarbonsäure abgeleiteten Ester mit verzweigten oder unverzweigten aliphatischen Seitenketten verstanden. 1,3- und 1,4-Benzendicarbonsäureester sind demgegenüber kommerziell von untergeordneter Bedeutung. Phthalsäureester sind nahezu ubiquitär. Ursachen hierfür sind u. a. hohe Produktions- und Anwendungsmengen, eine Vielzahl von Einsatzbereichen (diffuse Eintragsquellen in die Umwelt), die Bio- und Geoakkumulationstendenz und eine gewisse Stabilität gegenüber physikalisch-chemischen und biologischen Abbaureaktionen (Persistenz). Angaben zu den globalen Produktionsmengen liegen nicht vor. Nach U.S.-amerikanischen Informationen wurden 1979 in den USA mehr als 2,8 Mill. t Phthalsäureester hergestellt, die sich wie folgt auf Einzelstoffe verteilen:

Dioctylphthalat	749 000 t
Di-(ethylhexyl)-phthalat (DEHP)	664 000 t
Di-iso-butylphthalat	386 000 t
Dibutyl- und Di-iso-butylphthalat	37 000 t
andere Phthalate	1 718 500 t

In der UdSSR schätzt man die Einsatzmengen von DEHP als Plastzusatzstoff auf mehr als 88 % der Gesamtproduktion. Die Bedeutung der Phthalate als Zusatzstoffe für Plaste ist u. a. daraus abzuleiten, daß sie durchschnittlich einen Anteil von 50–67 % am Gesamtgewicht der Endprodukte haben. Die Synthese erfolgt auf der Grundlage der Fischer-Veresterung durch Umsetzung von Phthalsäureanhydrid mit dem jeweiligen Alkohol bei 125–140 °C in saurem Milieu. Phthalsäureanhydrid bildet sich bei der Oxidation von Naphthalin oder o-Xylen in der Gasphase an einem Vanadiumpentoxid – Kontakt oder in der Flüssigphase durch o-Xylen Oxidation in Gegenwart löslicher Salze als Katalysatoren. Der überwiegende Anteil der Phthalate wird als Zusatzstoff für PVC-Polymere, PVC-Vinylacetat-Copolymere, Nitrocellulose, Polystyrol, Polymethylmetacrylat und synthetischen Gummi eingesetzt. Infolge ihrer physikalisch-chemischen Eigenschaften werden die Stoffe darüber hinaus in der Kosmetikindustrie, im medizinischen Bereich und in der Sprengstoffindustrie verwendet. Die Anwendungsmengen in Verpackungsmittel für Nahrungsmittel und dem medizinischen Bereich werden weltweit auf mehr als 190 000 t geschätzt.
Die physikalisch-chemischen Eigenschaften bestimmen einerseits die Einsatzbereiche, sind andererseits aber auch maßgebliche Parameter für das Transport-, Verteilungs- und Transformationsverhalten in biogeochemischen Stoffkreisläufen, für die Toxikokinetik und letztlich für die Toxizität.
Relativ geringe Flüchtigkeit und Wasserlöslichkeit, gute Lipoidlöslichkeit und durch die Estergruppe bedingte Reaktivität verbunden mit einer hohen mikrobiologischen Degradationstendenz sind maßgebliche Charakteristika ökochemischer und ökotoxikologischer Relevanz der Phthalate. Die physikalisch-chemischen Eigenschaften sowie die Toxizität betreffend sind strukturchemisch bedingte Abstufungen festzustellen. Eine generelle Bewertung der Gefährlichkeit und Bewertung des Risikos für Mensch und Umwelt sind erschwert.

Der Transport erfolgt vorzugsweise über Hydro- und Atmosphäre, wobei aquatische Systeme das maßgebliche Transport- und Verteilungsprinzip darstellen. Der atmosphärische back-ground level wird mit 1–2 ng/m³ angegeben. Demgegenüber wurde in Luft von Industriezentren bis zu 192 ng/m³ Dibutylphthalat [84-74-2] und bis zu 99 ng/m³ Bis-(2-ethylhexyl)phthalat [117-81-7] gemessen. Konzentrationen bis zu 66 mg/m³ sind in der Innenraumluft von Phthalate herstellenden Betrieben nachgewiesen. Sedimente enthalten bis zu 88 ppm Phthalsäureester, wobei die Konzentrationen diejenigen anderer hydrophober Kontaminanten teilweise um mehrere Zehnerpotenzen übersteigen. In Sedimenten der Ostsee liegen die Konzentrationen beispielsweise um bis zu zwei Zehnerpotenzen über denen für polycyclische Aromaten und PCB gemessenen Konzentrationen. In Algen wurden Biokonzentrationsfaktoren bis zu 28 500, bei Invertebraten bis zu 24 500, bei Schnecken bis zu 13 600 und bei Vertebraten um 10 600 festgestellt. Hydrolysehalbwertszeiten bei pH 7 sind mit 3,2 a für Dimethylphthalat und mit 2000 a für Bis-(2-ethylhexyl)phthalat relativ niedrig und deuten auf eine hohe Stabilität in aquatischen Systemen hin. Die photolytische Stofftransformation in der Atmosphäre ist infolge der geringen Flüchtigkeit von untergeordneter Bedeutung für den Stoffabbau.

Auf Grund der relativ geringen Persistenz sind hohe Stoffeintragungsmengen in die Umwelt wahrscheinliche Ursache der ausgeprägten Umweltverfügbarkeit von Verbindungen der Stoffgruppe. Die Exposition des Menschen erfolgt vorzugsweise über pflanzliche und tierische Lebensmittel und das Wasser. Berufliche Expositionen und hohe Innenraumbelastungen ausgenommen, ist die Exposition über die Luft von untergeordneter Bedeutung. Möglichkeiten direkter Expositionen des Menschen durch den zunehmenden Einsatz von Medizinplasten sind ebenfalls in Betracht zu ziehen, zumal es sich bei den Exponierten nahezu immer um Risikogruppen handelt.

Schnelle Resorption, verbunden mit einer ausgeprägten Biodistribution deuten zunächst auf gute Bioverfügbarkeit hin. Dem steht ein relativ schneller enzymatisch gesteuerter Metabolismus sowie eine schnelle und nahezu vollständige Exkretion sowohl der Metabolite als auch nicht transformierter Phthalate gegenüber. Unterschiede in der Resorption, Biodistribution und Transformation sind in erster Linie abhängig von der Anzahl der Kohlenstoffatome und der molekularen Struktur der Esteralkohole. Darüber hinaus bestehen Speziesunterschiede.

Kanzerogene und mutagene Effekte sind lediglich bei Expositionen gegenüber sehr hohen, nicht umweltadäquaten Stoffkonzentrationen nachgewiesen. Eine kritische Betrachtung von Testsystemen, Testbedingungen sowie Interpretation und Bewertung von Resultaten führt zu dem Schluß, daß gegenwärtig keine eindeutige Aussage zur Karzinogenität und Mutagenität der Stoffgruppe möglich ist.

Im Tierexperiment nachgewiesene Karzinogenität ist jedoch als Hinweis auf ein potentielles karzinogenes Risiko zu werten.

Des weiteren sind Prozesse wie die Plazentapassage und die Passage der Blut-Hirn-Schranke von hoher toxikologischer Relevanz, da sie Voraussetzung sind für das Auftreten teratogener, feto- und embryotoxischer Effekte sowie für strukturelle und funktionelle Veränderungen des peripheren und zentralen Ner-

vensystems. Bei beruflich Exponierten sind darüber hinaus Schädigungen des reproduktiven Systems nachgewiesen.
Die aus dem Verteilungsverhalten resultierende Translokationstendenz zwischen Hydro-, Pedo- und Atmosphäre sowie Biota u. a. Ursache für den Aufbau remobilisierbarer Stoffdepots in Böden und Sediment. Hydrolyse und mikrobiologisch-enzymatischer Abbau wirken der Geoakkumulation entgegen. Demzufolge entstehen entsprechende Phthalatdepots nur dann, wenn die Stoffzufuhr den Abbau bzw. andere Eliminierungsvorgänge weitestgehend übersteigt. Die Transformation und Degradation erfolgt vorzugsweise mikrobiell. Hydrolytische Esterspaltung, Ringhydroxylierung und Spaltung des aromatischen Kerns sind Reaktionsmechanismen chemischer Abbauvorgänge. Das Gefährdungspotential von Phthalaten für die Umwelt und den Menschen ergibt sich aus folgenden Kriterien:

- Ubiquität in der Umwelt
- Biokonzentrationstendenz in aquatischen Organismen
- Geoakkumulationstendenz
- schnelle Bioresorption und -distribution
- Passage der Plazenta und Blut-Hirn-Schranke
- kumulative Wirkung
- teratogene, feto- und embryotoxische Wirkung
- Schädigung des reproduktiven Systems
- strukturelle und funktionelle Veränderungen von Leber und Niere
- Aktivitätsveränderungen verschiedener Enzyme.

Literatur

Di-(2-ethylhexyl)phthalat. BUA-Stoffbericht Nr. 4. Hrsg. Beratergremium für umweltrelevante Altstoffe (BUA) VCH-Verlagsgesellschaft, Weinheim 1986
Kemper, F. H., Lüpke, N. P., Bitter, M.: Phthalsäure-dialkylester-Pharmakologische und toxikologische Aspekte. Hrsg. Verband Kunststofferzeugende Industrie, Frankfurt 1983
Proceedings of the Conference on Phthalates, Washington, June 9–11, 1981, Environm. Hlth. Perspect. 45 (1982): 1–156
Thomas, J. A., and Thomas, M. J.: CRC Critical Rev. in Toxicology 13 (3) (1984): 283–317
UNEP/IRPTC Scientific Reviews of Soviet Literature on Toxicity and Hazards of Chemicals. Esters of o-Phthalic acid. No. 23 Moskau 1982

Butylbenzylphthalat [85-68-7]

Butylbenzylphthalat gehört zu den in großen Mengen synthetisierten Phthalsäureestern. Die Herstellung erfolgt durch Umsetzung von Monobutylphthalat mit Benzylchlorid in neutraler wäßriger Lösung oder in alkoholischer Lösung. Die Produktionsmengen werden 1979 für Japan mit 3000 t/a und für die USA mit mehr als 15000 t/a angegeben. Über Produktionszahlen anderer Länder sind keine Angaben verfügbar.

1. Allgemeine Informationen

1.1. Butylbenzylphthalat [85-68-7]
1.2. 1,2-Benzoldicarbonsäure, Butyl-phenylmethyl-ester

1.3. $C_{19}H_{20}O_4$

[structural formula: phthalate ester with -C(=O)-O-CH₂-CH₂-CH₂-CH₃ and -C(=O)-O-CH₂-phenyl groups on benzene ring]

1.4. BBP, Butylphenylmethylphthalat, Phthalsäure-butylphenylester
1.5. Phthalsäureester
1.6. keine Angaben

2. **Ausgewählte Eigenschaften**
2.1. 312,37
2.2. klare, leicht viskose (ölige) Flüssigkeit
2.3. 377 °C; 331–370 °C bei 742 Torr
2.4. −35 °C
2.5. keine Angaben
2.6. 1,113–1,211 g/cm³
2.7. Wasser: 2,9 mg l^{-1}
2.8. Unter Normalbedingungen ist der Ester stabil. Mit Kaliumhydroxid erfolgt bei Raumtemperatur in 12–16 h vollständige Hydrolyse.
2.9. lg P = 4,25
2.10. H keine Angaben
2.11. lg SC = 3,6
2.12. lg BCF = 3,4 (errechnet); 2,4 (experimentell)
2.13. biologisch leicht abbaubar
2.14. keine Angaben

3. **Toxizität**
3.1. keine Informationen verfügbar
3.2. oral Ratte LD 50 2 330 mg/kg
    oral Maus LD 50 4 170 mg/kg (weiblich)
    oral Maus LD 50 6 160 mg/kg (männlich)
    ip Maus LD 50 3 160 mg/kg
3.3. Im 90-Tage-Fütterungsversuch mit 1 %, 2 % oder 5 % Butylbenzylphthalat, bezogen auf die Nahrungsmenge, konnten bei Hunden keine toxischen Effekte festgestellt werden. Im chronischen Test an Ratten werden nach 14 Wochen bei hochexponierten Tieren (12 000 ppm) und nach 24 Wochen bei weniger exponierten Tieren (6 000 ppm) erhöhte Todesraten, Gewichtsabnahmen und Reduzierung der Nahrungsaufnahme festgestellt. Im 91-Tage-Test starben 4 Versuchstiere (Ratten), 1 Tier bei 6 300 mg/kg, 1 Tier bei 12 500 mg/kg und 2 Kontrolltiere und 4 Mäuse bei Dosen von 25 000 ppm (Versuchstierzahl 10).
3.4. Butylbenzylphthalat ist im mikrobiologischen Test (Ames-Test und Test mit E. coli) sowie im SCE-Test nicht mutagen. Bei weiblichen Ratten wurde eine erhöhte Leukämietendenz beobachtet. Bei männlichen Tieren waren

die Ergebnisse nicht statistisch signifikant. Bei Mäusen ist die Verbindung nicht karzinogen (B6C3F1).
3.5. keine Angaben
3.6. Phthalsäureester-Intoxikationen manifestieren sich u. a. in Schädigungen des ZNS, des peripheren Nervensystems (psychische Erkrankungen), klinisch sichtbaren Lebererkrankungen, Veränderungen des Blutbildes sowie in Erkrankungen des Magen-Darm-Traktes. Die Ausscheidung erfolgt vorzugsweise über Urin und Faeces (etwa 80% der aufgenommenen Stoffmenge innerhalb einer Woche). Phthalsäureester werden allerdings in lipoidhaltigen Organstrukturen (Fettgewebe) gespeichert. Die Remobilisierung erfolgt sehr langsam.
3.7. Speziesabhängige Konzentrierungsfaktoren zwischen 26 und 270 deuten auf ein relativ geringes Biokonzentrationspotential hin.

4. Grenz- und Richtwerte

keine Angaben

5. Umweltverhalten

Butyl-benzyl-phthalat ist als Kontaminant in aquatischen Systemen identifiziert:
Trinkwasser: 80–1 800 µg l^{-1}
Flußwasser: 30–2 400 µg l^{-1}
Sedimente: 400–567 ng/kg
Abwässer und Abluft der herstellenden und verarbeitenden Industrie sind maßgebliche Emissionsquellen. Zu beachten sind darüber hinaus Lebensmittelkontaminationen durch Monomere in den entsprechenden Verpakkungsmitteln. Die Verbindung besitzt kein hohes Bio- und Geokonzentrationspotential. Eine hohe Persistenz in Umweltstrukturen ist nicht zu erwarten (Hydrolyse).

6. Abfallbeseitigung/schadlose Beseitigung/Entgiftung

Die Beseitigung nicht mehr verwertbarer Rückstände oder Abfälle sollte in jedem Fall durch Ablagerung auf einer Sonderdeponie erfolgen.

7. Verwendung

Der Ester wird hauptsächlich zur Plastherstellung verwendet (PVC, Polyvinylacetat, Ethylzellulose, Acrylsäure-Polymere).

Literatur

Wilbourn, J., and Montesano, R.: An Overview of Phthalate Ester Carcinogenicity Testing Results: The Past. Environm. Hlth. Perspect. **45** (1982): 127–128
Carcinogenicity Bioassay of Butyl-Phthalate in F344/N Rats and B6C3F, Mice. (Feed Study). National Toxicology Program, Technical Report Series, No. 213, 1982, National Toxicology Program, Bethesda 1982
National Toxicology Program, Technical Report Series No. 213, August 1982. Carcinogenesis Bioassay of Butyl-Benzyl-Phthalate in F344/N Rats and B6C3F1 Mice (Feed Study).

Di-(2-ethylhexyl)-phthalat [117-82-7]

1. **Allgemeine Informationen**
1.1. Di-(2-ethylhexyl)-phthalat [117-82-7]
1.2. 1,2-Benzoldicarbonsäure, 2-Ethyl-hexylester
1.3. $C_{24}H_{38}O_4$

$$\begin{array}{c} \text{Strukturformel: Phthalsäurediester mit zwei 2-Ethylhexyl-Seitenketten} \end{array}$$

1.4. DEHP, Phthalsäure-ethylhexylester
1.5. Phthalsäureester
1.6. keine Angaben

2. **Ausgewählte Eigenschaften**
2.1. 390,56
2.2. klare, leicht viskose Flüssigkeit
2.3. 314 °C
2.4. −50 °C; −46 °C
2.5. $8,6 \cdot 10^{-4}$ Pa
2.6. 0,9861 g/cm³
2.7. Wasser: 40 µg/l; 340 µg/l; 50 mg/l
in organischen Lösungsmitteln gut löslich
2.8. Strukturchemisch sind Phthalate durch einen planaren aromatischen Ring mit zwei leicht beweglichen linearen oder verzweigten Alkylseitenketten charakterisiert. Die Carbonylgruppe beeinflußt weniger die physikalischen Stoffeigenschaften, sondern vielmehr die Reaktivität. Die Hydrolyse von DEHP kann sowohl säure- als auch basenkatalysiert sein. Die Hydrolysegeschwindigkeit wird u. a. von der Wasserlöslichkeit beeinflußt. Elektronische und sterische Rückkopplungen der Seitenkettenmoleküle auf den Benzoldicarbonylrest (sterische Hinderung mit zunehmender Kettenlänge und Verzweigungsgrad der Esteralkohole oder Stabilisierung der Elektronenverteilung infolge des +I-Effektes von Alkylseitenketten) beeinflussen die Hydrolysetendenz. Unter Normalbedingungen ist die Verbindung stabil.
2.9. lg P = 7,64
2.10. keine Angaben
2.11. lg SC = 5,6 (berechnet)
2.12. lg BCF = 3,8−5,9 (speziesabhängig)
2.13. keine Angaben
2.14. keine Angaben

3. Toxizität

3.1. Angaben zur Exposition liegen nicht vor. Einzuschätzen ist, daß Nahrungsmittel und Trinkwasser maßgebliche Expositionsquellen sind. Ausgenommen bei In-door-Belastungen ist die Exposition über die Luft von untergeordneter Bedeutung.

3.2.
oral	Ratte	31 000 mg/kg
ipr	Ratte	30 700 mg/kg
oral	Maus	30 000 mg/kg
ipr	Maus	14 000 mg/kg
ivn	Maus	250 mg/kg
oral	Kaninchen	34 000 mg/kg
skn	Meerschwein	10 000 mg/kg

3.3. Expositionen von Ratten gegenüber 23,3 mg/m^3 und 6,7 mg/m^3 DEHP über 4 Stunden pro Tag und 4 Monate verursachen Veränderungen des Körpergewichtes, des Hämoglobinspiegels sowie der Erythrocyten- und Leukozytenzahl im Blut. Hippursäure-, Protein- und Chloridspiegel im Urin sind verändert. Bei Expositionen gegenüber 1,4 mg/m^3 werden keine toxischen Effekte festgestellt. Bei Hunden führen 0,09 ml DEHP/kg/d oral über ein Jahr verabreicht zu morphologischen Leberveränderungen. Vergleichbare Expositionsdosen führen bei Meerschweinchen zu keinen meßbaren Effekten. 0,4 % bzw. 0,13 % DEHP im Futter führen bei Ratten über 2 Jahre zu strukturellen Veränderungen der Leber. Bei einmaliger Applikation von DEHP an Ratten wurde ein LD 50-Wert von 38 ml/kg ermittelt. 10 Wochen nach Erstapplikation beträgt der LD 50-Wert nur noch 1,37 ml/kg, was auf eine kumulative Wirkung hindeutet.

3.4. Im Fütterungsversuch an Ratten und Mäusen über 103 Wochen wirkt DEHP bei folgenden Dosen kanzerogen:

320 bzw. 670 mg/kg/d bei männlichen Ratten
390 bzw. 770 mg/kg/d bei weiblichen Ratten
670 bzw. 1 300 mg/kg/d bei männlichen Mäusen
800 bzw. 1 800 mg/kg/d bei weiblichen Mäusen

Die Lebertumorraten sind sowohl bei männlichen als auch bei weiblichen Tieren signifikant zur Kontrollgruppe erhöht. Auf der Grundlage einer Reihe von Testergebnissen (unterschiedliche Tests) wird DEHP als nicht mutagen charakterisiert. Bei Mäusen wirken $\frac{1}{3}$ bzw. $\frac{1}{6}$ der LD 50, am 7. Tag der Trächtigkeit verabreicht, teratogen. Vergleichbare Effekte werden bei Ratten festgestellt.

Die maximal unwirksame Konzentration wird für Ratten mit 600 mg/kg angegeben. Die maximal embryotoxisch unwirksame Konzentration beträgt für Mäuse 70 mg/kg/d. Darüber hinaus wird für Ratten eine nicht fetotale Konzentration von 60 mg/kg diskutiert. 250 mg/kg/d über 6 Wochen ip appliziert führen bei Ratten zu signifikanten Gewichtsveränderungen der Hoden. Vergleichbare Resultate ergeben sich bei oraler Applikation von 500 bzw. 1 000 mg/kg/d über 6 d bzw. 4 d.

3.5. Regenbogenforelle LC 50 50 µg/l (3–9 Wochen).

3.6. Infolge lipophiler Eigenschaften wird DEHP sowohl bei oraler Aufnahme als auch bei inhalativer Exposition und bei Hautapplikation relativ schnell resorbiert. Die Resorption erfolgt sowohl in Form des Diesters als auch des sich in den Schleimhäuten bzw. durch intestinale Enzyme bildenden Monoesters. Die Distribution erfolgt ebenfalls relativ schnell. Erfolgsorgane sind Fettgewebe, Leber, Niere und Gehirn. Die Plazentapassage ist nachgewiesen. Der Metabolismus erfolgt durch Hydrolyse mit nachfolgender Konjugatbildung oder durch Oxidation der Esteralkohole über Keto- und Carboxylderivate. Die Metabolite werden vorzugsweise über den Urin ausgeschieden. Bei Applikation niedriger Dosen verschiebt sich das Exkretionsverhältnis zugunsten der Faecesausscheidung. 30 bis 50 % des Diesters können über Faeces ausgeschieden werden.

3.7. Hohe Bioakkukmulationstendenz in aquatischen Organismen. In Warmblütern erfolgt keine wesentliche Bioakkumulation.

4. Grenz- und Richtwerte

4.1. MAK-Wert: 10 mg/m^3 (D)
gemessen als Gesamtstaub
4.2. keine Angaben
4.3. keine Angaben

5. Umweltverhalten

Neben herstellungsbedingten, punktförmigen Emissionen über Abwasser und Abluft führen anwendungsbedingte diffuse Einträge zu Kontaminationen von Hydro-, Pedo- und Atmosphäre sowie Biota. Maßgebliche Transport- und Verteilungsprinzipien für DEHP sind Hydro- und Atmosphäre. Der back-ground level der Atmosphäre wird für die nördliche Hemisphäre mit 1–2 ng/m^3 angegeben. Dem stehen Konzentrationen in der Luft industrieller Ballungsgebiete bis zu 66 mg/m^3 gegenüber. In der Luft von Innenräumen werden Konzentrationen zwischen 150–260 µg/m^3 gemessen. In Wässern wurden folgende DEHP-Konzentrationen analysiert:

Golf von Mexico	0,7–600 µg/l
Huronensee	5 µg/l
Missouri	4,9 µg/l
Rhein (Niederlande)	1,0 µg/l
Tama (Japan)	2,5 µg/l
Grundwasser (Phoenix, Arizona)	0,37 µg/l
Rohwasser (Tokyo)	2,7 µg/l
Trinkwasser (Tokyo)	1,2 µg/l
Regenwasser (Enewetak Atoll)	0,06 µg/l
Sediment (Ostsee)	100 µg/kg
Sediment (Golf von Mexico)	94 µg/kg
Flußsedimente	
Meuse (Niederlande)	8 200 ppb
Rhein (Niederlande)	20 900 ppb
Abwasserschlamm	42 800 ppb

Insbesondere in aquatischen Organismen ist DEHP durch eine relativ hohe Bioakkumulationstendenz charakterisiert. Biokonzentrationsfaktoren sind dabei speziesabhängig.

Algen	18 300	(27 d)
Invertebraten	24 500	(27 d)
Muscheln	2 500	(28 d)
Daphnien	2 500–5 200	(1–7 d)
Vertebraten	10 800	(27 d)

Bei Fischen werden teilweise niedrigere Konzentrationsfaktoren ermittelt, was mit der erhöhten Metabolisierungstendenz im Zusammenhang zu stehen scheint. Bei terrestrischen Organismen ist die Bioakkumulation vergleichsweise geringer. DEHP wird an Sedimente, Sink- und Schwebstoffe und Böden gut adsorbiert. Die Sorptionskoeffizienten sind in Abhängigkeit von den Substrateigenschaften über mehrere Größenordnungen variabel. Die Translokation aus der Hydrosphäre in die Atmosphäre ist für die Verteilung von untergeordneter Bedeutung. In bezug auf die Flüchtigkeit werden Halbwertszeiten für Oberflächengewässer von etwa 15 Jahren diskutiert.
Die Transformation von DEHP erfolgt durch Hydrolyse oder mikrobiellenzymatisch. Obwohl ein photolytischer Abbau von Phthalaten im Wasser in Anwesenheit von Nitrit und Hydroxyl-Radikalen nachgewiesen ist, wird der Photolyse eine vergleichsweise geringe Bedeutung bei der Stofftransformation beigemessen. Die Hydrolyse-Halbwertszeit wird in Oberflächenwässern im Mittel mit 32 Tagen angegeben.

6. **Abproduktbeseitigung/schadlose Beseitigung/Entgiftung**

Regelungen zur Behandlung bzw. Beseitigung von Phthalaten bzw. entsprechender Abprodukte sind nicht bekannt. Aus Wässern können Phthalate mittels Adsorberharze oder Aktivkohle eliminiert werden. Feste Abprodukte sind deponierbar, wobei auch eine Mischdeponie mit Hausmüll möglich erscheint.

7. **Verwendung**

Zusatzstoff für Plaste, Kosmetik- und Gummiindustrie, sprengmittelherstellende Industrie, Medizinplaste.

Polybromierte Biphenyle (PBB)

Die Herstellung polybromierter Biphenyle (PBB) erfolgt durch Bromierung von Biphenyl unter den Bedingungen der Friedel-Crafts-Reaktion. Den polychlorierten Biphenylen vergleichbar sind 209 Brombiphenyl-Isomere theoretisch möglich. Kommerzielle Bedeutung haben jedoch lediglich Hexa- und Ocatabrombiphenyl-Isomere und Decabrombiphenyl. Produktionsmengen der Stoffe sind nur aus den USA mit etwa 6 000 t im Zeitraum 1970–1974 und 2 200 t für 1975 bekannt. Hexa-, Octa- und Decabrombiphenyl werden nachfolgend als Indikatorsubstanz dieser Stoffgruppe beispielhaft dargestellt.

1. Allgemeine Informationen

1.1. Hexabrombiphenyl
Octabrombiphenyl
Decabrombiphenyl
1.2. 1,1'-Biphenyl, 2,2',4,4',5,5'-Hexabrom- [36 355-01-8]
1,1'-Biphenyl, 2,2',3,3',4,4',5,5'-Octabrom- [27 858-07-7]
1,1'-Biphenyl, 2,2',3,3',4,4',5,5',6,6'-Decabrom- [13 654-09-6]
1.3. $C_{12}H_4Br_6$
$C_{12}H_2Br_8$
$C_{12}Br_{10}$

Br_n—⟨◯⟩—⟨◯⟩—Br_m

(n, m = 1–5)
1.4. Hexabrombiphenyl – Firemaster BP6, Firemaster FF-1
Octabrombiphenyl – Bromkal 80
Decabrombiphenyl – Flammes B-10
1.5. polybromierte Biphenyle
1.6. keine Angaben

2. Ausgewählte Eigenschaften

2.1. Hexabrombiphenyl   627,4 [36 355-01-8]
Octabrombiphenyl   785,2 [27 858-07-7]
Decabrombiphenyl   943,1 [13 654-09-6]
2.2. weiße, kristalline Feststoffe
2.3. keine Angaben
2.4. Hexabrombiphenyl   72 °C
Octabrombiphenyl   200–250 °C
Decabrombiphenyl   380–386 °C
2.5. Hexabrombiphenyl $1,01 \cdot 10^{-3}$ Pa bei 90 °C
Octabrombiphenyl   Gewichtsverlust bei 250 °C weniger als 1 %
Decabrombiphenyl   Gewichtsverlust bei 341 °C weniger als 5 %
2.6. keine Angaben
2.7. Wasser:

Hexabrombiphenyl   11 µg l^{-1}
Octabrombiphenyl   20–30 µg l^{-1}
Decabrombiphenyl   unlöslich
Hexabrombiphenyl ist gut löslich in Aceton (6 g/100 g) und Benzen (75 g/ 100 g).
Octabrombiphenyl ist zu 1,8 g/100 g Aceton, 3, 9 g/100 g Methylenchlorid und 8,1 g/100 g in Benzol löslich.
2.8. Die Verbindungen sind chemisch inert. Die photolytische Zersetzung von Hexa- und Octabrombiphenyl erfolgt vorzugsweise unter Debromierung, es sind jedoch auch methoxylierte Transformationsprodukte isoliert. Die Photolysegeschwindigkeit ist etwa 7mal größer als die vergleichbarer polychlorierter Biphenyle. Die pyrolytische Zersetzung von Hexabrombiphenyl erfolgt ab etwa 380–400 °C. Bei 600 °C kommt es zur Bildung von 2,3,7,8-Tetrabromdibenzofuran. Die gebildeten Mengen dieses hoch toxischen Stoffes liegen bereits bei 400 °C im mg/kg-Bereich.
2.9. lg P   = 5,6 (Hexabrombiphenyl)
2.10. H   = 8,0 · 10^{-4} (Hexabrombiphenyl)
2.11. lg SC = 5,4 (Hexabrombiphenyl)
2.12. lg BCF = 5,3/6,1 (Hexa-Heptabrombiphenyl)
2.13. keine Angaben
2.14. keine Angaben

3. Toxizität

3.1. keine Angaben
3.2. Hexabrombiphenyl (als Firemaster BP-6)
oral   Ratte   LD 50   21,5 g/kg
Octabrombiphenyl (technisch)
oral   Ratte   LD 50   17 g/kg
3.3. 100 ppm Hexabrombiphenyl pro Tag über 5 d pro Woche an Ratten verfüttert, sind nach 41–53 d letal für alle weiblichen Versuchstiere, und nach 50–73 d für 38 % der männlichen Tiere.
3.4. Die Untersuchungsergebnisse zur Karzinogenität sind nicht eindeutig signifikant. Tests wurden bisher nur mit Einzeldosen von Penta-, Hexa- und Heptabrombiphenylgemischen an Ratten durchgeführt. Tests zur zytogenetischen Wirkung an Mäusen waren negativ. Für polybromierte Biphenyle ist die teratogene und embryotoxische Wirkung nachgewiesen.
3.5. keine Angaben
3.6. Hexabrombiphenyl wird im Warmblüterorganismus schnell resorbiert und im Fettgewebe bzw. lipoidreichen Organstrukturen akkumuliert. Die toxische Wirkung manifestiert sich vorzugsweise in Gewichtsverlusten, Leberschädigungen (Hypertrophie und Fettinfiltration), Veränderungen von Enzymaktivitäten (Cytochrom P-450 und P-448) sowie des Immunsystems. Bei Mäusen wurde eine gesteigerte Empfindlichkeit gegenüber Chloroform- oder Tetrachlormethanexpositionen bei gleichzeitiger Einwirkung von Hexabrombiphenyl und anderen halogenierten Kohlenwasserstoffen festgestellt. Für Hexabrombiphenyl ist die Plazentapassage verbunden mit einer direkten Exposition von Fötus bzw. Embryo

nachgewiesen. Darüber hinaus erfolgt eine Stoffakkumulation in der Muttermilch, die zur Exposition des Säuglings führt.

3.7. Infolge ihrer physikalisch-chemischen Eigenschaften haben polybromierte Biphenyle eine hohe Bioakkumulationstendenz.

4. Grenz- und Richtwerte

4.1. keine Angaben
4.2. Trinkwasser: 0,1 µg/l einzelne Isomere (D)
0,5 µg/l Summe der Isomere (D)
4.3. TA Luft: Bei Stoffen, die sowohl schwer abbaubar und leicht anreicherbar als auch von hoher Toxizität sind oder die auf Grund sonstiger besonders schädlicher Umwelteinwirkungen keiner Klasse zugeordnet werden können (z. B. polyhalogenierte Dibenzodioxine, polyhalogenierte Dibenzofurane oder polyhalogenierte Biphenyle), ist der Emissionsmassenstrom unter Beachtung des Grundsatzes der Verhältnismäßigkeit so weit wie möglich zu begrenzen. Hierbei sind neben der Abgasreinigung insbesondere prozeßtechnische Maßnahmen sowie Maßnahmen mit Auswirkungen auf die Beschaffenheit von Einsatzstoffen und Erzeugnissen zu treffen.

5. Umweltverhalten

Das Verhalten polybromierter Biphenyle in Hydro-, Pedo- und Atmosphäre ist durch die geringe Wasserlöslichkeit und Flüchtigkeit sowie die hohe Persistenz bestimmt. Die relativ hohe Bio- und Geoakkumulationstendenz ist verbunden mit einer geringen Mobilität. In Sedimenten wurden bis zu 250 mg/kg PBB analysiert, aquatische Organismen enthalten Mikrogramm-Mengen von insbesondere Hexa- und Octabrombiphenyl. Bei der Applikation von 100 µg Hexabrombiphenyl/ml Aceton über 6, 12 und 24 Wochen auf Böden wurde innerhalb eines halben Jahres kein Stoffabbau festgestellt. Im Bereich von Abwasserleitungen in Vorflutsysteme wurden bis zu 3 µg l^{-1} PBB (ohne Stoffspezifizierung) festgestellt. Infolge der Akkumulationstendenz können insbesondere Gewässersedimente PBB-Depots darstellen. Zu umweltrelevanten Transformationsprodukten liegen keine Angaben vor. Bevorzugte Transport- und Verteilungsprinzipien für PBB sind Hydro- und Pedosphäre sowie Biosysteme (biologische Ketten).

6. Abfallbeseitigung/schadlose Beseitigung/Entgiftung

Die Ablagerung von PBB-haltigen Rückständen oder Abprodukten kann nur auf Sonderdeponien erfolgen.
Eine Verbrennung entsprechender Produkte sollte auf Grund der Bildung von polybromierten Dibenzofuranen bei Temperaturen ab 400 °C ausgeschlossen werden.

7. Verwendung

Polybromierte Biphenyle werden vorzugsweise als Flammenschutzmittel verwendet.

Literatur

Hutzinger, O.: The Handbook of Environmental Chemistry. Volume 3, Part B, Springer, Berlin – Heidelberg – New York 1982

ARC Monographs on the Evaluation of the Carcinogenic Risk of Chemicals to Humans. Volume 18, Polychlorinated Biphenyls und Polybrominated Biphenyls, IARC, Lyon 1978

Polychlorierte Biphenyle (PCB) [1336-36-3]

Polychlorierte Biphenyle sind den umwelt- und humantoxikologisch relevanten Industriechemikalien zuzuordnen. Die Produktionsmengen (kumulativ seit 1930 mehr als 1 Mill. t global) sowie die Vielzahl differenzierter Anwendungsgebiete, die außergewöhnliche Stabilität gegenüber physikalisch-chemischen und biologischen Transformationsreaktionen sowie die ausgeprägte Bio- und Geoakkumulationstendenz, insbesondere höher chlorierter Biphenyle, sind u. a. maßgebliche Ursachen für ihre Ubiquität in nahezu allen Strukturen von Hydro-, Pedo-, Atmosphäre und Biosphäre. Trotz der geringen Wasserlöslichkeit und Flüchtigkeit sind Vertreter dieser Stoffgruppe als Bestandteile biogeochemischer Stoffkreisläufe zu betrachten. Kumulativ werden die PCB-Immissionen bis 1970 auf etwa 30000 t für die Atmosphäre, 60000 t für Oberflächenwässer und 300000 t für Böden (einschließlich Deponien u. a.) geschätzt. Für den gleichen Zeitraum betragen die vermuteten Abbauraten in der Atmosphäre etwa ein Drittel und in Gewässern die Hälfte der Immission.
Der Begriff polychlorierte Biphenyle umfaßt eine Gruppe von theoretisch 209 Stoffisomeren. Die Herstellung erfolgt durch direkte Chlorierung des Biphenylrings. Die physikalisch-chemischen Eigenschaften wie Wasserlöslichkeit, Lipophilität, Dampfdruck (Flüchtigkeit) sowie die Reaktivität, die Bioaktivität respektive Toxizität und das Distributions-, Metabolisierungs- und Eliminierungsverhalten werden maßgeblich vom Chlorierungsgrad des Biphenylgrundkörpers bestimmt.
Den Chlorbenzolen vergleichbar gilt erfahrungsgemäß folgende Regel: Mit zunehmendem Grad der Chlorierung, d. h. vom Mono-, Di, Tri-, Tetra-, Penta-, Hexa- zum Heptachlorbiphenylisomeren nehmen die Wasserlöslichkeit, Flüchtigkeit und die Transformationstendenz (Reaktivität/Metabolismus) ab. Demgegenüber erhöhen sich die Lipoidlöslichkeit, die Bio- und Geoakkumulationstendenz und die Persistenz (Stabilität).
Aus den genannten Stoffeigenschaften bzw. Verhaltensparametern leitet sich ab, daß im Hinblick auf die den realen Verhältnissen entsprechenden Langzeitexpositionen von Mensch und Umwelt gegenüber dieser Verbindungsgruppe insbesondere den höher chlorierten Isomeren (Tetra-, Heptachlorbiphenyl-Isomere) ein hohes Gefährdungspotential zuzuordnen ist. Die bei diesen Stoffisomeren besonders ausgeprägte, mit Stoffen wie DDT und HCB vergleichbare Bio- und Geoakkumulationstendenz, führt einerseits zu einer direkten Gefährdung biologischer Strukturen von Hydro-, und Pedosphäre und damit verbunden zu möglichen Störungen ökologischer Gleichgewichte durch die Beeinflussung von Organismen, Organismenpopulationen oder biologischer Ketten infolge einer das Adaptionsvermögen von Biosystemen überfordernden Stoffkonzentrierung. Andererseits werden damit aber auch unter spezifischen Bedingungen remobilisierbare PCB-Reservoire in Form von Stoffdepots geschaffen, die bei einer Verminderung der PCB-Emission zu einer kontinuierlichen weiteren Belastung biogeochemischer Stoffkreisläufe führen. Die in Biosystemen festgestellten hohen Konzentrationsfaktoren für höher chlorierte Biphenylisomere schließen eine hohe und permanente Bioverfügbarkeit der Stoffe in Organismen und biologischen Ketten als ein maßgebliches Gefährdungsmoment ein.

Die Lipoidlöslichkeit der PCB sowie der Konzentrationsgradient begünstigen eine schnelle Resorption und den Transport mit dem Blut in alle Gewebe- und Organstrukturen des Körpers. Die Distribution der Stoffe im Organismus wird in erster Linie maßgeblich von biophysikalischen Parametern wie dem Gewebevolumen, dem Gewebe-Blut-Verteilungsverhältnis, der Sorptionstendenz an Proteine und die Perfusionsgeschwindigkeit bestimmt. Die Leber und die Muskeln sind die bevorzugten Strukturen der PCB-Akkumulation. Die Ausscheidung der Stoffe erfolgt nahezu ausschließlich in Form von polaren Metaboliten, da die Exkretionsmechanismen als polare Systeme nicht zur Ausscheidung der stark lipophilen Moleküle befähigt sind. Der Stoffmetabolismus erfolgt durch mischfunktionelle Oxidasen der Leber, wie Cytochrom P-448 und P-450. Infolge sterischer Hinderungen sowohl durch den Biphenylrest als auch die jeweils vorhandenen Chloratome sind die Molekülenden die bevorzugten Angriffspunkte für Metabolisierungsreaktionen. Erfahrungsgemäß werden nur PCB-Isomere mit freien 3,4-Positionen im Molekül relativ schnell metabolisiert. Die Stoffwandlung erfolgt dabei möglicherweise unter Bildung von Arenoxiden als reaktiven Zwischenprodukten, welche wiederum ursächlich für die Lebertoxizität und die Karzinogenität sein können. Verbunden mit einer nachfolgenden Hydroxydbildung und Konjugation werden die Stoffe über Urin ausgeschieden. PCB-Isomere, deren 3,4-Positionen durch Chloratome substituiert sind, neigen weniger zu metabolischen Stoffwandlungen und akkumulieren in lipoidreichen Strukturen. In Abhängigkeit von der molekularen Struktur sind im Warmblüterorganismus biologische Halbwertszeiten von 90 d und mehr festgestellt. Die metabolische Aktivität von Fischen im Hinblick auf den PCB-Abbau ist im Vergleich zum Warmblüter wesentlich vermindert. Damit im Zusammenhang stehen erhöhte Akkumulationsraten differenzierter PCB-Isomere in Fischen. In den USA weisen beispielsweise etwa 90 % aller untersuchten Personen signifikante PCB-Gehalte im Fettgewebe auf. Im Vergleich zu anderen Stoffen sind PCB durch eine geringe akute Toxizität charakterisiert. Im Zusammenhang mit Langzeitexpositionen des Menschen kommt ihrer chronisch-toxischen Wirkung, einschließlich der genotoxischen Wirkung hervorragende Bedeutung als Risikofaktor zu. Dabei charakterisieren Wirkungen auf die Aktivität mikrosomaler Enzyme, das endokrine System, das Immunsystem und die im Tierexperiment nachgewiesene Karzinogenität Möglichkeiten einer Gefährdung des Menschen. Maßgebliche Kriterien der Gefährlichkeit sind darüber hinaus die nachgewiesene Plazentapassage mit nachfolgender Akkumulation in bzw. Schädigung des fetalen bzw. embryonalen Organismus sowie der Stofftransfer über die Muttermilch, der mit der direkten Exposition des Säuglings verbunden ist.
Während Wasser und Atmosphäre als die maßgeblichen Transport- und Verteilungsprinzipien für PCB anzusehen sind, erfolgt die Exposition des Menschen vorzugsweise über tierische Nahrungsmittel, ursächlich bedingt durch die PCB-Akkumulation in biologischen Ketten. Expositionen über Trinkwasser müssen auf der Grundlage des gegenwärtigen Kenntnisstandes als Ausnahme betrachtet werden. Demgegenüber ist jedoch die Möglichkeit einer geringfügigen, permanenten Exposition über die Atemluft zu berücksichtigen. Obwohl die täglich aufgenommene, durchschnittliche Menge an PCB-Isomeren in den Industrieländern auf etwa 1 µg geschätzt wird, muß beachtet werden, daß bei hohem Fischkonsum tägliche Aufnahmen von mehr als 100 µg festgestellt sind.

1. Allgemeine Informationen
1.1. Polychlorierte Biphenyle [1336-36-3]
1.2. 1,1'-Biphenyl, chloriert
1.3. $C_{12}H_nCl_m$ (n, m = 1–5)

Cl_n-⟨○⟩-⟨○⟩-Cl_m

1.4. Handelsbezeichnung: Aroclor, Phenoclor, Delor, Kanechlor
1.5. chlorierte Biphenyle
1.6. mindergiftig

2. Ausgewählte Eigenschaften

Besonders hervorzuhebende Eigenschaften der polychlorierten Biphenyle sind ihre thermische Stabilität und die Beständigkeit gegenüber Säuren, Alkalien und anderen Reagenzien sowie die ausgezeichneten dielektrischen Eigenschaften. In reiner Form sind die Stoffe farblos kristallin; Handelsprodukte sind farblose, viskose Flüssgkeiten. Die Wasserlöslichkeit wird mit einem Bereich von 0,007–5,9 mg l^{-1} angegeben (vergleiche unter 2.7.). Alle Isomere sind gut löslich in Ölen und organischen Lösungsmitteln. Photolysereaktionen und biochemische Stoffwandlungen sind umweltrelevante Reaktionen. Extreme Bedingungen ausgenommen, unterliegen PCB weder chemischen Oxidations-/Reduktionsreaktionen noch elektrophilen Substitutionen, Additionen oder Eliminierungsreaktionen. Hervorzuheben und beachtenswert ist die Bildung polychlorierter Dibenzo-p-dioxine bei der thermischen Zersetzung von PCB wie beispielsweise der Schadstoffverbrennung (vergleiche unter Datenprofil PCDD und PCDF). Insbesondere in der Atmosphäre sind photolytisch katalysierte, nucleophile Substitutionen und radikalische Reaktionen möglich. Voraussetzung ist in jedem Fall die Anwesenheit von Wasser oder anderen Hydroxylgruppen liefernder Stoffe.

2.1.
Chlorbiphenyl	188,7	3 Isomere	[27 323-18-8]
Dichlorphenyl	223,1	12 Isomere	[25 512-42-9]
Trichlorbiphenyl	257,6	24 Isomere	[25 323-68-6]
Tetrachlorbiphenyl	292,0	42 Isomere	[26 914-33-0]
Pentachlorbiphenyl	326,4	46 Isomere	[25 429-29-2]
Hexachlorbiphenyl	360,9	42 Isomere	[26 601-64-9]
Heptachlorbiphenyl	395,3	24 Isomere	[28 655-71-2]
Octachlorbiphenyl	429,8	12 Isomere	
Nonachlorbiphenyl	464,2	3 Isomere	
Decachlorbiphenyl	498,7	1 Isomeres	[2 051-24-3]

2.2. vergleiche unter 2.
2.3. keine Angaben
2.4.
- 2-CB 34 °C
- 4-CB 77,7 °C
- 2,2'-DCB 60,5 °C
- 2,4'-DCB 44,5–46 °C

4,4'-DCB	149–150 °C
2,2'-,3-TCB	28,2–28,8 °C
2,4,4'-TCB	57–58 °C
2,2',5-TCB	43–44 °C
2,4,5-TCB	67 °C
2,3,4,4'-TCB	142 °C
2,2',3,5-TCB	47 °C
3,3',4,4'-TCB	86–89 °C
2,2',3,4,5-PCB	111–113 °C
2,2',4,4',5,5'-HCB	103–104 °C
2,2',3,3',4,4',5-HCB	134–135 °C

2.5. Aroclor 1221   0,00174 g/cm²/h bei 100 °C
Aroclor 1242   0,00033 g/cm²/h bei 100 °C
Aroclor 1254   0,00005 g/cm²/h bei 100 °C
Die Flüchtigkeit vermindert sich mit zunehmendem Chlorierungsgrad.

2.6. In Abhängigkeit von der anteilmäßigen Zusammensetzung an Isomeren variiert die Dichte der handelsüblichen Produkte zwischen 1,18–1,50 g/cm³.

2.7. Wasser: (Angaben in µg l⁻¹)

2-CB	7 455
3-CB	5 760
4-CB	6 218
2,2'-DCB	1 870
2,4-DCB	1 000
2,5-DCB	2 085
4,4'-DCB	1 325
2,2',5-TCB	2 091
2,3,4-TCB	104
2,4,4'-TCB	407
2,4,5-TCB	291
3,4,4'-TCB	266
2,2',3,3'-TCB	193
2,2',3,5-TCB	135
2,2',4,4'-TCB	26,2
2,2',5,5'-TCB	121
2,3',4,4'-TCB	115
2,3,4,5-TCB	41,3
2,3',4',5'-TCB	16,8
3,3',4,4'-TCB	52,5
2,2',3,4,5-PCB	29
2,2',3,4,6-PCB	17,4
2,2',4,5,5'-PCB	13,3
2,3,4,5,6-PCB	12,9
2,2',3,3',4,4'-HCB	16,3
2,2',3,3',4,5-HCB	9,04
2,2',4,4',5,5'-HCB	1,32
2,2',4,4',6,6'-HCB	5,8
2,2',3,4',5,5',6-HCB	2,9

2,2',3,3',4,4',5,5'-OCB	2,0
2,2',3,3',4,4',5,5',6-NCb	0,4
Decachlorbiphenyl	0,1
Decachlorbiphenyl	0,012

2.8. vergleiche unter 2.
2.9. lg P = 5,22–10,44 Tri- bis Nonachlorbiphenyl
2.10. keine Angaben
2.11. lg SC = 2,1–6,4 Tri- bis Pentachlorbiphenyl
2.12. lg BCF = 2,4–6,8 Tri- bis Pentachlorbiphenyl
2.13. biologisch nicht leicht abbaubar
2.14. keine Angaben

3. Toxizität

3.1. Die Exposition erfolgt über Nahrungsmittel, Wasser und Luft und kann über ein bis zwei Zehnerpotenzen variieren. Obwohl die täglich aufgenommene Höchstmenge häufig mit 1 µg angegeben wird, erscheint folgende anteilmäßige Exposition den realen Bedingungen besser zu entsprechen:
Nahrungsmittel (bei hohem Anteil Fischkonsum): 5–10 µg/d
Trinkwasser: 10–50 ng/d
Luft: 100 ng/m^3
Eine tägliche Aufnahme von 24 µg korrespondiert annähernd mit einer Konzentration im menschlichen Organismus von etwa 0,35 mg/kg KG, wobei die Retention mit etwa 3 Jahren angegeben ist.

3.2. Reine PCB-Isomere haben keine kommerzielle Bedeutung, deshalb werden nachfolgend akute Toxizitäten für einige Handelsprodukte beispielhaft angegeben.

oral	Ratte	LD 50	Aroclor 1221	4 000 mg/kg
			Aroclor 1232	4 500 mg/kg
			Aroclor 1242	8 700 mg/kg
			Aroclor 1248	11 000 mg/kg
			Aroclor 1260	10 000 mg/kg
			Aroclor 1262	11 300 mg/kg
skn	Kaninchen	LD 50	Aroclor 1221	2 000 mg/kg
			Aroclor 1232	1 300 mg/kg
			Aroclor 1242	800 mg/kg
			Aroclor 1248	800 mg/kg
			Aroclor 1260	1 300 mg/kg
			Aroclor 1262	1 300 mg/kg

Erfolgsorgane akuter Intoxikationen sind u. a. die Haut, Leber, Niere und ZNS. Im akuten Test ist das als Metabolit bekannte 5-Hydroxy-2,4,3',4'-Tetrachlorbiphenyl toxischer als die Ausgangsverbindung.

oral	Ratte	LD 50	2,4,3',4'-TCB	2 150 mg/kg
oral	Ratte	LD 50	5-Hydroxymetabolit	430 mg/kg
oral	Ratte	LD 50	Kaneclor 400	1,3 ml/kg
oral	Maus	LD 50	Kaneclor 400	1,87 mg/kg
oral	Ratte	LD 50	Kaneclor 300	1,15 mg/kg

oral	Maus	LD 50	Kaneclor 300		6,36 ml/kg
oral	Maus	LD 50	Dichlorbiphenyl		7,86 g/kg
oral	Maus	LD 50	Trichlorbiphenyl		3,06–4,25 g/kg

3.3. Chronische Intoxikationen manifestieren sich u. a. in Veränderungen bzw. Schädigungen der Haut (Akne), der Leber, Niere, des ZNS und des Gastrointestinaltraktes. Darüber hinaus sind Wirkungen auf das endokrine System, das Immunsystem und die Aktivität mikrosomaler Enzyme festgestellt. 2,5,5,0 oder 25 ppm Aroclor 1248 über 2 Monate bzw. 1 Jahr an Rhesusaffen verfüttert führen insbesondere bei den hochexponierten Tieren zu entsprechenden Schädigungen. Beim Menschen sind u. a. irreguläre Menstruationszyklen und bei Säuglingen hyperpigmentierte Haut festgestellt. Beispielhaft für eine umweltbedingte chronische Intoxikation ist die sogenannte Yusho-Krankheit, die in Japan durch Verzehr kontaminierten Reisöles im Zeitraum von 1968–1975 1 291 Erkrankungen verursachte. Der mittlere daily intakte der Erkrankten wurde mit etwa 2 g PCB und 10 mg polychlorierten Dibenzofuranen ermittelt. Das PCB-Produkt enthielt damit etwa 250mal mehr polychlorierte Dibenzofurane als noramal.

3.4. Für handelsübliche PCB-Produkte (Aroclor, Kanechlor, Phenoclor) ist eine karzinogene Wirkung im Tierexperiment an mindestens 2 Tierspecies festgestellt. Epidemiologische Studien weisen ebenfalls auf Zusammenhänge zwischen PCB-Exposition und Krebshäufigkeit hin.
2-Chlorbiphenyl ist im Ames-Test mutagen. 10 mg/kg Aroclor 1254 verursachen Chromosomen-Aberrationen. Schädigungen des reproduktiven Systems sind im Tierexperiment nachgewiesen. Die auch beim Menschen festgestellte Placentapassage ist als besonderer Risikofaktor hervorzuheben.

3.5. Bei chronischen PCB-Expositionen von 10 µg/l (ohne Isomeren-Differenzierung) über 100 d werden Schädigungen einschließlich letale Effekte bei Fischen beobachtet.

3.6. PCB-Isomere werden relativ schnell im Organismus absorbiert und verteilt, wobei die bevorzugte Konzentrierung in lipoidreichen Organstrukturen erfolgt. Der Akkumulationsgrad wird maßgeblich vom Chlorierungsgrad der Stoffe beeinflußt.
Für den Menschen werden folgende durchschnittliche Belastungswerte angegeben:

Fettgewebe:	200–500 µg/g (maximal)
	1–2 µg/g (mittel)
Milch:	0,1–1,7 µg/g
Blut:	0,1–0,3 µg/ml

Die Exkretion erfolgt außerordentlich langsam, wobei beim Menschen mit Retentionszeiten von 3 Jahren und darüber zu rechnen ist. Die biologische Transformation erfolgt vorzugsweise über eine Hydroxylierung und Hydrolbildung, wobei entsprechende Reaktionen maßgeblich von Anzahl und Position der Chloratome bestimmt werden (stereochemische Hinderung).
Ähnlich wie bei DDT bewirkt der PCB-Metabolismus in der Leber eine Erhöhung der Aktivität mikrosomaler hydroxylierender Enzyme.

3.7. PCB sind durch eine hohe Biokonzentrationstendenz charakterisiert. Nachfolgende als Durchschnittswerte zu betrachtende Biokonzentrationsfaktoren vermitteln einen Eindruck vom Akkumulationsverhalten der Stoffe.

	Biokonzentrationsfaktor
4-MCB	590
3,3'-DCB	215
2,4,4'-TCB	48 980
2,2',5-TCB	48 980
2,2',4,4'-TCB	79 950
2,2',5,5'-TCB	79 950
2,2',4,5,5'-PCB	45 600
2,2',4,4',5,5'-HCB	46 000

4. Grenz- und Richtwerte

4.1. MAK-Wert: Chlorgehalt 42 %
0,1 ml/m^3 (ppm), 1 mg/m^3 (D)
Chlorgehalt 54 %
0,05 ml/m^3 (ppm), 0,5 mg/m^3 (D)
Gefahr der Hautresorption
III B begründeter Verdacht auf krebserzeugendes Potential (D)

4.2. Trinkwasser: 0,1 µg/l einzelne Isomere (D)
0,5 µg/l Summe der Isomere (D)

Die U.S. EPA empfiehlt auf Grund der hohen Bioakkumulationstendenz und eines möglichen karzinogenen Risikos folgende Grenzwerte:

Krebsrisiko	Grenzwert (ng l^{-1})
10^{-5}	0,26
10^{-6}	0,026
10^{-7}	0,0026

4.3. TA Luft: Bei Stoffen, die sowohl schwer abbaubar und leicht anreicherbar als auch von hoher Toxizität sind oder die auf Grund sonstiger besonders schädlicher Umwelteinwirkungen keiner Klasse zugeordnet werden können (z. B. polyhalogenierte Dibenzodioxine, polyhalogenierte Dibenzofurane oder polyhalogenierte Biphenyle), ist der Emissionsmassenstrom unter Beachtung des Grundsatzes der Verhältnismäßigkeit so weit wie möglich zu begrenzen. Hierbei sind neben der Abgasreinigung insbesondere prozeßtechnische Maßnahmen sowie Maßnahmen mit Auswirkungen auf die Beschaffenheit von Einsatzstoffen und Erzeugnissen zu treffen.

Abfallbeseitigung Abfallschlüssel 59 901
nach § 2 Abs. 2   Altöle dürfen nicht aufgearbeitet werden, wenn sie
Abfallgesetz: mehr als 20 mg PCB/kg enthalten (Altölverordnung).

5. Umweltverhalten

Polychlorierte Biphenyle sind in Hydro-, Pedo-, Atmo- und Biosphäre ubiquitär. Insbesondere höher chlorierte Isomere sind durch eine hohe Bio- und Geoakkumulationstendenz und Stabilität charakterisiert. Maßgebliches Transport- und Verteilungsprinzip der Stoffe ist das Wasser und die Luft. Kontaminationen sind vorzugsweise herstellungs- und anwendungstechnisch bedingt, wobei die folgenden Beispiele allerdings auf mögliche diffuse Emissionsquellen hinweisen:

Papier		850 mg/kg (Japan)
Verpackung von schokoladeüberzogenen Süßwaren		636−1 200 mg/kg (BRD)
Papier (als Aroclor)		0,05−113 mg/kg (USA)
Graukarton		5,5 mg/kg (Schweiz)
Karton		5,5 mg/kg (Japan)
Kopierpapier	(oberste Schicht)	30−64 mg/kg (Japan)
	(mittlere Schicht)	22−63 mg/kg
	(unterste Schicht)	0,2−0,3 mg/kg
Holz		3,7−4,0 mg/kg (Schweiz)

Für Umweltmedien werden folgende durchschnittliche PCB-Kontaminationen angegeben

Luft:	Stadtgebiete	5 ng/m^3
	ländliche Gebiete	0,05 ng/m^3
	Bermudas	0,30−0,65 ng/m^3
	Abgase-Müllverbrennung	0,16−0,54 µg/m^3
Hydrosphäre:	Meerwasser	bis zu 30 ng l^{-1}
	Ozeane	0,2 ng l^{-1}
	Oberflächenwasser	bis zu 1,4 mg l^{-1}
	Trinkwasser	bis zu 8,5 µg l^{-1}
	Abwasser	bis zu 33 µg l^{-1}
Pedosphäre:	Flußsediment	bis zu 61 mg/kg
	Sediment in Kläranlagen	bis zu 125 mg/kg
	Böden	0,2 ng/kg
Biosphäre:	Pflanzen	9,0 µg/kg
	Wildtiere	90 µg/kg
	Nutztiere	14 µg/kg
	Fische	200−2 000 µg/kg
	Mensch	300−3 000 µg/kg

Die ausgeprägte Sorptionstendenz chlorierter Biphenyle in Böden und Sedimenten wird mit nachfolgenden Sorptionskoeffizienten untersetzt.
Die gegenwärtig feststellbare Belastung von Hydro-, Pedo-, Atmo- und Biosphäre mit PCB muß unabhängig von der geringen akuten Toxizität insbesondere im Zusammenhang mit der hohen Stabilität, der Bio- und

	Bodensorptionskoeffizient (bezogen auf organischen Kohlenstoffgehalt)
4-MCB	3 300
4,4'-DCB	20 000
2,4,4'-TCB	2 480
2,2',5-TCB	2 480
2,2',4,4'-TCB	41 000
2,2',5,5'-TCB	41 000
2,2',4,5,5'-PCB	55 000
2,2',4,4',5,5'-HCB	195 000
2,2',4,4',5,5'-HCB	1 200 000

Geoakkumulation und der chronisch-toxischen, einschließlich genotoxischen Wirkung sowie der besonderen Gefährung von Fötus, Embryo und Säugling betrachtet und bewertet werden. Neben direkten und diffusen herstellungs- und anwendungsbedingten PCB-Emissionen stellen die bereits gegenwärtigen PCB-Depots in Böden, Sedimenten und Biosystemen eine ständige indirekte Emissionsquelle dar.

6. **Abfallbeseitigung/schadlose Beseitigung/Entgiftung**

PCB-haltige Abprodukte oder Rückstände sind auf einer Sonderabfalldeponie abzulagern. Jede Art der Verbrennung sollte auf Grund der möglichen Bildung polychlorierter Dibenzo-p-dioxine ausgeschlossen werden. Jede Einleitung in Gewässer ist unzulässig.

7. **Verwendung**

PCB werden insbesondere als Dielektrikum in Transformatoren und Kondensatoren, als Hydraulikflüssigkeiten, als Zusatzstoffe in der Gummiindustrie, zur Herstellung synthetischer Harze, in der Plastherstellung und als Formulierungsmittel für Pestizide verwendet.

Literatur

Bennet, B. G.: Exposure of Man to Environmental PCBs – An Exposure Commitment Assessment. Sci. Total Environm. **29** (1983): 101–111
Ersatzstoffe für Kondensatoren, Transformatoren und als Hydraulikflüssigkeiten im Untertagebau verwendete Polychlorierte Biphenyle – Eine Zusammenstellung und Bewertung. Hrsg. Umweltbundesamt, Texte 40/86, Berlin 1986
Geyer, H., et. al.: Polychlorinated Biphenyls in the Marine Environment Particularly in the Mediterranean. Ecotox. Environ Safety **8** (1984): 129–151
Jensen, A. A., and Jørgensen, K. F.: Polychlorinated Terphenyls Use, Levels and Biological Effects. The Sci. Total. Environm. **27** (1983): 231–250
Kimbrough, R., et al.: Animal Toxicology. Environm. Hlth. Perspect. **24** (1978): 173–184
Matthews, H. B., and Dedrick, R. L.: Pharmacokinetics of PCB. Ann. Rev. Pharmacol. Toxicol. **24** (1984): 85–103
Sarna, L. P., et al.: Chemosphere **13** (9) (1984): 975–983

Tanabe, S., et. al.: Absorption Efficiency and Biological Half-Life of Individual Chlorobiphenyls in Rats Treated with Kanechlor Products. Agric. Biol. Chem. **45** (1981): 717–726
Polychlorierte Biphenyle (PCB). Ein gemeinsamer Bericht des Bundesgesundheitsamtes und des Umweltbundesamtes. Hrsg. H. Lorenz und G. Neumeier, BGA Schriften 4/83, MMV Medizin Verlag, München 1983
WHO, Environmental Health Criteria. No. 2, Polychlorinated Biphenyls and Terphenyls. World Health Organization, Geneva 1976
WHO, IARC Monographs on the Evaluation of the Carcinogenic Risk of Chemicals to Humans. Volume 18, 1978

Polycyclische aromatische Kohlenwasserstoffe (PAK)

Polycyclische aromatische Kohlenwasserstoffe bestehen aus mindestens 3 oder mehr kondensierten Benzenringen und enthalten im Molekül lediglich Kohlenstoff- und Wasserstoffatome. Verbindungen dieser Gruppe gehören zu den ubiquitären Stoffen in abiotischen und biotischen Strukturen der Umwelt und werden immer dann gebildet, wenn organische Stoffe höheren Temperaturen (über 700 °C) ausgesetzt sind oder ein Pyrolyse bzw. unvollständigen Verbrennung unterliegen. Darüber hinaus werden sie natürlicherweise durch Pflanzen oder Bakterien gebildet. Da Pyrolyse- und Verbrennungsprozesse global stattfinden, können sie als eine wesentliche Ursache für die Ubiquität der PAK angesehen werden.
Nur wenige Verbindungen dieser Stoffgruppe werden in reiner Form synthetisiert und sind wie Anthracen, Pyren und Carbazol Grundlage für die Herstellung von Farbstoffen, Pestiziden und Pharmaka.
Die Vielzahl möglicher Emissionsquellen gestattet kaum eine exakte Quantifizierung zu den PAK-Emissionen. Weltweit werden jährlich schätzungsweise 50 440 t Benzo(a)pyren emittiert, wobei allein etwa 45 500 t/a in die Atmosphäre abgegeben werden. Mit annähernd 2 600 t/a entfällt der größte Anteil dabei auf Emissionen durch die Verbrennung fossiler Energieträger. Der Gesamteintrag polycyclischer organischer Verbindungen in die Atmosphäre wird auf etwa 4 336 000 t/a geschätzt.
Die meisten PAK sind in Wasser praktisch unlöslich. Die Molekulargewichte von 40 unter öko- und humantoxikolgischen Aspekten maßgeblichen Vertretern der Stoffgruppe liegen im Bereich von 178–300. Die Siedepunkte und Schmelzpunkte umfassen einen Bereich von 150–585 °C bzw. 101–438 °C. 11 dieser 40 Verbindungen sind als starke Karzinogene bzw. Mutagene, 10 Verbindungen als schwache Karzinogene bzw. Mutagene bekannt. Zu den stark karzinogenen Stoffen gehören u. a.:

- 7,12-Dimethyl-benzo(a)anthracen
- Benzo(a)pyren
- Dibenzo(ai)pyren
- Dibenzo(ai)acridin

- 2-Methylcholanthren
- Dibenzo(ah)pyren
- Benzo(b)fluoranthen

Wie die Tabelle 17 zeigt, sind relativ wenige Informationen zur akuten Toxizität und zur genotoxischen Wirkung der PAK verfügbar.
Die durch natürliche Prozesse verursachten PAK-Konzentrationen in Böden und Pflanzen liegen in einem Bereich von 1–10 µg/kg bzw. 10–20 µg/kg. Demgegenüber erhöhen sich die PAK-Konzentrationen in Umweltstrukturen infolge anthropogener Emissionen oftmals um ein Vielfaches. In der Atmosphäre wenig belasteter Gebiete werden zwischen 0,01 und 1,9 µg/m^3 Benz(a)pyren (USA) in industriellen Ballungsgebieten bis zu 70 µg/m^3 analysiert. Böden enthalten durchschnittlich bis zu 1 000 µg/kg, in unmittelbarer Nähe entsprechender Emittenten bis zu 100 000 µg/kg. Die durchschnittlichen PAK-Konzentrationen in Pflanzen werden mit einem Bereich 20–1 000 µg/kg, teilweise bis zu 25 000 µg/kg, und für Benz(a)pyren bis zu 150 µg/kg angegeben.

Tabelle 17
Akute Toxizität und gentoxische Wirkung ausgewählter PAK (Kingsbury et al., 1979; McCann and Ames, 1975)

Substanz	Akute Toxizität LD 50 Ratte oral LD 50 Maus oral (mg/kg)	Genotoxische Wirkung	
		Karzinogenität (Tierexperim.) (mg/kg)	Mutagenität (Ames-Test)
Naphthalen	1780	(−)	(−)
Acenaphthen	unbekannt	unbekannt	unbekannt
Acenaphthylen	unbekannt	unbekannt	unbekannt
Anthracen	unbekannt	3300 (+)	(−)
Phenanthren	700	(−)	(−)
Fluoren	unbekannt	unbekannt	unbekannt
Fluoranthen	2000	unbekannt	(+)
Benz(a)anthracen	unbekannt	2 (+)	(+)
Chrysen	unbekannt	99 (+)	(+)
Pyren	unbekannt	(−)	(−)
Benzo(b)fluoranthen	unbekannt	40 (+)	unbekannt
Benz(a)pyren	50	0,002 (+)	(+)
Benzo(ghi)perylen	unbekannt	unbekannt	unbekannt

Bevorzugte Transformationsreaktion der PAK ist die Photolyse bzw. die oxidative Umsetzung mit Ozon oder anderen Oxidationsmitteln wie Stickoxiden (Bildung von Nitro-PAK-Derivaten), Schwefeldioxid oder Chlor bzw. Hypochlorid. Da PAK keine hydrolysierbaren Gruppen im Molekül enthalten, spielt die Hydrolyse keine Rolle für die umweltrelevante Stofftransformation. Bei PAK-Verbindungen mit mehr als 3 kondensierten Benzolringen ist die Flüchtigkeit der Stoffe von untergeordneter Bedeutung für ihre Mobilität zwischen Hydro-, Pedo- und Atmosphäre. Demgegenüber sind PAK durch eine hohe Geoakkumulationstendenz charakterisiert, wobei in Abhängigkeit vom Gehalt des Bodens oder Sedimentes an organischem Material Sorptionskoeffizienten bis zu 10^6 ermittelt wurden.

Da die Zahl der PAK-Isomere mit sukzessiver Kondensation von Benzolringen sehr schnell ansteigt, wurde von der WHO vorgeschlagen, folgende polycyclische Aromaten, insbesondere auf Grund ihrer Nachweishäufigkeit und Konzentration in Umweltmedien, ihrer physikalisch-chemischen Eigenschaften sowie ihrer Reaktivität und biologischen Aktivität als Leit- bzw. Indikatorsubstanzen zu werten:

− Fluoranthen − Benz(a)pyren
− Benzo(ghi)perylen − Benzo(b)fluoranthen
− Benzo(k)fluoranthen − Indeno(1,2,3cd)pyren

Am Beispiel dieser Stoffe sowie ergänzt durch die Substanzen Acenaphthen, Benz(a)anthracen, Carbazol, Phenanthren, Pyren und Chrysen werden nachfolgend wesentliche Informationen ökochemischer und -toxikologischer Relevanz für polycyclische aromatische Kohlenwasserstoffe zusammengefaßt.

Literatur

IARC Monographs on the Evaluation of the Carcinogenic Risk of Chemicals to Humans. Volume 32, 1983, Polynuclear Aromatic Compounds. Part 1. Chemical, Environmental and Experimental Data. IARC, Lyon 1983
Luftqualitätskriterien für ausgewählte polyzyklische aromatische Kohlenwasserstoffe. Hrsg. Umweltbundesamt, Berichte 1/79. Erich Schmidt Verlag, Berlin 1979
Saxena, J., et al.: Method Development and Monitoring of Polynuclear Aromatic Hydrocarbons in Selected U.S. Waters. EPA-600/1-77-052, November 1977, U.S. EPA, Cincinnati 1977

Acenaphthen [83-32-9]

1. Allgemeine Informationen

1.1. Acenaphthen [83-32-9]
1.2. Acenaphthylen, 1,2-Dihydro-
1.3. $C_{12}H_{10}$

1.4. 1,8-Dihydroacenaphthylen
1.5. polycyclische aromatische Kohlenwasserstoffe
1.6. keine Angaben

2. Ausgewählte Eigenschaften

2.1. 154
2.2. weißer kristalliner Feststoff
2.3. 278–280 °C
2.4. 95–97 °C
2.5. $2{,}0 \cdot 10^{-2}$ Torr bei 20 °C/2.66 Pa
2.6. keine Angaben
2.7. Wasser: 3,47 mg l^{-1}
Die Substanz ist in organischen Lösungsmitteln löslich.
2.8. Unter Laborbedingungen ist Acenaphthen stabil. Eine oxidative Umwandlung unter Bildung von Hydroxyl- oder Ketogruppen ist möglich.
2.9. lg P = 4,33
2.10. H = 41,99
2.11. lg SC = 3,8
2.12. lg BCF = 3,2
2.13. keine Angaben
2.14. $k_{OH} = 5{,}4 \cdot 10^{11}$ cm^3 s^{-1}; $t_{1/2} = 0{,}3$ d

3. Toxizität

3.1. keine Angaben
3.2. scn Maus TDL0 600 g/kg über 1 a
   scn Mensch TDL0 0,02–0,22 ppm
3.3. keine Angaben
3.4. Im mikrobiologischen Kurzzeittest (Ames-Test) ist Acenaphthen mutagen. Zur karzinogenen Wirkung liegen keine Informationen vor.
3.5. Die akut toxische Wirkung für Bluegill wird mit etwa 1,7 mg l^{-1} angegeben.
3.6. Acenaphthen stört die Zellkernteilung bei Pflanzen und Mikroorganismen und verursacht dadurch Wachstumsstörungen.
3.7. Bei Bluegill wurde ein Biokonzentrationsfaktor von 400 ermittelt. Ausgehend von n-Octanol/Wasser-Verteilungskoeffizient ist eine mittlere Bioakkumulationstendenz zu erwarten.

4. Grenz- und Richtwerte

4.1. keine Angaben
4.2. Trinkwasser: 0,2 µg/l für die Summe der PAK (BRD) berechnet als Cl
4.3. keine Angaben

5. Umweltverhalten

Im Gegensatz zu anderen PAK Verbindungen ist Acenaphthen durch eine relativ hohe Wasserlöslichkeit und Flüchtigkeit charakterisiert. Damit verbunden ist eine größere Mobilität des Stoffes in Hydro-, Pedo- und Atmosphäre zu erwarten. Die Bio- und Geoakkumulationstendenz ist im Vergleich zu Benz(a)pyren vermindert. Stoffe mit vergleichbarem Verteilungskoeffizient wie Phenanthren (lg P = 4,46) haben mittlere Sorptionskoeffizienten für Böden und Sedimente von $2,3 \cdot 10^4$. Für Böden werden Transformationsraten von 288,8 µg/g/d bzw. 86 µg/g/d und Halbwertszeiten von 0,3 Monaten (Ausgangskonzentration: 5 µg/g) bzw. 4 Monaten (Ausgangskonzentration: 500 µg/g) angegeben. Die Oxidationsrate von Acenaphthen durch Bodenmikroorganismen beträgt etwa 10 % der Transformationsrate von Naphthalen (Pseudomonas putida) und etwa 36 % der von Phenanthren (Flavobacterium sp.).

6. Abfallbeseitigung/schadlose Beseitigung/Entgiftung

keine Angaben

7. Verwendung

Acenaphthen wird als Zwischenprodukt bei der Farben- und Plastherstellung und als Fungizid verwendet.

Literatur

R. C. Sims and M. R. Overcash: Fate of Polynuclear Aromatic Compounds in Soil-Plant Systems. Res. Rev., **88** (1983): 1–68

Benz(a)anthracen [56-55-3]

1. **Allgemeine Informationen**
1.1. Benz(a)anthracen [56-55-3]
1.2. Benz[a]anthracen
1.3. $C_{18}H_{12}$

1.4. Benzanthren, 1,2-Benzoanthracen, 2,3-Benzphcnanthren, Tetraphen, Naphthanthracen
1.5. polycyclische aromatische Kohlenwasserstoffe
1.6. keine Angaben

2. **Ausgewählte Eigenschaften**
2.1. 228,3
2.2. farblose bis grünlich fluoreszierende Blättchen
2.3. 435 °C
2.4. 167 °C
2.5. $5,0 \cdot 10^{-9}$ Torr bei 20 °C/$6,66 \cdot 10^{-7}$ Pa
2.6. keine Angaben
2.7. Wasser: 9–14 µg l^{-1}; 0,014 mg l^{-1} bei 20 °C
Gut löslich in Benzen, löslich in Aceton und Diethylether.
2.8. Die Verbindung ist photolysestabil. Mit Stickstoffmonoxid und Stickstoffdioxid erfolgt Umsetzung unter Bildung entsprechender Nitroderivate. Die Verbindung reagiert als Dien unter Addition von Maleinsäure in 7,12 Position. Oxidationsreaktionen unter Bildung von 7,12-Chinonderivaten sind festgestellt. Durch Hydrierung erfolgt eine Umsetzung zu Octadecahydrobenz(a)anthracen.
2.9. lg P = 5,61
2.10. H = $9,2 \cdot 10^{-2}$
2.11. lg SC = 4,8
2.12. lg BCF = 5,1
2.13. biologisch nicht leicht abbaubar
2.14. keine Angaben

3. **Toxizität**
3.1. keine Angaben
3.2. keine Angaben
3.3. 40 mg/kg vermindern bei Ratten die Aktivität synthetischer Östrogenpräparate.
3.4. Benz(a)anthracen ist mutagen in nahezu allen Testsystemen. Im Tierexperiment ist die karzinogene Wirkung nachgewiesen. Untersuchungsergebnisse zur Teratogenität und zur Wirkung auf das reproduktive System sind

nicht eindeutig. Die Verbindung wird als potentielles Karzinogen für den Menschen betrachtet.
3.5. keine Angaben
3.6. keine Angaben
3.7. Der n-Octanol/Wasser-Verteilungskoeffizient deutet auf eine hohe Biokonzentrationstendenz hin.

4. **Grenz- und Richtwerte**
4.1. MAK-Wert: V d, Pyrolyseprodukte aus organischem Material; Verdacht auf krebserzeugendes Potential dieser Gemische (D)
4.2. Trinkwassergrenzwert: 0,2 µg/l für die Summe der PAK (D), berechnet als C
4.2. keine Angaben

5. **Umweltverhalten**

Folgende Konzentrationsbereiche werden für Benz(a)anthracen in Umweltmedien angegeben:
Oberflächen-/Flußwasser 0,4–30 ng l^{-1}
Trinkwasser 0,4–10 ng l^{-1}
Grundwasser 0,1–1 ng l^{-1}
Regenwasser 3,2–12,2 ng l^{-1}
Abwasser 0,5–4,9 µg l^{-1}
Schlamm 230–1760 µg/kg
Abwasserschlamm 0,62–19 mg/kg
(frisch getrocknet)
Das Umweltverhalten der Substanz wird durch die extrem geringe Flüchtigkeit, die geringe Wasserlöslichkeit und die aus dem Verteilungskoeffizient ableitbare hohe Bio- und Geoakkumulationstendenz geprägt. In Böden und Sediment wurden Sorptionskoeffizienten von etwa $2,6 \cdot 10^5$ ermittelt. Neben Fluoranthen gehört Benz(a)anthracen zu den polycyclischen aromatischen Kohlenwasserstoffen mit relativ hohen Bodenhalbwertszeiten. In Abhängigkeit von der Stoffkonzentration werden Halbwertszeiten zwischen 102 Monaten (Ausgangskonzentration: 3,5 µg/g) und 6250 Monaten (Ausgangskonzentration: 0,12 µg/g) angegeben. Im Vergleich zu Phenanthren erfolgt durch Bodenmikroorganismen (Flavobacterium sp.) nur ein 10%iger Stoffabbau. Durch Pseudomonas putida wird der Stoff nicht transformiert.

6. **Abfallbeseitigung/schadlose Beseitigung/Entgiftung**

keine Angaben

7. **Verwendung**

keine kommerzielle Verwendung

Literatur
R. C. Sims and M. R. Overcash: Fate of Polynuclear Aromatic Compounds in Soil-Plant Systems. Res. Rev., **88** (1983): 1–68

Benz(a)pyren [50-32-8]

1. **Allgemeine Informationen**
   1.1. Benzpyren [50-32-8]
   1.2. Benz(a)pyren
   1.3. $C_{20}H_{12}$

   1.4. 3,4-Benzpyren
   1.5. polycyclische aromatische Kohlenwasserstoffe
   1.6. keine Angaben

2. **Ausgewählte Eigenschaften**
   2.1. 252
   2.2. gelblich kristalliner Feststoff
   2.3. 396 °C
   2.4. 179 °C
   2.5. $5,0 \cdot 10^{-7}$ Torr bei 20 °C/$9,33 \cdot 10^{-5}$ Pa
   2.6. keine Angaben
   2.7. Wasser: 3,8–14 µg l^{-1}
        gut löslich in Benzen
   2.8. Unter Normalbedingungen ist Benzo(a)pyren stabil.
        An den kondensierten aromatischen Ringen sind elektrophile und nucleophile Substitutionsreaktionen, 1,2- und 1,4-Cycloadditionen, Oxidationen sowie inter- und intramolekulare Kondensationsreaktionen möglich. Nitro- und Chlor-PAK Derivate sind u. a. bei der Reaktion von Benz(a)pyren mit Stickoxiden in der Atmosphäre bzw. bei der Wasserchlorung nachgewiesen.
        Die Verbindung ist nicht photolysestabil.
   2.9. lg P = 6,04
   2.10. H = 31,17
   2.11. lg SC = 5,3
   2.12. lg BCF = 5,7
   2.13. keine Angaben
   2.14. keine Angaben

3. **Toxizität**

   3.1. Auf Grund der in abiotischen und biotischen Umweltstrukturen analysierten Konzentrationen an Benz(a)pyren sowie des geschätzten Gesamt-PAK-Gehaltes von Wasser, Luft und Nahrungsmittel ergeben sich folgende Expositionen (µg/d):

	Benz(a)pyren	Gesamt-PAK
Wasser	0,0011	0,027
Luft	0,008–0,011	0,164–0,251
Nahrungsmittel	0,16–1,6	1,6–16,0

3.2.
oral	Ratte	LD 50	50 mg/kg
oral	Maus	LD 50	50 mg/kg
oral	Ratte	TDL 0	13 mg/kg
oral	Maus	TDL 0	7 mg/kg über 20 Wochen
ipr	Ratte	TDL 0	50 mg/kg
scu	Ratte	TDL 0	250 µg/kg
scu	Maus	TDL 0	16 µg/kg

3.3. oral Maus TDLO über 20 Wochen 6–7 g/kg wirken karzinogen
ihl Ratte TDLO über 1 Jahr 3510 mg/m^3 wirken karzinogen

3.4. Die karzinogene Wirkung von Benz(a)pyren ist in differenzierten Tierexperimenten festgestellt. Die maximal unwirksame Konzentration wird dabei mit 2 µg/kg angegeben. 10 mg/m^3 Benz(a)pyren in Kombination mit Schwefeldioxid (3,5 ppm) über 1 h/d, 5 d/Woche und über mehr als 1 a führen bei exponierten Mäusen zu Tumorbildung.
50 oder 100 mg/kg Benz(a)pyren führen im Fütterungsversuch bei Ratten über 122–197 d zur Bildung von Magentumoren. 240 mg/kg zwischen 11. bis 15. d der Trächtigkeit appliziert wirken bei Mäusen teratogen. Bei Fischen konnten ebenfalls Tumorbildungen bei Benz(a)pyren-Expositionen festgestellt werden.

3.5. keine Angaben

3.6. Die Benz(a)pyren-Aufnahme kann inhalativ, über die intakte Haut oder den Gastrointestinaltrakt erfolgen. Eine Exkretion über das Leber-Galle-System ist festgestellt. Benz(a)pyren wird durch oxidative Leberenzyme (Cytochrom-P-450) im Sinne einer Aktivierung zu reaktiven Epoxiden transformiert. Diese sind zur Reaktion mit DNA- oder RNA-Makromolekülen befähigt und ursächlich verantwortlich für die karzinogene, mutagene und teratogene Aktivität. Darüber hinaus kommt es im Verlauf der Metabolisierung zur Bildung von Dihydrodiolen, phenolischen Körpern oder Chinonkörpern. Als unpolare, wenig wasserlösliche Verbindung ist Benz(a)pyren durch eine hohe Bioakkumulationstendenz charakterisiert.

3.7. Biokonzentrationsfaktoren bis zu 10^4 sind festgestellt.

4. Grenz- und Richtwerte

4.1. MAK-Wert: III A2 krebserzeugend (D)

4.2. Trinkwasser: 0,2 µg/l (D) berechnet als C
0,01 µg/l (WHO 1983)
Unter Berücksichtigung eines möglichen Krebsrisikos bei Benz(a)pyren-Expositionen über das Trinkwasser empfiehlt die U.S. EPA folgende Grenzwerte:

Krebsrisiko	Grenzwert (ng l^{-1})
10^{-5}	9,7
10^{-6}	0,97
10^{-7}	0,097

4.3. TA Luft: 0,1 mg/m³ bei einem Massenstrom von 0,5 g/h und mehr

5. Umweltverhalten

Das Verhalten von Benz(a)pyren in abiotischen und biotischen Umweltstrukturen wird insbesondere durch die geringe Wasserlöslichkeit und Flüchtigkeit sowie mit einer hohen Lipophilie verbundene Bio- und Geoakkumulationstendenz bestimmt. In der Atmosphäre wird die Substanz ebenso wie andere PAK vorzugsweise an Festpartikel (Schwebstaub) adsorbiert und transportiert. Die Sorptionskapazität der Feststoffe ist maßgeblich von ihrer Größe abhängig. Die Adsorption erfolgt bevorzugt an Partikelgrößen <5 µm. Die Mobilität in aquatischen Systemen wird durch eine hohe Sorptionstendenz an Sedimente beeinflußt. Bezogen auf den organischen Kohlenstoffgehalt von Böden und Sedimenten wird ein mittlerer Sorptionskoeffizient von 4,5 · 10^6 angegeben. Damit stellen die Strukturen der Pedosphäre ein remobilisierbares Benz(a)pyren-Depot dar. Andererseits sind Boden und Sediment wesentliche Ausgangspunkte für mikrobiologische Transformationen des Stoffes. Die Bildung von u. a. 7,8-Dihydroxy-7,7-dihydrobenz(a)pyren und 9,10-Dihydroxy-benz(a)pyren sind nachgewiesen. Elektrophile und nucleophile Substitutionsreaktionen, Cycloadditonen, Oxidationsreaktionen (z. B. unter der Einwirkung von Ozon, Stickoxiden, Schwefeldioxid) und inter- bzw. intramolekulare Kondensationsreaktionen sind möglich. Als Transformationsprodukte hoher öko- und humantoxikologischer Relevanz sind die entsprechenden Nitro- und Chlor-Benz(a)pyrene einzuschätzen. Die Bildung chinoider Strukturen bei der Wasserchlorung ist ebenfalls nachgewiesen. Insbesondere chlo-

Tabelle 18
Mittlere Halbwertszeiten der Benz(a)pyren-Transformation in aquatischen Systemen

Stofftransformation	Flußwasser	Talsperrenwasser	Seen[1]	Seen[2]
Photolyse	3	7,5	7,5	1,5
Oxidation	340	340	340	340
Alle anderen Reaktionen	2,9	7,9	7,4	1,5
Flüchtigkeit	140	350	700	700

[1] eutroph [2] oligotroph

rierte Benz(a)pyren-Derivate sind durch ein hohes Bioakkumulationspotential charakterisiert.

In aquatischen Systemen nachweisbare Hemmwirkung von Benz(a)pyren auf das Mikroorganismenwachstum wird maßgeblich vom Löslichkeitsverhalten der Verbindung beeinflußt.

Für differenzierte Transformationsprozesse in aquatischen Systemen wurden die in Tabelle 18 aufgeführten mittleren Halbwertszeiten ermittelt.

Folgende Konzentrationsbereiche sind charakteristisch für das Vorkommen von Benz(a)pyren in Umweltstrukturen:

Luft:	1,3–500 ng/m^3
Wasser:	
Leitungswasser	2,5–9 ng l^{-1}
Grundwasser	1,0–10 ng l^{-1}
Regenwasser	2,2–7,5 ng l^{-1}
Oberflächenwasser	130–500 ng l^{-1}
Sediment (standortabhängig)	1,0–17 000 µg/kg
Boden (standortabhängig)	$8 \cdot 10^{-4}$–100 000 µg/kg
Aquatische Organismen:	
Austern	1,0–70 µg/kg
Muscheln	2,0–30 µg/kg
Plankton	5,0–10 µg/kg
Algen	2,0–5 µg/kg
Nahrungsmittel:	0,1–20 µg/kg
Pflanzen:	bis zu 150 µg/kg

6. **Abfallbeseitigung/schadlose Beseitigung/Entgiftung**
   keine Angaben

7. **Verwendung**
   keine kommerzielle Verwendung

Literatur

Edwards, N. T.: Policyclic Aromatic Hydrocarbons in the Terrestrial Environment – A Review. J. Environ Qual. **12** (4) (1983): 427–441
Kingsbury, G. L., et al.: Multimedia Goals for Environmental Assessment. EPA-600/7-79-176b (1979)
McCann, J., and Ames, B. N.: A simple method for detecting environmental carcinogens and mutagens. Ann. N.Y. Acad. Sci. **271** (1975): 5
Sims, R. C., and Overcash, M. R.: Fate of polynuclear aromatic compounds (PANs) in soil-plant-systems. Res. Rev. **88** (1983): 1–68
IARC Publication No. 29, 1979, Environmental Carcinogens Selected Methods of Analyses. Eds.: H. Egan, M. Castegnaro, P. Bogovski, H. Kunte and E. A. Walker
WHO, Euro Reports and Studies, No. 61, 1982, Micropollutans in River Sediments, Report on a WHO Working Group, Trier 1980, WHO, Copenhagen 1982
WHO, IARC Monographs on the Evaluation of the Carcinogenic Risk of Chemicals to Humans, Volume 32, 1983, Polynuclear Aromatic Compounds, Part 1, Chemical, Environmental and Experimental Data, IARC, Lyon 1983
UNEP/IRPTC Scientific Reviews of Soviet Literature on Toxicity and Hazards of Chemicals. Benzo(a)pyrene. No. 43, 1983, Moskau

Benz(b)fluoranthen [205-99-2]

1. Allgemeine Informationen
1.1. Benzo(b)fluoranthen [205-99-2]
1.2. Benz(e)acephenanthylen
1.3. $C_{20}H_{12}$

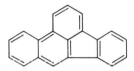

1.4. 2,3-Benzfluoranthen
1.5. polycyclische aromatische Kohlenwasserstoffe
1.6. keine Angaben

2. Ausgewählte Eigenschaften
2.1. 253,3
2.2. farblose, nadelförmige Kristalle
2.3. keine Angaben
2.4. 168,3 °C
2.5. $5,0 \cdot 10^{-7}$ Torr bei 20 °C/$6,66 \cdot 10^{-5}$ Pa
2.6. keine Angaben
2.7. Wasser: 0,0012 mg l^{-1}
leicht löslich in Benzen und Aceton
2.8. keine Angaben
2.9. lg P = 6,57
2.10. H = 91,05
2.11. lg SC = 6,2
2.12. lg BCF = 5,95
2.13. keine Angaben
2.14. keine Angaben

3. Toxizität
3.1. keine Angaben
3.2. keine Angaben
3.3. keine Angaben
3.4. Eine eindeutige Aussage zur Mutagenität ist infolge differenzierter Testergebnisse nicht möglich. Die Substanz ist im Sister-Chromatid-Exchange-Test nicht mutagen. Im Test mit Knochenmarkszellen (Chinesischer Hamster) und im Ames-Test (100 µg/Platte, Salmonella-Stamm TA 100, 7 nmol/Platte Salmonella Stamm TA98) wird eine mutagene Aktivität festgestellt. Im Tierversuch wird bei Dosen von 40 mg/kg über eine karzinogene Wirkung berichtet.
3.5. keine Angaben
3.6. keine Angaben

3.7. Der Biokonzentrationsfaktor weist auf eine relativ hohe Bioakkumulationstendenz hin.

4. Grenz- und Richtwerte

4.1. MAK-Wert: III A2 krebserzeugend (D)
4.2. Trinkwasser: 0,2 µg/l für die Summe der PAK (D), berechnet als C
4.3. keine Angaben

5. Umweltverhalten

Das Verhalten von Benzo(b)fluoranthen in abiotischen und biotischen Umweltstrukturen wird vor allen Dingen durch die geringe Wasserlöslichkeit (12 µg l^{-1}; DDT – 5 µg l^{-1}) und Flüchtigkeit (Dampfdruck DDT: $1,7 \cdot 10^{-5}$ Pa; Henrykoeffizient (H): 65,9) sowie die mit einer hohen Lipophilie verbundene Bio- und Geoakkumulationstendenz bestimmt. Sorptionskoeffizienten von lg SC = 6,2 weisen darauf hin, daß einerseits der Transport des Stoffes in der Atmosphäre durch Adsorption an Festpartikel erfolgt, andererseits die Mobilität in Hydro- und Pedosphäre durch eine hohe Sorptionstendenz eingeschränkt ist.
Benzo(b)fluoranthen ist in Oberflächenwässern (0,6–1,1 ng l^{-1}), Trinkwasser (0,4–4,5 ng l^{-1}), Regenwasser (bis zu 14,6 ng l^{-1}), Abwasser (0,04–27 µg l^{-1}), Schlamm (bis zu 2160 µg/kg^{-1}), und in der Emission von Öl-Feuerungsanlagen (bis zu 0,4 mg kg^{-1}) analysiert. Zu beachten ist, daß Benzo(b)fluoranthen zu den polycyclischen Aromaten gehört, deren biologische Synthese nachgewiesen ist. Mit ^{14}C-acetat als Kohlenstoffquelle konnten z. B. in Algen bis zu 3,7 µg kg^{-1} Trockengewicht der Verbindung bestimmt werden.

6. Abfallbeseitigung/schadlose Beseitigung/Entgiftung
keine Angaben

7. Verwendung
keine Angaben

Literatur

Sims, R. C., and Overcash, M. R.: Fate of Polynuclear Aromatic Compounds in Soil-Plant Systems. Res. Rev. 88 (1983): 1–68
WHO, IARC Monographs on the Evaluation of the Carcinogenic Risk of Chemicals to Humans. Vol. 32, 1983, Polynuclear Aromatic Compounds, Part 1, Chemical, Environmental and Experimental Data, IARC, Lyon 1983

Benzo(ghi)fluoranthen [203-12-3]

1. Allgemeine Informationen

1.1. Benzo(ghi)fluoranthen [203-12-3]

1.2. Benzo(ghi)fluoranthen
1.3. $C_{18}H_{10}$

1.4. 7,10-Benzofluoranthen
1.5. polycyclische aromatische Kohlenwasserstoffe
1.6. keine Angaben

2. **Ausgewählte Eigenschaften**

2.1. 226,3
2.2. gelbe nadelförmige Kristalle mit grüngelblicher Fluoreszenz
2.3. keine Angaben
2.4. 149 °C (222 °C)
2.5. $1,0 \cdot 10^{-10}$ Torr bei 20 °C/$1,33 \cdot 10^{-8}$ Pa
2.6. keine Angaben
2.7. Wasser: 0,26 µg l^{-1}
2.8. keine Angaben
2.9. lg P = 7,23
2.10. H = $5,49 \cdot 10^{-2}$
2.11. lg SC = 6,1
2.12. lg BCF = 6,25
2.13. keine Angaben
2.14. keine Angaben

3. **Toxizität**

3.1. keine Angaben
3.2. keine Angaben
3.3. keine Angaben
3.4. Im mikrobiologischen Kurzzeit-Test (Ames-Test) ist die Substanz mutagen. Zur Teratogenität sind keine Ergebnisse verfügbar. Bei Hautapplikation (Mäusen) wirkt die Substanz nicht karzinogen. Die verfügbaren Daten gestatten keine eindeutige Beurteilung der genotoxischen Wirkung.
3.5. keine Angaben
3.6. keine Angaben
3.7. Der hohe Verteilungskoeffizient deutet auf eine ausgeprägte Bioakkumulationstendenz hin.

4. **Grenz- und Richtwerte**

4.1. MAK-Wert: III A2 krebserzeugend (D)
4.2. Trinkwasser: Benzo(ghi)fluoranthen gehört zu den 6 PAK, für welche von der WHO ein Trinkwassergrenzwert von 0,2 µg/l vorgeschlagen wird.
0,2 µg/l als Summe der PAK (D), berechnet als C
4.3. keine Angaben

5. Umweltverhalten

Eine extrem niedrige Wasserlöslichkeit und Flüchtigkeit verbunden mit hoher Lipoidlöslichkeit und einer hohen Bio- und Geoakkumulationstendenz bestimmen das Verhalten von Benz(ghi)fluoranthen in Umweltmedien. Die Sediment- bzw. Bodensorptionskoeffizienten können im Bereich von 10^5–10^7 erwartet werden. Sedimente enthalten bis zu 340 µg/kg des Stoffes. In Oberflächenwässern sind 1,0–11,2 ng l^{-1} analysiert.

6. Abfallbeseitigung/schadlose Beseitigung/Entgiftung

entfällt

7. Verwendung

keine kommerzielle Verwendung bekannt

Literatur

WHO, IARC Monographs on the Evaluation of the Carcinogenic Risk of Chemicals to Humans, Vol. 32, 1983, Part 1, IARC, Lyon 1983

Benzo(k)fluoranthen [207-08-9]

1. Allgemeine Informationen

1.1. Benzo(k)fluoranthen [207-08-9]
1.2. Benzo(k)fluoranthen
1.3. $C_{20}H_{12}$

1.4. 8,9-Benzfluoranthen, 11,12-Benzfluoranthen
1.5. polycyclische aromatische Kohlenwasserstoffe
1.6. keine Angaben

2. Ausgewählte Eigenschaften

2.1. 252,3
2.2. gelbe nadelförmige Kristalle
2.3. 480 °C
2.4. 215,7 °C (217 °C)
2.5. $6,66 \cdot 10^{-5}$ Pa bei 20 °C
2.6. keine Angaben
2.7. Wasser: 0,55 µg l^{-1}
   löslich in Essigsäure, Benzen und Ethanol
2.8. Benz(k)fluoranthen ist photolysestabil unter Normalbedingungen. Es kann

oxidiert werden unter Bildung chinoider Strukturen. Eine Methylierung in 8-Position ist möglich.
2.9. lg P = 6,84
2.10. H = $1,65 \cdot 10^2$
2.11. lg SC = 5,6
2.12. lg BCF = 5,3
2.13. keine Angaben
2.14. keine Angaben

3. **Toxizität**
3.1. keine Angaben
3.2. keine Angaben
3.3. keine Angaben
3.4. Die Substanz ist im mikrobiologischen Kurzzeittest (Ames-Test) in Gegenwart eines exogenen metabolischen Systems mutagen. Zur Teratogenität liegen keine Untersuchungsergebnisse vor. Bei Hautapplikation sind im Tierexperiment verschiedentlich karzinogene Effekte nachgewiesen. Insgesamt sind die vorliegenden Ergebnisse jedoch nicht eindeutig.
3.5. keine Angaben
3.6. Die metabolische Aktivität von Rattenlebern führt zur Bildung von 8,9-Dihydrodiol-Benz(k)fluoranthen.
3.7. keine Angaben

4. **Grenz- und Richtwerte**
4.1. MAK-Wert: III A2 krebserzeugend (D)
4.2. Trinkwasser: 0,2 µg/l für die Summe der PAK (D), berechnet als C Benz(k)fluoranthen gehört zu den 6 PAK, für welche von der WHO ein Trinkwassergrenzwert von 0,2 µg/l vorgeschlagen wird.
4.3. keine Angaben

5. **Umweltverhalten**

Benz(k)fluoranthen ist durch eine extrem niedrige Wasserlöslichkeit und Flüchtigkeit charakterisiert. Die damit verbundene Lipoidlöslichkeit sowie ein dem 3-Methylcholanthren vergleichbarer Verteilungskoeffizient (lg P = 6,97) deuten auf eine ausgeprägte Bio- und Geoakkumulationstendenz des Stoffes in der Umwelt hin. Für 3-Methylcholanthren wurden mittlere Boden- und Sedimentsorptionskoeffizienten von $1,7 \cdot 10^7$ ermittelt. Entsprechende Werte für Benz(k)fluoranthen dürften bei 10^5–10^6 liegen. Der Stoffeintrag erfolgt vorzugsweise über die Atmosphäre. Stoffdepots in Hydro- und Pedosphäre sind zu erwarten. Oberflächenwasser enthält 0,2–0,8 ng l^{-1}, Leitungswasser bis zu 3,4 ng l^{-1}, Regenwasser zwischen 1,6–10 ng l^{-1} und Schlamm bis zu 1270 µg/kg des Stoffes. In Algen wurden bis zu 1,3 µg/kg Trockensubstanz analysiert.

6. **Abfallbeseitigung/schadlose Beseitigung/Entgiftung**
entfällt

7. Verwendung
keine kommerzielle Verwendung bekannt

Literatur

Sims, R. C., and Overcash, M. R.: Fate of Polynuclear Aromatic Compounds in Soil-Plant Systems. Res. Rev. **88** (1983): 1–68

WHO, IARC Monographs on the Evaluation of the Carcinogenic Risk of Chemicals to Humans. Vol. 32, 1983, Polynuclear Aromatic Compounds, Part 1, Chemical, Environmental and Experimental Data, IARC, Lyon 1983

Fluoranthen [206-44-0]

1. Allgemeine Informationen
1.1. Fluoranthen [206-44-0]
1.2. Fluoranthen
1.3. $C_{16}H_{10}$

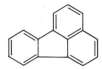

1.4. 1,2-Benzacenaphthen, Benzo(k)fluoren, Idryl
1.5. polycyclische aromatische Kohlenwasserstoffe
1.6. keine Angaben

2. Ausgewählte Eigenschaften
2.1. 203,3
2.2. gelbe nadelförmige Kristalle oder Blättchen
2.3. 250–251 °C bei 60 mm Hg; etwa 375 °C
2.4. 111 °C
2.5. $6,0 \cdot 10^{-6}$ Torr bei 20 °C/$7,99 \cdot 10^{-4}$ Pa
2.6. keine Angaben
2.7. Wasser: 260–265 µg l^{-1}
löslich in Essigsäure, Benzen, Schwefelkohlenstoff, Chloroform, Diethylether, Ethanol
2.8. Fluoranthen ist photolysestabil unter natürlichen Umweltbedingungen. Bevorzugte Positionen für entsprechende Transformationen sind die Positionen 3 und 8. Die Verbindung wird leicht nitriert (Atmosphäre), chloriert (Trinkwasserchlorung) und bromiert. Unter Einwirkung konzentrierter Schwefelsäure entstehen Mono- und Disulfonsäure-Derivate.
2.9. lg P = 5,33
2.10. H = 3,4
2.11. lg SC = 4,3
2.12. lg BCF = 4,8
2.13. keine Angaben
2.14. keine Angaben

3. Toxizität

3.1. Auf Grund der in Umweltmedien analysierten Stoffkonzentration wird die durchschnittliche tägliche Exposition wie folgt geschätzt:
Wasser 0,017 µg/d
Luft 0,04–0,08 µg/d
Nahrungsmittel 1,6–16,0 µg/d

3.2. oral Ratte LD 50 1 270–3 130 mg/kg
oral Maus LD 50 2 000 mg/kg
dermal Kaninchen LD 50 2 350–4 290 mg/kg
Bei i.p. Applikation von 500 mg/kg/d über 7 Tage überleben alle Versuchstiere (Mäuse).

3.3. keine Angaben

3.4. Im mikrobiologischen Kurzzeit-Test (Ames-Test) ist die Substanz mutagen aktiv. Zur Teratogenität liegen keine Angaben vor. Im Tierexperiment bei dermaler Applikation ist Fluoranthen nicht karzinogen. Bei kombinierter Gabe mit Benz(a)pyren kommt es zu einer Zunahme der Hautturmorrate im Vergleich zu entsprechenden Benz(a)pyren-Applikationen. Die Substanz ist möglicherweise als Co-Karzinogen einzustufen.

3.5. keine Angaben

3.6. Fluoranthen wird im Organismus relativ schnell resorbiert. 2,3-Dihydrodiol als im Ames-Test mutagene Substanz ist im Säugerorganismus (Leber) als Metabolit nachgewiesen.

3.7. Eine hohe Bioakkumulationstendenz ist zu erwarten.

4. Grenz- und Richtwerte

4.1. MAK-Wert: III A2 krebserzeugend (D)
4.2. Trinkwasser: Fluoranthen gehört zu den 6 PAK für welche von der WHO ein Grenzwert von 0,2 µg l^{-1} vorgeschlagen wird.
0,2 µg/l als Summe der PAK (D), berechnet als C
Ausgehend von einer möglichen co-karzinogenen Wirkung der Substanz wird von den U.S. EPA ein Grenzwert von 200 µg l^{-1} vorgeschlagen.
4.3. keine Angaben

5. Umweltverhalten

Fluoranthen zählt wie Benz(a)pyren zu den ubiquitären Stoffen. Für Umweltstrukturen werden folgende Konzentrationsbereiche angegeben:
Oberflächenwasser 4,7–6,5 ng l^{-1}
Trinkwasser 2,6–132,6 ng l^{-1}
Regenwasser 5,6–1 460 ng l^{-1}
Abwasser 0,1–45 µg l^{-1}
Schlamm 580–4 090 µg/kg
Abwasserschlamm 610–5 160 µg/kg
(frisch getrocknet)
Sediment (Seen) 13–5 870 µg/kg
Luft im Mittel 4 ng/m^3

Die Fluoranthenaufnahme durch den Rauch einer Zigarette beträgt etwa 0,3 µg. Der dem Pyren vergleichbare n-Octanol/Wasser-Verteilungskoeffizient von 5,33 (Pyren: 5,32) deutet auf eine vergleichbare Bio- und Geoakkumulationstendenz hin. In Böden und Sedimenten wurden für Pyren durchschnittliche Sorptionskoeffizienten von $6,5 \cdot 10^5$ ermittelt. Insgesamt wird das Umweltverhalten der Verbindung durch die im Vergleich zu Benz(a)pyren etwas erhöhte Wasserlöslichkeit, die geringe Flüchtigkeit und die Reaktivität gegenüber nucleophilen, elektrophilen und oxidierenden Stoffen charakterisiert. Die Nitrierung der Substanz ist eine für die Atmosphäre relevante Reaktion. Demgegenüber sind entsprechende Chlorierungsprodukte im Ergebnis der Trinkwasserchlorung festgestellt. Auffällig ist im Gegensatz zu Benz(a)pyren die Photolysestabilität der Substanz.

6. Abfallbeseitigung/schadlose Beseitigung/Entgiftung

keine Angaben

7. Verwendung

keine kommerzielle Verwendung

Literatur

WHO, IARC Monographs on the Evalution of the Carcinogenic Risk of Chemicals to Humans. Vol. 32, 1983, Polynuclear Aromatic Compounds, Part 1, Chemical, Environmental and Experimental Data. IARC, Lyon 1983

Sims, R. C., und Overcash, M. R.: Fate of Polynuclear Aromatic Compounds in Soil-Plant Systems. Res. Rev. **88** (1983): 1–68

Indeno(1,2,3-cd)pyren [193-39-5]

1. Allgemeine Informationen

1.1. Indeno(1,2,3-cd)pyren [193-39-5]
1.2. Indeno(1,2,3-cd)pyren
1.3. $C_{22}H_{12}$

1.4. ortho-Phenylenpyren
1.5. polycyclische aromatische Kohlenwasserstoffe
1.6. keine Angaben

2. Ausgewählte Eigenschaften

2.1. 276,3

2.2. gelbe nadelförmige Kristalle oder Blättchen, grüngelblich fluoreszierend
2.3. keine Angaben
2.4. 163 °C
2.5. $1,0 \cdot 10^{-10}$ Torr bei 20 °C/$1,33 \cdot 10^{-8}$ Pa
2.6. keine Angaben
2.7. Wasser: 62 µg l^{-1}
in organischen Lösungsmitteln löslich
2.8. keine Angaben
2.9. lg P = 7,66
2.10. H = $3,24 \cdot 10^{-4}$
2.11. lg SC = 6,2
2.12. lg BCF = 6,5
2.13. keine Angaben
2.14. keine Angaben

3. **Toxizität**

3.1. keine Angaben
3.2. keine Angaben
3.3. keine Angaben
3.4. Im mikrobiologischen Kurzzeit-Test ist die Substanz mutagen. Zur Teratogenität sind keine Angaben verfügbar. Im Tierexperiment ist Indeno(1,2,3-cd)pyren nachweislich karzinogen. Die Verbindung wird als Karzinogen eingeordnet.
3.5. keine Angaben
3.6. keine Angaben
3.7. Ausgehend vom Verteilungskoeffizient n-Octanol/Wasser ist eine hohe Bioakkumulationstendenz zu erwarten.

4. **Grenz- und Richtwerte**

4.1. MAK-Wert: III A2 krebserzeugend (D)
4.2. Trinkwasser: 0,2 µg/l für die Summe der PAK (D), berechnet als C
Indeno(1,2,3-cd)pyren gehört zu den 6 PAK, für welche von der WHO ein Trinkwassergrenzwert von 0,2 µg/l vorgeschlagen wird.
4.3. keine Angaben

5. **Umweltverhalten**

vergleiche unter Benz(ghi)perylen

6. **Abfallbeseitigung/schadlose Beseitigung/Entgiftung**

entfällt

7. **Verwendung**

keine kommerzielle Verwendung bekannt

Prometryn [7287-19-6]

Die Herstellung von Prometryn erfolgt durch Umsetzung von Propazin mit Methylmercaptan oder durch eine sukzessive Säure-Basen-Säure-Reaktion aus Propazin, Thioharnstoff oder Methyljodid.

1. **Allgemeine Informationen**
1.1. Prometryn [7287-19-6]
1.2. 1,3,5-Triazin-2,4-diamin, N,N'-bis(1-Methylethyl)-6-(methylthio)-
1.3. $C_{10}H_{19}N_5S$

$$(CH_3)_2CH-HN-\underset{N}{\overset{N\diagup\diagdown N}{\diagdown\diagup}}-NH-CH(CH_3)_2$$
$$|$$
$$S-CH_3$$

1.4. Prometryn
1.5. Triazine
1.6. keine Angaben

2. **Ausgewählte Eigenschaften**
2.1. 241,3
2.2. farblos, kristalliner Feststoff
2.3. keine Angaben
2.4. 118–120 °C
2.5. $2,4 \cdot 10^{-7}$ Torr bei 10 °C/$2,66 \cdot 10^{-5}$ Pa
   $1,0 \cdot 10^{-6}$ Torr bei 20 °C/$1,33 \cdot 10^{-4}$ Pa
   $4,0 \cdot 10^{-6}$ Torr bei 30 °C/$5,33 \cdot 10^{-4}$ Pa
   $4,7 \cdot 10^{-5}$ Torr bei 50 °C/$6,26 \cdot 10^{-3}$ Pa
2.6. keine Angaben
2.7. Wasser: 48 ppm in destilliertem Wasser bei 20 °C
   Dimethylformamid: 500 000 ppm bei 20–25 °C
   Trichlorethylen: 250 000 ppm bei 20–25 °C
   Xylen: 150 000 ppm bei 20–25 °C
   Diethylether: 90 000 ppm bei 20–25 °C
2.8. Unter Normalbedingungen ist die Substanz chemisch stabil. Hydrolytische Zersetzung erfolgt in stark saurem oder alkalischem Milieu bzw. bei höheren Temperaturen in wäßriger Lösung. Unter UV-Bestrahlung wird Prometryn photolytisch transformiert.
2.9. lg P = 3,4 (errechnet)
2.10. H   = $3,65 \cdot 10^{-3}$
2.11. lg SC = 2,85 (errechnet)
2.12. lg BCF= 2,6 (errechnet)
2.13. keine Angaben
2.14. keine Angaben

3. Toxizität

3.1. keine Angaben

3.2.
oral	Ratte	LD 50	3 150–3 750 mg/kg
oral	Maus	LD 50	etwa 3 750 mg/kg
dermal	Kaninchen	LD 50	etwa 8 160 mg/kg
ihl	Ratte		no effect level 27 mg/m^3 4 h

3.3. Im 2-Jahre-Test mit Ratten wurde ein no effect level von 50 ppm ermittelt.

3.4. Bei Insekten wirkt die Substanz mutagen. In vivo ist im Tierexperiment keine Mutagenität oder Teratognität festgestellt. 100 ppm verursachen im 3-Generationen-Test bei Ratten keine Schädigung des reproduktiven Systems.

3.5. Schwellenwerte toxischer Wirkung:

Barsch		15 mg l^{-1}
Plötze		20 mg l^{-1}
Forelle	LC 50	2,5 ppm über 96 h
Goldfisch	LC 50	3,5 ppm über 96 h
Guppy	LC 50	8 mg l^{-1} über 48 h

3.6. keine Angaben

3.7. keine Angaben

4. Grenz- und Richtwerte

4.1. keine Angaben

4.2. Trinkwassergrenzwert: 0,1 µg/l als Einzelstoff
0,5 µg/l als Summe der Pflanzenschutzmittel (D)

4.3. keine Angaben

5. Umweltverhalten

In aquatischen Systemen ist infolge der relativ geringen Wasserlöslichkeit verbunden mit einer mittleren Geoakkumulationstendenz (Bodensorptionskoeffizienten von etwa 800) mit einer geringen Mobilität des Wirkstoffes zu rechnen. Der niedrige Dampfdruck verbunden mit geringer Flüchtigkeit deutet darauf hin, daß der Übergang Wasser–Luft von relativ geringer Relevanz für die Wirkstoffverteilung ist. Untersuchungen zur Stoffphotolyse weisen auf einen photolytischen Abbau in der Atmosphäre hin. Über Transformationsprodukte liegen keine Untersuchungsergebnisse vor. Eine Hydrolyse in aquatischen Systemen erfolgt lediglich unter extremen Bedingungen, so daß der Wirkstoff als relativ persistent charakterisiert werden kann.

6. Abfallbeseitigung/Entgiftung/schadlose Beseitigung

Rückstände oder wirkstoffhaltige Abprodukte können auf Schadstoffdeponien abgelagert werden.

7. Verwendung

Herbizid

Literatur

UNEP/IRPTC Scientific Reviews of Soviet Literature on Toxicity and Hazards of Chemicals. Prometryne. No. 29, 1983, Moskau, 1983

Pyren [129-00-0]

1. Allgemeine Informationen
1.1. Pyren [129-00-0]
1.2. Pyren
1.3. $C_{16}H_{10}$

1.4. β-Pyrene
1.5. polycyclische aromatische Kohlenwasserstoffe
1.6. keine Angaben

2. Ausgewählte Eigenschaften
2.1. 202,3
2.2. monokline Prismen oder hellgelbe Plättchen; nach Sublimation monokline Prismen mit bläulicher Fluoreszenz
2.3. 360 °C
2.4. 149 °C
2.5. $6,85 \cdot 10^{-7}$ Torr bei 20 °C/$9,06 \cdot 10^{-5}$ Pa
2.6. keine Angaben
2.7. Wasser: 140 µg l^{-1}; 129–165 µg l^{-1}
Löslich in Benzen, Schwefelkohlenstoff, Diethylether, Toluen, Aceton und Petrolether.
2.8. In organischen Lösungsmitteln bei Sonnenlicht- oder Fluoreszenzlicht-Bestrahlung wird Pyren nicht photo-oxidativ transformiert. In Gegenwart von Stickoxiden erfolgt Nitrierung. Mit 70%iger Salpetersäure setzt sich Pyren um zu den 1-Nitro-, 1,3-/1,6- und 1,8-Dinitro-, 1,3,6-Trinitro- und 1,3,6,8-Tetranitroderivaten.
2.9. lg P = 5,32
2.10. H = 0,715
2.11. lg SC = 4,8
2.12. lg BCF = 5,1
2.13. keine Angaben
Aus der Struktur wird abgeleitet, daß der Stoff nicht leicht biologisch abbaubar ist.
2.14. keine Angaben

3. Toxizität
3.1. Pyren ist eine maßgebliche Komponente der in Umweltmedien nachgewiesenen polycyclischen aromatischen Kohlenwasserstoffe. Die Exposition des Menschen erfolgt vorzugsweise über die Luft (insbesondere Ziga-

rettenrauch), Nahrungsmittel und in geringem Maße über das Wasser. Eine Quantifizierung der Exposition ist nicht möglich.

3.2. oral   Maus   LD 50   514 mg/kg (7 d)
     oral   Maus   LD 50   678 mg/kg (4 d)
3.3. Im Fütterungsversuch mit jungen Ratten führten 2000 mg/kg über 100 d zu Wachstumsstörungen und Vergrößerungen der Leber.
3.4. Zur Teratogenität sind keine Angaben verfügbar. Pyren ist verschiedentlich bei Hautapplikationen an Mäusen auf seine karzinogene Wirkung getestet. Die Testergebnisse sind negative. Bei Kombination von Pyren und Benz(a)pyren wird eine Verstärkung der Karzinogenität von Benz(a)pyren festgestellt. Im Ames-Test bei exogener metabolischer Aktivierung ist die Verbindung mutagen. In der überwiegenden Zahl anderer Testsysteme konnte eine mutagene Aktivität nicht nachgewiesen werden.
3.5. keine Angaben
3.6. Pyren wird im Organismus relativ schnell resorbiert. Als Metaboliten wurden identifiziert:
1-hydroxy-, 1,6-, 1,8-dihydroxy- und 4,5-dihydroxydiol
3.7. Der Biokonzentrationsfaktor weist auf eine relativ hohe Bioakkumulationstendenz hin.

4. Grenz- und Richtwerte

4.1. MAK-Wert: V d, Pyrolyseprodukte aus organischem Material, Verdacht auf krebserzeugendes Potential dieser Gemische (D)
4.2. Trinkwasser: 0,2 µg/l als Summe der PAK (D), berechnet als C
4.3. keine Angaben

5. Umweltverhalten

Unter den polycyclischen Aromaten ist Pyren durch eine mittlere Wasserlöslichkeit und Lipophilie charakterisiert. Sorptionskoeffizienten und Biokonzentrationsfaktoren weisen auf eine relativ hohe Bio- und Geoakkumulationstendenz hin. Pyren ist u. a. Bestandteil von Erdölen und in relativ hohen Konzentrationen im Kohlenteer enthalten. Halbwertszeiten in natürlichen Böden von 3–10 Monaten bei Konzentrationen von 5 bzw. 500 µg g^{-1} deuten auf eine relativ hohe Transformationstendenz der Substanz hin. Pyren wird als ubiquitär bezeichnet. In Oberflächenwasser sind bis zu 3,7 ng l^{-1}, in Regenwasser 5,8–27,8 ng l^{-1}, Trinkwasser 1,1 ng l^{-1}, Abwasser bis zu 11,8 µg l^{-1}, Schlamm 0,57–3,08 mg/kg und in See-Sedimenten bis zu 3,94 mg/kg Pyren analysiert.

6. Abfallbeseitigung/schadlose Beseitigung/Entgiftung

keine Angaben

7. Verwendung

keine Angaben

Literatur

WHO, IARC Monographs on the Evaluation of Carcinogenic Risks of Chemicals to Humans. Vol. 32, 1983. Polynuclear Aromatic Compounds. Part 1, Chemical, Environmental and Experimental Data. IARC, Lyon, 1983

Pyridin [110-86-1]

Allgemeine Informationen
1.1. Pyridin [110-86-1]
1.2. Pyridin
1.3. C₅H₅N

1.4. keine Angaben
1.5. heterocyclische Verbindungen
1.6. mindergiftig, leichtentzündlich

2. **Ausgewählte Eigenschaften**
2.1. 79,11
2.2. farblose Flüssigkeit mit scharfem, stechenden und unangenehmen Geruch.
2.3. 115,6 °C
2.4. −41,8 °C
2.5. 20 mbar bei 20 °C; 42 mm Hg bei 15 °C/2000 Pa bei 20 °C
2.6. 0,98 g/cm³
2.7. Wasser: löslich
gut löslich in Alkoholen, Ethern, Ölen und Benzin
2.8. Pyridin ist eine schwache Base und zur Komplexbildung befähigt. Gegenüber höheren Temperaturen und Oxidationsmitteln ist die Substanz stabil. Ausgangspunkt chemischer Reaktionen ist das freie Elektronenpaar am Stickstoffatom. In alkalischen wäßrigen Lösungen erfolgt unter UV-Licht photolytische Zersetzung. Beim Verbrennen von Pyridin bilden sich Stickoxide.
2.9. lg P = 0,95
2.10. H keine Angaben
2.11. lg SC = 0,6 (errechnet)
2.12. lg BCF= 0,55 (errechnet)
2.13. biologisch leicht abbaubar
2.14. keine Angaben

3. **Toxizität**
3.1. keine Angaben
3.2. oral   Maus   LD 50   891 mg/kg
    oral   Ratte   LD 50   850 mg/kg
    scu   Ratte   LD 50   1000 mg/kg
    ihl   Ratte   LC 50   4000 ppm über 4 h
3.3. Langzeitexposition über 4 Monate mit 1000 mg/m³ 3 h/d führen bei Meerschweinchen zu Gewichtsverlusten, Verminderung der Körpertemperatur, hypochronischer Anämie, Leberzirrhose sowie zu Lipoidablagerun-

gen in der Leber. Kontinuierliche Expositionen von Ratten über 2 Monate gegenüber 1 mg/m³ vermindern die Cholinesteraseaktivität. 0,1 mg/kg sind ohne entsprechende Wirkung. I.g. Injektion von 300 mg/kg über 10 d verursacht bei Ratten Erhöhungen des Energie- und Synthesestoffwechsels. Als spezifische Effekte bei Langzeitexposition werden Hemmungen des Ammoniakmetabolismus in Hirn, Leber und Niere festgestellt.

3.4. keine Angaben zu genotoxischen Effekten.
3.5. Die akut toxische Wirkung wird für Fische ohne Speciesdifferenzierung mit etwa 15 mg l⁻¹ angegeben.
3.6. Nach erfolgter Resorption wird Pyridin im Organismus relativ schnell in alle Organstrukturen verteilt. Die höchsten Konzentrationen sind im Blut, der Niere und dem Gehirn analysiert. Der metabolische Abbau erfolgt vorzugsweise durch Methylierung bzw. Oxidation am freien Elektronenpaar des Stickstoffatoms. Als Metabolit ist u. a. identifiziert N-Oxymethylpyridin. Neben der Metabolisierung erfolgt eine relativ schnelle Exkretion des Stoffes. 0,4 g/kg werden innerhalb von 3 d vollständig ausgeschieden.
3.7. keine Biokonzentration zu erwarten

4. Grenz- und Richtwerte

4.1.	MAK-Wert:	5 ml/m³ (ppm), 15 mg/m³ (D)
		5 mg/m³ (SU)
4.2.	Trinkwasser:	0,2 mg/l (SU)
	Geruchsschwellenwert:	0,5 mg/l
	organoleptischer Schwellenwert:	0,01 mg/l
4.3.	TA Luft:	20 mg/m³ bei einem Massenstrom von 0,1 kg/h und mehr
	Fischzucht:	0,01 mg/l (SU)
	Abwassereinleitung:	1,0 mg/l

5. Umweltverhalten

Auf Grund der Wasserlöslichkeit und Flüchtigkeit verbunden mit einer geringen Bio- und Geoakkumulationstendenz, besitzt Pyridin eine relativ hohe Mobilität und Dispersionstendenz in und zwischen Hydro-, Pedo- und Atmosphäre. Bei Ausbringung von 75 mg Pyridin/100 g Boden ist die Substanz nach 129 d nicht mehr nachweisbar. Im Vergleich zu Benzen ist der Pyridinring durch eine erhöhte chemische und biologische Stabilität charakterisiert. Kombinierte Applikationen von Pyridin und Phenol erhöhen die Pyridinstabilität in Böden. Nach einer anfänglichen Hemmung des Bakterienwachstums kommt es zu Adaptionserscheinungen sowohl in Böden als auch aquatischen Systemen. Kontinuierliche Pyridin-Immissionen in Gewässer können zu einer erhöhten Metabolisierung der Mikroflora führen. 0,5 mg l⁻¹ stören jedoch bereits Nitrifikations- und Ammonifizierungsprozesse. Oxidationsprozesse werden ab 5 mg l⁻¹ merklich gemindert. In aquatischen Systemen ist die Verbindung relativ stabil, da keine

Hydrolyse erfolgt. Für Wassermikroorganismen wird die akut toxische Wirkung mit etwa 40 mg l^{-1} angegeben. Für Daphina magna wurden folgende Toxizitätsdaten ermittelt:

LC 0   70 mg l^{-1}
LC 50   240 mg l^{-1}
LC 100   910 mg l^{-1}

6. **Abfallbeseitigung/schadlose Beseitigung/Entgiftung**

   Pyridin ist nicht deponierbar. Rückstände können in Sonderabfallverbrennungsanlagen beseitigt werden. Eine Einleitung in Gewässer ist in jedem Fall zu vermeiden.

7. **Verwendung**

   Pyridin wird u. a. als Lösungsmittel, in der pharmazeutischen Industrie, Leder- und Baumwollindustrie, der Farbenherstellung und als Insektizid verwendet.

Literatur

IRPTC/UNEP, Scientific Reviews of Soviet Literature on Toxicity and Hazards of Chemicals, No. 54, 1984, Pyridine, IRPTC/UNEP, Geneva 1984

Jori, A., Calamari, D., Cattabei, F. et al.: Ecotoxicological Profile of Pyridine. Ecotox. Environm. Safety 7 (1983): 251–275

Quecksilber [743997-6] und -verbindungen

Quecksilber kommt in Form von 7 stabilen und 11 instabilen Isotopen vor. Die stabilen Quecksilber-Isotope sind ^{186}Hg, ^{198}Hg, ^{199}Hg, ^{200}Hg, ^{201}Hg, ^{202}Hg, ^{264}Hg. Der Elektronenkonfiguration entsprechend kommt das Element in den Oxidationsstufen Hg$^+$ und Hg^{++} vor. 1wertiges Quecksilber existiert infolge einer Metall-Metall-Ionenpaarbindung in der Form Hg$_2^{2+}$. Mit Ausnahme der Fluoride sind alle Quecksilber-(I)-halogenide schwerlöslich und nur wenig hydrolysierbar, d. h. nur geringfügig dissoziiert. Mit einem Löslichkeitsprodukt von etwa 10^{-54} zählt Quecksilbersulfid zu den am wenigsten löslichen Salzen. In den biotischen und abiotischen Strukturen der Umwelt kommt Quecksilber sowohl elementar als auch in Form anorganischer und organischer Verbindungen vor. Emissionen in die Umwelt erfolgen vorzugsweise als elementares Quecksilber (Quecksilberdampf), Quecksilber-(II)-chlorid sowie anderer Quecksilber-(II)- und Quecksilber-(I)-verbindungen und in Form von Mono- und Dimethyl- sowie Phenylquecksilber.
Von öko- und humantoxikologischer Bedeutung sind darüber hinaus die nachfolgenden organischen Quecksilberverbindungen:

Alkyl-Hg-verbindungen   R—Hg—X oder (R—Hg)$^{n+}$ X^{n-}

R: Methyl- oder/und Ethylgruppe
X: Alkyl-, Nitril-, Cyanoguanidinreste oder ein- bzw. zweiwertige Anionen

Alkoxyalkyl-Hg-verbindungen   CH$_3$—O—CH$_2$—CH$_2$—Hg—X

X: Chlorid, Acetat, Benzoat, Silicat

Aryl-Hg-verbindungen   R—Hg—X

R: Phenyl, o-Chlorphenol, o-Nitrophenol
X: Chlorid, Hydroxid, Cyanid, Sulfat, Ureid

Über die Herstellungsmengen von reinem Quecksilber sind für einzelne Länder kaum Daten verfügbar.
Die Weltproduktion wurde 1978 auf etwa 10000 t geschätzt. Da unter ökotoxikologischen Gesichtspunkten vorzugsweise anthropogen verursachte Quecksilber-Emissionen in die Umwelt diskutiert werden, soll der folgende Vergleich zwischen globalen natürlichen und anthropogenen Emissionen die Bedeutung und den Anteil des natürlichen Eintrages des Elementes in die Umwelt unterstreichen.

Natürliche Emissionen

Vulkantätigkeit, Gesteinsverwitterung	$0,5-5 \cdot 10^3$ t
Verdampfung aus der Erdkruste	$25-150 \cdot 10^3$ t
Verdampfung aus den Ozeanen	$23 \cdot 10^3$ t
Oberflächliche Abschwemmungen	$3,8 \cdot 10^3$ t

Anthropogene Emissionen

Quecksilberherstellung	$6{-}10 \cdot 10^3$ t
Bergbau	$1{,}5{-}20 \cdot 10^3$ t
Verbrennungsprozesse jeglicher Art	$0{,}1{-}8 \cdot 10^3$ t

Da Organoquecksilberverbindungen durch ein hohes öko- und humantoxikologisches Gefährdungspotential charakterisiert sind und sich diese Verbindungen im wesentlichen in ihrer Reaktivität, der Toxizität und dem Umweltverhalten nur geringfügig unterscheiden, wird im folgenden eine kurze zusammenfassende Bewertung dieser Parameter gegeben.

Reaktivität

Organoquecksilberverbindungen sind im neutralen und schwach sauren Milieu zumeist stabil. Im alkalischen Bereich erfolgt hydrolytische Spaltung. Die Verbindungen sind nur wenig photolyse- und temperaturstabil.

Toxizität

Organische Quecksilberverbindungen wirken bereits in geringen Mengen ohne Speciesspezifität toxisch. Allgemein werden sie als etwa 10- bis 100mal toxischer als anorganische Quecksilberverbindungen charakterisiert, wobei Monomethyl- und Dimethylquecksilber durch besonders hohe Toxizität hervorzuheben sind. Eine Exposition des Menschen erfolgt zumeist über biologische Ketten. Inkorporierte Verbindungen werden infolge ihrer lipophilen Eigenschaften relativ schnell resorbiert, mit dem Blut im Organismus verteilt und vorzugsweise in Leber, Herz, Gehirn, Muskelgewebe und Haaren gespeichert. Die Exkretion erfolgt in geringen Mengen renal, vorzugsweise jedoch mit Faeces. Die Passage der Blut-Hirn-Schranke und der Plazenta sind nachgewiesen. Durch die Bindung an SH-Gruppen der Blutproteine ist ein schneller und weitläufiger Transport im Organismus gewährleistet. Der Transport durch Zellmembranen erfolgt passiv (Verteilungskoeffizient). Gesondert hervorgehoben werden soll die Akkumulation von Methylquecksilber in der Leber (50 %) und im Gehirn (10 %). Bei Säugern erfolgt ebenfalls eine Exkretion über die Milch. Damit im Zusammenhang steht die direkte Gefährdungsmöglichkeit von Säuglingen. Toxisches Wirkprinzip im Warmblüterorganismus ist u. a. die Reaktion mit Sulfhydryl- und Aminogruppen von Enzymen. Die chronische toxische Wirkung ist an die Speicherung der Verbindungen in verschiedenen Organstrukturen gebunden. Zu beachten sind in diesem Zusammenhang beispielsweise Angaben zur biologischen Halbwertszeit von Methylquecksilber von etwa 70 d. Veränderungen des peripheren Nervensystems zählen zu den auffälligsten Effekten chronischer Intoxikationen. Methylquecksilber ist mutagen aktiv und führt beim Menschen u.a. zu Chromosomen-Aberrationen und zu anormalen Chromosomenteilungen.

Umweltverhalten

Das Verhalten organischer Quecksilberverbindungen, insbesondere der ökotoxikologisch relevanten Alkylquecksilberverbindungen, wird maßgeblich bestimmt durch eine relativ hohe Flüchtigkeit sowie Lipophilie. Damit verbunden sind eine hohe Mobilität in der Atmosphäre, bevorzugte Stoffübergänge zwischen Hydro- sowie Pedo- und Atmosphäre und eine ausgeprägte Bio- und Geoakkumulationstendenz. In aquatischen Systemen erfolgt eine relativ schnelle Sorption an partikuläre Stoffe in der wäßrigen Phase bzw. an Sediment. Monomethylquecksilber wird vorzugsweise durch Phyto- und Zooplankton akkumuliert, während Dimethylquecksilber durch einen bevorzugten Übergang Wasser–Luft charakterisiert ist. In Sedimenten sind sowohl Demethylierungsprozesse als auch Methylierungen des schwerlöslichen und stabilen Quecksilber-(II)-sulfids nachgewiesen. Aquatische Systeme sind maßgeblicherweise Ausgangspunkt für die Realisierung des Stoffkreislaufes insbesondere von Alkylquecksilberverbindungen. Infolge ihres hohen Dampfdruckes und der damit verbundenen Flüchtigkeit gelangen Organoquecksilberverbindungen in die Atmosphäre. Dort werden sie sowohl über weite Strecken transportiert und verteilt als auch durch photolytische Prozesse demethyliert. Schätzungsweise bestehen etwa 21 % des Gesamtquecksilbers der Atmosphäre aus Monomethylquecksilber und etwa 1 % aus Dimethylquecksilber. Mit Niederschlägen bzw. einem partikulären fall-out gelangen die Substanzen auf den Boden bzw. in das Wasser. Auf Grund ihrer physikochemischen Eigenschaften werden die Verbindungen zumeist relativ schnell in den obersten Bodenschichten adsorbiert. Eine Migration organischer Quecksilberverbindungen in grundwasserführende Bodenschichten ist bislang nicht nachgewiesen. Bei einem biologisch bzw. physikalisch-chemisch verursachten Abbau können intermediär Quecksilber-(II)-ionen auftreten, welche jedoch schnell zu Quecksilberoxid und Quecksilbersulfid reagieren. Als wasserunlösliche Salze können diese nicht mehr von Pflanzen aufgenommen werden. Demgegenüber können wasserlösliche Quecksilberverbindungen von den Pflanzenwurzeln aufgenommen und in oberirdische Pflanzenteile translozieren. Die Möglichkeit der Transformation anorganischer Quecksilberverbindungen in Böden unter Bildung z. B. von Methylquecksilber schließt den Stoffkreislauf von Organoquecksilberverbindungen. Die Quecksilbermethylierung in Umweltstrukturen ist als eine Detoxifikations-Aktivität von Mikroorganismen zu betrachten. Entsprechende Reaktionen sind u. a. an die Anwesenheit von S-Adenoxymethionin, N^5-Methyltetrahydrofolat-Derivate und/oder Methylcorrinoid-Derivate gebunden.

Quecksilber [7439-97-6]

1. Allgemeine Informationen

1.1. Quecksilber [7439-97-6]
1.2. Quecksilber
1.3. Hg
1.4. keine Angaben
1.5. keine Angaben
1.6. Quecksilber: giftig
Quecksilberalkyle: giftig

Quecksilber(I)chlorid: mindergiftig
Die Verwendung von Quecksilberverbindungen als Pflanzenschutzmittel ist in Deutschland verboten.

2. **Ausgewählte Eigenschaften**
2.1. 200,59
2.2. flüssiges, silbrig glänzendes Metall
2.3. 357,3 °C
2.4. 38,89 °C
2.5. $0{,}189 \cdot 10^{-3}$ mm bei 0 °C
$1{,}220 \cdot 10^{-3}$ mm bei 20 °C
$2{,}800 \cdot 10^{-3}$ mm bei 30 °C
Im Temperaturbereich 0–150 °C kann der Dampfdruck von Quecksilber nach folgender empirischer Formel berechnet werden:
$$\lg p = \frac{-3212{,}5}{T} + 8{,}025$$
2.6. 13,595 g/cm³ bei 0 °C
2.7. Wasser: $6 \cdot 10^{-5}$ g l^{-1} bei 25 °C
2.8. Mit organischen Stoffen wie beispielsweise schwefelhaltigen Proteinen und Huminstoffen bildet Quecksilber Komplexverbindungen. In Gegenwart von Sauerstoff und organischer Substanz wird metallisches Quecksilber unter natürlichen Bedingungen zu 2wertigem Quecksilber oxidiert. Die Umsetzungsgeschwindigkeit ist abhängig vom Redoxpotential des Mediums.
2.9. entfällt
2.10. entfällt
2.11. entfällt
2.12. entfällt
2.13. entfällt
2.14. entfällt

3. **Toxizität**
3.1. Dem gegenwärtigen Kenntnisstand entsprechend wird die wöchentlich aufnehmbare duldbare Höchstmenge an Quecksilber mit 0,3 mg/Person angegeben. Dabei gilt die Einschränkung, daß nicht mehr als 0,2 mg Methylquecksilber sein dürfen.
3.2. ipr   Ratte   TDL0   400 mg/kg über 14 d
3.3. ihl   Mensch   TCL0   169 µg/m³ über 30 Jahre
3.4. keine Angaben
3.5. Die akut toxische Wirkung wird für Fische ohne Speciesdifferenzierung mit 0,1–1,0 mg l^{-1} angegeben.
3.6. Bei inhalativer Aufnahme konzentrierter Quecksilberdämpfe erfolgt eine für die Auslösung akuter Intoxikationen ausreichende Resorption. Die Gefahr einer akuten Vergiftung besteht ebenfalls bei der oralen Aufnahme von etwas mehr als 8 ml bzw. bei großflächiger epikutaner Applikation. Als Vergiftungssymptome können u. a. auftreten: Schleimhautreizungen, Stomatitis, Pneumonie und Niereninsuffizienz.

Quecksilber hat von allen Metallen die größte Affinität zu Sulfhydrylgruppen und anderen Liganden organischer Moleküle, wobei die Bindungstendenz in folgender Reihe abnimmt:
$SH > CONH_2 > NH_2 > COOH > PO_4^{3-}$

3.7. keine Angaben

4. Grenz- und Richtwerte

Bei der Angabe von Grenz- und Richtwerten für Quecksilberverbindungen ist der jeweilige numerische Wert nahezu immer auf Quecksilber bezogen.

4.1. MAK-Wert: $0,01 \text{ ml/m}^3$ (ppm), $0,1 \text{ mg/m}^3$ (D)
4.2. Trinkwasser: 1 µg/l (D), berechnet als Hg
4.3. TA Luft: $0,2 \text{ mg/m}^3$ bei einem Massenstrom von 1 g/h und mehr (Hg und seine Verbindungen)

Nach EG-Richtlinien 82/176/EWG und 84/156/EWG bestehen Grenzwerte für Emissionsnormen für die Ableitung von Quecksilber aus Industriebetrieben und Qualitätsziele für Gewässer.

Grenzwerte für Emissionsnormen im abgeleiteten Abwasser (Monatsmittelwerte)
- Industriezweig Alkalielektrolyse: 0,05 mg/l
- andere Industriezweige: 0,1 mg/l
  ab 1. 7. 1989   0,05 mg/l

Qualitätsnormen für Gewässer, die von den Ableitungen betroffen werden:
- in Fischen   0,3 mg/kg Naßgewicht
- oberirdische Binnengewässer   1 µg/l
- Mündungsgewässer   0,5 µg/l
- Küstengewässer   0,3 µg/l

Die letzten drei Angaben gelten als arithmetisches Mittel der Ergebnisse eines Jahres.

Die Quecksilberkonzentrationen in Sedimenten oder Mollusken und Schalentieren dürfen mit der Zeit nicht wesentlich ansteigen.

5. Umweltverhalten

Das Verhalten von Quecksilber in Hydro-, Pedo- und Atmosphäre sowie Biosphäre ist maßgeblich bestimmt durch Sorptions- und Co-Präzipitationsvorgänge, verschiedene Transport- und Verteilungsprozesse, Kationenaustauschvorgänge, durch Komplexbildungsreaktionen sowie Prozesse der Bio- und Geoakkumulation. Elementares Quecksilber wird dabei insbesondere im Phyto- und Zooplankton aquatischer Systeme akkumuliert.

Der Transport in der Atmosphäre erfolgt nicht nur in Form von Quecksilberdampf, sondern vorzugsweise in Form von Quecksilberhalogeniden und Methylquecksilber. Die nachfolgenden Angaben können einen Eindruck von der Ubiquität und den umweltrelevanten Quecksilberkonzentrationen vermitteln.

Atmosphäre:	
background	0,001–50 ng/m^3
Mittelwert global	1,0–10 ng/m^3
Mittelwert (BRD)	2,0–37 ng/m^3
nach vulkanischer Tätigkeit	100–40 000 ng/m^3
Wasser:	
Regenwasser	0,02–0,5 µg l^{-1}
Oberflächenwasser (Mittelwert)	0,1 µg l^{-1}
Grundwasser	0,01–0,4 µg l^{-1}
Flüsse (Mittelwert)	0,01–0,2 µg l^{-1}
Nordsee (Mittelwert)	0,03 µg l^{-1}
Sedimente:	
Ozeane	0,1–1,0 µg/g
background	0,06 µg/g
Nordsee	0,01–1,0 µg/g
Rhein (BRD) (Mittelwert)	4,5 µg/g
Minimata Bucht (Japan)	2 010 µg/g
Pflanzen:	
Wasserpflanzen (Ruhr/BRD)	0,03–0,64 µg/g
Plankton	0,1–5 µg/g
Fische:	0,2–8 µg/g
Pflanzliche Nahrungsmittel:	0,001–0,05 µg/g
Eier:	0,023 µg/g
Fleisch:	0,003–0,5 µg/g
Menschliche Organe:	
Blut (gesamt)	0,005–0,02 µg/g
Knochen	0,45 µg/g
Gehirn	0,005–2,94 µg/g
Haare	1,25–7,6 µg/g
Herz	0,005–0,15 µg/g
Leber	0,005–3,7 µg/g
Niere	0,0063–2,75 µg/g
Urin	4,3–114 µg/g
Ovarien	0,2–2,14 µg/g

6. **Abfallbeseitigung/schadlose Beseitigung/Entgiftung**

Quecksilberhaltige Abfälle werden industriell durch Destillation aufgearbeitet. Nicht mehr verwendbares Quecksilber wird der Wiederaufbereitung zugeführt.

7. **Verwendung**

Metallisches Quecksilber wird hauptsächlich in Manometern, Thermometern, elektrischen Schaltern, als Amalgationsmittel, Katalysator sowie als Elektrodenmaterial bei der Elektrolyse verwendet.

Literatur

Hutzinger, O. (Hrsg.): The Handbook of Environmental Chemistry. Volume 3, Part A, Anthropogenic Compounds. Springer, Berlin–Heidelberg–New York 1980

Methylquecksilber-Ion [22967-92-6]

1. **Allgemeine Informationen**
1.1. Methylquecksilber [22967-92-6]
1.2. Quecksilber(1+), Methyl-, Ion
1.3. $CH_3Hg^{\oplus}$ $CH_3{-}Hg^{\oplus}$
1.4. keine Angaben
1.5. Organoquecksilberverbindung
1.6. giftig

2. **Ausgewählte Eigenschaften**
2.1. 216,1
2.2. keine Angaben
2.3. keine Angaben
2.4. keine Angaben
2.5. keine Angaben
2.6. keine Angaben
2.7. keine Angaben
2.8. vergleiche unter Quecksilber und -verbindungen
2.9. keine Angaben
2.10. keine Angaben
2.11. keine Angaben
2.12. In Fischen sind Biokonzentrationsfaktoren zwischen 1000 und 2500 festgestellt.
2.13. keine Angaben
2.14. keine Angaben

3. **Toxizität**
3.1. Methylquecksilber-Expositionen erfolgen vorzugsweise über biologische Ketten. Da die Substanz analytisch kaum erfaßt wird, sondern Analysenergebnisse nahezu immer Gesamtquecksilber repräsentieren, kann die Exposition nicht quantifiziert werden.
3.2. 0,005 mg/kg/d sind beim Menschen ohne toxische Wirkung (ohne Angabe der Expositionszeit). 0,08 mg/kg/d über 32 d oral, führen beim Menschen zu Schädigungen des ZNS und zum Tode.
3.3. vergleiche unter Quecksilber und -verbindungen
3.4. 0,03 mg l^{-1} wirken bei Fischen teratogen
3.5. 1 mg l^{-1} über 13 d sind bei Flundern ohne toxische Wirkung. 5 mg l^{-1} inhibieren die Glycin Inkorporation bei Scorpion-Fischen, 100 mg l^{-1} vermindern bei Killifischen die Natriumionenaufnahme durch die Kiemen.
3.6. Im Organismus erfolgt eine schnelle Resorption und Verteilung mit nachfolgender Anreicherung in lipoidreichen Organstrukturen. In Fischen wurden biologische Halbwertszeiten von 275–1000 d bestimmt. Im Säugerorganismus ist der Metabolismus von Methylquecksilber zu Quecksilber festgestellt (vergleiche unter Quecksilber und -verbindungen).
3.7. In Fischen sind Biokonzentrationsfaktoren bis zu 2500 festgestellt.

4. Grenz- bzw. Richtwerte

4.1. MAK-Wert: 0,01 mg/m³
Gefahr der Hautresorption
Gefahr der Sensibilisierung (D)
4.2. maximal zulässige wöchentliche Aufnahme
durch den Menschen: 0,2 mg (WHO)
Grenzwert für ausgewählte Nahrungsmittel: 0,2 µg/g (Japan)
4.3. keine Angaben

5. Umweltverhalten

vergleiche unter Quecksilber und -verbindungen

6. Abfallbeseitigung/schadlose Beseitigung/Entgiftung

keine Angaben

7. Verwendung

keine Angaben

Literatur

IRPTC Data Profile on Mercury (with special emphasis on data from the Mediterranean region), UNEP, Geneva 1980

Methylquecksilberchlorid [115-09-3]

1. Allgemeine Informationen

1.1. Methylquecksilberchlorid [115-09-3]
1.2. Quecksilber, Chlormethyl-
1.3. CH_3HgCl $CH_3—Hg—Cl$
1.4. keine Angaben
1.5. Organoquecksilberverbindung
1.6. giftig

2. Ausgewählte Eigenschaften

2.1. 251,08
2.2. keine Angaben
2.3. keine Angaben
2.4. 170 °C
2.5. keine Angaben
2.6. 4,06 g/ml
2.7. Wasser: keine Angaben
2.8. vergleiche unter Quecksilber und -verbindungen
2.9. keine Angaben
2.10. keine Angaben
2.11. keine Angaben

2.12. Biokonzentrationsfaktor in Fischen in 30 d zwischen 2500 und 27000
2.13. keine Angaben
2.14. keine Angaben

3. **Toxizität**
3.1. keine Angaben
3.2. oral   Ratte   LD 50   58 mg/kg
     oral   Mensch   LDL 0   5 mg/kg
     oral   Meerschwein LD 50   21 mg/kg
3.3. 0,1 mg/kg/d über 140 d an Affen verabreicht führen zu Gewichtsverlusten, 0,4 mg/kg/d über 140 d haben eine ausgeprägte neurotoxische Wirkung. Veränderungen der Nieren- und Blasenfunktion bei Expositionen gegenüber 0,1 mg/kg/d über 30 d werden bei Ratten beobachtet.
3.4. Beim Menschen sind mutagene Effekte in Form von Chromosomenaberrationen und anormalen Chromosomenteilungen nachgewiesen. 4,2 mg/kg/d über 3 Wochen an Ratten verabreicht, haben strukturelle Veränderungen des renalen Systems sowie funktionelle Veränderungen des gastrointestinalen Systems zur Folge. 2,5 mg/kg/d während des 6.–17. Tages der Trächtigkeit an Mäuse verabreicht, führen zu teratogenen Effekten. Bei Ratten wirken bereits 0,1 mg/kg/d während des 6.–15. Tages der Trächtigkeit appliziert, schädigend auf den Fötus. Schädigungen des reproduktiven Systems sind bei Mäusen und Ratten bei Dosen von 0,1–5,0 mg/kg/d festgestellt.
3.5. Für Fische wird die akute Toxizität ohne Speciesdifferenzierung mit 0,5 mg l^{-1} über 7 h angegeben.
3.6. vergleiche unter Quecksilber und -verbindungen
3.7. Bei Ausgangskonzentrationen von 1 mg l^{-1} in Wasser sind in Fischen über 30 d Biokonzentrationsfaktoren bis zu 27000 festgestellt.

4. **Grenz- und Richtwerte**
4.1. MAK-Wert: 0,01 mg/m^3 (D)
                     Gefahr der Hautresorption
                     Gefahr der Sensibilisierung
4.2. keine Angaben
4.3. keine Angaben

5. **Umweltverhalten**
    vergleiche unter Quecksilber und -verbindungen

6. **Abfallbeseitigung/schadlose Beseitigung/Entgiftung**
    keine Angaben

7. **Verwendung**
    keine Angaben

Literatur

IRPTC Data Profile on Mercury (with special emphasis on data from the Mediterranean region), UNEP, Geneva 1980

Schwefelkohlenstoff [75-15-0]

Technischer Schwefelkohlenstoff ist zumeist mit Schwefelwasserstoff und anderen unangenehm riechenden Verbindungen verunreinigt. Die Verbindung ist sehr leicht flüchtig und bildet mit Luft leicht explosible Gemische. Die Dämpfe sind 2,6mal schwerer als Luft.

1. **Allgemeine Informationen**
1.1. Schwefelkohlenstoff [75-15-0]
1.2. Kohlenstoffdisulfid
1.3. CS_2
    $S{=}C{=}S$
1.4. Carbondisulfid, Kohlendisulfid
1.5. Sulfid
1.6. giftig, leichtentzündlich

2. **Ausgewählte Eigenschaften**
2.1. 76,13
2.2. Reiner Schwefelkohlenstoff ist eine farblose, lichtbrechende, leicht bewegliche, aromatisch riechende Flüssigkeit. Das technische Produkt ist gelblich gefärbt und hat einen scharfen, radieschenartigen Geruch.
2.3. 46,3 °C
2.4. −111,5 °C
2.5. 400 mm Hg bei 28 °C, 53,3 kPa bei 28 °C
2.6. 1,263 g/cm³ bei 20 °C
2.7. Wasser: 0,294 Gewichtsprozent löslich
    gut löslich in Ethylalkohol, Diethylether und Tetrachlormethan
2.8. Beim Verbrennen von Schwefelkohlenstoff entsteht Schwefeldioxid und Kohlendioxid. Auf Grund seiner chemischen Struktur ist das Molekül hoch reaktiv, wobei schnelle Umsetzungen mit nucleophilen, über ein freies Elektronenpaar verfügende Stoffe erfolgen (Mercapto-, Amino- und Hydroxylgruppen). Bei Reaktionen mit Verbindungen, die über 2 freie Elektronenpaare im Molekül verfügen, werden häufig thiazolinartige Verbindungen gebildet. Schwefelkohlenstoff ist ein ausgezeichnetes Lösungsmittel für Schwefel, Phosphor, Iod, Brom, Selen, Harze, Kampfer, Kautschuk, Fette und Gummi.
2.9. entfällt
2.10. entfällt
2.11. entfällt
2.12. entfällt
2.13. keine Angaben
2.14. $k_{OH} = 2 \cdot 10^{-12}\,cm^3\,s^{-1}$; $t_{1/2} = 8\,d$

3. **Toxizität**
3.1. keine Informationen über umweltrelevante Expositionen verfügbar
3.2. oral   Mensch   LD   10 g

ihl	Mensch	LD	ab 2 000 ppm in wenigen Minuten
oral	Ratte	LD 50	3 188 mg/kg
ihl	Ratte	LC 50	25 000 mg/m^3 2 h
oral	Maus	LD 50	2 780 mg/kg
ihl	Maus	LC 50	20 000 mg/m^3 2 h

3.3. Chronische Intoxikationen manifestieren sich u. a. in Verhaltensstörungen (30–160 mg/m^3 über mehr als 6 Jahre), Hirnschädigungen (150 mg/m^3 über mehrere Jahre), arteriosklerotischen Veränderungen und erhöhter Rate an Herzerkrankungen (30–120 mg/m^3 über 10 Jahre), Veränderungen der Schilddrüsenfunktion sowie des gesamten endokrinen Systems und Schädigungen des Gastrointestinaltraktes beim Menschen.

3.4. Zur Karzinogenität und Mutagenität von Schwefelkohlenstoff sind keine Informationen verfügbar. Bei Expositionen zwischen 0,1–140 mg/m^3 über 30 min bis zu 6 h pro Tag über 15 Monate werden im Tierexperiment teratogene Effekte beobachtet. Bei weiblichen Versuchstieren kommt es darüber hinaus zu gonadotoxischen Wirkungen.

3.5. Für Fische (ohne Speciesangabe) wird die akute Toxizität mit einem Bereich von 10–99 mg l^{-1} angegeben.
Toxische Grenzkonzentrationen:
Plötze –35 mg l^{-1}
Barsch –35 mg l^{-1}
Zu beachten ist die Toxizität des bei der Verbrennung von Schwefelkohlenstoff entstehenden Schwefeldioxids. Die letale Konzentration beträgt für Fische etwa 1 mg l^{-1}.

3.6. Schnelle Resorption bei oraler, inhalativer und dermaler Aufnahme. Bei Hautkontakt kommt es zu Verätzungen. 5- bis 10minütige Einwirkung auf die Haut führt zu Symptomen ähnlich einer Verbrennung 2. Grades. Auf Grund seiner elektrophilen Eigenschaften reagiert Schwefelkohlenstoff in Biosystemen bevorzugt mit Stoffen, die 1 oder 2 freie Elektronenpaare im Molekül enthalten, wie Mercapto-, Amino- und Hydroxylgruppen. Dabei kommt es zur Bildung von Dithiocarbamat-, Trithiocarbonsäure- und Xanthogensäurederivaten. Damit im ursächlichen Zusammenhang steht die Enzyminhibierung (Monoamin-Oxidase, alkalische Phosphatase) und die Veränderung der oxidativen Phosphorylierung. Luft-Blut-Verteilungskoeffizient (lg LB = 2,61) sowie Blut-Gewebe-Verteilungskoeffizient (lg BG = 5,64) charakterisieren die schnelle Resorption und Verteilung im Biosystem.

3.7. Relativ geringes Biokonzentrationspotential

4. Grenz- und Richtwerte

4.1. MAK-Wert: 10 ml/m^3 (ppm), 30 mg/m^3 (D)
Gefahr der Hautresorption
60 mg/m^3 (USA)
1 mg/m^3 (SU)

4.2. Trinkwasser: 1 mg/l
Geruchsschwellenwert: 0,21 ppm

4.3. TA Luft: 0,10 g/m^3 bei einem Massenstrom von 2 kg/h und mehr

5. Umweltverhalten

Das Verhalten von Schwefelkohlenstoff in der Umwelt wird insbesondere durch seine große Flüchtigkeit und die damit verbundene Mobilität in der Atmosphäre bestimmt. Bei Wasser- und Bodenverunreinigungen ist mit einem schnellen Verdampfen der Substanz zu rechnen. Zu beachten ist, daß Schwefelkohlenstoffdämpfe schwerer als Luft sind. In aquatischen Systemen ist die Wasserlöslichkeit und hohe Toxizität für Wasserorganismen zu berücksichtigen. Falls nicht massive Bodenverunreinigungen vorausgehen, ist nicht mit Grundwasserkontaminationen zu rechnen (Flüchtigkeit). Infolge der hohen Reaktivität ist nicht mit einer ökotoxikologisch relevanten Persistenz von Schwefelkohlenstoff zu rechnen.

6. Abfallbeseitigung/schadlose Beseitigung/Entgiftung

Schwefelkohlenstoff kann mit geeigneten Lösungsmitteln verdünnt in Sonderabfallverbrennungsanlagen beseitigt werden. Kleinere Mengen können durch Eintropfen in (gut Rühren) eine Suspension von gepulverten Natriumhydroxid in Ethylalkohol/Diethylether entgiftet werden. Schwefelkohlenstoff ist nicht deponierbar.

7. Verwendung

Schwefelkohlenstoff wird hauptsächlich als Lösungsmittel in der chemischen Industrie verwendet (Herstellung von Viskosefasern und Zellophan). Bei der Viskosefaserherstellung wird die Schwefelkohlenemission pro Kilogramm Viskose auf 20–70 g geschätzt.

Literatur

Environmental Health Criteria, No. 10, 1979, Carbon Disulfide. WHO, Geneva 1979
Coppock, R. W., und Buck, W. B.: Toxicology of Carbon Disulfide: A Review., Vet. Hum. Toxicol. 23 (5) (1981): 331–336
UNEP/IRPTC Scientific Reviews of Soviet Literature on Toxicity and Hazards of Chemicals. Carbon disulfide. No. 41, 1983, Moskau 1983

Selen [7782-49-2]

Selen steht in der 6. Hauptgruppe des Periodischen Systems und ist das 60häufigste Element. Natürlicherweise kommt es insbesondere in Verwitterungsgesteinen vor. Die infolge anthropogener Aktivitäten in Strukturen von Hydro-, Pedo- und Atmosphäre emittierten Selenmengen werden auf etwa 5500 t jährlich geschätzt. Das Element tritt in nichtmetallischen roten oder schwarzen Modifikationen bzw. in metalloiden, kristallinen, grauschwarzen Formen auf. Als gesichert ist heute anzusehen, daß Selen für Tier und Mensch essentiell ist. In menschlichen Erythrozyten ist es Bestandteil der Glutathion-Peroxidase. Die mittlere Selenmenge des menschlichen Organismus wird mit etwa 7 mg angegeben. Die tägliche Aufnahme sollte 60–120 µg/Person nicht unterschreiten. Zur Deckung des Selenbedarfes hat die U.S. Food and Drug Administration den Verkauf von 50 µg Selen enthaltenden Tabletten gestattet. Über eine mögliche therapeutische Wirkung des Elementes finden sich in der neueren Literatur eine Vielzahl von Hinweisen. Über eine Reduktion der durch verschiedene Chemikalien im Tierexperiment induzierten Tumoren und von Spontantumoren durch orale Applikation von Selen wird ebenso berichtet, wie über die Steigerung der karzinogenen Wirkung bei Selenmangel. Der Effekt der Verminderung des Tumorwachstums bzw. der Tumorhäufigkeit konnte nur mit Konzentrationen >0,1 mg/kg Diät bzw. Trinkwasser erreicht werden. Entsprechende Wirkungsmechanismen sind nicht bekannt. Zusammenfassend sind gegenwärtig experimentelle Hinweise für den Einfluß von Selen auf

- die Aktivierung und Entgiftung von Karzinogenen,
- die Promotionsphase der Tumorentstehung,
- die Geschwindigkeit des Zellzyklus,
- die Immunabwehr,
- das Wachstum von Tumorzellen,

vorhanden. Der Bereich zwischen essentiellen und toxisch wirkenden Selenmengen ist sehr eng begrenzt. Die maximal unwirksame Dosis wird mit 2 mg/kg angegeben. Die Aufnahme des Elementes erfolgt vorzugsweise in Form von Selenaten oder Seleniten.
Die Emissionen von Selen in die Umwelt resultieren in erster Linie aus der Verbrennung fossiler Energieträger (etwa 62 % der Gesamtemission). Beispielsweise enthalten Kohlen bis zu 4 µg/kg Selen. Die nichtmetallverarbeitende Industrie emittiert anteilmäßig etwa 26 % und die Glas- und Keramikindustrie etwa 5 % des Gesamtselens. Der background level der Atmosphäre wird mit etwa 0,2 ng/m^3 angegeben. In wenig besiedelten Gebieten liegen die Konzentrationen demgegenüber zwischen 0,01–3 ng/m^3; in Ballungsgebieten zwischen 0,01–30 ng/m^3. Der Selengehalt von Böden ist sehr variabel und liegt im Bereich von 0,1–1000 µg/g. In sauren Böden liegt das Element vorzugsweise in Form der wenig wasserlöslichen Eisenselenite, in alkalischen Böden in Form der besser löslichen Selenate vor. Damit im Zusammenhang steht die unterschiedliche Aufnahme des Elementes durch Pflanzen in Abhängigkeit vom jeweiligen Standort. Relativ niedrige Selengehalte werden in Oberflächen- und Grundwässern festgestellt. Die durchschnittlichen Konzentrationen betragen weniger als 10 µg l^{-1}

Bei Anwesenheit von Eisenverbindungen bilden sich in aquatischen Systemen bei pH 7 unlösliche Eisenselenite. Bei höheren pH-Werten können diese zu löslichen Selenaten oxidiert werden. Damit verbunden sind Konzentrationserhöhungen des Elementes im Wasser bis zu 400 µg l^{-1}. Die durchschnittlichen Selengehalte natürlicher Gewässer werden mit 0,2 µg l^{-1} angegeben. In Pflanzen werden teilweise hohe Selenkonzentrationen festgestellt. Bis zu 1 000 mg/kg können Pflanzen enthalten, die nur auf selenhaltigen Böden wachsen. Die durchschnittlichen Konzentrationen liegen im Bereich zwischen 0,05 bis 1,0 mg/kg.

1. Allgemeine Informationen

1.1. Selen [7782-49-2]
1.2. Selen
1.3. Se
1.4. keine Angaben
1.5. Element der 6. Hauptgruppe des Periodischen Systems
1.6. giftig
Die Verwendung von Selenverbindungen als Pflanzenschutzmittel ist in Deutschland verboten.

2. Ausgewählte Eigenschaften

2.1. 78,95
2.2. rote oder schwarze nichtmetallische Modifikation oder grauschwarze, kristalline metalloide Form.
2.3. 685 °C
2.4. 217 °C
2.5. keine Angaben
2.6. 4,79 g/cm^3
2.7. Wasser: unlöslich
2.8. Oxidierende Säuren greifen Selen nicht an. In konzentrierter Schwefelsäure löst es sich beim Erwärmen mit grüner Farbe. Beim Erhitzen an der Luft verbrennt Selen zum Dioxid. Mit einer Reihe von Metallen werden Selenite gebildet, welche in Gegenwart von Säuren Selenwasserstoff entwickeln. Selenverbindungen wirken in Abhängigkeit von der vorliegenden Oxidationsstufe als Oxidations- bzw. Reduktionsmittel. Eine biochemische Transformation in organische Selenverbindungen ist festgestellt. Insgesamt ist das Element in seinen Eigenschaften dem Schwefel vergleichbar.
2.9. entfällt
2.10. entfällt
2.11. entfällt
2.12. entfällt
2.13. entfällt
2.14. entfällt

3. Toxizität

3.1. Die tägliche Selenaufnahme des Menschen wird auf etwa 70 µg geschätzt.

Die Absorptionsrate beträgt etwa 80% und der mittlere Selengehalt des menschlichen Organismus wird mit etwa 7 mg angegeben. Die Selenaufnahme des Menschen unterliegt Schwankungen in einem Bereich zwischen 22–220 µg/d. Allerdings sind Expositionen über das Trinkwasser von 10 bis maximal 3900 µg l^{-1} Selen festgestellt.

3.2. ihl Ratte LCL0 33 mg/kg über 8 h
Gesamtaufnahmen von bis zu 4 g/Person waren beim Menschen ohne sichtbare toxische Wirkung.

3.3. Chronische Intoxikationen führen u. a. zu Muskeldegenerationen, Wachstumsstörungen, Leberschädigungen und zu verminderter Fertilität. Allerdings sind ähnliche Effekte bei Selenmangel-Erkrankungen festgestellt.

3.4. 5, 7 und 10 mg/kg Selenid führen bei Ratten nach 3 Monaten zu Leberzirrhose und zum Tod von 43 der 108 Versuchstiere. Nach 23½ Monaten kommt es zur Bildung von Leberadenomen und hochdifferenzierten hepatozellulären Karzinomen. Bei Verabreichung von 2 oder 3 mg/kg Selenit oder Selenat mit dem Trinkwasser kommt es bei der Kontrollgruppe und der Gruppe die Selenat erhalten hat, zu Mamma- und subkutanen Tumoren. Bei Mäusen konnten keine vergleichbaren Befunde erhoben werden. Den tierexperimentellen Ergebnissen stehen die Ergebnisse epidemiologischer Studien gegenüber, die auf eine Zunahme der Tumorhäufigkeit bei Selenmangel hinweisen. Im mikrobiologischen Kurzzeittest zeigt Selen eine Reduzierung der mutagenen Aktivität chemischer Karzinogene. Insgesamt sind die vorliegenden Ergebnisse zur genotoxischen Wirkung von Selen nicht eindeutig.

3.5. Die akut toxische Wirkung wird ohne Speciesdifferenzierung mit 2 mg l^{-1} angegeben.

3.6. Die Aufnahme von Selen durch den Organismus erfolgt vorzugsweise in Form von Seleniten oder Selenaten. Es erfolgt eine rasche Distribution, wobei in der Leber und Niere die höchsten Konzentrationen erreicht werden. In Abhängigkeit von der täglichen Selenaufnahme beträgt der Gesamtgehalt des Organismus zwischen 3–13 mg Selen. Als gesichert ist anzusehen, daß Selen sowohl für Tier als auch Mensch essentiell ist. Im Blut von gesunden Erwachsenen werden 19–24 µg/100 ml (USA), 10 bis 14 µg/100 ml (Schweden) und 4–11 µg/100 ml (Finnland) analysiert. Veränderungen der Aktivität von Glutathion-Peroxidasen verbunden mit Störungen des Fettsäuremetabolismus bei Selenmangel sind festgestellt. Selenexpositionen mindern die Quecksilbertoxizität. Untersuchungsergebnisse zu Zusammenhängen zwischen Selenmangel und Herz-Kreislauf-Erkrankungen sind nicht eindeutig. Die Selenausscheidung erfolgt vorzugsweise über den Urin. Bei hohen Expositionen sind Exkretionen über die Lunge nachgewiesen, wobei das abgeatmete Dimethylselenid ein Zwischenprodukt des Selenmetabolismus darstellt, welcher bis zum Trimethylseleniumion weitergeführt wird. Die mittlere Retentionszeit beträgt etwa 140 d.

3.7. In Pflanzen sind relativ hohe Konzentrationsfaktoren für Selen festgestellt.

4. Grenz- und Richtwerte

4.1. MAK-Wert: Selenverbindungen (als Se berechnet)

4.2. Trinkwasser:
4.3. keine Angaben

0,01 mg/m³ (D),
0,2 mg/m³ (USA)
0,01 mg/l (WHO)

5. Umweltverhalten

Auf Grund der chemischen Ähnlichkeit mit Schwefel kann Selen in Biosystemen als entsprechender Substituent wirken. Damit verbunden ist beispielsweise der Seleneinbau in Proteine. Infolge mikrobiologischer Aktivitäten kann Selen in Hydro- und Pedosphäre in organischen Selenverbindungen wie Dimethylselenid oder Dimethyldiselenid transformiert werden. Damit ist eine wesentliche Erhöhung der Mobilität des Elementes infolge der hohen Flüchtigkeit organischer Selenverbindungen verbunden. Im menschlichen Organismus ist im Verlaufe des Selenmetabolismus ebenfalls die Bildung von Methylseleniden nachgewiesen. Die Mobilität des Elementes in der Umwelt ist u. a. abhängig vom pH-Wert und vom Gehalt der Hydro- und Pedosphäre an Eisensalzen. Erfahrungsgemäß ist Selen in alkalischen und neutralen Böden mobiler als in saurem Milieu. In Gegenwart von Eisensalzen bilden sich im sauren Bereich unlösliche Eisenselenite, welche zur Fixierung des Elementes in Sedimenten und Böden führen. Im alkalischen Milieu können Selenite zu Selenaten oxidiert werden. Damit verbunden sind entsprechende Remobilisierungen des Elementes in Hydro- und Pedosphäre. Pflanzen sind zur Akkumulation von Selen befähigt. Selengehalte in verschiedenen Getreidearten von bis zu 30 mg/kg sind nachgewiesen.

6. Abfallbeseitigung/schadlose Beseitigung/Entgiftung

In jedem Fall ist eine Rückgewinnung von Selen aus entsprechenden Abprodukten oder Rückständen anzustreben.

7. Verwendung

Selen bzw. Selenverbindungen werden u.a. in der Glas- und Farbenindustrie sowie in photoelektrischen Systemen, der Xerographie und der Filmherstellung verwendet.

Literatur

Bennett, B. G.: Exposure of Man to Environmental Selenium – An Exposure Commitment Assessment. Sci. Total Environ. **31** (1983): 117–127
Marier, J. R., und Jaworski, J. F.: Interactions of Selenium. National Research Council Canada No. 20643, 1983, National Research Council Canada, Ottawa 1983
Robberecht, H., und van Grieken, R.: Selenium in Environmental Waters: Determination, Speciation and Concentration Levels. Talanta **28** (1982): 823–844
Robberecht, H., et al.: Selenium in Environmental and Drinking Waters of Belgium. Sci. Total Environ. **26** (1983): 163–172
Schweinsberg, F.: Gesundheitliche Bedeutung der Selen-Aufnahme mit Trinkwasser. Vom Wasser **59** (1982): 73–82

Simazin [122-34-9]

Die Herstellung von Simazin erfolgt durch Umsetzung von Cyanursäurechlorid mit zwei Äquivalenten Ethylamin. Simazin gehört zu den ältesten Triazin-Herbiziden und ist als Bodenherbizid vielseitig einsetzbar.

1. **Allgemeine Informationen**
1.1. Simazin [122-34-9]
1.2. 1,3,5-Triazin-2,4-diamin, 6-chlor-N,N'-diethyl-
1.3. $C_7H_{12}ClN_5$

$$C_2H_5-HN-\underset{N}{\underset{\|}{C}}\overset{Cl}{\underset{N}{\|}}\underset{N}{\overset{\|}{C}}-NH-C_2H_5$$

1.4. Simazin
1.5. Triazine
1.6. keine Angaben

2. **Ausgewählte Eigenschaften**
2.1. 201,3
2.2. farblose Kristalle
2.3. keine Angaben
2.4. 225–227 °C
2.5. $6,2 \cdot 10^{-9}$ Torr bei 20 °C
2.6. keine Angaben
2.7. Wasser: 2 ppm bei 0 °C
               5 ppm bei 20 °C
              84 ppm bei 85 °C
     Methanol: 400 ppm bei 20 °C
     Chloroform: 900 ppm bei 20 °C
2.8. Unter Normalbedingungen ist die Substanz relativ stabil. Durch Alkalien und Säuren erfolgt hydrolytische Zersetzung unter Substitution des Chloratoms und Bildung von Hydroxylsimazin. Simazin ist nicht korrosiv.
2.9. lg P   = 3,0
2.10. H   = $4,1 \cdot 10^{-5}$
2.11. lg SC = 2,9 (berechnet)
2.12. lg BCF = 3,2 (berechnet)
2.13. nicht leicht biologisch abbaubar
2.14. keine Angaben

3. **Toxizität**
3.1. keine Angaben
3.2. oral   Ratte   LD 50   5 000 mg/kg
     oral   Maus   LD 50   5 000 mg/kg

dermal	Kaninchen	LD 50	10 020 mg/kg
ihl	Ratte	LC 50	1 800 mg/m³ über 1 h

15tägige dermale Exposition von Ratten gegenüber 1 000 ppm führen zu Hautirritationen.

3.3. Im 2-Jahre-Test mit Ratten und Hunden wurde ein no effect level von 120 ppm bzw. 100 ppm ermittelt.
3.4. Im Tierexperiment ist keine mutagene Wirkung und keine Beeinträchtigung des reproduktiven Systems festgestellt. Zur Karzinogenität sind keine Informationen verfügbar.
3.5. Schwellenwerte toxischer Wirkungen:

Barsch:		50 mg/l
Plötze:		100 mg/l
Guppy:		3,5 mg/l
Forelle:	LC 50	2,8 ppm über 96 h
Goldfisch:	LC 50	32 ppm über 96 h

3.6. keine Angaben
3.7. Auf Grund eines Biokonzentrationsfaktors von lg BCF = 3,2 ist eine mittlere Biokonzentrationstendenz zu erwarten.

4. Grenz- und Richtwerte

4.1. keine Angaben
4.2. Trinkwassergrenzwert: 0,1 µg/l als Einzelstoff
0,5 µg/l als Summe der Pflanzenschutzmittel (D)
4.3. keine Angaben

5. Umweltverhalten

Das Stoffverhalten in der Umwelt wird durch die geringe Wasserlöslichkeit, einen niedrigen Dampfdruck verbunden mit geringer Flüchtigkeit und der physikalisch-chemischen Stabilität bestimmt. Die geringe Wasserlöslichkeit und Flüchtigkeit lassen eine mittlere Bio- und Geoakkumulationstendenz und eine verminderte Mobilität in und zwischen Hydro-, Pedo- und Atmosphäre erwarten. In aquatischen Systemen ist Simazin im pH-Bereich 3–10 relativ stabil. Hydrolyse erfolgt lediglich unter extremen pH-Bedingungen. Stabilität und Wasserlöslichkeit schließen bei massiven Bodenverunreinigungen Bodenmigrationen und Grundwasserkontaminationen nicht aus. Über biologische Transformationsprodukte liegen keine Informationen vor.

6. Abfallbeseitigung/schadlose Beseitigung/Entgiftung

Rückstände oder wirkstoffhaltige Produkte können auf Schadstoffdeponien abgelagert werden.

7. Verwendung

Herbizid

Styren [100-42-5]

Die jährliche Weltproduktion an Styren wird mit etwa 7 Mill. t angegeben. Die Herstellung erfolgt vorzugsweise durch katalytische Dehydrierung von Ethylbenzen bei Temperaturen von etwa 600 °C an einem Eisenoxid-Kontakt. Die Dimerisierung von Butadien mit nachfolgender Dehydrierung des gebildeten Vinylcyclohexens, die Pyrolyse von Acetylen oder die Dehydratisation von Phenylethanol sind weitere gebräuchliche Verfahren der Styrensynthese.

1. Allgemeine Informationen

1.1. Styren [100-42-5]
1.2. Benzen, Ethenyl-
1.3. C_8H_8

1.4. Vinylbenzol, Ethylenbenzol
1.5. aromatische Verbindung
1.6. reizend

2. Ausgewählte Eigenschaften

2.1. 104,2
2.2. farblose, ölige Flüssigkeit mit stechendem Geruch
2.3. 145 °C, 33,6 °C bei 1,33 kPa
2.4. $-30,6$ °C
2.5. 6 mbar/600 Pa; 0,866 kPa bei 25 °C; 1,33 kPa bei 35 °C
2.6. 0,902 g/cm^3
2.7. Wasser: etwa 250 mg l^{-1}
gut löslich in Ethanol und Ethylether
2.8. Die olefinische Seitenkette am aromatischen Kern ist maßgebliche Ursache für die Reaktivität von Styren. Die Verbindung neigt bereits unter Normalbedingungen zur Polymerisation (glasartige Masse). Da die Polymerisation stark exotherm verläuft, kann es zu explosionsartigen Umsetzungen kommen. Selbst in Gegenwart von Stabilisatoren erfolgt unter der Einwirkung starker Säuren oder von Sauerstoff schnelle Polymerisation. Styren ist brennbar mit einem Flammpunkt von 34 °C. Die oxidative Umsetzung erfolgt unter Bildung von Benzaldehyd und Formaldehyd sowie geringen Mengen Benzylalkohol.
2.9. lg P $= 3,4$ (errechnet)
2.10. H $= 1,366 \cdot 10^3$
2.11. lg SC $= 2,45$
2.12. lg BCF $= 2,7$
2.13. biologisch leicht abbaubar
2.14. $k_{OH} = 5,3 \cdot 10^{-11}$ cm^3 s^{-1}; $t_{1/2} = 0,3$ d

3. **Toxizität**
3.1. keine Angaben
3.2. oral   Ratte   LD 50   4 920 mg/kg
    oral   Maus   LD 50   316 mg/kg
    ihl   Ratte   LD 50   10 700–13 500 mg/m^3/4 h
    ihl   Maus   LD 50   17 800–24 800 mg/m^3/2 h
Bei inhalativer Aufnahme wird die niedrigste toxische Dosis für den Menschen mit 376–600 ppm angegeben.
8 000 mg/kg in den Gastrointestinaltrakt von Ratten appliziert sind letal für alle Versuchstiere.
3.3. Die inhalative Aufnahme von 1 300 ppm (5,5 mg l^{-1}) über 139 d führt bei Ratten und Meerschweinchen zu Reizerscheinungen der Augen und Nase sowie zu Gewichtsverlusten. Die gleiche Dosis hat bei Kaninchen und Rhesusaffen über 264 d keine vergleichbare Wirkung. 250 mg/kg über 1,5 Monate wirken bei Kaninchen immunsupressiv. 5 mg/kg haben keine Wirkung. 80 mg/kg über 6 Monate in den Gastrointestinaltrakt von Kaninchen appliziert, verursachen leichte Anämie. 0,08 mg/kg haben keine vergleichbare Wirkung. 0,1 und 0,05 mg l^{-1} über 12 Monate an Ratten verabreicht, verursachen Aktivitätsveränderungen verschiedener Enzyme wie Cholinesterase, Transaminase und Aldolase. Der Gamma-Globulinspiegel ist ebenfalls verändert. 0,01 mg l^{-1} bewirken keine nachweisbaren Veränderungen. Bei beruflich exponierten Personen sind u. a. Leberschäden, Aktivitätsminderungen entgiftender Leberenzyme, Verminderungen des Globulinspiegels und des Albumingehaltes sowie eine erhöhte Aktivität der Serum-Cholinesterase festgestellt. Darüber hinaus ist eine erhöhte Inzidenz bei Herz-Kreislauf-Erkrankungen im Zusammenhang mit Styren-Expositionen zu vermuten.
3.4. Styren ist im Ames-Test und in vivo bei Ratten nicht mutagen. Verbunden mit einer Passage der Placenta wirkt die Substanz in vivo bei Ratten in Konzentrationen von 50,5 oder 1,5 mg/m^3 teratogen. Störungen des reproduktiven Systems sind im Tierexperiment und bei beruflich exponierten Personen festgestellt.
3.5. Die akute Toxizität für Fische wird ohne Speciesangabe mit 24–78 mg l^{-1} angegeben.
    LC 50$_{24h}$ Elritze   57 mg l^{-1}
3.6. Insbesondere bei dermalem Kontakt oder inhalativer Aufnahme erfolgt eine relativ schnelle Resorption von Styren im Organismus. Bei Konzentrationen von 1,7–165,5 mg/m^3 erfolgt eine Styrensättigung des Blutes innerhalb einer Stunde. Die Distribution erfolgt vergleichbar schnell. 22 h nach erfolgter Exposition ist Styren im Blut nicht mehr nachweisbar. Die höchsten Konzentrationen sind in der Leber, Niere, dem Fettgewebe und im Gehirn nachgewiesen. Der metabolische Abbau erfolgt u. a. unter Bildung von Mandelsäure und Benzoesäure. Konjugationsreaktionen zwischen Benzoesäure und Glycol führen zur Bildung von Hippursäure. Intermediäre Zwischenprodukte der Mandelsäurebildung sind Phenylglycol und Methylphenylcarbinol.
3.7. Keine Biokonzentration zu erwarten.

4. Grenz- und Richtwerte

4.1.	MAK-Wert:	100 ml/m^3 (ppm), 420 mg/m^3 (D) 200 mg/m^3 (USA) 4 mg/m^3 (SU)
4.2.	Trinkwasser: Geruchsschwellenwert: maximale mittlere tägliche inhalative Aufnahme:	100 µg/l (SU) 20–400 µg/m^3 3 µg/m^3 (SU)
4.3.	TA Luft:	0,10 g/m^3 bei einem Massenstrom von 2 kg/h und mehr

5. Umweltverhalten

Im Vergleich zu Benzen und Toluen ist Styren durch eine deutlich verminderte Wasserlöslichkeit und Flüchtigkeit, eine erhöhte Reaktivität und Bio- sowie Geoakkumulationstendenz charakterisiert. Letztere Verhaltensparameter werden allerdings deutlich durch die Reaktivität der Verbindung beeinflußt.
Die oxidative Stoffwandlung erfolgt in der Atmosphäre und Hydrosphäre unter Bildung von Benzaldehyd und Formaldehyd. In aquatischen Systemen ist die Reaktivität u. a. beeinflußt von der Stoffkonzentration, der Temperatur und dem Wasservolumen. Mikrobiologisch erfolgt ebenfalls eine schnelle Stofftransformation, wobei manche Bakterien befähigt sind, Styren als Kohlenstoffquelle zu nutzen. Konzentrationen >10 mg l^{-1} stören das Selbstreinigungsvermögen von Gewässern, verändern Nitrifizierungsprozesse und führen zur Minderung des Sauerstoffgehaltes. In Oberflächenwässern und Flußsedimenten wurden bis zu 30 µg l^{-1} Styren analysiert. Mit einer ausgeprägten Persistenz der Verbindung in Hydro-, Pedo-, Atmo- und Biosphäre ist nicht zu rechnen. Bevorzugte Transport- und Verteilungsprinzipien sind Atmosphäre und Hydrosphäre.

6. Abfallbeseitigung/schadlose Beseitigung/Entgiftung

Die Hauptmenge der Styrenabfälle entsteht in der petrolchemischen Industrie, bei der Herstellung von Polystyrenkunststoffen, Styren-Butadien-Gummi, aber auch bei der Herstellung von Acrylnitril-Styren-Butadien- und Styren-Acrylnitril-Harzen. Rückstände werden in Sonderabfallverbrennungsanlagen beseitigt. Ausgehärtetes Styrenpolymerisat kann mit Hausmüll gemischt deponiert werden. Stark verdünnte styrenhaltige Abwässer können biologisch gereinigt werden (Konzentrationen: ≦1 mg l^{-1}).

7. Verwendung

Styren wird bevorzugt zur Herstellung von Polymeren und Mischpolymeren, aber auch zur Herstellung von Öl- und Destillatemulsionen, verwendet.

Literatur

Hutzinger, O.: The Handbook of Environmental Chemistry. Vol. 3, Part B, Springer, Berlin–Heidelberg–New York 1982

IRPTC/UNEP, Scientific Reviews of Soviet Literature on Toxicity and Hazards of Chemicals. No. 49, 1984, IRPTC/UNEP, Geneva 1984

IPCS International Programme on Chemical Safety, Environmental Health Criteria 26, Styrene. WHO, Geneva 1983

Tetrachlorethan [79-34-5]

Die Herstellung von Tetrachlorethan erfolgt durch Umsetzung von Acetylen mit Chlor in Gegenwart von Eisenchlorid und Antimonpentoxid bzw. von Schwefeldichlorid und Eisenchlorid als Katalysator. Die Weltproduktion wird gegenwärtig auf mehr als 200 000 t jährlich geschätzt. Trotz der relativ hohen Produktions- und Anwendungsmengen der Verbindungen liegen wenige Ergebnisse zur Toxizität bzw. zum Umweltverhalten und Vorkommen vor.

1. Allgemeine Informationen

1.1. Tetrachlorethan [79-34-5]
1.2. Ethan, 1,1,2,2-Tetrachlor-
1.3. $C_2H_2Cl_4$

$$\begin{array}{c} \text{Cl} \quad \text{Cl} \\ | \quad | \\ H-C-C-H \\ | \quad | \\ \text{Cl} \quad \text{Cl} \end{array}$$

1.4. Acetylentetrachlorid
1.5. Chloralkane
1.6. giftig

2. Ausgewählte Eigenschaften

2.1. 167,9
2.2. farblose, klare, schwere, stark lichtbrechende Flüssigkeit mit chloroformartigem Geruch
2.3. 146,2 °C
2.4. −36 °C
2.5. 5 mm Hg bei 21,0 °C/6,66 · 10^2 Pa
2.6. 1,596 g/cm^3
2.7. Wasser: 2 900 mg l^{-1} bei 25 °C
gut löslich in Methanol, Petrolether, Benzen, Chloroform, Tetrachlormethan.
2.8. Tetrachlorethan ist nicht brennbar und unter Luftausschluß stabil. Bei Luftzufuhr erfolgt langsame Zersetzung unter Bildung von Phosgen und Tetrachlorethylen. In alkalischem Milieu kommt es zur Bildung von Trichlorethylen und Dichloracetylen (explosiv). In Gegenwart von Metallen und Wasser bildet sich Dichlorethylen.
2.9. lg P = 3,0
2.10. H = 1,6 · 10^4
2.11. lg SC = 2,45
2.12. lg BCF = 2,9
2.13. biologisch nicht leicht abbaubar
2.14. keine Angaben

3. **Toxizität**
3.1. keine Angaben
3.2. oral   Ratte   LD 50   200 mg/kg
     ihl   Ratte   LC 50   1700 ppm
     ip   Maus   LD 50   820 mg/kg
Für den Menschen können 3–4 ml Tetrachlorethan oral tödlich sein. Akute Intoxikationen manifestieren sich u. a. in ZNS- und Leberschädigungen.
3.3. Chronische Intoxikationen führen u. a. zu Veränderungen des Lipid- und Adenosintriphosphatgehaltes der Leber.
Infolge der Passage der Blut-Hirn-Schranke kommt es zu Schädigungen des ZNS.
3.4. Im Tierexperiment mit Mäusen ist die Substanz karzinogen. Bei Tests an Ratten wurden die Ergebnisse nicht bestätigt. Tetrachlorethan wird als karzinogen suspekt eingeordnet. Im mikrobiologischen Kurzzeit-Test (Ames-Test) wurde mutagene Aktivität festgestellt. 300–400 mg/kg/d wirken bei Mäusen teratogen.
3.5. 5 mg l^{-1} werden als nicht toxisch für Fische angegeben.
3.6. Im Organismus erfolgt eine relativ schnelle Resorption und Distribution. Wirkorgane sind vorzugsweise die Leber, Niere und das ZNS. Die metabolische Stofftransformation erfolgt unter Bildung von CO_2, Tri- und Tetrachlorethylen, Di- und Trichloressigsäure. Letztere werden über den Urin ausgeschieden, während Tri- und Tetrachlorethylen abgeatmet werden.
3.7. Eine mittlere Bioakkumulationstendenz ist zu erwarten.

4. **Grenz- und Richtwerte**
4.1. MAK-Wert: 1 ml/m³ (ppm), 7 mg/m³ (D)
                          Gefahr der Hautresorption
                          III B begründeter Verdacht auf krebserzeugendes Potential (D)
4.2. Trinkwasser:
     – organoleptisch   0,2 ml/l (SU)
     – unter Berücksichtigung eines möglichen Krebsrisikos: 1,8 µg/l
     Geruchsschwellenwert: 0,2 mg/l
     Geschmacksstellenwert: 0,2 mg/l
4.3. TA Luft: 20 mg/m³ bei einem Massenstrom von 0,1 kg/h und mehr
     Abwassergrenzwert: 1,0 mg/l

5. **Umweltverhalten**

Das Verhalten von Tetrachlorethan in biotischen und abiotischen Strukturen der Umwelt wird maßgeblich bestimmt durch eine relativ hohe Wasserlöslichkeit und Flüchtigkeit, eine geringe Bio- und Geoakkumulationstendenz und infolge der hohen Molekülsymmetrie eine relativ hohe Stabilität gegenüber physikalisch-chemischen und biologischen Transformationsreaktionen. In der Atmosphäre sind photolytische reduktive Dehydrochlorierungen zu erwarten. In Hydro- und Pedosphäre ist eine mikrobiologische Metabolisierung unter Bildung von Di- und Trichloressigsäure bzw. Umsetzung bis zu CO_2 zu vermuten. Auf Grund der Wasserlöslichkeit und Flüchtigkeit sind Hydro- und Atmosphäre die maßgeblichen Transport- und Verteilungsprinzipien des Stoffes. Bei massiven Bodenverunreinigungen sind Bodenmikrationen zu erwarten. Tetrachlorethan ist durch eine relativ hohe Mobilität in und zwischen Hydro-, Pedo- und Atmosphäre charakterisiert. In industriellen Ballungsgebieten werden 0,07–64 µg/m³, in Trinkwasser bis zu 0,11 µg l^{-1} und in Abwasser bis zu 2,2 µg l^{-1} der Verbindung nachgewiesen. Allerdings handelt es sich dabei um Einzel- und keine Durchschnittswerte.

6. Abfallbeseitigung

Tetrachlorethanrückstände oder schwer trennbare Lösungsmittelgemische können in Sonderabfallverbrennungsanlagen beseitigt werden. Eine destillative Aufarbeitung ist zunächst in jedem Fall zu empfehlen. Jede Form der Deponie sollte auf Grund der Wasserlöslichkeit und Flüchtigkeit der Verbindung ausgeschlossen werden.

7. Verwendung

Tetrachlorethan wird vorzugsweise als Lösungsmittel und als Zwischenprodukt bei der Trichlorethylen-Synthese verwendet.

Literatur

WHO, IARC Monographs on the Evaluation of the Carcinogenic Risk of Chemicals to Humans. Vol. 20, 1979, Some Halogenated Hydrocarbons. IARC, Lyon 1979

Konietzko, H.: Chlorinated Ethanes: Sources, Distribution, Environmental Impact, and Health Effects. Hazard Assessment of Chemicals: Current Development, Volume 3 (1984): 401–448

Tetrachlorethylen [127-18-4]

Die Synthese von Tetrachlorethylen erfolgt entweder durch Chlorierung von Acetylen oder durch Chlorierung von 1,2-Dichlorethylen bzw. 2-Stufen-Chlorung von 1,2-Dichlorethan. Die Weltproduktion wird 1972 auf etwa 600 000 t geschätzt, wobei allein die produktionsbedingten Emissionen etwa 1 100 t/a betragen. Allerdings überwiegen die anwendungsbedingten Emissionen von Tetrachlorethylen um Größenordnungen (geschätzt zwischen 70–90 % der Gesamtproduktionsmenge).

1. Allgemeine Informationen

1.1. Tetrachlorethylen [127-18-4]
1.2. Ethen, Tetrachlor-
1.3. C_2Cl_4

$$\begin{array}{c}Cl\\ \diagdown\\ C=C\\ \diagup\diagdown\\ ClCl\end{array}\begin{array}{c}Cl\\ \diagup\\ \\ \\ \end{array}$$

1.4. Perchlorethylen, Perchlor, Per, Tetrachlorethen
1.5. chlorierte Alkene
1.6. mindergiftig

2. Ausgewählte Eigenschaften

2.1. 165,8
2.2. farblose, klare Flüssigkeit von ätherischem Geruch
2.3. 121 °C
2.4. −22,4 °C
2.5. 18,7 mbar bei 20 °C/1,87 · 10^3 Pa
2.6. 1,625 g/cm³
2.7. Wasser: 150 mg l⁻¹ bei 25 °C
gut mischbar mit Ethylalkohol und Diethylether
2.8. Tetrachlorethylen ist nicht brennbar. Bei Kontakt mit heißen Oberflächen erfolgt Zersetzung unter Bildung von u. a. Phosgen und Chlor. Vergleichbare Reaktionsprodukte entstehen bei der Bestrahlung mit UV-Licht. In wäßriger Lösung erfolgt demgegenüber langsame Umsetzung unter Bildung von Trichloressigsäure und Chlorwasserstoff. Durch starke Oxidationsmittel wie Schwefel- und Salpetersäure oder Schwefeltrioxid wird Tetrachlorethylen oxidativ transformiert. Bei Wasserstoffüberschuß erfolgt an einem reduzierenden Nickelkontakt Spaltung in Chlorwasserstoff und Kohlenstoff. Bei etwa 700 °C bildet sich im Kontakt mit Kohlenstoff Hexachlorethan und Hexachlorbenzen.
2.9. lg P = 2,95
2.10. H = 1,13 · 10^5
2.11. lg SC = 2,1
2.12. lg BCF = 2,3

2.13. biologisch nicht leicht abbaubar
2.14. $k_{OH} = 1{,}7 \cdot 10^{-13}\,cm^3\,s^{-1}$; $t_{1/2} = 94\,d$

3. Toxizität

3.1. Als Orientierung zur Abschätzung umweltrelevanter Expositionen können die mittleren Tetrachlorethylen-Belastungswerte für Luft, Trinkwasser und Nahrungsmittel dienen:

Luft (Stadtgebiete):	6,7 µg/m³
(Grundbelastung):	0,01 µg/m³
Trinkwasser:	0,2 µg l⁻¹
Nahrungsmittel:	13,0 µg/kg

3.2.
oral	Mensch	LD	0,5–5,0 g/kg
ihl	Mensch	TCL0	230 ppm
oral	Ratte	LD 50	13 000 mg/kg
ihl	Ratte	LC 50	6 500 ppm
ihl	Ratte	LCL0	4 000 ppm/4 h
oral	Maus	LD 50	6 400–8 000 mg/kg
ihl	Maus	LD 50	10 000 ppm
ivn	Hund	LCL0	85 mg/kg/30 min

3.3. Die maximal tolerierte Dosis über 78 Wochen beträgt bei Ratten bzw. Mäusen 941 mg/kg/d bzw. 722–1 071 mg/kg/d. Chronische Intoxikationen manifestieren sich bei Latenzzeiten bis zu 6 Jahren in Leber- und Nierenschädigungen sowie nervösen Störungen.

3.4. Im Konzentrationsbereich der LD 50-Werte wirkt Tetrachlorethylen im mikrobiologischen Kurzzeittest (Amestest) mutagen. In Experimenten mit Mäusen wurde eine karzinogene Wirkung festgestellt (Lebertumoren), vergleichbare Untersuchungen an Ratten waren ohne signifikante, statistisch gesicherte Ergebnisse. Die Verbindung gilt als karzinogen suspekt. Teratogene und embryotoxische Effekte waren im Tierexperiment nicht nachweisbar.

3.5. keine Angaben

3.6. Tetrachlorethylen wird über den Respirations- und Digestionstrakt sowie die intakte Haut schnell resorbiert. Die Exkretion bei inhalativer Aufnahme erfolgt zu 70 % durch Abatmen, 20 % über den Urin und 0,2 % über Faeces. Als Metaboliten wurden im Urin Trichloressigsäure, Oxalsäure und Dichloressigsäure sowie anorganisches Chlorid analysiert. Über die Bildung von Epoxiden (Oxirane) im Verlauf des Tetrachlorethylen-Metabolismus wird berichtet. Bei dermaler Applikation kommt es zu Haut- bzw. Schleimhautreizungen (entfettende Wirkung).

3.7. Tetrachlorethylen hat ein relativ geringes Biokonzentrationspotential.

4. Grenz- und Richtwerte

4.1. MAK-Wert: 50 ml/m³ (ppm), 345 mg/m³ (D)
4.2. Trinkwasser: 25 µg/l als Summe der Stoffe:
1,1,1-Trichlorethan, Tri- und Tetrachlorethen, Dichlormethan (D)
10 µg/l (WHO)

Unter Berücksichtigung eines möglichen karzinogenen Risikos bei Tetrachlorethylen-Expositionen werden von der U.S. EPA für Trinkwasser folgende Grenzwertempfehlungen gegeben:

Krebsrisiko	Grenzwert ($\mu g\,l^{-1}$)
10^{-7}	0,02
10^{-6}	0,2
10^{-5}	2,0

	Geruchsschwellenwert:	5 ppm
4.3.	TA Luft:	0,10 g/m³ bei einem Massenstrom von 2 kg/h und mehr

5. Umweltverhalten

Auf Grund der hohen Anwendungsmengen und der Einsatzbereiche ist Tetrachlorethylen in Umweltstrukturen weitverbreitet. Sein Verhalten in und zwischen Umweltkompartimenten wird durch die Wasserlöslichkeit und hohe Flüchtigkeit bestimmt. Die Verbindung ist durch eine relativ große Mobilität in Wasser und Atmosphäre charakterisiert. Das Bio- und Geokonzentrationspotential ist nur relativ gering. Auf Grund der im Molekül enthaltenen Doppelbindung ist die Substanz reaktiver als chlorierte Ethane. In der Atmosphäre kann eine photolytische Stoffwandlung unter Bildung von Phosgen und Trichloracetylchlorid erfolgen. Die Halbwertszeit beträgt etwa 3—6 Monate. Damit verbunden ist eine weite Verbreitung in und über die Atmosphäre. In wäßriger Lösung ist das Molekül weniger stabil. Die Halbwertszeit wird mit 3—4 h angegeben. Als Transformationsprodukte entstehen u. a. Trichloressigsäure, ein herbizid wirksamer Stoff, und Chlorwasserstoff. Da die Funktionsfähigkeit biologischer Abwasserreinigungsanlagen durch Konzentrationen bis zu 10 mg l^{-1} nicht beeinträchtigt wird, ist eine Adaption von Wassermikroorganismen in diesem Konzentrationsbereich verbunden mit einem Stoffabbau zu vermuten.

In Hydro-, Pedo-, Atmo- und Biosphäre wurden folgende durchschnittlichen Tetrachlorethylenkonzentrationen analysiert:

Luft:	0,07—40 ppb
Trinkwasser:	bis zu 5 µg l^{-1}
Oberflächenwasser:	bis zu 10 µg l^{-1}
Regenwasser:	bis zu 0,15 µg l^{-1}
Meerwasser:	bis zu 3 µg l^{-1}
Abwasser:	bis zu 6 µg l^{-1}
Gewässersediment:	bis zu 4,8 µg/kg
Oberflächennahes Wasser des Atlantik:	0,2—0,8 ng l^{-1}
Nahrungsmittel:	bis zu 14 µg/kg
Menschliche Organe:	0,5—29,2 µg/kg

6. Abfallbeseitigung/schadlose Beseitigung/Entgiftung

Rückstände oder Lösungsmittelgemische mit Tetrachlorethylenanteil werden durch Destillation mit nachfolgender Wasserdampfdestillation zur Konzentrierung der Schlämme aufgearbeitet. Restschlämme können in einer Sonderabfallverbrennungsanlage mit Rauchgaswäsche beseitigt werden. Geringe Mengen in geeigneter Konsistenz (im Gemisch mit saugfähigen Materialien und in geschlossenen Behältern) können auf ausgewiesenen Sonderdeponien abgelagert werden.

7. Verwendung

Tetrachlorethylen wird vorzugsweise verwendet als
- Reinigungsmittel in der Textilindustrie (wesentliche Emissionsquelle),
- Zwischenprodukt in der chemischen Synthese,
- Fettlösemittel in der Metallreinigung,
- Lösungsmittel in der chemischen Industrie,
- Extraktionsmittel,
- Zwischenprodukt bei der Synthese von Fluorkohlenwasserstoffen.

Literatur

IARC Monographs on the Evaluation of the Carcinogenic Risk of Chemicals to Humans. Vol. 20, 1979. Some Halogenated Hydrocarbons. IARC, Lyon 1979

IPCS International Programme on Chemical Safety, Environmental Health Criteria 31, Tetrachloroethylene. WHO, Geneva 1984

Tetrachlormethan [56-23-5]

Die Herstellung von Tetrachlormethan erfolgt durch Chlorierung von Methan, Schwefelkohlenstoff oder Propylen. Die jährliche Weltproduktion wird auf etwa 1 Mill. t geschätzt, wobei die produktions- und anwendungsbedingten Emissionen mit etwa 50 000 t angegeben werden. Darüber hinaus entstehen große Mengen Tetrachlormethan bei der Herstellung von Tetrachlorethylen als Nebenprodukt, welche ebenfalls zur Umweltbelastung beitragen. Durch photolytische bzw. oxidative Prozesse in der Atmosphäre kommt es zur Bildung von Tetrachlormethan aus anderen Halogenalkanen bzw. -alkenen. Die Verbindung ist in nahezu allen Strukturen von Hydro-, Pedo-, Atmosphäre und Biosphäre nachweisbar.

1. Allgemeine Informationen

1.1. Tetrachlormethan [56-23-5]
1.2. Methan, Tetrachlor-
1.3. CCl_4

$$Cl-\underset{\underset{Cl}{|}}{\overset{\overset{Cl}{|}}{C}}-Cl$$

1.4. Carbona, Carbonchlorid, Tetra, Perchlormethan, Tetrachlorkohlenstoff
1.5. aliphatische Chlorkohlenwasserstoffe
1.6. giftig
Die Verwendung von Tetrachlormethan als Pflanzenschutzmittel ist in Deutschland verboten.

2. Ausgewählte Eigenschaften

2.1. 153,8
2.2. farblose Flüssigkeit mit charakteristischem Geruch
2.3. 76,7 °C
2.4. −23,0 °C
2.5. 91,3 mm bei 20 °C/1,22 · 10^4 Pa
2.6. 1,585 g/cm^3
2.7. Wasser: 785 mg l^{-1}
löslich in Diethylether, Chloroform, Benzen und Ethanol
2.8. Unter Normalbedingungen ist die Substanz relativ stabil. In Gegenwart von Wasserspuren erfolgt bei 250 °C Zersetzung unter Bildung von Phosgen. Im sauren Milieu wird Tetrachlormethan in Gegenwart von Zink zu Chloroform reduziert.
2.9. lg P = 2,5
2.10. H = 9,7 · 10^4
2.11. lg SC = 2,05
2.12. lg BCF = 2,03
2.13. biologisch nicht leicht abbaubar
2.14. k_{OH} = 1 · 10^{-16} cm^3 s^{-1}; $t_{1/2}$ = 160 400 d

3. Toxizität

3.1. keine Angaben
3.2.
oral	Maus	LD 50	4620 mg/kg
oral	Ratte	LD 50	2920 mg/kg
oral	Hund	LD 50	2000 mg/kg
ihl	Maus	LD 50	9526 mg/kg
oral	Hund	LDL 0	125 mg/kg
ivn	Hund	LDL 0	1000 mg/kg

Die niedrigste toxische Dosis für den Menschen bei inhalativer Aufnahme wird mit 20 ppm angegeben. 50000 mg/m^3 haben bei 40minütiger Exposition bei Albinomäusen narkotisierende Wirkung; für Albino-Ratten wurden entsprechend 75000 mg/m^3 und für Meerschweinchen 80000 mg/m^3 ermittelt. 4stündige Exposition gegenüber 14 mg/m^3 über 8 d führt bei männlichen Albino-Ratten zu funktionellen Störungen im ZNS, der Leber und dem endokrinen System.

3.3. 50 ppm Tetrachlormethan bei 40—150 Applikationen über 200 d führen bei Kaninchen und Meerschweinchen zu Leber- und Nierenschädigungen. Vergleichbare Wirkungen werden bei Affen und Ratten erst bei 100 ppm festgestellt.
Bei direkter Applikation von 15 bzw. 0,15 mg/kg in den Magen von Albino-Ratten wurden im chronischen Experiment über 6 Monate morphologische Veränderungen des Blutes, Aktivitätsveränderungen von Serumenzymen und funktionelle Veränderungen der Leber beobachtet. 0,15 mg/kg waren ohne nachweisbare toxische Wirkungen. Bei chronischem Hautkontakt kommt es zur Ausbildung von Dermatosen, Geschwüren und Verbrennungen.

3.4. Zur karzinogenen Wirkung von Tetrachlormethan liegen eindeutig bestätigende Ergebnisse von Tests an der Ratte und Maus vor. Das Auftreten von Lebertumoren im Zusammenhang mit entsprechenden Expositionen ist beim Menschen bekannt. Die embryotoxische Wirkung ist tierexperimentell nachweisbar. Im mikrobiologischen Kurzzeittest (Amestest) ist die Verbindung nicht mutagen.

3.5. Die akute Toxizität wird ohne Speziesdifferenzierung mit einem Bereich von 100—1000 mg l^{-1} angegeben.

3.6. Die Resorption und Distribution von Tetrachlormethan im Organismus erfolgt relativ schnell. Etwa 1 h nach oraler Aufnahme sind 35% der Substanz resorbiert. Die höchsten Konzentrationen werden im Fettgewebe, dem Gehirn, der Leber und Niere analysiert. Die Ausscheidung erfolgt zu 50—60% über die Lunge. Schleimhautreizungen, Rauschzustände, Atemlähmungen, Herz-Kreislauf-Versagen sowie Leber- und Nierenschäden sind wesentliche Vergiftungssymptome.

3.7. Auf Grund des Verteilungskoeffizienten ist nur eine geringe Bioakkumulationstendenz zu erwarten.

4. Grenz- und Richtwerte

4.1. MAK-Wert: 10 ml/m^3 (ppm), 65 mg/m^3 (D)
Gefahr der Hautresorption

	III B begründeter Verdacht auf krebserzeugendes Potential (D)
4.2. Trinkwasser:	3 µg/l (D) 0,3 mg/l (SU) 0,3 µg/l (WHO 1983)
organoleptischer Schwellenwert:	5 mg/l
Geruchsschwellenwert:	70 ppm
4.3. TA Luft:	20 mg/m³ bei einem Massenstrom von 0,1 kg/h und mehr
Abfallbehandlung nach § 2 Abs. 2 Abfallgesetz:	halogenhaltige organische Lösungsmittel, lösemittelhaltige Schlämme, Lackschlämme, Farbenschlämme, Anstrichstoffe Abfallschlüssel 55 211, 55 401, 55 503, 55 508

Nach EG-Richtlinie 86/280/EWG bestehen Grenzwerte für Emissionsnormen für die Ableitung von Tetrachlormethan aus Industriebetrieben und Qualitätsziele für Gewässer.

Grenzwerte für Emissionsnormen im abgeleiteten Abwasser
- Herstellung durch Perchlorierung: 3 mg/l Tagesmittelwert
  1,5 mg/l Monatsmittelwert
- Herstellung von Chlormethanen durch Methanchlorierung: 3 mg/l Tagesmittelwert
  1,5 mg/l Monatsmittelwert

Qualitätsziele für Gewässer, die von den Abwässern betroffen werden:
- oberirdische Binnengewässer
- Mündungsgewässer
- innere Küstengewässer   12 µg/l
- Küstenmeere

(arithmetisches Mittel der Ergebnisse eines Jahres)

5. Umweltverhalten

Wie bei Chloroform kann bei Tetrachlormethan von einem nahezu ubiquitären Vorkommen in der Umwelt ausgegangen werden. Das Verhalten des Stoffes in abiotischen und biotischen Strukturen von Hydro-, Pedo- und Atmosphäre wird maßgeblich bestimmt von der Wasserlöslichkeit/Lipoidlöslichkeit, der hohen Flüchtigkeit, der relativ geringen Bio- und Geoakkumulationstendenz und der im Vergleich zu anderen Chlormethan-Verbindungen relativ hohen Persistenz. Die Halbwertszeit in der Atmosphäre wird mit etwa 13 a, die Hydrolyse-Halbwertszeit in Gewässern mit 10^3 Wochen angegeben. In Biosystemen wurden biologische Halbwertszeiten von bis zu 2 a ermittelt. Während der hohe Dampfdruck der Verbindung einen bevorzugten Übergang aus der Hydro- und Pedosphäre in die Atmosphäre zur Folge hat, resultieren aus der Wasserlöslichkeit, verbunden mit der Fähigkeit zur Bodenmigration, Möglichkeiten der Kontamination von Grundwässern. Haupttransport- und -verteilungsprinzipien für Tetrachlormethan sind Atmo- und Hydrosphäre. Aus den physikochemischen Stoffeigenschaften ergibt sich bei entsprechenden Emissionen folgende Stoffverteilung in der Umwelt:

Atmosphäre: etwa 99 %
Wasser: 0,5 %
Boden/Sediment: etwa 0,5 %

Aus bisher vorliegenden Ergebnissen von Monitoringanalysen ergeben sich folgende annähernde durchschnittliche Konzentrationen für Umweltstrukturen:

Luft:
Stadtgebiete	1,4 µg/m^3
Nord- und Südatlantik	0,07 µg/m^3

Wasser:
Trinkwasser	bis zu 1,8 µg l^{-1}
Grundwasser	bis zu 0,8 µg l^{-1}
Uferfiltrat	bis zu 1,5 µg l^{-1}
Oberflächenwasser	bis zu 0,6 µg l^{-1}
Abwasser	bis zu 2,4 µg l^{-1}
Küstengewässer	bis zu 0,5 µg l^{-1}

Mensch:
Niere	bis zu 3,0 ppm
Leber	bis zu 5,0 ppm
Fettgewebe	bis zu 14,0 ppm

6. Abfallbeseitigung/schadlose Beseitigung/Entgiftung

Rückstände oder Lösungsmittelgemische können destillativ mit nachfolgender Wasserdampfdestillation der Schlämme aufgearbeitet werden. Destillationsschlämme können in Sonderabfallverbrennungsanlagen beseitigt werden. Jede Form der Deponie sollte ausgeschlossen werden.

7. Verwendung

Die Substanz wird zur Herstellung von Chlorfluormethanen, als Lösungs-, Reinigungs-, Flammschutz- und Desinfektionsmittel und Ausgangsstoff für chemische Synthesen verwendet.

Literatur

IRPTC, Scientific Reviews of Soviet Literature on Toxicity and Hazards of Chemicals. No. 27, Carbontetrachloride, UNEP-IRPTC 1983
IARC Monographs on the Evaluation of Carcinogenic Risks of Chemicals to Humans. Vol. 20, 1979, Some Halogenated Hydrocarbons. IARC, Lyon 1979

Thiram [137-26-8]

Die Herstellung von Thiram erfolgt zunächst durch Umsetzung von Diethylamin, Schwefelkohlenstoff und Natriumhydroxid unter Bildung von Natrium-Dimethyldithiocarbamidat. Aus dem Reaktionsprodukt bildet sich in Gegenwart von Luftsauerstoff und Schwefelsäure Thiram.

1. Allgemeine Informationen

1.1. Thiram [137-26-8]
1.2. Thioperoxycarbonsäurediamid, Tetramethyl-
1.3. $C_6H_{12}N_2S_4$

$$\begin{array}{c} CH_3 \\ \diagdown \\ CH_3 \end{array} N-\underset{\underset{S}{\|}}{C}-S-S-\underset{\underset{S}{\|}}{C}-N \begin{array}{c} CH_3 \\ \diagup \\ CH_3 \end{array}$$

1.4. Tiuramyl
1.5. Thiocarbamate
1.6. mindergiftig

2. Ausgewählte Eigenschaften

2.1. 240,44
2.2. farblose Kristalle (Reinsubstanz); gelblich gefärbter Feststoff (technisches Produkt)
2.3. 155–156 °C (Reinsubstanz); 139–142 °C (technisches Produkt)
2.4. 155–156 °C (Reinsubstanz); 139–142 °C (technisches Produkt)
2.5. geringer Dampfdruck (keine spezifische Angabe)
2.6. 1,29 g/cm³ bei 20 °C
2.7. Wasser: 30 ppm bei 20 °C; bei 25 °C weniger als 50 mg/l
    Aceton: 31 g/l
2.8. In saurem Milieu erfolgt Hydrolyse unter Bildung von Dimethylamin und Schwefelkohlenstoff. Die alkalische Hydrolyse erfolgt unter Bildung von Dimethyldithiocarbaminsäure, die in Schwefelkohlenstoff und Dimethylamin zerfällt. In trockenem Zustand ist die Substanz nicht korrosiv.
2.9. lg P   = 3,4
2.10. H   keine Angaben
2.11. lg SC = 3,2 (berechnet)
2.12. lg BCF = 3,0 (berechnet)
2.13. biologisch nicht leicht abbaubar
2.14. keine Angaben

3. Toxizität

3.1. keine Angaben
3.2. oral   Ratte   LD 50   560 mg/kg
     oral   Katze   LDL 0   230 mg/kg
     oral   Kaninchen LD 50   210 mg/kg
     Für den Menschen wird die letale Dosis mit etwa 3 000 mg/kg angegeben.

3.3. 500 ppm sind bei Ratten über 65 Wochen ohne nachweisbare toxische Effekte.
3.4. 250 mg/kg zwischen dem 6.–17. Tag der Trächtigkeit an Mäuse oral verabreicht, wirken teratogen. Mutagenität ist bei Warmblütern, Insekten und Pflanzen festgestellt. Die Substanz ist dabei stärker mutagen aktiv als vergleichbare Dithiocarbamate und Thiuram-Verbindungen.
3.5. Für ein Spritzpulver mit 50% Wirkstoff wurden toxische Schwellenkonzentrationen für Plötze von 0,1 ppm und für Barsche von 0,2 ppm ermittelt.
3.6. Bei oraler Exposition erfolgt eine verlangsamte aber vollständige Resorption, während bei inhalativer und dermaler Exposition die Resorptionsraten vermindert sind. Unter Bildung von Dimethylamin und Schwefelkohlenstoff wird die Substanz relativ schnell metabolisiert. Neben der hohen Toxizität von Schwefelkohlenstoff ist die potentielle Möglichkeit der N-Nitrosamin-Bildung (Dimethylamin-Nitrit) zu beachten, insbesondere, da die Exkretion der Transformationsprodukte relativ langsam erfolgt. Thiram wirkt vorzugsweise auf das ZNS und infolge der Aktivitätsveränderungen von Enzymen. Unter anderem wird infolge der Aktivitätsverminderung von Aldehyddehydrogenase der Alkoholabbau im Organismus gehemmt, woraus bei entsprechenden Kombinationen eine Toxizitätserhöhung resultiert. Für den Menschen wird die letale Dosis mit etwa 30 g, unter Alkoholeinwirkung mit etwa 1 g angegeben. Thiram wirkt immuntoxisch.
3.7. Auf Grund des Biokonzentrationsfaktors ist eine mittlere Biokonzentrationstendenz zu erwarten. Dem steht jedoch der relativ schnelle metabolische Abbau entgegen.

4. Grenz- und Richtwerte

4.1. MAK-Wert: 5 mg/m^3, gemessen als Gesamtstaub (D) Reaktion mit nitrosierenden Agentien kann zur Bildung des kanzerogenen N-Nitrosodimethylamins führen.
4.2. keine Angaben
4.3. keine Angaben

5. Umweltverhalten

Das Verhalten von Thiram in Hydro- und Pedosphäre wird insbesondere durch den relativ schnellen mikrobiologischen Abbau bestimmt. Abbaugeschwindigkeit und -raten sind abhängig von der mikrobiellen Aktivität, dem pH und dem Gehalt der Matrix an organischer Substanz. In humushaltigen Sandböden wurden bei pH 3 Halbwertszeiten von etwa 1 Woche, bei pH 7 von 5 Wochen ermittelt. In 14–15 Wochen erfolgt der Abbau bei pH 7 nahezu vollständig. Thiram beeinflußt in Böden u. a. Prozesse der Nitrifikation und Ammonifikation, verändert Artenzusammensetzung von Mikroorganismen und hemmt den Abbau von Triazin-Herbiziden. In Abwässern wird bei pH 4 Dimethylamin als Abbauprodukt nachgewiesen. In Anwesenheit von Nitrit erfolgt N-Nitrosamin-Bildung. Biologisch aktives

Abwasser weist dabei deutlich erhöhte Abbauraten und -geschwindigkeiten auf. In der Umwelt ist nur eine geringe Persistenz zu erwarten, wobei allerdings den Metaboliten und Abbauprodukten besondere Beachtung zukommt. Die Wasserlöslichkeit deutet auf eine mittlere Mobilität in und zwischen Hydro- und Pedosphäre hin.

6. **Abfallbeseitigung/schadlose Beseitigung/Entgiftung**

Der Wirkstoff kann nach Lösen in Alkohol in Sonderabfallverbrennungsanlagen vernichtet werden.

7. **Verwendung**

Thiram wird u.a. als Beizmittel und als Vulkanisationsmittel für Natur- und Synthesekautschuk verwendet.

Toluen [108-88-3]

Die jährliche Weltproduktion an Toluen beträgt etwa 5 Mill. t, wobei allein 3,4 Mill. t auf die USA entfallen. Die herstellungs- und anwendungsbedingten Toluen-Emissionen in die Umwelt werden auf etwa 1,0–1,5 Mill. t geschätzt. Dazu kommen weitere 5–6 Mill. t durch Verbrennung fossiler Energieträger sowie von Treibstoffen jeglicher Art (z. B. durch Autoabgase).

1. Allgemeine Informationen

1.1. Toluen [108-88-3]
1.2. Benzen, Methyl-
1.3. C_7H_8

1.4. Methylbenzol
1.5. aromatischer Kohlenwasserstoff
1.6. mindergiftig, leichtentzündlich

2. Ausgewählte Eigenschaften

2.1. 92,15
2.2. farblose, lichtbrechende, brennbare Flüssigkeit mit benzolartigem Geruch
2.3. 111 °C
2.4. −95 °C
2.5. 29 mbar bei 20 °C/$2,9 \cdot 10^3$ Pa
2.6. 0,87 g/cm^3
2.7. Wasser: 470 mg l^{-1} bei 16 °C
gut löslich in Benzen und anderen organischen Lösungsmitteln
2.8. Die meisten Reaktionen des Toluen erfordern spezifische Reaktionsbedingungen (z. B. die Bildung von Benzoesäure, Benzaldehyd u. a.). Kernsubstitutionen sind in ortho- und para-Position bevorzugt. Die Methylgruppe kann durch Dealkylierungsreaktionen abgespalten werden. Die sukzessive Kernhydrierung führt zur Bildung von Methylcyclohexan.
2.9. lg P = 2,39
2.10. H = $3,1 \cdot 10^4$
2.11. lg SC = 1,84
2.12. lg BCF = 1,7
2.13. biologisch leicht abbaubar
2.14. $k_{OH} = 6 \cdot 10^{-12}$ cm^3 s^{-1}; $t_{1/2}$ = 2,6 d

3. Toxizität

3.1. Zu umweltrelevanten Expositionen sind keine Informationen verfügbar.
3.2. oral   Ratte   LD 50   3 000 mg/kg
     ipr   Ratte   LD 50   1 640 mg/kg

Bei inhalativer akuter Aufnahme treten beim Menschen bereits bei Dosen von 200 ppm Störungen des ZNS auf. Inhalative Aufnahme von 4000 ppm 5mal pro Woche über 8 Wochen sind bei Mäusen nicht letal.

3.3. Anreicherungen von Toluol in Nebenniere, Knochenmark, Gehirn, Leber u. a. lipoidreichen Organen sind die Folge chronischer Expositionen. Chronisch toxische Effekte manifestieren sich in Nekrosen sowie Degenerationserscheinungen von Leber, Niere und Gehirn.

3.4. Bei inhalativer Aufnahme von 300 ppm über 18 Monate wirkt Toluen bei Ratten karzinogen. Dermale Applikation führt bei Mäusen zur Tumorbildung.

3.5. Die akute Toxizität wird für Fische (ohne Speciesangabe) mit etwa 10 mg l^{-1} angegeben.

3.6. Schnelle Resorption über Respirations- und Digestionstrakt. Die Metabolisierung erfolgt im Warmblüterorganismus vorzugsweise über Benzylalkohol, Benzaldehyd zu Benzoesäure. Darüber hinaus sind Ringhydroxylierungen und Exkretion entsprechender Konjugate möglich. Die biologische Halbwertszeit wird mit etwa 7 h angegeben. Toluen hat einen stärkeren neurotoxischen Effekt als Benzol. Schädigungen des blutbildenden Systems treten demgegenüber erst bei höheren Konzentrationen als vergleichsweise bei Benzen auf (etwa 3–20 g/m³). Die Biotransformationsrate von Benzen und Styren wird bei gleichzeitiger Toluol-Exposition vermindert.

3.7. Biokonzentration in lipoidreichen Organstrukturen nachweisbar.

4. Grenz- und Richtwerte

4.1.	MAK-Wert:	100 ml/m³ (ppm), 375 mg/m³ (D)
4.2.	Trinkwasser:	12,4 mg/l (USA)
		0,5 mg/l (SU)
	Geruchsschwellenwert:	140–200 mg/m³
4.3.	TA Luft:	0,10 g/m³ bei einem Massenstrom von 2 kg/h und mehr
	Abwassereinleitung:	50 mg/l

5. Umweltverhalten

Infolge seiner Flüchtigkeit und Wasserlöslichkeit besitzt Toluen in Hydro- und Atmosphäre eine hohe Mobilität. Eine hohe Persistenz ist nicht zu erwarten, da in Umweltstrukturen vorzugsweise mit mikrobiologisch bedingten Transformationsreaktionen zu rechnen ist (Abb. 8). Mikrobielle enzymatische Reaktionen können sowohl zur oxidativen Kernaufspaltung unter Bildung der entsprechenden Dicarbonsäuren als auch Bildung von Benzoesäure führen. Obwohl in Böden mit einem schnellen mikrobiologischen Abbau zu rechnen ist, sind infolge der Wasserlöslichkeit bei massiven Bodenverunreinigungen Kontaminationen des Grundwassers mit Toluen nicht auszuschließen. Gegenüber aquatischen Mikroorganismen ist Toluen weniger toxisch als für Fische. Für Daphnien und Algen wurden toxische Grenzkonzentrationen von 60 mg l^{-1} bzw. 120 mg l^{-1} ermittelt. In Oberflächenwässern sind bis zu 5 µg l^{-1} Toluen nachgewiesen, in Trink-

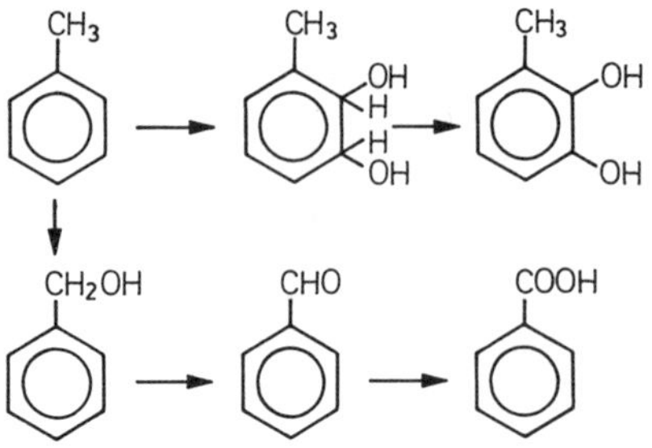

Abb. 8 Mikrobiologisch-oxidativer Metabolismus von Toluen

wässern bis zu 11 µg l^{-1}. Die Abbauprodukte Benzaldehyd und Benzoesäure sind in Trinkwässern ebenfalls analysiert. Auf Grund der physikochemischen Eigenschaften ergibt sich bei Toluen-Emissionen folgende relative Kompartimentalisierung:
Luft: 99%
Wasser: 0,5%
Boden/Sediment: 0,2%

6. Abfallbeseitigung/schadlose Beseitigung/Entgiftung

Toluen kann aus entsprechenden Rückständen oder Abprodukten destillativ zurückgewonnen werden. Nicht mehr verwertbare Rückstände bzw. Destillationsschlämme werden in einer Sonderabfallverbrennungsanlage beseitigt. Eine Deponie sollte ausgeschlossen werden.

7. Verwendung

Neben der Verwendung als Lösungsmittel für Fette, Gummi, Farben, Lacke und Polituren dient Toluen als Ausgangsstoff zur Synthese von Trinitrotoluen, Benzoesäure, Saccharin, Benzen, Phenol, Farbstoffen, Kunstleder und als Zusatz für hochwertige Treibstoffe (Flugzeugbenzin).

Literatur

Hutzinger, O.: Handbook of Environmental Chemistry. Vol. 3, Part B, Springer, Berlin–Heidelberg–New York 1982
Hayden, J. W., Peterson, R. G., und Bruckner, J. V.: Toxicology of Toluene (Methylbenzene): Review of Current Literature. Clin. Toxicol. **11** (1977): 549–559

Toxaphen [8001-35-2]

Toxaphen gehört zu den weitverbreitetsten Chlorkohlenwasserstoffinsektiziden in der Umwelt. Infolge seiner komplizierten chemischen Zusammensetzung ist es bis heute nicht gelungen, diesen Wirkstoff ökochemisch zu qualifizieren. Die genaue chemische Zusammensetzung von Toxaphen ist nicht bekannt. Technisches Toxaphen besteht vorzugsweise aus polychlorierten Camphenen mit 4–12 Chloratomen pro Molekül und enthält etwa 67–69 % Chlor. Die Herstellung- und Anwendungsmengen kumulativ bis 1975 werden mit mehr als 500 000 t angegeben. Der Wirkstoff entsteht bei der Chlorierung technischen Camphens. Identifiziert werden konnten 175 polychlorierte Kohlenwasserstoffe mit 10 Kohlenstoffatomen (Polychlorbornane, Polychlorbornene) und polychlorierte Tricyclen mit 6–10 Chloratomen pro Molekül. Als vermutlich maßgebliche toxische Bestandteile werden die in Abbildung 9 dargestellten Verbindungen angegeben. Eine fraktionierbare Hauptkomponente ist nicht erhältlich.

1. Allgemeine Informationen

1.1. Toxaphen [8001-35-2]
1.2. Toxaphen
1.3. $C_{10}H_{10}Cl_8$ (im Mittel); vergleiche Abb. 10
1.4. Polychlorcamphen, Melipax, Chlorcamphen, Alltox, Toxadust, Phenatox
1.5. polychloriertes Camphen
1.6. Die Verwendung von Toxaphen als Pflanzenschutzmittel ist in Deutschland verboten.

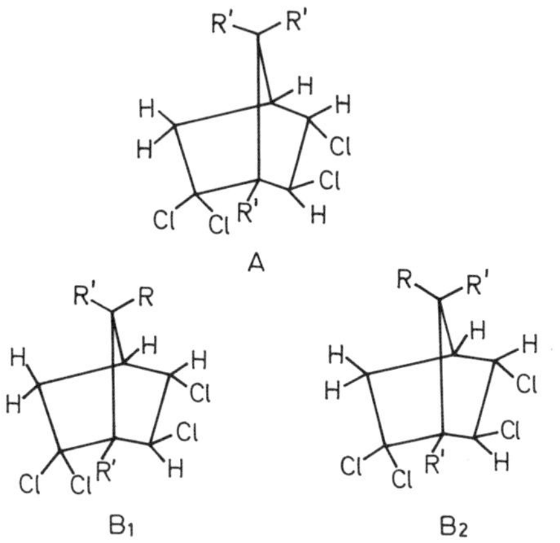

Abb. 9 Biologisch aktive Komponenten von Toxaphen
R − -$CHCl_2$
R' − -CH_2Cl
A − 2,2,5-endo, 6-exo, 8, 9, 10-heptachlorbornan
B_1 − 2,2,5-endo, 6-exo, 8,8, 9, 10-octachlorbornan
B_2 − 2,2, 5-endo, 6-exo, 8, 9, 9, 10-octachlorbornan

2. Ausgewählte Eigenschaften

- 2.1. 414 (im Mittel)
- 2.2. gelblich pastöser oder wachsartiger Stoff
- 2.3. keine Angaben
- 2.4. 65–90 °C
- 2.5. $5 \cdot 10^{-6}$ Torr bei 20 °C/6,66 · 10^{-4} Pa
- 2.6. 1,64 g/cm³ bei 20 °C
- 2.7. Wasser: etwa 6 mg l^{-1}
  in den meisten organischen Lösungsmitteln gut löslich
- 2.8. In Gegenwart von Alkalien erfolgt Dehydrochlorierung. Der Wirkstoff ist relativ photolysestabil. Bei trockener Lagerung werden Metalle nicht korrodiert.
- 2.9. lg P = 3,6
- 2.10. H = 0,25
- 2.11. lg SC = 3,8
- 2.12. lg BSF = 3,95
- 2.13. keine Angaben
- 2.14. keine Angaben

3. Toxizität

- 3.1. Der daily intake über Nahrungsmittel wird durchschnittlich auf 0,042 µg/kg geschätzt. Vergleichbare Angaben für Trinkwasser und Luft liegen nicht vor.
- 3.2.

oral	Ratte	LD 50	80–90 mg/kg
oral	Maus	LD 50	42 mg/kg
oral	Hund	LD 50	25 mg/kg
oral	Kaninchen	LD 50	75 mg/kg
dermal	Ratte	LD 50	800–2 300 mg/kg

  Für den Menschen wird die letale Dosis auf 30–100 mg/kg geschätzt. Toxaphen ist stark bienentoxisch.
- 3.3. 50–200 mg/kg mit der Nahrung verabreicht führen nach 2–9 Monaten bei Ratten zur Hypertrophie der Leberzellen. Chronische Intoxikationen manifestieren sich u. a. in der Veränderung von Leberenzymaktivitäten und der alkalischen Phosphataseaktivität des Serums.
- 3.4. Im mikrobiologischen Kurzzeittest (Amestest) ist Toxaphen mutagen. Bei beruflich exponierten Personen werden Chromosomen-Aberrationen festgestellt. Eine karzinogene Wirkung ist im Experiment mit Ratten und Mäusen nachgewiesen.
- 3.5. Ohne Speciesdifferenzierung werden 0,05 mg l^{-1} Toxaphen als letal für Fische angegeben.
- 3.6. Toxaphen ist durch eine gute Resorbierbarkeit und Distribution im Organismus charakterisiert. In der Ratte werden nach oraler Applikation in 9 d 52,6 % des Toxaphens ausgeschieden, wobei 37 % in Faeces und 15 % im Urin nachweisbar sind. Weniger als 10 % werden in lipoidreichen Organstrukturen akkumuliert. Dechlorierungen und oxidative Stofftransformationen durch mischfunktionelle Oxidasen wie Cytochrom P-450 sind festgestellt. Insgesamt ist ein relativ schneller Metabolismus (teilweise bis zu

CO$_2$ und Chlorid) verbunden mit einer kurzfristigen Ausscheidung des Toxaphens im Warmblüterorganismus zu vermuten. Ausgeschiedene Metaboliten haben nahezu ausschließlich sauren Charakter (möglicherweise Mercapto-, Terpencarbonsäuren oder Glucoronide).

3.7. In aquatischen Organismen wurden Biokonzentrationsfaktoren von $8,4 \cdot 10^3$ bis $19,9 \cdot 10^4$ ermittelt.

4. Grenz- und Richtwerte

4.1. MAK-Wert: 0,5 mg/m^3 (D)
4.2. Trinkwasser: 0,1 µg/l als Einzelstoff (D)
0,5 µg/l als Summe Pflanzenschutzmittel (D)
5,0 µg/l (USA)
ADI-Wert: 0,01 mg/kg/d (WHO)
4.3. Fischgewässer: 5 ng/l (USA)

5. Umweltverhalten

Im Vergleich zu anderen insektiziden Chlorkohlenwasserstoffen ist Toxaphen relativ gut wasserlöslich. Daraus ergeben sich insbesondere Gefährdungsmomente für aquatische Organismen. Die in Sedimenten, Böden und biologischen Materialien analysierten Wirkstoffkonzentrationen deuten auf eine mittlere Bio- und Geoakkumulationstendenz hin. Insgesamt werden hohe Kontaminationswerte nur bei anwendungs- bzw. herstellungsbedingten punktförmigen Emissionen festgestellt. In Oberflächengewässern sind bis zu 3 µg l^{-1}, in Flußsedimenten (Vorfluter der Toxaphenproduktion) bis zu 1 900 mg/kg und in Böden bis zu 34 mg/kg Wirkstoff analysiert. Unter anaeroben Bedingungen reagiert Toxaphen im Boden zu polaren Metaboliten. Vergleichbare Reaktionen werden in aquatischen Sedimenten nachgewiesen. Nach diesen Untersuchungen erfolgt innerhalb von 10–30 d vollständiger Wirkstoffabbau bis zu Bornanalkoholen und Bornancarbonsäuren. Nach Toxaphenapplikation auf Böden sind nach 5 d 55 %, nach 10 d 44 %, nach 20 d 37 % und nach 40 d 29 % des Wirkstoffes noch nachweisbar. Unter natürlichen Bedingungen sind 1 Jahr nach Applikation noch bis zu 51 % des Wirkstoffes im Boden nachweisbar. In aquatischen Systemen erfolgt wahrscheinlich eine relativ schnelle Sorption. Bei einer Applikation von 10 mg/kg Toxaphen auf Bodenflächen sind 2,5 mg/m^3 in der Atmosphäre, 0,5 mg l^{-1} im Wasser und 7 mg/kg in den Pflanzen nachweisbar. In Wasserpflanzen werden Konzentrierungsfaktoren von $2,2 \cdot 10^2$ festgestellt. 95 % Toxaphen sind nach 103 d im Wasser noch analysierbar (Modellversuch).

6. Abfallbeseitigung/schadlose Beseitigung/Entgiftung

Eine Beseitigung von Rückständen oder Abfällen muß auf einer Schadstoffdeponie erfolgen.

7. Verwendung

Insektizid

Literatur

WHO, IARC Monographs on the Evaluation of the Carcinogenic Risk of Chemicals to Humans. Vol. 20, 1979, Some Halogenated Compounds. IARC, Lyon 1979

Parlar, H., und Michna, A.: Ökochemische Bewertung des Insektizides Toxaphen. Teil I/II. Chemosphere **12** (1983): 913–934

IRPTC/UNEP Scientific Reviews of Soviet Literature on Toxicity and Hazards of Chemicals. No. 32, 1983, Toxaphene. IRPTC-UNEP, Geneva 1983

Trichlorethan [71-55-6]

Trichlorethan gehört zu den Chloralkanen mit Produktionsmengen von jährlich mehr als 100 000 t. Die Weltproduktion wird gegenwärtig auf mehr als 600 000 t/a geschätzt. Die Synthese erfolgt entweder durch Chlorierung von Vinylchlorid bzw. Hydrochlorierung von Vinylidenchlorid oder durch thermische Chlorierung von Ethan. Die vorzugsweise Anwendung in offenen Systemen führt zu Emissionen in die Umwelt in Größenordnungen zwischen 50 und 70% der Herstellungsmengen.

1. Allgemeine Informationen

1.1. Trichlorethan [71-55-6]
1.2. Ethan, 1,1,1-Trichlor-
1.3. $C_2H_3Cl_3$

$$\begin{array}{c} Cl\ H \\ | \ \ | \\ Cl-C-C-H \\ | \ \ | \\ Cl\ H \end{array}$$

1.4. Chlorethan, Methylchloroform, Methyltrichlormethan
1.5. Chloralkane
1.6. mindergiftig

2. Ausgewählte Eigenschaften

2.1. 133,4
2.2. farblose Flüssigkeit
2.3. 74,1 °C
2.4. −32,6 °C
2.5. 103 mm Hg bei 20 °C
2.6. 1,336 g/cm³ bei 20 °C
2.7. Wasser: 300 mg/l bei 25 °C
Löslich in Benzen, Aceton, Tetrachlormethan, Methanol, Diethylether, Schwefelkohlenstoff
2.8. In Gegenwart von Metallen oder Wasser erfolgt ab etwa 300 °C Zersetzung unter Bildung von Chlorwasserstoff. Bei Anwesenheit von atmosphärischem Sauerstoff bildet sich dabei Phosgen. In wäßriger Kaliumhydroxid-Lösung erfolgt Bildung von 1,1-Dichlorethan, und in Anwesenheit von Chlor wird die Verbindung photolytisch unter Bildung von Tetrachlorethan, Penta- und Hexachlorethan umgesetzt.
2.9. lg P = 2,8
2.10. H = 2,5 · 10⁵
2.11. lg SC = 1,6
2.12. lg BCF = 1,8
2.13. biologisch nicht leicht abbaubar
2.14. $k_{OH} = 1,2 \cdot 10^{14}$ cm³ s^{-1}; $t_{1/2}$ = 1 337 d

3. Toxizität

3.1. keine Angaben

3.2.
oral	Ratte	LD 50	11 000 mg/kg
oral	Maus	LD 50	11 000 mg/kg
ip	Maus	LD 50	5 000 mg/kg
ihl	Mensch	TCL 0	350–950 ppm

Akute Intoxikationen manifestieren sich in Schädigungen des ZNS und der Leber.

3.3. Im chronischen Experiment werden insbesondere Veränderungen der Aktivität mikrosomaler Leberenzyme festgestellt.

3.4. Trichlorethan wird als karzinogen suspekt eingeordnet, obwohl Ergebnisse des Tierexperimentes bislang nicht eindeutig signifikant sind. Im mikrobiologischen Kurzzeittest ist die Substanz mutagen aktiv. Teratogene und embryotoxische Wirkungen sind nicht festgestellt.

3.5. LD Barsch   75–100 mg/l
Die letale Dosis wird für Fische ohne Speciesdifferenzierung mit 150 bis 175 mg/l angegeben.

3.6. Nach oraler, inhalativer und dermaler Exposition erfolgt eine relativ schnelle Resorption und Distribution im Organismus. Bei inhalativer Aufnahme wird Trichlorethan bevorzugt in der Leber und dem Gehirn nachgewiesen. Es erfolgt jedoch keine Akkumulation. Bei Ratten werden etwa 98 % der aufgenommenen Stoffmenge über die Lunge ausgeschieden. Der metabolische Stoffabbau erfolgt unter Bildung von Glucuroniden des 2,2,2-Trichlorethanols mit nachfolgender Exkretion über den Urin. Geringe Mengen Trichloressigsäure sind im Urin festgestellt. Eine Dechlorierung mittels mikrosomaler Leberenzyme konnte in vitro nicht nachgewiesen werden.

3.7. Die Bioakkumulationstendenz ist nur gering ausgeprägt.

4. Grenz- und Richtwerte

4.1. MAK-Wert: 200 ml/m^3 (ppm)
1 080 mg/m^3 (D)

4.2. Trinkwassergrenzwert: 25 µg/l als Summe der Stoffe:
1,1,1-Trichlorethan, Tri- und Tetrachlorethen, Dichlormethan (D)

4.3. TA Luft: 0,10 g/m^3 bei einem Massenstrom von 2 kg/h oder mehr

Abfallbehandlung nach § 2 Abs. 2 Abfallgesetz
Emissionsgrenzwert: bei Oberflächenbehandlungsanlagen, Chemischreinigungs- und Textilausrüstungsanlagen, Extraktionsanlagen (2. BImSchV)

5. Umweltverhalten

Infolge produktions- und anwendungsbedingter Emissionen von schätzungsweise mindestens 50 % der Gesamtproduktionsmenge ist Trichlorethan in biotischen und abiotischen Umweltstrukturen relativ weit verbreitet. Die Wasserlöslichkeit und Flüchtigkeit, verbunden mit einer gering ausgeprägten Bio- und Geoakkumulationstendenz, bedingen eine relativ hohe Mobilität in und zwischen Hydro-, Pedo- und Atmosphäre. Der Henry-Koeffizient deutet auf eine geringe Aufenthaltswahrscheinlichkeit in Gewässern hin. Atmosphäre und Hydrosphäre sind die maßgeblichen Transport- und Verteilungsprinzipien für Trichlorethan. Infolge seiner hohen Molekülsymmetrie ist die Verbindung gegenüber physikalisch-chemischen und biologischen Transformationsreaktionen relativ stabil. In der Atmosphäre wird die Halbwertszeit mit 140 Wochen, in Gewässern mit 25 Wochen angegeben. In der Atmosphäre sind als Transformationsprodukte Phosgen, Chlor, Chloressigsäure und Chloracetaldehyd nachgewiesen. In Gegenwart von Chloratomen ist die Umsetzung zu höher chlorierten Ethanen zu vermuten. Bei massiven Bodenkontaminationen ist eine Bodenmigration verbunden mit Grundwasserverunreinigungen möglich. Die nachfolgenden Trichlorethan-Konzentrationen weisen auf die Ubiquität hin:

Luft:
- back-ground level   0,10 µg/m^3
- industrielle   4,3 µg/m^3
  Ballungsgebiete

Wasser:
- Trinkwasser   bis zu 0,3   µg/l
- Regenwasser   bis zu 0,09 µg/l
- Grundwasser   bis zu 0,6   µg/l
- Seewasser   bis zu 3,3   µg/l
- Abwasser   bis zu 16,0   µg/l

Sediment: bis zu 5 µg/kg
Nahrungsmittel: bis zu 10 µg/kg
Marine Organismen: bis zu 47 µg/kg
Pflanzenöle: bis zu 10 µg/l

Mensch:
- Fettgewebe   bis zu 25 µg/kg
- Leber   bis zu 5 µg/kg

Trichlorethan ist für aquatische Mikroorganismen hoch toxisch. Die toxische Schwellenkonzentration beträgt für Algen etwa 5 mg/l.

6. Abfallbeseitigung/schadlose Beseitigung/Entgiftung

Rückstände oder Abprodukte bzw. Lösungsmittelgemische werden destillativ aufgearbeitet. In Sonderfällen kann eine Verbrennung in Sonderabfallverbrennungsanlagen erfolgen. Eine Deponie ist infolge der Wasserlöslichkeit und Flüchtigkeit des Stoffes auszuschließen.

7. Verwendung

Trichlorethan wird als Lösungs- und Reinigungsmittel, als Zwischenprodukt bei der Vinyliden-Synthese und in Aerosolsprays verwendet.

Literatur

WHO, IARC Monographs on the Evaluation of the Carcinogenic Risk of Chemicals to Humans. Vol. 20, 1979. Some Halogenated Hydrocarbons. IARC, Lyon 1979

Trichlorethylen [79-01-6]

Die Herstellung von Trichlorethylen erfolgt durch Chlorierung von 1,2-Dichlorethan mit nachfolgender Dehydrochlorierung des gebildeten 1,1,2,2-Tetrachlorethan. Die jährliche Weltproduktion beträgt schätzungsweise 500 000 t. Die produktions- und anwendungsbedingten Emissionen in die Umwelt werden auf etwa 60 % der Gesamtproduktionsmenge geschätzt. Allein die Einträge in die Atmosphäre betragen jährlich etwa 20 000–30 000 t. Trichlorethylen kann den ubiquitären Chlorkohlenwasserstoffen zugeordnet werden.

1. Allgemeine Informationen

1.1. Trichlorethylen [79-01-6]
1.2. Ethen, 1,1,2-Trichlor-
1.3. C_2HCl_3

$$\underset{Cl}{\overset{Cl}{\diagdown}}C=C\underset{H}{\overset{Cl}{\diagup}}$$

1.4. Tri, TCE, 1,1,2-Trichlorethylen, Acetylentrichlorid
1.5. Chloralkene
1.6. mindergiftig

2. Ausgewählte Eigenschaften

2.1. 131,4
2.2. farblose, leicht flüchtige Flüssigkeit mit charakteristischem Geruch
2.3. 85,2 °C
2.4. −87,1 °C
2.5. 96,9 mbar bei 20 °C
2.6. 1,47 g/cm³
2.7. Wasser: 1 000 mg/l bei 20 °C
Bildet mit Wasser azeotrope Gemische (Siedepunkt: 72,9 °C). Gut löslich in organischen Lösungsmitteln.
2.8. Trichlorethylen zersetzt sich bei Licht-, Luft- und Wärmeeinwirkung unter Bildung von Phosgen, Chlorwasserstoff und Kohlenmonoxid. Bei hohen Sauerstoffkonzentrationen kann der Zerfall explosionsartig erfolgen. Bei Temperaturen über 700 °C bildet sich unter Zersetzung ein Gemisch aus Dichlorethylen, Tetrachlorethylen, Tetrachlormethan, Chloroform und Methylenchlorid. In Gegenwart von Alkalien erfolgt Zersetzung unter Bildung von Dichloracetaldehyd (hoch toxisch!). Unter Normalbedingungen erfolgt in Wasser keine hydrolytische Zersetzung.
2.9. lg P = 2,4
2.10. H = $6,9 \cdot 10^4$
2.11. lg SC = 1,9
2.12. lg BCF = 2,4
2.13. biologisch nicht leicht abbaubar
2.14. $k_{OH} = 2,2 \cdot 10^{-12}$ cm³ s⁻¹; $t_{1/2} = 7,3$ d

3. Toxizität

- 3.1. keine Angaben
- 3.2.
oral	Ratte	LD 50	4 920 mg/kg
oral	Hund	LDL 0	5 860 mg/kg
ihl	Ratte	LDL 0	8 000 ppm über 4 h
ihl	Maus	LCL 0	3 000 ppm über 4 h
ivn	Maus	LD 50	34 mg/kg
ip	Hund	LD 50	2 800 mg/kg

- 3.3. Bei inhalativer chronischer Exposition von 7 h/d, 5 d/Woche über 6 Monate wurden von Ratten und Kaninchen bis zu 10 080 mg/m^3 und von Affen bis zu 2 150 mg/m^3 ohne nachweisbare toxische Effekte vertragen. Die im chronischen Experiment ermittelte orale maximale unwirksame Dosis wird mit 1 100 mg/kg für Ratten und 2 300 mg/kg für Mäuse angegeben. Katzen, die mit 108 mg/m^3 über 1–1,5 h/d über 5–6 Monate exponiert waren, zeigten strukturelle und funktionelle Leber- und Nierenveränderungen sowie eine Überfunktion der Lymphdrüsen.
- 3.4. Im Tierexperiment ist Trichlorethylen bei Mäusen karzinogen. Bei Ratten sind die Resultate nicht signifikant. Im Test mit Escherichia coli ist die Substanz mutagen. Während im handelsüblichen Trichlorethylen Epichlorhydrin als mutagene Komponente ermittelt werden konnte, ist reines Trichlorethylen im Ames-Test nicht mutagen.
- 3.5. Die akute Toxizität für Fische wird ohne Speciesdifferenzierung mit 50–600 mg/l angegeben. Die letale Konzentration beträgt für verschiedene Species allerdings etwa 200 mg/l.
- 3.6. Bei oraler, inhalativer und dermaler Exposition erfolgt eine schnelle Resorption und Distribution im Organismus. Die Passage der Blut-Hirn-Schranke ist mit Lähmungen des Atemregulationszentrums verbunden. Erste subnarkotische Wirkungen treten bereits bei Expositionen gegenüber 200 ppm auf. Strukturelle und funktionelle Veränderungen von Leber und Niere sind festgestellt. Bei dermaler Exposition ist die stark entfettende Wirkung der Substanz zu beachten.
Der Metabolismus kann oxidativ zur Bildung von Chloralhydrat oder reduktiv zur Bildung von Trichlorethanol und Trichloressigsäure führen. Umsetzungen an der olefinischen Doppelbindung führen zur Bildung hochreaktiver Epoxide. Eine Wechselwirkung mit zellulären Makromolekülen ist zu vermuten.
Die Ausscheidung nicht metabolisierter Substanz erfolgt zu 70–80 % über die Lunge.
- 3.7. Infolge der relativ guten Wasserlöslichkeit ist nur eine geringe Biokonzentrationstendenz zu erwarten.

4. Grenz- und Richtwerte

- 4.1. MAK-Wert: 50 ml/m^3 (ppm), 270 mg/m^3 III B, begründeter Verdacht auf krebserzeugendes Potential (D)
- 4.2. Trinkwassergrenzwert: 25 µg/l als Summe der Stoffe:

4.3. TA Luft:	1,1,1-Trichlorethan, Tri- und Tetrachlorethen, Dichlormethan (D)
	0,10 g/m³ bei einem Massenstrom von 2 kg/h oder mehr
Abfallbehandlung nach § 2 Abs. 2 Abfallgesetz:	
Emissionsgrenzwert:	bei Oberflächenbehandlungsanlagen, Chemischreinigungs- und Textilausrüstungsanlagen, Extraktionsanlagen (2. BImSchV)

5. Umweltverhalten

Trichlorethylen ist in biotischen und abiotischen Umweltstrukturen nahezu ubiquitär. Das Verhalten wird maßgeblich von der relativ guten Wasserlöslichkeit und Flüchtigkeit und einer im Vergleich zu halogenierten aromatischen Kohlenwasserstoffen geringe Bio- und Geoakkumulationstendenz geprägt. Der Henry-Koeffizient deutet auf eine geringe Aufenthaltswahrscheinlichkeit in Gewässern hin. Der atmosphärische background level wird mit 0,002–343 ng/m³ angegeben. In stark belasteten industriellen Ballungsgebieten werden demgegenüber bis zu 80 µg/m³ analysiert. Trichlorethylen ist in Trinkwasser, Grundwasser, Oberflächenwasser und Abwasser in Konzentrationen bis zu 15 µg/l, 2 µg/l, 25 µg/l und 8–40 µg/l nachgewiesen. Konzentrationen in Sedimenten bis zu 100 µg/kg deuten auf eine geringfügig ausgeprägte Geoakkumulation hin. Bemerkenswert sind die in Fischen analysierten Konzentrationen bis zu 480 µg/kg und in menschlichen Gewebeproben bis zu 32 µg/kg. Infolge der guten Wasserlöslichkeit sind bei massiven Bodenverunreinigungen Grundwasserkontaminationen nicht auszuschließen. Die nur geringe Stoffretention in Böden ist u. a. Ursache für den Trichlorethylengehalt uferfiltrierten Trinkwassers. Die Wirksamkeit der biologischen Abwasserreinigung wird bis zu Konzentrationen von 10 mg/l nicht beeinflußt.

6. Abfallbeseitigung/schadlose Beseitigung/Entgiftung

Rückstände oder Lösungsmittelgemische können destillativ aufgearbeitet werden. Destillationsschlämme oder nicht destillierbare Rückstände können in Sonderabfallverbrennungsanlagen beseitigt werden. Infolge der Wasserlöslichkeit und Flüchtigkeit ist eine Deponie auszuschließen.

7. Verwendung

Reinigungs-, Lösungs-, Extraktionsmittel (wesentlichste Emissionsquellen) und in der pharmazeutischen Industrie.

Vinylchlorid [75-01-4]

Vinylchlorid ist eines der bedeutendsten Monomere in der Polymeren- und Copolymerenherstellung. Die Halogenierung von Ethylen zu Ethylenchlorid mit nachfolgendem Kracken des Produktes zu Vinylchlorid und Chlorwasserstoff ist die Grundlage der Vinylchloridproduktion. 1976 wird in Westeuropa, Japan und den USA die Produktionsmenge auf etwa 7 Mill. t geschätzt. Die Weltproduktion wird mit jährlich etwa 10 Mill. t angegeben. Die produktionsbedingten Emissionen betragen schätzungsweise 200000–300000 t. Auf Grund des Herstellungsprozesses ist Vinylchlorid durch eine Reihe anderer Substanzen verunreinigt wie Vinylidenchlorid, Dichlorethylen, Acetaldehyd, Methylacetalen, Vinylacetylen, Methylether, Ethylenchlorhydrin, Methanol, Quecksilber, Quecksilberchlorid und Dichlorethan.

1. **Allgemeine Informationen**

1.1. Vinylchlorid [75-01-4]
1.2. Ethen, Chlor-
1.3. C_2H_3Cl

$$\underset{H}{\overset{Cl}{\diagdown}}C=C\underset{H}{\overset{H}{\diagup}}$$

1.4. Monochlorethylen, VC, VCM, Vinyl C Monomer
1.5. Chloralken
1.6. giftig, leichtentzündlich, krebserzeugend

2. **Ausgewählte Eigenschaften**

2.1. 62,5
2.2. farbloses, brennbares Gas, schwach süßlicher Geruch
2.3. −13,37 °C bei 1 atm
2.4. −153,8 °C
2.5. 240 Pa bei 10 °C; 333 Pa bei 20 °C; 170 Pa bei 30 °C
2.6. 0,19 g/cm³ bei −13 °C; 0,91 g/cm³ bei 20 °C
   Dampfdichte: 2,2
2.7. Wasser: 1100 mg l^{-1} bei 24 °C und 760 mm Hg
   gut löslich in nahezu allen organischen Lösungsmitteln
2.8. Reines, trockenes Vinylchlorid ist unter Luft- und Lichtausschluß stabil und nicht korrosiv. Unter Einwirkung von Sonnenlicht kommt es zur Polymerisation. Bei Kontakt mit leicht oxidierbaren Materialien kann es zu explosionsartigen Umsetzungen kommen. Mit einer Reihe löslicher Salze wie Silber-, Kupfer, Eisen- und Quecksilbersalzen bildet die Verbindung Komplexe mit erhöhter Wasserlöslichkeit. Durch Alkalimetallsalze wird die Löslichkeit der Verbindung vermindert.
2.9. lg P = 2,2
2.10. H = 1.03 · 10³
2.11. lg SC = 1,1

2.12. lg BCF = 1,0
2.13. keine Angaben
2.14. $k_{OH} = 6,8 \cdot 10^{-12}$ cm^3 s^{-1}; $t_{1/2} = 2,3$ d

3. **Toxizität**

3.1. Daily intake für Vinylchlorid und Polyvinylchlorid (mg/Person)

Expositionsquelle	Vinylchlorid	Polyvinylchlorid
Arbeitsplatz	0,198–6,144	0,395–24,576
Trinkwasser	0,002	–
Nahrungsmittel	0,002	–

Im Bevölkerungsdurchschnitt wird der daily intake gesamt mit 0,030 mg/Person und die beruflich bedingte mittlere Exposition mit 6,346 mg/Person angegeben.

3.2. ihl Ratte LCL0 250 ppm
ihl Maus LCL0 500 ppm
Für den Menschen wird die niedrigste letale Dosis mit 20 ppm angegeben. In hohen Dosen hat Vinylchlorid eine narkotisierende Wirkung.

3.3. Chronische Intoxikationen manifestieren sich u. a. in Schädigungen bzw. Störungen des ZNS und des Magen-Darm-Traktes. 15monatige Exposition von Ratten und Kaninchen mit 30–40 mg/m^3 über 4 h/d führten nach 20 Tagen zu nachweisbaren toxischen Effekten (neurovegetative und kardiovaskuläre Funktionsstörungen).

3.4. Vinylchlorid-Expositionen stehen auf Grund der Ergebnisse epidemiologischer Studien in engem Zusammenhang mit einem karzinogenen Risiko. Im Tierexperiment ist die Substanz karzinogen. Beim Menschen wurden in vivo Chromosomen-Aberrationen nachgewiesen. Teratogene und embryotoxische Wirkungen führen u. a. zu signifikant erhöhter Letalität bei Feten, zu Defekten des ZNS, des Alimentär- und Genitaltraktes. Bei Ratten und Mäusen beträgt die niedrigste karzinogen wirksame Dosis 50 ppm. Neben der Mutagenität von Vinylchlorid ist die mutagene Wirkung möglicher Metabolite wie Chorethylenoxid und Chloracetaldehyd zu beachten.

3.5. keine Angaben

3.6. Bei inhalativer Aufnahme erfolgt eine relativ schnelle Resorption der Verbindung. Dermaler Kontakt mit flüssigem Vinylchlorid führt zu Verbrennungen (Erfrierungen) der Haut. Im Organismus erfolgt eine relativ schnelle Metabolisierung vorzugsweise durch das Enzym Cytochrom P-450. Als Metabolite werden u. a. gebildet: Chloracetat, S-Carboxymethyl-cystein, Thiodiglykolate und N-Acetyl-S-(2-hydroxyethyl)-cystein. Intermediäre Zwischenprodukte des metabolischen Abbaus sind Chlorethylenoxid (Oxiran) und Chloracetaldehyd. Die Ausscheidung erfolgt über den Urin.

3.7. keine Bioakkumulation

4. Grenz- und Richtwerte

4.1. MAK-Wert: III A1 krebserzeugend (D)
4.2. Trinkwasser:
Ausgehend von einem möglichen karzinogenen Risiko empfiehlt die U.S. EPA folgende Trinkwassergrenzwerte:

Krebsrisiko	Grenzwert ($\mu g\ l^{-1}$)
10^{-7}	0,21
10^{-6}	2,1
10^{-5}	21,0

Geruchsschwellenwert: 5 000 ppm

4.3. TA Luft: Anlagen zur Herstellung von Vinylchlorid: Die Abgase sind einer Abgasreinigung zuzuführen; die Emissionen an Vinylchlorid im Abgas dürfen 5 mg/m³ nicht überschreiten. Weitere Grenzwerte für Anlagen zur Herstellung von PVC.

5. Umweltverhalten

Vinylchlorid ist unter Umweltbedingungen relativ stabil und besitzt eine geringe Bio- und Geoakkumulationstendenz. Transport- und Verteilungsprinzip ist vorzugsweise die Luft. Bei 10^{-9} bzw. 10^{-14} molarer Ozonkonzentration beträgt die Oxidationshalbwertszeit 3,3 d bzw. 0,8 d. Die Hydrolyse-Halbwertszeit wird mit 10^8 a bei pH 7 und mit 80 d bei pH 3 angegeben. In der Atmosphäre sind bis zu 2 mg/m³, in Trinkwasser bis zu 10 µg l^{-1} und in Nahrungsmitteln bis zu 14 mg/kg Vinylchlorid analysiert. Über Abwässer können bis zu 12 kg/d in die Hydrosphäre eingetragen werden.

6. Abfallbeseitigung/schadlose Beseitigung/Entgiftung

keine Angaben

7. Verwendung

Hauptverwendungszweck ist die Polyvinylchlorid-Herstellung.

Literatur

IRPTC/UNEP, Scientific Reviews of Soviet Literature on Toxicity and Hazards of Chemicals. No. 37, 1983, Vinyl Chloride, IRPTC/UNEP, Geneva 1983
Bartsch, H., und Montasano, R.: Mutagenic and Carcinogenic Effects of Vinyl Chloride. Mutat. Res. 32 (1975): 93–114
Milby, T. H. (Hrsg.): Vinylchloride: An Information Resource. Department of Health Education and Welfare, DHEW Publication Number (NIH) 79–1599, March 1978, Standard Research Institute International, Menlo Park, CA.

Xylene [1330-20-7]

Die jährliche Weltproduktion an Xylen wird auf etwa 6–8 Mill. t geschätzt. Davon entfallen allein 2,9 Mill. t auf die USA. Handelsübliches Xylen besteht aus einem Gemisch der Isomere o-Xylen (20–25%), m-Xylen (50–60%) und p-Xylen (20–25%). Auf Grund der dicht beieinanderliegenden Siedepunkte erfolgt zumeist keine Isomerentrennung. Xylen wird vorzugsweise aus natürlichen Kohlenwasserstoffen wie Steinkohlenteer und Erdöl gewonnen.

1. Allgemeine Informationen

1.1. Xylen [1330-20-7]
1.2. Benzen, 1,2-Dimethyl- [95-47-6]
  Benzen, 1,3-Diemethyl- [108-38-3]
  Benzen, 1,4-Dimethyl- [106-42-3]
1.3. C_8H_{10}

1.4. o-Xylol, m-Xylol, p-Xylol, Dimethylbenzol
1.5. aromatischer Kohlenwasserstoff
1.6. mindergiftig

2. Ausgewählte Eigenschaften

2.1. 106,2
2.2. farblos, stark lichtbrechende und leicht brennbare Flüssigkeit
2.3. o-Xylen 114 °C
  m-Xylen 139 °C
  p-Xylen 138 °C
2.4. o-Xylen −25,8 °C
  m-Xylen − 4,8 °C
  p-Xylen −13,2 °C
2.5. Gemisch: 8 mbar bei 20 °C/800 Pa
2.6. 0,86 g/cm³
2.7. Wasser: o-Xylen 175 mg/l
    m-Xylen 162 mg/l
    p-Xylen 185 mg/l
2.8. Die Stofftransformation erfolgt vorzugsweise durch Oxidation einer Methylgruppe unter Bildung von Methylbenzoesäure.
2.9. lg P = 2,9
2.10. H = $2,7 \cdot 10^4$
2.11. lg SC = 2,3
2.12. lg BCF = 2,4
2.13. Alle drei Isomere sind biologisch leicht abbaubar.

2.14. o-Xylen: $k_{OH} = 1,3 \cdot 10^{-11}$ cm^3 s^{-1}; $t_{1/2} = 1,2$ d
m-Xylen: $k_{OH} = 2,4 \cdot 10^{-11}$ cm^3 s^{-1}; $t_{1/2} = 0,7$ d
p-Xylen: $k_{OH} = 1,3 \cdot 10^{-11}$ cm^3 s^{-1}; $t_{1/2} = 1,2$ d

3. **Toxizität**
3.1. keine Angaben
3.2. Isomeres Gemisch:

	oral	Ratte	LD 50	4 300 mg/kg
o-Xylen:	ipr	Ratte	LDL 0	1 500 mg/kg
	scu	Ratte	LDL 0	2 500 mg/kg
m-Xylen:	ihl	Ratte	LDL 0	8 000 ppm/4 h
	ipr	Ratte	LDL 0	2 000 mg/kg
	scu	Ratte	LDL 0	5 000 mg/kg
p-Xylen:	ipr	Ratte	LDL 0	2 000 mg/kg
	scu	Ratte	LDL 0	5 000 mg/kg

3.4. Störungen und Schädigungen des reproduktiven Systems sind bei Ratten bei Expositionen gegenüber 5 und 500 mg/m^3 Xylen nachgewiesen. Vergleichbare Ergebnisse wurden bei Mäusen bei chronischen Expositionen gegenüber 100 mg/m^3, 50–1 000 mg/m^3 und 50–5 000 mg/m^3 3 h pro Tag über 3 Monate ermittelt. 500 mg/m^3 über 20 d sind bei Ratten embryotoxisch.
3.6. Xylen wird relativ schnell über den Respirations- und Digestions-Trakt resorbiert und im Organismus verteilt. Die neurotoxische Wirkung ist stärker ausgeprägt als bei Benzen und Toluen (Lipophilie). Akute Intoxikationen haben häufig narkotische Wirkung. Bei chronischen Intoxikationen kommt es zu Störungen des blutbildenden Systems. Der metabolische Abbau erfolgt oxidativ zu Methylbenzoesäure mit nachfolgender Ausscheidung in Form von Konjugaten.
3.7. Im Vergleich zu Benzen und Toluen ist mit einer etwas erhöhten Biokonzentration zu rechnen.

4. **Grenz- und Richtwerte**
4.1. MAK-Wert: 100 ml/m^3 (ppm), 440 mg/m^3 (D)
(alle drei Isomere)
200 mg/m^3 (USA)
50 mg/m^3 (SU)
4.2. Trinkwasser: 50 µg/l (SU)
Geruchsschwellenwert:
o-Xylen 0,073–20 mg/m^3
p-Xylen 2,04 mg/m^3
4.3. TA Luft: 0,10 mg/m^3 bei einem Massenstrom von 2 kg/h und mehr

5. **Umweltverhalten**

Infolge seiner Wasserlöslichkeit und Flüchtigkeit verbunden mit einer nur geringen Bio- und Geoakkumulationstendenz besitzt Xylen eine relativ

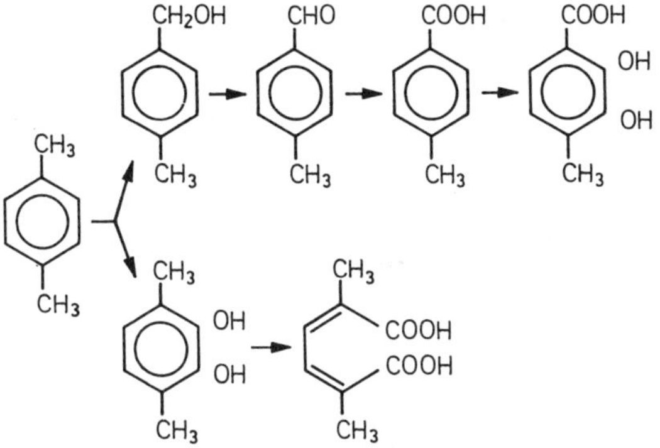

```
        CH₂OH         CHO          COOH         COOH
          │            │             │            │     OH
    ⬡ → ⬡ →  ⬡ →  ⬡
    │            │             │            │            OH
   CH₃         CH₃         CH₃         CH₃
```

Abb. 10 Metabolismus von p-Xylen unter Bildung von 3-Carboxy-6-methylcatechol und 2,5-Dimethylmuconsäure

große Mobilität in und zwischen den Umweltsystemen. Insbesondere die hohe Flüchtigkeit ist Ursache für eine nur geringe Aufenthaltswahrscheinlichkeit des Stoffes in Hydro- und Pedosphäre. Die Xylen-Eliminierung aus Oberflächenwässern ist weniger auf Abbauprozesse, sondern vielmehr auf den mit der Flüchtigkeit zusammenhängenden Übergang in die Atmosphäre zurückzuführen. 1 mg l^{-1} bewirken keine Veränderung der Nitrifikationsprozesse in aquatischen Systemen. 10 mg l^{-1} führen bereits zu meßbaren Hemmungen. 100 mg l^{-1} verändern den biologischen Sauerstoffbedarf wesentlich. Der Xylen-Abbau kann mikrobiologisch-oxidativ unter Bildung von Methylbenzoesäure bzw. Methylbenzylalkohol oder unter Bildung von Catechol- bzw. Dicarbonsäurederivaten erfolgen (Abb. 10). In Oberflächen- und Trinkwässern sind bis zu 8 µg l^{-1} Xylen, in der Atmosphäre zwischen 0,003 und 0,4 mg/m³ nachgewiesen. Ausgehend von den physikalisch-chemischen Stoffeigenschaften ergibt sich folgende wahrscheinliche relative Kompartimentalisierung bei Xylen-Emissionen:
Luft: 99%   Wasser: 0,5%   Boden/Sediment: 0,5%

6. **Abfallbeseitigung/schadlose Beseitigung/Entgiftung**

Xylenhaltige Rückstände oder Abprodukte werden in Sonderabfallverbrennungsanlagen beseitigt.

7. **Verwendung**

Xylen dient u. a. als Lösungsmittel und ist Ausgangspunkt einer Vielzahl organischer Syntheseprodukte.

Literatur

IRPTC/UNEP, Scientific Reviews of Soviet Literature on Toxicity and Hazards of Chemicals, No. 52, 1984, IRPTC/UNEP, Geneva 1984
Jori, A., Calamari, D., DiDomenico, A. et al.: Ecotoxicological Profile of Xylenes. Ecotox. Environm. Safety 11 (1986): 44–80

3. Register

Stoffe nach aufsteigenden CAS-Nummern sortiert

CAS Nr.	Summenformel/syst. Stoffname * Common name	
[50-00-0]	CH_2O Formaldehyd	246
[50-29-3]	$C_{14}H_9Cl_5$ Benzen 1,1'-(2,2,2-Trichlorethyliden)bis[4-chlor]- * DDT	194
[50-32-8]	$C_{20}H_{12}$ Benzo[a]pyren	338
[55-18-5]	$C_4H_{10}N_2O$ Ethanamin, N-Ethyl-N-Nitroso- * N-Nitroso-diethylamin (DENA)	291
[56-23-5]	CCl_4 Methan, Tetrachlor- * Tetrachlormethan	389
[56-38-2]	$C_{10}H_{14}NO_5PS$ Thiophosphorsäure, 0,0-Diethyl-0-(4-nitrophenyl)-ester * Parathion	298
[56-55-3]	$C_{18}H_{12}$ Benz(a)anthracen	336
[57-12-5]	CN Cyanid	95
[58-89-9]	$C_6H_6Cl_6$ Cyclohexan, 1,2,3,4,5,6-Hexachlor-, $(1\alpha,2\alpha,3\beta,4\alpha,5\alpha,6\beta)$ * Lindan, γ-HCH	268
[58-90-2]	$C_6H_2Cl_4O$ Phenol, 2,3,4,6-Tetrachlor- * 2,3,4,6-Tetrachlorphenol	164
[60-51-5]	$C_5H_{12}NO_3PS_2$ Dithiophosphorsäure, 0,0-Dimethyl-S-[2-(methylamino)-2-oxoethyl]-ester * Dimethoat	213
[62-53-3]	C_6H_7N Benzolamin * Anilin	62
[62-73-7]	$C_4H_7Cl_2O_4P$ Phosphorsäure, 2,2-Dichloroethenyl-dimethyl-ester * Dichlorvos	207

CAS Nr.	Summenformel/syst. Stoffname * Common name	
[62-75-9]	$C_2H_6N_2O$ Methanamin, N-Methyl-N-nitroso- * N-Nitroso-dimethylamin(DMNA)	291
[63-25-2]	$C_{12}H_{11}NO_2$ 1-Naphthalinol, Methylcarbamat * Carbaryl	120
[67-66-3]	$CHCl_3$ Methan, Trichlor- * Chloroform	179
[67-72-1]	C_2Cl_6 Ethan, Hexachlor- * Hexachlorethan	273
[70-30-4]	$C_{13}H_6Cl_6O_2$ Phenol, 2,2'-Methylen-bis[3,4,6-trichlor- * Hexachlorophen	276
[71-43-2]	C_6H_6 Benzen	82
[71-55-6]	$C_2H_3Cl_3$ Ethan, 1,1,1-Trichlor- * Trichlorethan	403
[74-83-9]	CH_3Br Methan, Brom- * Brommethan	257
[74-87-3]	CH_3Cl Methan, Chlor- * Chlormethan	257
[74-90-8]	CHN Cyanwasserstoffsäure * Blausäure	95
[75-01-4]	C_2H_3Cl Ethen, Chlor- * Vinylchlorid	410
[75-05-8]	C_2H_3N Acetonitril	44
[75-09-2]	CH_2Cl_2 Methan, Dichlor- * Dichlormethan	257
[75-15-0]	CS_2 Kohlendisulfid * Schwefelkohlenstoff	369
[75-21-8]	C_2H_4O Oxiran * Ethylenoxid	240

CAS Nr.	Summenformel/syst. Stoffname * Common name	
[75-25-2]	$CHBr_3$ Methan, Tribrom- * Bromoform	257
[75-27-4]	$CHBrCl_2$ Methan, Bromdichlor- * Bromdichlormethan	257
[75-69-4]	CCl_3F Methan, Trichlorfluor- * Trichlorfluormethan	257
[75-71-8]	CCl_2F_2 Methan, Dichlordifluor- * Dichlordifluormethan	257
[75-74-1]	$C_4H_{12}Pb$ Plumban, Tetramethyl- * Tetramethylblei	108
[78-00-2]	$C_8H_{20}Pb$ Plumban, Tetraethyl- * Tetraethylblei	106
[79-01-6]	C_2HCl_3 Ethen, 1,1,2-Trichlor * Trichlorethylen	407
[79-10-7]	$C_3H_4O_2$ 2-Propensäure * Acrylsäure	49
[79-34-5]	$C_2H_2Cl_4$ Ethan, 1,1,2,2-Tetrachlor- * 1,1,2,2-Tetrachlorethan	382
[83-32-9]	$C_{12}H_{10}$ Acenaphthylen, 1,2-Dihydro- * Acenaphthen	334
[85-01-8]	$C_{14}H_{10}$ Phenanthren	301
[85-68-7]	$C_{19}H_{20}O_4$ 1,2-Benzoldicarbonsäure, Butyl-phenylmethyl-ester * Butylbenzylphthalat	311
[86-30-6]	$C_{12}H_{10}N_2O$ Benzolamin, N-Nitroso-N-phenyl- * N-Nitroso-diphenylamin (DPNA)	291
[86-74-8]	$C_{12}H_9N$ Carbazol	123
[87-61-6]	$C_6H_3Cl_3$ Benzen, 1,2,3-Trichlor- * 1,2,3-Trichlorbenzol	138

CAS Nr.	Summenformel/syst. Stoffname * Common name	
[87-68-3]	C_4Cl_6 1,3-Butadien, 1,1,2,3,4,4-Hexachlor * Hexachlorbutadien	265
[87-86-5]	C_6HCl_5O Phenol, Pentachlor- * Pentachlorphenol	170
[88-06-2]	$C_6H_3Cl_3O$ Phenol, 2,4,6-Trichlor- * 2,4,6-Trichlorphenol	164
[88-85-7]	$C_{10}H_{12}N_2O_5$ Phenol, 2-(1-Methylpropyl)-4,6-dinitro- * Dinoseb	222
[90-43-7]	$C_{12}H_{10}O$ [1,1'-Biphenyl]-2-ol * ortho-Phenylphenol	306
[94-75-7]	$C_8H_6Cl_2O_3$ Essigsäure, (2,4-Dichlorphenoxy)- * 2,4-Dichlorphenoxyessigsäure	210
[95-47-6]	C_8H_{10} Benzen, 1,2-Dimethyl- * ortho-Xylol	413
[95-48-7]	C_7H_8O Phenol, 2-Methyl- * ortho-Cresol	191
[95-50-1]	$C_6H_4Cl_2$ Benzen, 1,2-Dichlor- * ortho-Dichlorbenzol	134
[95-94-3]	$C_6H_2Cl_4$ Benzen, 1,2,4,5-Tetrachlor- * 1,2,4,5-Tetrachlorbenzen	139
[95-95-4]	$C_6H_3Cl_3O$ Phenol, 2,4,5-Trichlor- * 2,4,5-Trichlorphenol	164
[96-33-3]	$C_4H_6O_2$ 2-Propensäure, Methylester * Acrylsäuremethylester	53
[98-88-4]	C_7H_5ClO Benzoylchlorid	86
[98-95-3]	$C_6H_5NO_2$ Benzen, Nitro- * Nitrobenzen	284
[100-00-5]	$C_6H_4ClNO_2$ Benzol, 1-Chlor-4-nitrobenzen * para-Chlornitrobenzen	177

CAS Nr.	Summenformel/syst. Stoffname * Common name	
[100-41-4]	C_8H_{10} Benzen, Ethyl- * Ethylbenzol	234
[100-42-5]	C_8H_8 Benzol, Ethenyl- * Styrol	378
[100-44-7]	C_7H_7Cl Benzol, (Chlormethyl)- * Benzylchlorid	88
[106-42-3]	C_8H_{10} Benzol, 1,4-Dimethyl- * para-Xylol	413
[106-44-5]	C_7H_8O Phenol, 4-Methyl- * para-Cresol	191
[106-46-7]	$C_6H_4Cl_2$ Benzol. 1,4-Dichlor- * para-Dichlorbenzol	134
[106-48-9]	C_6H_5ClO Phenol, 4-Chlor- * para-Chlorphenol	164
[106-89-8]	C_3H_5ClO Oxiran, (Chlormethyl)- * Epichlorhydrin	231
[106-93-4]	$C_2H_4Br_2$ Ethan, 1,2-Dibrom- * 1,2-Dibromethan	201
[107-02-8]	C_3H_4O 2-Propenal * Acrolein	46
[107-06-2]	$C_2H_4Cl_2$ Ethan, 1,2-Dichlor- * 1,2-Dichlorethan	203
[107-07-3]	C_2H_5ClO Ethanol, 2-Chlor- * Ethylenchlorhydrin	237
[107-14-2]	C_2H_2ClN Acetonitril, Chlor- * Chloracetonitril	249
[107-18-6]	C_3H_6OH 2-Propen-1-ol * Allylalkohol	58
[107-30-2]	C_2H_5ClO Methan, Chlormethoxy- * Chlormethyl-methyl-ether (CMME)	127

CAS Nr.	Summenformel/syst. Stoffname * Common name	
[108-38-3]	C_8H_{10} Benzol, 1,3-Dimethyl- * meta-Xylol	413
[108-39-4]	C_7H_8O Phenol, 3-Methyl- meta-Cresol	191
[108-70-3]	$C_6H_3Cl_3$ Benzol, 1,3,5-Trichlor- * 1,3,5-Trichlorbenzol	138
[108-88-3]	C_7H_8 Benzol, Methyl- * Toluol	396
[108-90-7]	C_6H_5Cl Benzol, Chlor- * Chlorbenzol	132
[108-95-2]	C_6H_6O Phenol	304
[110-86-1]	C_5H_5N Pyridin	357
[111-44-4]	$C_4H_8Cl_2O$ Ethan, 1,1'-Oxy-bis[2-chlor]- * Bis(2-chlorethyl)ether (BCEE)	127
[111-91-1]	$C_5H_{10}Cl_2O_2$ Ethan, 1,1'-[Methylenbis(oxy)]bis[2-chlor]- * Bis(2-chlorethoxy)methan (BCEXM)	127
[112-26-5]	$C_6H_{12}Cl_2O_2$ Ethan, 1,2-Bis(2-chlorethoxy)- * Bis[1,2-(2-chlorethoxy)]ethan (BXEXE)	127
[115-09-3]	CH_3ClHg Quecksilber, Chloromethyl- * Methylquecksilberchlorid	367
[115-29-7]	$C_9H_6Cl_6O_3S$ 6,9-Methano-2,4,3-benzodioxathiepin, 6,7,8,9,10,10-Hexachlor-1,5,5a,6,9a-hexahydro-, 3-Oxid * Endosulfan	228
[117-82-7]	$C_{24}H_{38}O_4$ 1,2-Benzoldicarbonsäure, 2-Ethylhexylester * Di-(2-ethylhexyl)-phthalat (DEHP)	314
[118-74-1]	C_6Cl_6 Benzen, Hexachlor- * Hexachlorbenzen	142
[120-82-1]	$C_6H_3Cl_3$ Benzen, 1,2,4-Trichlor- * 1,2,4-Trichlorbenzen	138

CAS Nr.	Summenformel/syst. Stoffname * Common name	
[120-83-2]	$C_6H_4Cl_2O$ Phenol, 2,4-Dichlor- * 2,4-Dichlorphenol	164
[121-14-2]	$C_7H_6N_2O_4$ Benzen, 1-Methyl-2,4-dinitro- * 2,4-Dinitrotoluen	219
[122-14-5]	$C_9H_{12}NO_5PS$ Thiophosphorsäure, 0,0-Dimethyl-0-(3-methyl-4-nitrophenyl)-ester * Fenitrothion	243
[122-34-9]	$C_7H_{12}ClN_5$ 1,3,5-Triazin-2,4-diamin,6-Chlor-N,N-diethyl- * Simazin	376
[123-91-1]	$C_4H_8O_2$ 1,4-Dioxan	225
[126-99-8]	C_4H_5Cl 1,3-Butadien, 2-Chlor- * Chloropren	183
[127-18-4]	C_2Cl_4 Ethen, Tetrachlor- * Tetrachlorethylen	385
[129-00-0]	$C_{16}H_{10}$ Pyren	354
[132-27-4]	$C_{12}H_9ONa$ [1,1'-Biphenyl]-2-ol, Natrium-Salz * ortho-Phenylphenolat-Natrium	306
[133-06-2]	$C_9H_8Cl_3NO_2S$ 1H-Isoindol-1,3(2H)-dion, 3a,4,7,7a-Tetrahydro-2-[(trichlormethyl)thio]- * Captan	
[137-26-8]	$C_6H_{12}N_2S_4$ * Thioperoxycarbonsäurediamid, Tetramethyl- * Thiram	393
[140-88-5]	$C_5H_8O_2$ 2-Propensäure, Ethylester * Acrylsäureethylester	51
[143-33-9]	CNNa Natriumcyanid	97
[156-10-5]	$C_{12}H_{10}N_2O$ Benzolamin, 4-Nitroso-N-phenyl- * para-Nitroso-diphenylamin (p-DPNA)	291
[193-39-5]	$C_{22}H_{12}$ Indeno[1,2,3-cd]pyren	349
[203-12-3]	$C_{18}H_{10}$ Benzo[ghi]fluoranthen	343

CAS Nr.	Summenformel/syst. Stoffname * Common name	
[205-99-2]	$C_{20}H_{12}$ Benz[e]acephenanthrylen * Benzo[b]fluoranthen	342
[206-44-0]	$C_{16}H_{10}$ Fluoranthen	347
[207-08-9]	$C_{20}H_{12}$ Benzo[k]fluoranthen	345
[218-01-9]	$C_{18}H_{12}$ Chrysen	189
[298-00-0]	$C_8H_{10}NO_5PS$ Thiophosphorsäure, 0,0-Dimethyl-0-(4-nitrophenyl)-ester * Methylparathion	279
[301-04-2]	$C_2H_4O_2 \cdot 1/2Pb$ Essigsäure, Blei(2^+)-Salz * Blei(II)acetat	104
[302-17-0]	$C_2H_3Cl_3O_2$ 1,1-Ethandiol, 2,2,2-Trichlor- * Chloralhydrat	125
[309-00-2]	$C_{12}H_8Cl_6$ 1,4:5,8-Dimethanonaphthalin, 1,2,3,4,10,10-Hexachlor-1,4,4a,5,8,8a-hexahydro-, (1α,4α,4aβ,5α,8α,8aβ)- * Aldrin	55
[534-52-1]	$C_7H_6N_2O_5$ Phenol, 2-Methyl-4,6-dinitro- * Dinitro-ortho-cresol	216
[541-73-1]	$C_6H_4Cl_2$ Benzen, 1,3-Dichlor- * meta-Dichlorbenzol	134
[542-88-1]	$C_2H_4Cl_2O$ Methan, Oxybis[chlor]- * Bis(chlormethyl)ether (BCME)	127
[545-06-2]	C_2Cl_3N Acetonitril, Trichlor- * Trichloracetonitril	252
[590-17-0]	C_2H_2BrN Acetonitril, Brom- * Bromacetonitril	253
[602-01-7]	$C_7H_6N_2O_4$ Benzen, 1-Methyl-2,3-dinitro- * 2,3-Dinitrotoluen	219
[606-20-2]	$C_7H_6N_2O_4$ Benzen, 2-Methyl-1,3-dinitro- * 2,6-Dinitrotoluol	219

CAS Nr.	Summenformel/syst. Stoffname * Common name	
[619-15-8]	$C_7H_6N_2O_4$ Benzen, 2-Methyl-1,4-dinitro- * 2,5-Dinitrotoluol	219
[621-64-7]	$C_6H_{14}N_2O$ 1-Propanamin, N-Nitroso-N-propyl- * N-Nitroso-di-n-propylamin (DPA)	291
[634-66-2]	$C_6H_2Cl_4$ Benzen, 1,2,3,4-Tetrachlor- * 1,2,3,4-Tetrachlorbenzol	140
[634-90-2]	$C_6H_2Cl_4$ Benzen, 1,2,3,5-Tetrachlor- * 1,2,3,5-Tetrachlorbenzol	140
[684-93-5]	$C_2H_5N_3O_2$ Harnstoff, N-Methyl-N-nitroso- * N-Nitroso-N-methylharnstoff (MHN)	291
[759-73-9]	$C_3H_7N_3O_2$ Harnstoff, N-Ethyl-N-nitroso- * N-Nitroso-N-ethylharnstoff (EHN)	291
[834-12-8]	$C_9H_{17}N_5S$ 1,3,5-Triazin-2,4-diamin, N-Ethyl-N'-(1-methylethyl)-6-(methylthio)- * Ametryn	60
[924-16-3]	$C_8H_{18}N_2O$ 1-Butanamin, N-Butyl-N-nitroso- * N-Nitroso-di-n-butylamin (DBNA)	291
[1116-54-7]	$C_4H_{10}N_2O_3$ Ethanol, 2,2'-(Nitrosoimino)bis- * N-Nitroso-diethanolamin (DETNA)	291
[1306-19-0]	CdO Cadmiumoxid	115
[1319-77-3]	C_7H_8O Phenol, Methyl- * Cresol	191
[1327-53-3]	As_2O_3 Arsen(III)oxid * Arsentrioxid	71
[1330-20-7]	C_8H_{10} Benzen, Dimethyl- * Xylen	413
[1332-21-4]	Asbest	79
[1336-36-3]	1,1'-Biphenyl, chloriert * polychlorierte Biphenyle (PCB)	322
[1746-01-6]	$C_{12}H_4Cl_4O_2$ Dibenzo[b,e][1,4]dioxin, 2,3,7,8-Tetrachlor- * 2,3,7,8-Tetrachlor-dibenzo-p-dioxin (TCDD)	147

CAS Nr.	Summenformel/syst. Stoffname * Common name	
[1836-75-5]	$C_{12}H_7Cl_2NO_3$ Benzen, 2,4-Dichlor-1-(4-nitrophenoxy)- * Nitrofen	288
[1912-24-9]	$C_8H_{14}N_5Cl$ 1,3,5-Triazin-2,4-diamin, 6-Chlor-N-ethyl-N - (1-methylethyl)- * Atrazin	77
[3018-12-0]	C_2HCL_2N Acetonitril, Dichlor- * Dichloracetonitril	250
[3252-43-5]	C_2HBr_2N Acetonitril, Dibrom- * Dibromacetonitril	255
[6164-98-3]	$C_{10}H_{13}ClN_2$ Methansäureimidamid, N'-(4-Chlor-2-methylphenyl)- N,N-dimethyl- * Chlordimeform	152
[7287-19-6]	$C_{10}H_{19}N_5S$ 1,3,5-Triazin-2,4-diamin, N,N'-bis(1-methylethyl)-6- (methylthio)- * Prometryn	351
[7439-92-1]	Pb Blei	100
[7439-97-6]	Hg Quecksilber	360
[7440-38-2]	As Arsen	69
[7440-41-7]	Be Beryllium	91
[7440-43-9]	Cd Cadmium	110
[7740-47-3]	Cr Chrom	185
[7778-44-1]	$AsH_3O_4 \cdot 3/2Ca$ Arsensäure, Calcium-Salz (2:3) * Calciumarsenat	73
[7782-49-2]	Se Selen	372
[7784-42-1]	AsH_3 Arsin * Arsenwasserstoff	75
[7786-34-7]	$C_7H_{13}O_6P$ 2-Butensäure, 3-[(Dimethoxyphosphinyl)oxy]-, Methyl- ester * Mevinphos	282

CAS Nr.	Summenformel/syst. Stoffname * Common name	
[7787-47-5]	$BeCl_2$	93
	Berylliumchlorid	
[8001-35-2]	Toxaphen	399
[8065-62-1]	$C_5H_{13}O_3PS$	199
	Thiophosphorsäure, 0,0-Dimethyl-O-[2-(methylthio)ethyl]-ester, Mischung mit 0,0-Dimethyl-S[2-(methylthio)ethyl]-phosphorthioat	
	* Demephion	
[10588-01-9]	$Cr_2H_2O_7 \cdot 2\,Na$	186
	Chromsäure, Dinatrium-Salz	
	* Natriumdichromat	
[12082-48-1]	$C_6H_3Cl_3$	137
	Benzen, Trichlor-	
	* Trichlorbenzol	
[12408-10-5]	$C_6H_2Cl_4$	139
	Benzen, Tetrachlor-	
	* Tetrachlorbenzol	
[13654-09-6]	$C_{12}Br_{10}$	318
	1,1'-Biphenyl, 2,2',3,3',4,4',5,5', 6,6'-Decabrom-	
	* Decabrombiphenyl (PBB)	
[22967-92-6]	CH_3Hg	366
	Quecksilber(1+), Methyl-, Ion	
	* Methylquecksilber-Ion	
[25321-14-6]	$C_7H_6N_2O_4$	219
	Benzen, Methyldinitro-	
	* Dinitrotoluen	
[25321-22-6]	$C_6H_4Cl_2$	134
	Benzen, Dichlor-	
	* Dichlorbenzen	
[36355-01-8]	$C_{12}H_4Br_6$	318
	1,1'-Biphenyl, Hexabrom-	
	* Hexabrombiphenyl	
[39638-32-9]	$C_6H_{12}Cl_2O$	127
	Propan, 2,2'-Oxybis[2-chlor]-	
	* Bis(2-chlor-isopropyl)ether (BCIE)	
[63449-39-8]	Paraffinwachse und Kohlenwasserstoffwachse, chloriert	160
	* Chlorierte Paraffine	
[70776-03-3]	Naphthalin, Chlor-Derivat	155
	* Chlorierte Naphthaline	